西南岩溶石山区地下水资源
调查评价与开发利用模式

夏日元 等 / 著

科学出版社
北京

内 容 简 介

本书系统梳理了西南岩溶石山区 2003 年以来地下水资源调查评价和开发利用示范成果,揭示了岩溶水文地质特性和地下水资源形成机制,提出了地下水资源调查评价技术方法体系,建立了堵洞成库、建柜蓄水、抽水调节和束流壅水 4 种岩溶地下水资源开发利用模式,为脱贫攻坚和生态文明建设提供了技术支撑。

本书可为西南八省(自治区、直辖市)制定水资源开发利用和保护决策规划提供依据,也可供岩溶学、水文地质学、环境学、生态学等专业的教学、科研人员及相关生产人员参阅。

审图号:GS(2018)3720 号

图书在版编目(CIP)数据

西南岩溶石山区地下水资源调查评价与开发利用模式/夏日元等著 .
－北京:科学出版社, 2018.10
ISBN 978-7-03-059035-0

I.①西⋯ II.①夏⋯ III.①岩溶区－地下水资源－研究－西南地区
IV.① P641.8

中国版本图书馆 CIP 数据核字 (2018) 第 229956 号

责任编辑:郭勇斌 彭婧煜/责任校对:李 影
责任印制:张克忠/封面设计:无极书装

科 学 出 版 社 出版

北京东黄城根北街16号
邮政编码:100717
http://www.sciencep.com

北京汇瑞嘉合文化发展有限公司 印刷
科学出版社发行 各地新华书店经销

*

2018年10月第 一 版 开本:787×1092 1/16
2018年10月第一次印刷 印张:21
字数:485 000

定价:198.00元
(如有印装质量问题,我社负责调换)

编　委　会

前　言

　　西南岩溶石山区分布于云南、贵州、广西、湖南、湖北、重庆、四川和广东等省（自治区、直辖市），面积约 78 万 km^2。受岩溶特殊地质条件、全球气候变化和人类工程活动的影响，西南岩溶石山区干旱缺水等问题异常突出，区内缺水人口达 1700 万，占总人口的 12%；受旱耕地近亿亩，占总耕地面积的 10%；这些问题制约了区内社会经济的发展。

　　西南岩溶石山区地下水资源丰富，开发利用潜力巨大，地下水总资源量 1695.36 亿 m^3/a，可开采量为 621.81 亿 m^3/a，现开采量 90.53 亿 m^3/a，开采程度为 14.56%。岩溶地下水开发利用潜力较大，达 515.38 亿 m^3/a。各省（自治区、直辖市）剩余可开采量分别为：云南 83.38 亿 m^3/a，贵州 122.01 亿 m^3/a，广西 148.98 亿 m^3/a，湖南 54.33 亿 m^3/a，湖北 37.42 亿 m^3/a，重庆 8.82 亿 m^3/a，四川 61.47 亿 m^3/a，广东 14.87 亿 m^3/a。岩溶地下河赋存有丰富的水资源和水电资源，但由于其埋藏于地下数百米，地表仅能见到出水口和少数地下河天窗，受地层、构造、水文和地貌等多种因素影响控制，地下分布结构复杂，非均质性极强，水流运动规律复杂，增加了开发利用的难度。目前已开发利用了 270 多条，仅占地下河总数的 10%。对地下河系统进一步开展大比例尺水文地质调查和探测，进行开发利用条件论证，制定开发利用和保护方案，十分必要。

　　2003 ～ 2017 年，中国地质调查局组织 8 省（自治区、直辖市）地矿局、有关科研院所和高校等 30 多家单位，开展了水文地质环境地质综合调查和地下水开发利用示范，完成 1 ： 50000 水文地质调查面积 30 万 km^2，综合地球物理探测 7 万点，岩溶洞穴探测 7 万 m，水文地质钻探 6.5 万 m，基本查明了西南岩溶重点地区水文地质条件和主要环境地质问题，建立了地下水开发利用和生态环境综合治理模式，解决了 1500 万人饮水困难问题。西南岩溶石山区水文地质环境地质综合调查和地下水开发利用示范成果，为履行国土资源部[①]地下水资源勘查评价、土地规划与管理和地质灾害防治等职能提供了技术支撑，对云南、贵州、广西、湖南、湖北、重庆、四川、广东等省（自治区、直辖市）区域经济社会发展提供了有效服务，指导了以岩溶流域为单元的地下水开发利用和石漠化整治工作。相关成果服务于 2009 ～ 2011 年国土资源部组织的抗旱找水打井突击行动，在已查明的富水块段快速定井，勘探成井率超过 85%。

---

　　① 2018 年 3 月，根据第十三届全国人民代表大会第一次会议批准的国务院机构改革方案，将国土资源部的职责整合，组建中华人民共和国自然资源部，不再保留国土资源部。

　　本书主要集成了 2003 年以来实施的相关调查研究项目成果，包括"西南岩溶地区水文地质环境地质综合研究与信息系统建设"（编号 1212011121157，2011～2015），"西南典型岩溶地下河调查与动态评价"（编号 12120111220959，2013～2015），"典型岩溶地下河系统水循环机理监测与试验"（编号 201411100，2014～2017），"西南典型石漠化地区地下水调查与地质环境综合整治示范"（编号 200310400023，200310400043，2003～2008），"西南岩溶石山地区地下水及环境地质调查"（编号 121201634800，2006～2013），"南方岩溶水文地质环境地质综合调查与整治示范"（2014～2015），"岩溶地区水文地质环境地质综合调查工程"（编号 5.9，2016～2017），"红水河上游岩溶流域 1∶50000 水文地质环境地质调查"（编号 DD20160300，2016～2017），"我国西部特殊地貌区地下水开发利用与生态功能保护"（SQ2017YFSF020150）。通过开展野外岩溶地下水及环境地质调查、典型富水区地球物理探测及岩溶水资源评价等工作，重点解决了西南岩溶石山区地下水开发利用困难等关键科学问题。

　　项目实施过程中，在西南岩溶石山区通过典型岩溶流域 1∶50000 水文地质环境地质综合调查，查明了岩溶地下水形成条件和赋存分布规律，掌握了不同类型和不同尺度岩溶地下水系统之间的水流交换规律。项目共调查典型岩溶流域 120 多个，探测岩溶地下河 2763 条，掌握了不同类型和不同尺度岩溶地下水系统之间水循环转化规律，圈定富水块段 3000 多处，为水资源合理开发利用提供了依据，为国家保障水安全和生态文明建设、地质灾害防治、基础建设规划和重大工程建设提供了基础支撑。通过岩溶水动力监测与试验，探索多重介质岩溶地下水资源评价新方法，掌握了岩溶地下水资源分布状况，进行了岩溶水资源开发利用潜力和地质环境承载力评价，查明了西南岩溶石山区存在的石漠化、旱涝灾害、地下水污染、矿山地质灾害等重大地质环境问题。通过上述工作，研究岩溶石漠化形成机制，建立了典型石漠化区综合治理模式。针对西南岩溶石山区地下水含水介质结构和运动规律的特殊性，提出了溶丘洼地区地下河堵洞成库与生态经济模式、峰丛山区表层岩溶水调蓄与立体生态农业模式、丘陵谷地储水构造抽水调节与节水生态农业模式和断陷盆地壅水调度与高效农业基地模式 4 种地下水开发利用模式。

　　本书对岩溶地下水资源调查评价和开发利用示范方面的成果进行了总结汇编。第一章主要介绍西南岩溶石山区岩溶发育条件和存在的水资源环境问题；第二章论述西南岩溶石山区水文地质条件特点，进行了岩溶地下水系统划分，评价了岩溶地下水资源量和开发利用潜力；第三章介绍 4 个有代表性的典型岩溶地下水系统水资源调查研究成果；第四章论述西南岩溶石山区地下水开发利用条件，进行了地下水资源开发利用区划；第五章通过总结不同类型区岩溶地下水开发利用工程典型实例，介绍了 4 种地下水开发利用模式的关键技术和工程效果。

　　本书由夏日元、张二勇、唐建生、王明章、王宇、曹建文、王喆、周鑫、黄秀凤、苏春田、易连兴、赵良杰、卢海平、焦杰松、周宁、阮岳军、张贵、张林、黄桂强、周锦忠、杨世松、李明伦、蓝芙宁共同编写完成，全书由夏日元统稿、定稿。

本书相关的项目由中国地质科学院岩溶地质研究所承担，参加单位主要有：云南省地质环境监测院，贵州省地质矿产勘查开发局 114 地质队，贵州省地质矿产勘查开发局 111 地质队，贵州省地质调查院，广西壮族自治区地质矿产勘查开发局地质调查院，广西壮族自治区水文地质工程地质队，湖南省地质矿产勘查开发局地质调查院，湖南省地质矿产勘查开发局 402 队，湖南省地质矿产勘查开发局 416 队，湖南省地质矿产勘查开发局 418 队，湖北省地质环境总站，湖北省地质局水文地质工程地质大队，重庆市地质矿产勘查开发局地质调查院，重庆市地质矿产勘查开发局南江水文地质工程地质队，重庆市地质矿产勘查开发局 208 水文地质工程地质队，中国地质调查局国土资源航空物探遥感中心，中国地质调查局水文地质环境地质调查中心，中国地质科学院水文地质环境地质研究所，中国地质大学（武汉）等。参加项目人员达到 300 多人，人员名单不一一列出，在此一并表示衷心感谢。

目　　录

第一章 西南岩溶石山区地质环境条件

第一节 自然地理条件

西南岩溶石山区范围为 $100°40′\sim114°20′E$，$21°09′\sim31°01′N$，包括云南、贵州、广西、湖南、湖北、重庆、四川和广东 8 个省（自治区、直辖市），碳酸盐岩出露面积 $78\times10^4\ km^2$（图 1-1）。

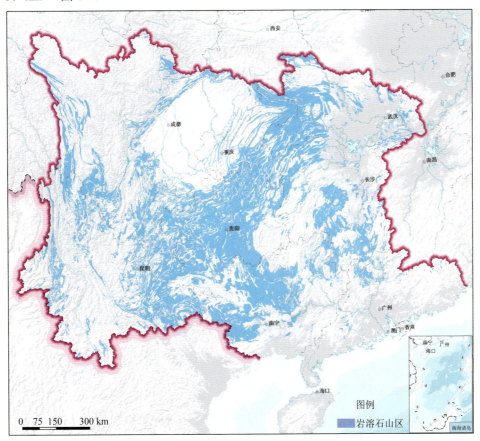

图 1-1　西南岩溶石山区岩溶分布图

西南岩溶石山区属于湿热多雨的亚热带气候，多年平均气温 $14\sim26℃$，多年平均降水量 1100 ～ 2300 mm，多年平均蒸发量 1000 ～ 1800 mm。每年 4 ～ 9 月为汛期，降水量约占全年总降水量的 72% ～ 88%。径流时空分布不均，差异大，丰水年和枯水年降水量之比最大达 7 倍，极易引发严重的洪灾和旱灾。

西南岩溶石山区为珠江和长江两大流域的重要补给和径流区。珠江流域的西江主干流贯穿西南岩溶石山区的南部，主要支流有南盘江、北盘江、红水河、柳江、右江、左江、郁江、桂江、贺江等。长江中上游位于西南岩溶石山区的北部，区内主要有大渡河、岷江、嘉陵江、乌江、沅江和湘江等。总体地势西高东低，从西到东从岩溶高山峡谷到低山丘陵，从岩溶高原到峰林平原，各种岩溶地貌均有分布。西南岩溶石山区中部及南部为云贵高原向桂中岩溶平原过渡的斜坡地带，向东逐渐过渡到峰林平原或孤峰平原，海拔从 1500 ～ 1800 m 降至 200 m 左右。北部以侵蚀溶蚀和构造溶蚀地貌为主，大多为中山，一般海拔为 1000 ～ 2000 m。东部为丘陵盆地区，海拔为 2000 ～ 2500 m，山顶海拔一般大于 3500 m。

第二节　地质条件概况

一、地层岩性

西南岩溶石山区北部和西部属扬子准地台区，震旦纪以来沉积了数千米厚的碳酸盐岩系；上震旦统以白云岩为主，岩性均一，厚千米左右。寒武系川黔一带以白云岩为主；志留系川黔一带以泥质灰岩为主。奥陶系以石灰岩为主，岩性稳定，厚仅数百米；志留系为碎屑岩；泥盆系、石炭系在许多地方缺失；二叠系碳酸盐岩广泛分布，大多为纯质灰岩；三叠系为白云岩灰质沉积，白云岩比例逐渐增大，过渡到碎屑岩。

二、地质构造

扬子准地台区中生代以前普遍为升降运动，燕山运动后才使盖层普遍褶皱。

贵州威宁和郎岱等处为紧密线状褶皱，滇东为平行断裂带，鄂中、鄂西、川西南等隆起带为短轴背斜或断块。在各沉积间断时期，屡遭岩溶作用，保留了古岩溶遗迹。

西南岩溶石山区南部及东部属华南褶皱系，是一个加里东褶皱带，受后期地壳变动强烈的影响，震旦纪和早古生代普遍呈紧密褶皱及轻微变质，褶皱轴向一般呈北东向，与上覆地层普遍呈角度不整合，伴有岩浆活动。早古生代及其以前的地层中很少有碳酸盐岩系，晚古生代以来广泛发育碳酸盐岩系地层。泥盆纪、石炭纪和二叠纪都广泛沉积碳酸盐岩，在广西沉积厚度几千米至万余米，湘中、粤北 2000 余米。三叠纪时西南岩溶石山区西南部滇东南、桂中、桂西早三叠世有数百米厚碳酸盐岩，桂西北中、晚三叠世有巨厚沉积，湘中为泥质碳酸盐岩与石灰岩互层。三叠纪早期与中期之间、早二叠世末、中晚石炭世之间、泥盆世末几个沉积间断期，在一些地方有古岩溶剥蚀面发育（图 1-2、表 1-1）。

图 1-2　西南岩溶石山区大地构造划分图

表 1-1　西南岩溶石山区大地构造划分表

序号	一级构造单元	二级构造单元	三级构造单元	三级构造单元名称	面积 /km²
1	VII 宽坪—佛子岭对接带	VII-1-2 北淮阳—佛子岭增生杂岩带	VII-1-2	北淮阳—佛子岭增生杂岩带	16 332
2		VII-1-3 斜峪关—二郎坪岛弧	VII-1-3	斜峪关—二郎坪岛弧	281.68
3	VIII 秦祁昆造山系 / 中央造山带	VIII-11 秦岭弧盆系	VIII-11-5	西倾山—南秦岭陆缘裂谷（Nh-Pz₁）	5 064.48
4			VIII-11-6	勉略蛇绿混杂岩带（C-T）	201.41
5		VIII-12 大别—苏鲁地块	VIII-12-1	大别高压—超高压变质折返带（T₃）	21 700.71
6		VIII-13 武当—随南陆缘裂谷	VIII-13-1	武当—随州陆缘裂谷（Nh-Pz）	39 992.04
7	IX 北羌塘—三江造山系	IX-2 巴颜喀拉地块	IX-2-2	巴颜喀拉前陆盆地（T）	118 047.09
8			IX-2-3	碧口弧盆系（Pt₃）/ 黄龙被动陆缘（Nh-T）	6 606.67
9			IX-2-4	雅江残余盆地（T）	42 157.77
10			IX-2-5	炉霍—道孚蛇绿混杂岩带（P-T₁）	643.87
11		IX-3 西金乌兰—金沙江—哀牢山结合带	IX-3-2	金沙江蛇绿混杂岩带（C₁-T）	9 095.35
12			IX-3-3	哀牢山花绿混杂岩带（C-P）	6 248.11

序号	一级构造单元	二级构造单元	三级构造单元	三级构造单元名称	面积/km²
13	IX 北芜塘—三江造山系	IX-4 昌都—兰坪—思茅地块	IX-4-1	开心岭—杂多—竹卡—景洪岩浆弧（P₂-T₂）	14 694.08
14			IX-4-2	昌都—兰坪双向弧后前陆盆地（Mz）	51 457.87
15			IX-4-3	治多—江达—维西—绿春陆缘弧（P₂-T）	10 617.63
16		IX-6 乌兰乌拉—澜沧江结合带（P₂-T₂）	IX-6-2	北澜沧江蛇绿混杂岩带（D-P）	21 187.42
17			IX-6-3	南澜沧江俯冲增生杂岩带（蛇绿混杂岩带）	3 117.13
18		IX-7 义敦—理塘弧盆系	IX-7-1	甘孜—理塘蛇绿混杂岩带（P₂-T₂）	15 645.78
19			IX-7-2	义敦—沙鲁里岛弧带（T₃）	5 507.02
20			IX-7-3	勉戈—青达柔弧后盆地（T₃）	40 921.77
21		IX-8 中咱—中甸地块	IX-8	中咱—中甸地块	15 906.70
22	XI 冈底斯—喜马拉雅造山系	XI-1 冈底斯—察隅弧盆系	XI-1-3	班公—腾冲岩浆弧（C-K）	15 809.50
23			XI-1-6	隆格尔—工布江达复合岛弧带（C-K）	3 169.83
24			XI-1-7	冈底斯—下察隅岩浆弧带（J-E）	2 111.33
25		XI-4 保山地块	XI-4-1	潞西被动陆缘盆地（∈-T₂）	5 420.88
26			XI-4-2	保山陆表海盆地（∈-T₂）	14 702.09
27			XI-4-3	耿马被动陆缘盆地（∈-T₂）	6 374.41
28			XI-4-4	西盟基底变质核杂岩（Pt₃）	11 181.04
29	XII 扬子陆块区	XII-1 上扬子陆块	XII-1-1	汉南陆缘裂谷（Nh）	1 409.66
30			XII-1-2	龙门山—米仓山—大巴山被动大陆边缘(z-T₂)	19 763.27
31			XII-1-3	川中前陆盆地（T₃-K）	196 423.66
32			XII-1-4	神农架—黄陵变质基底杂岩（Pt）	5 720.92
33			XII-1-5	扬子陆块南部碳酸盐岩台地（Pz-T₂）	269 545.44
34			XII-1-6	江汉—洞庭断陷盆地（K-Q）	50 657.03
35			XII-1-7	上扬子东南缘被动边缘盆地（Pz）	53 262.62
36			XII-1-8	雪峰山陆缘裂谷盆地（Nh）	45 760.36
37			XII-1-9	上扬子东南缘古弧盆系（Pt₂）	11 836.97
38			XII-1-10	湘桂裂谷盆地（D-P）	166 792.39
39			XII-1-11	康滇基底断隆（攀西上叠裂谷，P）	68 688.60
40			XII-1-12	盐源—丽江陆缘裂谷盆地（Pz₂）	29 791.19
41			XII-1-13	楚雄前陆盆地（Mz）	34 490.56
42			XII-1-14	哀牢山变质基底杂岩（Pt）	6 050.54
44			XII-1-15	金平被动陆缘（S-P）	1 273.13
45			XII-1-16	南盘江—右江陆缘裂谷盆地（Pz₂）	96 726.97
46			XII-1-17	富宁—那坡被动边缘盆地（Pz）	49 026.23
47			XII-1-18	都龙变质基底杂岩（Pt）	1 217.85
48			XII-1-19	十万大山前陆盆地（T-J）	17 933.30
49		XII-2 下扬子陆块	XII-2-1	长江中下游弧后裂陷盆地（J₃-K₁）	15 420.23
50			XII-2-2	下扬子被动陆缘（Z-Pz₁）	4 115.16
51			XII-2-3	南华陆缘裂谷盆地（Nh）	7.65
52			XII-2-4	江南古岛弧（Pt₂）	28 039.99

续表

序号	一级构造单元	二级构造单元	三级构造单元	三级构造单元名称	面积/km²
53	XIII 江绍—郴州—钦 防对接带	XIII-3 新余—东乡增生 杂岩带	XIII-3	新余—东乡增生杂岩带	1 546.92
54		XIII-4 钦防残余盆地 (S-P₂)	XIII-4	钦防残余盆地(S-P₂)	7 962.04
55	XIV 华夏造山系	XIV-1 武夷—云开弧盆 系	XIV-1-1	罗霄岩浆弧(Pz)	64 633.91
56			XIV-1-2	新干—永丰(赣西南)弧间盆地	1 638.84
57			XIV-1-3	六万大山—大容山岩浆弧(P₂-T₁₋₂)	15 384.88
58			XIV-1-4	武夷地块(Pt₁)(岛弧O-S)	48 028.06
59			XIV-1-5	信宜—贵子坑坪蛇绿混杂岩带(Nh-Є)	1 432.77
60			XIV-1-6	云开(Pt₁)地块, 岛弧(O₃-S)	22 161.95
61		XIV-3 东南沿海岩浆弧	XIV-3-1	浙闽粤沿海岩浆弧(J-K)	24 059.96
62			XIV-3-2	粤南岩浆弧(Pz₁、T-K₂)	41 261.95
63		XIV-5 海南弧盆系	XIV-5-1	雷琼裂谷(Cz)	8 775.53
合计					1 915 036.19

第三节　岩溶发育条件

一、岩溶发育分区

根据大地构造单元、沉积相、地形地貌、地层岩性、气象条件及岩溶发育特征等,将西南岩溶石山区岩溶发育程度划分为强、较强、中等、弱四类26个大区(图1-3、表1-2)。

1. 川西北构造剥蚀高原区(I)

该区分布于平武—茂县—汶川—宝兴—康定以西, 石渠—甘孜—道孚—康定以北地区, 大地构造属于北芜塘—三江造山系巴颜喀拉前陆盆地, 属于青藏高原东麓, 海拔2000~5000 m, 发育北西—南东向大渡河、岷江、鲜水河, 由北向南径流, 分属大渡河、青衣江和岷江干流、雅砻江流域。主要为变质岩、火山岩及石英砂岩、页岩等碎屑岩。仅东南部分布有奥陶系大河边组深-浅灰色石英岩、片岩夹大理岩, 上部碳酸盐岩增多, 分布面积3800 km², 占西南岩溶石山区全区面积3%, 属碎屑岩分布区。

2. 川北剥蚀溶蚀区(II)

该区位于川北松潘县、平武县、青川县北部, 南坪县南部, 分布面积6800 km², 大地构造属于北芜塘—三江造山系巴颜喀拉地块碧口弧盆系/黄龙被动陆缘。周围被断裂围限, 北缘以塔藏—勉略结合带与南秦岭晚古生代裂陷盆地为邻, 西侧以岷江断裂为界, 南东侧以平武—阳平关—勉县断裂带与龙门山逆推带相接。

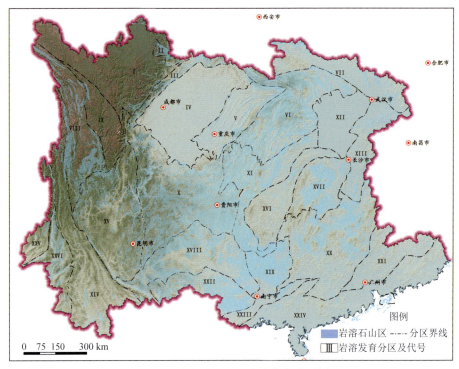

图 1-3　西南岩溶石山区岩溶发育分区图

I：川西北构造剥蚀高原区；II：川北剥蚀溶蚀区；III：川中斜坡岩溶峡谷区；IV：四川盆地构造剥蚀低山丘陵区；V：川东渝中岩溶峡谷区；VI：鄂西渝东湘西北岩溶中山区；VII：鄂北鄂东北岗地低山丘陵区；VIII：攀西滇西北高原岩溶峡谷区；IX：雅江残余盆地构造剥蚀中山区；X：云贵高原峰丛峡谷洼（谷）地区；XI：黔北湘西峰丛谷地区；XII：江汉—洞庭平原区；XIII：鄂东南湘东岗地低山丘陵区；XIV：滇西中山峡谷区；XV：攀西滇西北高原峡谷-褶皱盆地区；XVI：黔东南桂北湘西南中山谷地区；XVII：湘中中低山峰林峰丛谷地-溶丘洼地区；XVIII：云贵高原斜坡峰丛盆（注）谷地区；XIX：桂中峰林平原、岩溶垄岗地貌区；XX：湘南粤北桂东北峰林谷地-溶丘洼地区；XXI：粤东北低山丘陵区；XXII：滇东南桂西南峰丛、峰林谷地区；XXIII：桂东南孤峰平原区；XXIV：桂南粤东粤南沿海岩浆弧丘陵平原区；XXV：滇西岩浆弧剥蚀区；XXVI：保山地块褶皱带岩溶峡谷区

表 1-2　西南岩溶石山区岩溶发育分区表

序号	分区代号	名称	各区面积/(×10⁴km²)	碳酸盐岩分布面积/(×10⁴km²)	碳酸盐岩面积比例/%	岩溶发育程度
1	I	川西北构造剥蚀高原区	12.68	0.38	3.00	—
2	II	川北剥蚀溶蚀区	0.68	0.31	45.59	中等
3	III	川中斜坡岩溶峡谷区	2.38	0.87	36.55	中等
4	IV	四川盆地构造剥蚀低山丘陵区	12.59	0.19	1.51	—
5	V	川东渝中岩溶峡谷区	5.74	1.57	27.35	中等
6	VI	鄂西渝东湘西北岩溶中山区	11.48	7.16	62.37	强
7	VII	鄂北鄂东北岗地低山丘陵区	6.42	0.96	14.95	弱
8	VIII	攀西滇西北高原岩溶峡谷区	8.10	2.86	35.31	中等
9	IX	雅江残余盆地构造剥蚀中山区	4.39	0.17	3.87	—
10	X	云贵高原峰丛峡谷洼（谷）地区	17.22	10.01	58.13	强
11	XI	黔北湘西峰丛谷地区	8.22	5.31	64.60	强

续表

序号	分区代号	名称	各区面积/(×10⁴km²)	碳酸盐岩分布面积/(×10⁴km²)	碳酸盐岩面积比例/%	岩溶发育程度
12	XII	江汉—洞庭平原区	5.20	0.03	0.58	—
13	XIII	鄂东南湘东岗地低山丘陵区	4.85	0.66	13.61	弱
14	XIV	滇西中山峡谷区	11.47	0.76	6.63	弱
15	XV	攀西滇西北高原峡谷-褶皱盆地区	13.47	3.30	24.50	中等
16	XVI	黔东南桂北湘西南中山谷地区	5.82	0.45	7.73	弱
17	XVII	湘中中低山峰林峰丛谷地-溶丘洼地区	5.44	2.12	38.97	较强
18	XVIII	云贵高原斜坡峰丛盆（洼）谷地区	10.08	5.09	50.50	强
19	XIX	桂中峰林平原、岩溶垄岗地貌区	3.56	2.30	64.61	强
20	XX	湘南粤北桂东北峰林谷地-溶丘洼地区	14.33	3.17	22.12	较强
21	XXI	粤东北低山丘陵区	4.95	0.14	2.83	—
22	XXII	滇东南桂西南峰丛、峰林谷地区	4.96	3.14	63.31	强
23	XXIII	桂东南孤峰平原区	7.18	0.32	4.46	中等—弱
24	XXIV	桂南粤东粤南沿海岩浆弧丘陵平原区	11.87	0.04	0.34	—
25	XXV	滇西岩浆弧剥蚀区	2.12	0.23	10.85	弱
26	XXVI	保山地块褶皱带岩溶峡谷区	3.75	1.04	27.73	中等
		合计	198.95	52.58	—	

新太古代—古元古代鱼洞子变质基底杂岩由表壳岩和变质古侵入体——浅红色花岗片麻岩、灰色黑云斜长片麻岩构成。中元古代—新元古代黑木林—峡口驿基底缝合带、阳坝岩浆弧、秧田坝弧后盆地构成北东向前南华纪碧口古弧盆系的主体。南华系—震旦系白依沟组岩性为含砾凝灰岩、凝灰质砂岩、粉砂质板岩及冰碛砾岩。古生代到早中三叠世作为扬子陆块西部的被动大陆边缘，为稳定的碎屑岩-碳酸盐岩沉积。早三叠世由于勉县—略阳洋盆闭合及其碰撞造山，发生强烈褶皱变形，形成造山剥蚀区，晚三叠世、侏罗纪—白垩纪未接受沉积。同时有大量与碰撞作用有关的花岗岩侵入。二叠系厚层-块状碳酸盐岩分布面积 3100 km²，占全区面积的 45.59%。

3. 川中斜坡岩溶峡谷区（III）

该区位于四川盆地西部青川—北川—汶川—宝兴—康定—泸定一带，大地构造属于龙门山—米仓山—大巴山被动大陆边缘。东南以江油—都江堰断裂带与川西前陆盆地带相隔，西以茂汶—丹巴断裂带与巴颜喀拉造山带分界。该带为一呈东北—西南向延展的构造单元，其间以北川—映秀断裂带划分为两个次级单元：东部为前山逆冲-推覆带，由一系列收缩性铲式断层分割的冲断岩片组成，以北段唐王寨推覆体规模最大，中、南段出现飞来峰群；西部为后山褶皱-推覆带，由多个古老火山-沉积岩、岩浆杂岩推覆体组成，形成叠瓦状岩片，由西向东推覆。

米仓山—大巴山被动大陆边缘介于秦岭造山带（北）与四川陆内前陆盆地（南）之间，西接龙门山基底逆推带。区内由中元古代—新元古代基底变质岩系、南华纪中酸性火山岩、磨拉石建造和相关花岗岩，以及震旦纪—志留纪和二叠纪—中三叠纪稳定性海相沉积组成，缺失泥盆纪—石炭纪地层。先后历经古岛弧、后造山裂谷和被动大陆边缘演化过程，于晚三叠世因秦岭洋闭合引起碰撞造山，导致基底逆推上隆。

泥盆系—二叠系碳酸盐岩分布面积 8700 km^2，占全区面积 36.55%，岩溶中等发育。

4. 四川盆地构造剥蚀低山丘陵区（IV）

该区为四川盆地主体，大地构造属于川中前陆盆地，为晚三叠世，前陆推覆、逆冲作用及构造加积负载作用下形成的前陆断陷盆地，以堆积了巨厚的中生代—新生代陆相红色碎屑岩-蒸发岩及山前磨拉石建造为特征，第四系松散堆积物尤为发育，为非岩溶石山区。

5. 川东渝中岩溶峡谷区（V）

该区主要为川中盆地东侧山地丘陵区，大地构造属于四川盆地东部川东褶皱带，地貌特征为一系列平行展布的北东向窄岭背斜低山与宽谷向斜或台地，山脊多有碳酸盐岩出露，其余为砂岩、泥岩分布，东部海拔 600～800 m，西部海拔 200～600 m，岩溶中等发育。中上泥盆统、侏罗系碳酸盐岩分布面积 1.57×10^4 km^2，占全区面积 27.35%，岩溶中等发育。

6. 鄂西渝东湘西北岩溶中山区（VI）

该区位于渝东武隆—彭水—酉阳以北，湘西花垣—石门，宜昌—荆门以西，鄂西襄阳—宜城以南地区，大地构造属于扬子陆块南部碳酸盐岩台地北部、北淮阳—佛子岭增生杂岩带及神农架—黄陵变质基底杂岩。

乌江、清江、酉水、澧水、汉江、洞庭湖环湖区、宜宾至宜昌干流流域，该区地形切割强烈，碳酸盐岩分布面积 7.16×10^4 km^2，占全区面积 62.37%，岩溶强发育。

7. 鄂北鄂东北岗地低山丘陵区（VII）

鄂北鄂东北岗地低山丘陵区，位于镇坪—房县—襄阳—孝感—黄州—黄梅以北地区，属于汉江上游及长江中游武汉—湖口左岸，大地构造上分别属于武当—随州陆缘裂谷、大别山高压—超高压变质折返带两个单元。

鄂北武当—随州陆缘裂谷根据构造分为两个阶段，一是南华纪—震旦纪，二是寒武纪—志留纪。南华纪以碎屑浊积岩和火山岩组合为特征，夹少量台地相碳酸盐岩、碎屑-碳酸盐岩建造。寒武系—奥陶系由盆地相硅泥质岩、深水相碎屑-碳酸盐岩、台地相碳酸盐岩、滨浅海碎屑岩、陆源碎屑浊积岩夹火山岩组成。志留系由碎屑浊积岩、台盆硅泥质岩、滨浅海碎屑岩、台地碎屑-碳酸盐岩夹溢流火山岩组成。火山岩为玄武岩-英安岩-粗面岩-流纹岩组合。泥盆系以滨浅海砂岩、粉砂岩建造为主。碳酸盐岩分布面积 9600 km²，西高东低，由西北向东南，呈中山—低山—丘陵逐级下降，受风化剥蚀，切割强烈，地形破碎，岩溶发育弱。

鄂东北低山丘陵区，地势东北高，西南低。由东北向西南呈中山—低山—丘陵逐级下降，海拔从 800～1000 m 逐渐下降到 100～200 m，形成桐柏山—大别山长达 440 km 的向阳斜面。该区易受风化剥蚀，切割强烈，地形破碎。许多分水岭海拔低于 500 m。蕲水、浠水、巴河、举水、滠水，循向阳面发育，平行并列南下，中、下游河谷宽平。

8. 攀西滇西北高原岩溶峡谷区（VIII）

该区位于攀西德格—白玉—理塘—巴塘—稻城，滇西北中甸一带，大地构造上属于义敦—理塘弧盆系，呈北北西—南南东方向展布。义敦—理塘弧盆系包括甘孜—理塘蛇绿混杂岩带、义敦—沙鲁里岛弧带和勉戈—青达柔弧后盆地3个二级构造单元。该区属于金沙江上游直门达至石鼓流域和雅砻江流域，地势西北高，东南低。分布有三叠系不变质岩、砂岩夹灰岩，发育西北—东南向岩溶峡谷，地形切割强烈，地下水向河流排泄，基本不发育较大规模的岩溶地下河，岩溶发育中等。

9. 雅江残余盆地构造剥蚀中山区（IX）

该区位于甘孜—雅江—九龙—木里一带，大地构造属于北羌塘—三江造山系巴颜喀拉地块雅江残余盆地，东、西两侧分别由炉霍—道孚蛇绿混杂岩带和甘孜—理塘蛇绿混杂岩带所围限。雅江残余盆地的基底仅在木里、锦屏山一带局限出露，盆地东侧有元古宙结晶基底变质岩系，叠置其上的古生界为扬子陆块西缘的被动边缘盆地沉积。盆地内部的二叠纪枕状玄武岩大面积展布，显示洋陆过渡壳的构造环境。三叠系被称作西康群，主要为一套以巨厚碎屑岩为主的复理石建造，发育典型退积式浊积扇沉积。

该区属于金沙江水系雅砻江流域，仅在甘孜—新龙一带出露有上三叠统结晶灰岩，碳酸盐岩分布面积 $1700~km^2$，为非岩溶石山区。

10. 云贵高原峰丛峡谷洼（谷）地区（X）

该区为云贵高原主体区，位于川滇黔三省交界处，五莲峰、拱王山、乌蒙山、大娄山、苗岭近南北向横贯其中。金沙江、乌江由南向北径流，南盘江、可渡河穿过全区，区内乌蒙山为长江、珠江分水岭，水分向南北两个方向径流。大地构造属于扬子陆块南部碳酸盐岩台地。碳酸盐岩台地盖在梵净山群等前震旦系地层。全区从震旦纪到三叠纪大部分地区处于稳定的构造环境，盖层除缺失泥盆系外，总体比较齐全，但各地发育程度不一。二叠纪末在西部地区峨眉山火山岩事件表现强烈，西侧以南北向小江断裂、北西向紫云—鲁甸、北东向弥勒—师宗等为玄武岩主喷发溢流通道。从西向东喷发堆积了西厚东薄的陆相的大陆溢流玄武岩。到中三叠世约220 Ma，扬子陆块区的海相沉积历史结束。上三叠覆了侏罗系坳陷盆地亚相，由河-湖相含煤碎屑岩组合、湖泊泥岩粉砂岩组合、冲积扇砂砾岩组合组成。可细分为滇东北拗褶带中山峡谷子区，滇东中部台背斜台褶带山原盆地子区，黔西南褶皱带峰丛峡谷（谷地）子区，黔北峰丛谷地、垄岗槽谷岩溶中等发育子区4个子区。

（1）滇东北拗褶带中山峡谷子区

滇东北拗褶带中山峡谷子区地处五莲峰和乌蒙山区。西部五莲峰山地海拔3000～3500 m，最高峰药山海拔4040 m，金沙江谷底海拔600～700 m，高差1000～1500 m；东部山地海拔1000～2500 m，河谷最低海拔500 m，高差500～1500 m。属金沙江流域，江河纵横，地形切割较强烈。南北、北东及北东东向断裂及梳状褶皱为主体构造，从元古界到中生界各地层碳酸盐岩与碎屑岩呈条带状相间出露，碳酸盐岩约占地层总厚度的一半以上。岩溶含水层受构造影响常呈环带状分布，岩溶发育不均，赋水空间以管隙为主，岩溶大泉、地下河较多。岩溶水多快速向河谷及构造阻水带排泄，谷底岩溶发育深度大，较富水。盆地中常形成裸露—覆盖型岩溶水系统，覆盖区岩溶较均匀，地下水动态变幅小，单井涌水量常大于 1000 m³/d。如昭通盆地底部属覆盖型岩溶石山区，岩溶发育在垂向上具明显的分带性，表现为自上而下渐次减弱的规律，可划分为 3 个岩溶发育带：近地表地段的季节变动带为强岩溶发育带，据钻孔统计资料，此带厚度变化较大，一般在地表下 150 m 以内，多见直径大于 1 cm 的溶孔和较细小的蜂窝状溶孔，溶隙大多无充填，该带岩溶率一般大于 10%；水平径流带发育深度 150～200 m，钻孔中未见大于 1 m 的溶洞，发育密集均匀型溶孔，溶孔直径一般小于 0.5 cm，呈蜂窝状，连通性差，溶隙大多为无充填或半充填，此带岩溶率一般为 5%～10%，为中等岩溶发育带；在 200 m 以下为弱岩溶发育带，仅发育少量的针状溶孔和溶隙，溶隙大多呈全充填状或闭合状，其岩溶率一般小于 5%，为岩溶水的深部滞留带。盆地外围的裸露型及半裸露型岩溶石山区，溶隙、溶孔主要发育于近地表的垂直渗流带中，溶隙大多无充填，发育的溶孔直径一般大于 1 cm，较大者有十多厘米，其岩溶率一般大于 10%，发育深度一般在几十米以内，局部地段发育深度有几百米。

该子区基本的岩溶地貌单元以岩溶峡谷为主，少部分为岩溶断陷盆地及峰洼（谷）地。岩溶大泉及地下河发育，盆地边缘富水地段多。峡谷区可溶岩受碎屑岩的夹持，一般和构造方向一致，呈北北东向条带状分布于斜坡地带，岩溶受到下伏碎屑岩的阻隔而不能向下发展，因此岩溶顺层发育并呈条带状展布。垂向上岩溶发育一般只有强、中等两带，强岩溶发育带在最高地下水位以上，以垂直溶隙和漏斗为主，中等岩溶发育带位于最高水位至溶蚀基准面或碎屑岩隔水底板，发育以近水平管道裂隙系统为主的岩溶形态。该子区落水洞、管道发育一般，溶洞发育较少，岩溶发育程度中等。

（2）滇东中部台背斜台褶带山原盆地子区

滇东中部台背斜台褶带山原盆地子区北部山地海拔一般 2000～2800 m，盆地底面海拔 1700～1960 m；向南递降，南部山地海拔一般 1800～2100 m，盆地底面海拔 1300～1500 m，地形高差一般 100～300 m。属金沙江、南盘江、元江流域，分水岭在玉溪—昆明—马龙—宣威一带。呈中山、低中山山原盆地地貌，断陷盆地发育，其长轴及山脉多近南北及北东向延展，地形起伏和缓。以南北、北东及北西向构造为主，元古界基底普遍出露，地层受构造控制呈北东、北西和近南北向的条带或断块展布，各类岩层相间产出。元古界至中生界碳酸盐岩，累计厚达 3000 m，出露面积占该子区面积的一半以上，岩溶发育相对均匀，储水空间以管隙网为主，其中尤以上元古界灯影组白云岩岩溶发育较均匀。盆地覆盖区岩溶发育深度大，岩溶多期叠加，发育较均匀，是富水且调节力强的富水块段，动态变幅小，单井涌水量常大于 1000 m³/d。地下河、岩溶大泉多为快速流，丰水季节、枯水季节（以下简称枯季）流量变幅 2～20 倍。区内分布较广的深埋藏型岩溶裂隙含水层，富水性较均匀，均为承压水，单井涌水量 600～2000 m³/d，水位、流量动态稳定。

基本的岩溶地貌单元以岩溶断陷盆地、岩溶河谷为主，少部分为峰洼（谷）地。河谷盆地区众多的岩溶泉和地下河，如罗平大寨地下河，补给区地表落水洞发育，与地下水岩溶管道联通，岩溶垂直与水平发育相结合。该子区落水洞、天窗、竖井、溶洞、地下河管道发育较为充分，且发育规模较大，延伸长短不一，溶洞发育规模小，延伸短。岩溶发育程度较强。

（3）黔西南褶皱带峰丛峡谷（谷地）子区

1）兴义—关岭亚区

位于贵州西南部，南盘江北岸至北盘江中下游地区。区域构造属贵州侏罗山式褶皱带西南段，濒临南盘江造山带，以北西向构造为主。碳酸盐岩出露面积占 55%～60%，岩溶层组以三叠系碳酸盐岩出露最广，约 7200 km²，占该亚区碳酸盐岩面积 71.2%；其次为二叠系石灰岩，出露面积 2500 km² 左右，约占碳酸盐岩面积 24.8%；石炭系、泥盆系碳酸盐岩出露面积约 400 km²，占碳酸盐岩 4% 左右。

亚区内岩溶组合形态的分布，北盘江、南盘江河谷两岸表现为陡峻的峰丛峡谷，岸坡地带多分布峰丛洼地，远离河谷地带则出现峰丛谷地和丘陵（波状起伏）谷地。岩溶发育率以兴仁、晴隆、关岭等地为例，当负地形为洼地、波状洼地类型（峰丛洼地、丘陵洼地）时，其洼地面积率为 0.83%～6.59%，密度为 1.11～3 个 /km²；负地形为谷地类型（峰林谷地、峰丛沟谷、垄岗谷地）时，谷地面积率为 0.41%～1.15%。地下河 86 条，总长度 822 km 左右，地下河平均发育密度约 11.42 km/100 km²，其中三叠系碳酸盐岩中发育地下河 72 条、长度 688 km，发育密度 11.88 km/100 km²；下二叠系—泥盆系碳酸盐岩中发育地下河 12 条，总长度 124 km 左右，地下河发育密度 9.62 km/100 km²。规模最大的地下河是发育于二叠系石灰岩中的龙摆尾地下河。

2）威宁—赫章亚区

该亚区构造以北西及北东向褶皱断裂为主。碳酸盐岩出露面积约 6500 km²，其中三叠系碳酸盐岩约占 20%；二叠系碳酸盐岩约 34%；石炭系、泥盆系碳酸盐岩约占 46%。

该亚区位于贵州西部高原，是高原面保留较完整的唯一地区。岩溶发育较强烈，岩溶组合形态主要有溶丘洼地、峰林、谷地和峰丛沟谷等，个体地貌形态众多，丘峰、溶丘、峰林、溶盆、溶原及洼地、漏斗、落水洞伏流等星罗棋布，典型地段面积岩溶率为 10%～15%；漏斗、落水洞、溶洞、伏流等分布极不均匀，发育密度 1～45 个 /km²，以中三叠统石灰岩发育密度最大，下二叠统石灰岩次之，石炭系石灰岩发育较弱。据不完全统计，亚区内发育地下河 60 条左右，总长度约 350 km，地下河发育密度以下二叠统石灰岩最大，达 10.45 km/100 km²，其次为三叠系碳酸盐岩地下河发育密度 7.07 km/100 km²；石炭系碳酸盐岩地下河发育密度为 5.89 km/100 km²；泥盆系碳酸盐岩地下河发育密度最低，为 3.83 km/100 km²。

3）安顺—普定亚区

位于紫云—水城北西强变形带与黔中北东向褶皱带之间，东部褶皱平缓。碳酸盐岩出露面积约 3000 km²，三叠系碳酸盐岩约占 60%，下二叠系占 23%，石炭系占 17%。由于处于乌江与南盘江分水岭地段，岩溶发育较强烈，岩溶组合形态以峰丛谷地和峰林谷地为主，峰丛谷地见于六枝、郎岱等地，谷地平坦，常年有水流；峰林谷地分布于普定、安顺、镇宁间的丘盆区，峰林稀少、锥体浑圆、谷地宽阔，其间杂有高 20～30 m 的残丘。在安顺、普定一带岩层倾角平缓，白云岩及石灰岩大片分布，岩溶发育充分，在高原和峡谷的过渡地带（即裂点区）形成黄果树瀑布、安顺龙宫、镇宁犀牛洞等著名旅游点。

该亚区内岩溶个体形态发育：普定波玉河一带及中部分水岭地带，溶洞、漏斗、落水洞发育密度达 38.5 个 /100 km^2，而北西部地区仅 27 个 /100 km^2，地下河约 50 条，总长约 350 km，多数发育于中下三叠统及下二叠统中，地下河呈单管状、树枝状及网络状，其中网络状地下河分布于安顺、普定、镇宁一带平缓的峰林谷地区。地下河发育密度：三叠系碳酸盐岩为 8.67 km/100 km^2，下二叠统达 11.76 km/100 km^2，石炭系、泥盆系仅为 2.88 km/100 km^2。规模最大的是织金县三塘地下河，总长 33 km，汇水面积 150 km^2，地下河平水期流量 6.643 m^3/s，枯季 0.55 m^3/s。

（4）黔北峰丛谷地、垄岗槽谷岩溶中等发育子区

该子区可溶岩出露特点是白云岩大面积分布，石灰岩类面积比例较小，约占全省岩溶发育区 50%。分为仁怀—黔西、贵阳—瓮安及盘县 3 个亚区。

1）仁怀—黔西亚区

北东向弧形褶皱发育，由一系列北东向褶皱与断裂组成。一般背斜较宽展，向斜较狭窄，延长数十至一百千米，幅宽 20 km 左右。

碳酸盐岩出露面积约 14 000 km^2，其中三叠统碳酸盐岩约 7100 km^2，占 50.7%；下二叠统石灰岩 3000 km^2 左右，约占 21%，中寒武统、上寒武统白云岩约 2300 km^2，约占 16%。此外，上二叠统石灰岩出露面积约 850 km^2，约占 6%，另有奥陶系及上震旦统石灰岩及白云岩零星分布。

岩溶形态组合以垄岗槽谷、峰丛沟谷、峰丛谷地为主，伴有峰丛洼地、岩溶丘陵洼地。落水洞、漏斗等个体形态稀疏分布。据不完全统计，该亚区内发育地下河 138 条，总长度 694 km；地下河发育密度：三叠系碳酸盐岩 5.87 ～ 10.6 km/100 km^2，下二叠统碳酸盐岩 9.46 ～ 13.13 km/100 km^2，中寒武统、上寒武统白云岩仅 1.33 km/100 km^2 左右，下寒武统清虚洞组石灰岩地下河密度最高，达 16.83 km/100 km^2。地下河多为单一管道状，少数为树枝状及侧羽状，规模较小，一般长度为 1 ～ 10 km，且大多发育于石灰岩中，白云岩少见。

2）贵阳—瓮安亚区

该亚区褶皱、断裂复杂交错，构造上较南北两侧隆起略高。

亚区内碳酸盐岩从三叠纪至震旦纪各时代均有出露，受众多断裂破坏形成断块状分布。碳酸盐岩出露总面积 12 000 km^2，其中以寒武系和三叠系分布最广，分别占 33.90% 和 30.67% 左右，其次为下二叠统，约占 14.2%；上二叠统占 5.63%；石炭系 5.07%；泥盆系占 6.72%；奥陶系占 2.67%；震旦系和志留系分别占 0.65% 和 0.52% 左右。

该亚区地貌类型形态复杂，溶蚀及溶蚀构造地貌突出。岩溶地貌组合形态以峰丛沟谷、峰丛谷地、垄岗谷地及岩溶丘陵、岩溶盆地为主，分布于贵阳—修文一线北东广大地区；贵阳以西的平坝、清镇等地以峰林谷地、岩溶洼地为主；贵阳—贵定以南岩溶丘陵及溶蚀谷地为主。此外，亚区内的三岔河及乌江两岸表现为峰丛峡谷地貌，并有峰丛洼零星分布。

地下河发育程度较低，通常为单一管道状、树枝状或网格状地下河，主要发育于区内西部。地下河长度多数为 1 ～ 5 km，其发育密度：三叠系碳酸盐岩 2.8 ～

7.00 km/100 km^2，下二叠统碳酸盐岩 $2.7 \sim 5.6$ km/100 km^2 左右，中寒武统、上寒武统白云岩仅 $0.94 \sim 1.25$ km/100 km^2，其余时代碳酸盐岩中地下河发育密度仅为 $1 \sim 2$ km/100 km^2。发育密度最大的为下寒武统清虚洞组石灰岩，可达 10 km/100 km^2。

3）盘县亚区

该亚区构造复杂，由北西、北东和北北东等多方向的构造交汇，组成特殊的构造样式。碳酸盐岩出露面积 4500 km^2，主要以三叠系及下二叠统碳酸盐岩为主。三叠系碳酸盐岩面积约 1500 km^2、约占 33.3%；下二叠统面积约 2590 km^2，占 57.6% 左右。其次为石炭系和泥盆系，出露面积约 390 km^2，占 8.7% 左右。

该亚区上二叠统含煤地层及峨眉山玄武岩分布较广，面积约 3000 km^2，约占全亚区面积 35%，侵蚀构造及侵蚀类型地貌较突出。岩溶地貌与侵蚀地貌相互交错穿插，岩溶地貌组合形态中峰丛洼地、岩溶丘陵洼地、峰丛谷地及峰丛沟谷占绝大部分，其间有小规模岩溶盆地分布。地下河不甚发育，其特点是管道呈单一的直管状。长 $1 \sim 5$ km，水力坡度陡、流速快，据不完全统计，发育地下河 30 条左右，总长度约 174 km，三叠系碳酸盐岩中地下河发育较多，约 25 条，总长度 99 km；石炭系—二叠系共发育地下河 5 条，总长度 75 km 左右，规模较大的是发育于水城滥坝下二叠统的双龙潭地下河，全长 45 km，枯季流量 1320.6 L/s。二叠系碳酸盐岩地下河发育密度 6.6 km/100 km^2，石炭系碳酸盐岩地下河平均发育密度 2.51 km/100 km^2。

11. 黔北湘西峰丛谷地区（XI）

该区位于南丹—平塘—瓮安—遵义—桐梓—道真以东，道真—沿河—大庸—石门以南，桃源—辰溪—镇远—凯里—环江以西，南丹—环江以北的地区。大地构造属于上扬子陆块南部碳酸盐岩台地中部及上扬子东南缘被动边缘盆地两个构造单元，属于乌江流域、洞庭湖沅江流域。

该区为典型的隔槽式褶皱带，主体构造线呈北北东向。褶皱一般长数十至一百千米，宽十余千米。碳酸盐岩出露特点是：中寒武统、上寒武统白云岩面积较西部明显增加，三叠系碳酸盐岩面积有所下降。全区寒武系白云岩面积约占 40%；三叠系碳酸盐岩面积占 20% 左右；下二叠系石灰岩面积约占 17%；奥陶系碳酸盐岩面积占 16% $\sim$ 17%；志留系碳酸盐岩面积约占 4%，此外，上二叠系石灰岩面积约占 1.5%；震旦系白云岩面积占 0.5% 左右。岩溶发育强度北部低于南部，非岩溶地貌及溶蚀侵蚀地貌比例增加，岩溶地貌以峰丛沟谷、垄岗谷地及峰丛谷地为主，峰丛洼地仅在小范围内出现，局部分水岭地带常形成岩溶丘陵洼地，乌江等河流两岸多呈峰丛峡谷。落水洞、漏斗等负形态发育强度降低，数量减少，地下河几乎都以单一管道出现，长度较短，多为 $1 \sim 7$ km，发育强度（以湄潭地区为例）：三叠统发育密度最高，为 8.6 km/100 km^2，下二叠统次之，为 4.48 km/100 km^2，下奥陶统及中寒武统、上寒武统最低，仅 2.23 km/100 km^2。全区地下河平均发育密度为 3.82 km/100 km^2。

12. 江汉—洞庭平原区（XII）

江汉—洞庭平原区，位于宜昌—荆门—孝感—武汉以南，枝城—石门—桃源以东，桃源—益阳—望城以北，岳阳—洪湖—嘉鱼以西，长江、汉江、洞庭湖贯穿东流。该区面积 $5.2 \times 10^4 km^2$。整个地势是西北、西南微向东南、东北倾斜，地面平坦，湖泊密布，河网交织，堤垸纵横。属于洞庭湖环湖区、长江直门达至石鼓流域，以及汉江丹江口以下干流流域。大部分地面海拔为 20～100 m，是长江中下游地势较低、面积较大的平原区。平原边缘为 50 m 左右的阶地和 100～200 m 的丘陵，成为山地与平原间的过渡地带。大地构造属于上扬子陆块江汉-洞庭断陷盆地，受中部近东西向华容隆起分割为江汉盆地和洞庭盆地两个坳陷区，为白垩纪开始发育起来的陆内盆地。白垩纪—新近纪具断陷盆地性质，第四纪发展为坳陷盆地，地球物理勘探（简称物探）资料显示，基底起伏呈现北东向的矩形或菱块状，盆地边界和基底受北东、北西两组断裂控制。盆地边缘由冲积扇砂砾岩组合、河流砂砾岩-砂岩-粉砂泥岩组合、河向相泥岩-粉砂岩-砂岩组合组成；盆地内部为湖相泥岩-粉砂岩-砂岩组合、泥岩-膏盐组合、含油砂泥岩组合。该区为非岩溶石山区。

13. 鄂东南湘东岗地低山丘陵区（XIII）

鄂东南湘东岗地低山丘陵区，位于武汉—黄州—黄石一线以南，武汉—岳阳—长沙—湘潭—衡阳以东，衡阳—安仁以北地区，大地构造属于下扬子陆块西南部，属于洞庭湖水系湘江流域及长江中下游城陵矶至湖口右岸流域，该区经过长期流水切割，形成典型平行岭谷景观。幕阜山、九岭山、连云山、武功山呈雁行排列，蜿蜒于鄂、湘、赣三省边界上，呈南东—北西向展布，平均海拔 1000 m 左右，相对高差 700～800 m。整个地势南高北低，东高西低。发育海拔 500 m 的丘陵和灰岩溶丘谷地区等，属于构造剥蚀或溶蚀构造地貌。

该区衡阳、湘潭、株洲一带分布有石炭系—二叠系—三叠系石灰岩、白云岩，咸宁—黄石以东地区发育有震旦系—下寒武统、中石炭统—上三叠统石灰岩、白云岩，分布面积 $6600 km^2$，占全区面积 13.61%。该区地表水系发育，地下河、岩溶大泉规模均较小，岩溶发育弱。

14. 滇西中山峡谷区（XIV）

该区位于澜沧江沿江及黑水河沿江昌都—兰坪—思茅一带，该区新元古代草曲群（Pt_3）浅变质岩系为该区的变质基底，属活动陆缘建造。奥陶纪—泥盆纪为边缘海建造，如青泥洞群、曾子顶组等。石炭纪为石灰岩、白云岩为主夹有较少量的凝灰岩、泥岩和砂岩、硅质岩的岩石组合，为碳酸盐岩台地建造。二叠纪—中三叠世受到两侧火山弧发育的影响，该区转化为弧后盆地，地层中出现大量的酸-中-基性火山岩。二叠纪地层如下二叠统龙洞河组（P_1）、中二叠统拉竹间组（P_2）和上二叠统羊八寨组（P_3），主要为一套滨浅海-深水陆棚碎屑岩及碳酸盐岩组合，含大量中-酸性火山岩，在龙洞一带夹含放射虫硅质岩；中二叠统坝溜组（P_2）为碳酸盐岩、硅质岩和碎屑岩互层；下三叠统—中三叠统马拉松多组（T_{1-2}）和中三叠统上兰组（T_2）发育碎屑岩夹中-酸性火山岩沉积。晚三叠世为残余海盆建造，包括歪古村组、三合洞组、挖鲁八组和麦初害组（T_3），主要为一套海陆交互相-滨浅海相碎屑岩-碳酸盐岩沉积，上部为煤线或煤层的碎屑岩。早侏罗世为前陆盆地。新生代陆内汇聚阶段，形成大规模的冲断推覆和走滑，形成一些压陷和拉分盆地，地层底部出现大量砾岩、砂岩等，往上出现灰岩夹层，在新近系顶部出现酸性火山岩和膏岩层。

该区碳酸盐岩分布面积较小，仅在德钦县东部发育有奥陶系大坪子组含燧石条带灰岩、含砂泥质条带灰岩、泥灰岩，地形切割较深，岩溶发育弱。

15. 攀西滇西北高原峡谷-褶皱盆地区（ⅩⅤ）

该区处于横断山中段至南缘，丽江—大理以东，西昌—东川—昆明以西，楚雄—玉溪以北，冕宁—越西以南部分区域。北西部海拔 2500～4000 m，南东部 2500～3500 m，相对高差 1000～3000 余米，最高峰梅里雪山卡瓦格博峰海拔 6740 m。西属澜沧江流域，东属金沙江流域，地形切割极为强烈，主要山脉为近南北或南偏东走向，呈高山中山岭谷相间地貌。该区大地构造属于康滇基底断隆（攀西上叠裂谷）、盐源—丽江陆缘裂谷盆地、楚雄前陆盆地、哀牢山变质基底杂岩区。

褶皱断裂多为南北和北西向，地层出露齐全，古生界分布较广，大部分岩层均有不同程度的变质。岩溶含水层主要为元古界—中生界碳酸盐岩及大理岩层，岩溶发育不均，储水空间以管隙系统为主。如丽江黑龙潭，补给区地表岩溶发育一般，主要为落水洞，规模不大，数量较少。由于断裂密布，地形切割强烈，岩溶水以快速管道流为主，围绕盆地周边多向河谷排泄，也往盆地汇集再排向江河之中。岩溶大泉、地下河发育，流量可达 700～6138 L/s，多出露于盆地边缘、谷底及谷坡台地上。该区落水洞、管道发育一般，溶洞发育较少，岩溶发育程度中等。

16. 黔东南桂北湘西南中山谷地区（ⅩⅥ）

该区位于黔东南凯里东南、河池北部，以及怀化、益阳一带，大地构造属于上扬子地台都龙变质基底杂岩区及十万大山前陆盆地区。都龙变质基底杂岩区变质基底杂岩核部由猛洞岩群、新寨岩群、南捞片麻岩和加里东期的南温河花岗岩组成，最高变质相达到低角闪岩相。其中被燕山期都龙花岗岩侵入。十万大山前陆盆地位于峒中—小董断裂与凭祥—藤县断裂之间，十万大山一带，为晚三叠世的一套砾岩-砂岩-粉砂岩（含煤）组合。盆地中心中三叠统、上三叠统可能是连续沉积，盆地除西南部晚三叠世局部为淡化海湾沉积外，主要由河流相、三角洲相、湖泊相砂砾岩、砂岩、泥岩组成。从晚三叠世至侏罗纪盆地东南侧逐渐抬升，沉积中心不断向北西方向迁移。早白垩世末，盆地褶皱上升，形成平缓开阔向斜。古近纪初，宁明—上思东西向断裂，形成上叠断陷盆地。

该区仅在辰溪县、溆浦县一带分布有中上石炭统白云岩、厚层-块状灰岩，分布面积 4500 km²，其余均为变质岩、碎屑岩，地下河、岩溶大泉发育较少，主要为分散排泄地下水系统，岩溶发育弱。

17. 湘中中低山峰林峰丛谷地-溶丘洼地区（ⅩⅦ）

主要分布于湘中湘南大部分区域，包括娄邵盆地区、溆浦—洞口一线以东、衡阳—资兴一线以西，南与广西毗邻，北至新化、双峰等地。大地构造属于湘桂地块（湘桂裂谷盆地）北部。该区地层发育齐全，自冷家溪群至中新生界各时代地层均有出露，沉积岩层厚度巨大。新元古代—早古生代，属扬子陆块东南缘被动陆缘盆地。前泥盆纪地层发生褶皱变形和低绿片岩相变质，并伴有碰撞型岩浆活动。自早泥盆世晚期开始，区内处于拉张机制下，地壳开始裂陷，并发展成为一个晚古生代陆内裂谷盆地，泥盆纪—早三叠纪海相地层发育，以碳酸盐岩为主夹硅质岩及碎屑岩沉积，厚度达 5000 余米。中三叠世末期裂谷盆地发生闭合，区内地壳大面积隆升。

区内地表岩溶形态较多，岩溶形态主要有地下河、溶洞，其次为落水洞及洼地等。岩溶个体形态分布密度一般为 0.31 ～ 0.63 个 / km^2，地下河发育密度 6.2 ～ 7.5 km/100 km^2，分布密度 0.029 ～ 0.04 条 / km^2，面积岩溶率 2.57% ～ 9%。地下河发育规模中等，一般长度为 1 ～ 4 km，极少数较长的也只有 5 km 左右。岩溶发育较强。

18. 云贵高原斜坡峰丛盆（洼）谷地区（XVIII）

该区位于滇南元江—弥勒—罗平，滇南兴仁—关岭—紫云—罗甸，桂北南丹—河池以南，文山—百色—南宁以北。大地构造属于南盘江—右江陆缘裂谷盆地区，盆地北西界为师宗—弥勒断裂，西南界为西林—田林—思林—隆安断裂（右江断裂），东北界为紫云南丹—河池（昆仑关）断裂，南东界为宁明—南宁断裂。盆地内出露地层以上古生界—中生界为主。早二叠世所谓"东吴运动"使盆地曾一度抬升，晚二叠世又重新拉张沉陷，初期仍继承台盆相间的古地理特征。早三叠世末开始，转为前陆盆地，沉积了巨厚的陆源碎屑浊积岩。

火山岩整个石炭纪均有发育，以玄武岩为主，近底部出现少许安山岩，总厚度近千米，玄武岩发育枕状构造，属拉斑系列。二叠纪火山岩夹于滇东南丘北—富宁地区上二叠统海相地层下部，形成于晚古生代陆缘裂谷构造环境。三叠纪火山岩零星见于滇东南个旧—富宁地区，岩性主要为玄武岩、安山玄武岩，总体属拉斑系列。基性-超基性侵入岩零星分布于滇东南马关、八布、富宁等地，呈岩床、岩盆、岩墙等产出，侵入最高层位为上三叠统，形成时代推断为二叠纪—晚三叠世。

该区岩溶强烈发育，可细分为黔东南高原斜坡峰丛洼地—峰丛谷地子区、滇东南褶皱带中山峰丛盆（洼）谷地子区、桂西岩溶斜坡子区、黔东南中山峡谷子区 4 个子区。

（1）黔东南高原斜坡峰丛洼地—峰丛谷地子区

位于苗岭中段，长江与珠江分山岭的南侧，三都、丹寨以西，安顺、镇宽以东地区，地处贵州高原向广西丘陵过渡的斜坡地带。

区域构造位于贵州侏罗山式褶皱带、黔中隔槽式褶皱内。背斜呈箱状，宽达 30 ～ 50 km，向斜呈槽形，宽 5 ～ 10 km，背斜核部多由平缓产出的泥盆、石炭系碳酸盐岩组成，向斜轴部由三叠系碎屑岩组成。向斜轴部多遭压性断层破坏；背斜侧翼挠曲地带常有纵张断裂发生，核部频繁发育，北东、北西向共轭扭断裂及同向大型节理和东西向横张断裂。各组节理与不同方向的断裂组合共同构造一幅裂隙网络系统，为岩溶发育提供了良好的构造条件。

该子区碳酸盐岩出露面积约占 62%，其中岩溶发育强烈的石炭系碳酸盐岩，出露面积 5670 km^2，占子区内各时代碳酸盐岩 48% 左右；泥盆系碳酸盐岩出露约 2385 km^2，占 20% 左右；二叠系碳酸盐岩占子区内碳酸盐岩 25% 左右，其中，上二叠统以吴家坪组碳酸盐岩为主，在该组内有地下河形成；岩溶发育强烈的为下二叠统，出露面积约 2000 km²，占子区内各时代碳酸盐岩 17% 左右。此外，尚有寒武系、三叠系碳酸盐岩零星分布。

上述各时代碳酸盐岩以石灰岩和白云岩为主，是岩溶强烈发育的基本条件，除构造、岩性和地貌条件外，该子区多年平均降水量 1300 ～ 1500 mm，局部高达 1600 mm，且常出现暴雨，集中的降水大量补给地下，形成活跃的水动力条件，强烈地冲蚀、溶蚀作用也有利于地下岩溶管道的疏通和扩大。

子区内地貌以峰丛洼地、峰丛谷地和峰林谷地等组合形态为主，个体形态发育多样，岩溶洼地密度 3 ～ 4 个 /km²，且漏斗、落水洞、溶洞密布。地下河总长度 1670 km，发育密度约 14.5 km/100 km²，是贵州省地下河发育密度最大的地区，形成了众多规模大、距离长的地下河系，如罗甸大小井地下河系、独山天生桥地下河系、荔波小七孔地下河系等。

（2）滇东南褶皱带中山峰丛盆（洼）谷地子区

为云南高原的东南缘，面积 47 639.47 km²。总体地势向南东倾斜，山地海拔 1500 ～ 2200 m，最高峰薄竹山海拔 2991 m，河口县元江水面仅 76.4 m。属南盘江和元江流域，主要地貌特征为峰丛盆（洼）谷地组合形态，岩溶地貌发育于海拔 1800 ～ 2200 m、1500 ～ 1700 m、1300 m 左右三级构造溶蚀台面上。子区内南北向、北西、北东及弧形断裂相互切割出现，多褶皱和穹隆构造。该子区古生界、中生界碳酸盐岩层分布面积达 60% 以上，累计厚 7000 余米，其中尤以中生界碳酸盐岩层分布广泛。碎屑岩多呈夹层形式产出，火成岩分布狭小。岩溶含水层岩溶发育强烈，但不均匀，岩溶管道为主要径流通道，岩溶大泉、地下河数量多。南西部蒙开个山地盆（谷）地区处于南盘江和元江河间地带，岩溶水以管道流为主，地下河及岩溶大泉流量占地下水总量 80%，开远南洞地下河日均流量达 1.39 ～ 33.90 m³/s，多沿河谷及盆地边缘排泄，岩溶水动态变幅达数十至上百倍，南洞地下河在出水口上方不同高程上有多层干洞，北支洞长度 1583 m，宽 10 ～ 20 m，高 10 ～ 15 m，为一廊道型，似矩形断面。南支洞长度 1545 m，洞宽 3 ～ 10 m，高 1 ～ 4 m。地下河系主要由一条主流和三条支流组成，主流全长 75 km，支流长约 40 km，由多条地下河组合叠置而成的岩溶水系统，既有自鸣鹫石洞经灰土地消水洞（包括大黑水洞）过草坝一村 208 号孔至南洞的干流管道，又有红塘子、卧龙谷等支管道，还有置叠于其上的平石板地下河、大小黑水洞地下河、黑龙潭地下河等次级管道。东部峰丛盆（洼）谷地区，岩溶水主要为管道流，在岩溶石山区，岩溶发育极不均匀，地下水深埋。在盆（洼）谷地区，岩溶发育下界面一般埋深小于 100 m，调节能力弱，地下水循环快，变幅大，以岩溶大泉、地下河排泄为主，流量大于 100 L/s 的岩溶大泉、地下河多见，动态变幅十余至百余倍；南部屏边—麻栗坡山间河谷区，受水文网分割，地貌呈北西或近南北向的河间地块，岩溶水多向河谷排泄，径流短，排泄快，谷底岩溶大泉、地下河出露较多，其流量占地下水总量 50% 左右。

基本的岩溶地貌单元以峰洼（谷）地、岩溶河谷为主，少部分岩溶断陷盆地。该子区落水洞、天窗、竖井、溶洞、地下河管道较为发育，且发育规模较大，延伸长，溶洞发育规模大，延伸长。岩溶发育程度强。

（3）桂西岩溶斜坡子区

包括桂西包容式峰丛洼地地貌和桂西高峰丛洼地地貌 2 个亚区。分布在桂西的隆林、乐业、凌云、天峨、靖西等地区，由高峰丛洼地组成，面积约 2.0 万 km²。山峰连成的夷平面形成一个西北高东南低的斜面，石山间的洼地星罗棋布，洼地四周山坡陡立，岩石裸露，洼地底部呈锅底或平底形，红色黏土覆盖层厚度一般不超过 10 m，占该区总面积不到 5% 的耕地就分布在这些洼地底部。

斜坡前缘界线，北自红茂矿务局附近，南经河池、都安西部、岩滩、巴马至百色附近，跨右江河谷至巴平、德保、靖西县湖润三塔岭。斜坡后缘界线位于邻省，地势从北西向南东大幅度降低，斜坡特征明显。斜坡区高程一般 1000～1500 m，切割深度 500～800 m，水系较发育，河流多具裂点，裂点之上为宽谷地，河床坡降较平缓，裂点之下为峡谷地形，河床坡降较大。子区内南盘江段多急滩和跌水，其中天生桥—纳贡段河长 14.5 km，总落差达 181 m。西林南东驮娘江河谷深切 200～400 m，两岸山坡 35°～40°，该子区河深水低，地下水深埋，取水困难。

桂西岩溶斜坡子区内碳酸盐岩多被砂页岩所包围，子区内岩溶漏斗、消水洞、落水洞极发育，世界闻名的乐业大石围天坑群和百旺大峡谷就发育在桂西包容式峰丛洼地地貌亚区内。

桂西岩溶斜坡子区的最大特征是裸岩面积大，耕地面积小，干旱缺水，石漠化严重；地表河下切深度大，地下河系发育，地下水深埋，同时，表层岩溶泉也比较多。

（4）黔东南中山峡谷子区

该子区位于黔东南的册亨—望谟一带，地处南盘江以北，三叠系区域相变线南东，其主要岩性为三叠系陆源碎屑岩夹泥灰岩等不纯碳酸盐岩，可溶岩面积小。仅小范围出露有石炭系、二叠系石灰岩及泥盆系白云质灰岩，面积不足 30%，局部形成峰丛洼地、峰丛谷地及其他岩溶个体形态。灰岩中地下河发育密度约 10 km/100 km²，但全区平均地下河密度约 1 km/100 km²。

19. 桂中峰林平原、岩溶垄岗地貌区（XIX）

桂中孤峰平原、岩溶垄岗地貌区，位于柳州、南宁北部、河池东部。包括柳州、来宾和宾阳等 10 个县市，是广西面积最大的平原，也是最重要的经济区。

该区大地构造属于湘桂地块（湘桂裂谷盆地）南部，碳酸盐岩为中上泥盆统海口组、宰格组厚层-块状灰岩，由柳州平原、宾阳—黎塘平原等组成，平原上分布较多峰林和孤峰，局部分布小面积的峰丛洼地地形。各平原之间均有一处或多处大型或小型平坦岩溶谷地，红水河、柳江、黔江、洛清江、清水河等大中型河流穿行其中。平原地面高程 100 m 左右，江河近岸地带低于 100 m，孤峰相对高差 200 m 以内，连片的峰林或峰丛相对高差 200～400 m，洼地高程一般在 200 m 左右。平原中河流下切较深，一般都不具自流引灌条件，使得广西这个耕地总量最大、人均耕地最多的平原区仍有许多干旱片。河池、罗城、忻城等县市，既有连片分布的峰丛洼地，也有峰林地形。峰丛洼地区以小型圆洼地为主，其次为串珠状洼地或长条形洼地，洼地多为地下河发育标志。该地段大型岩溶谷地有：宜州区怀远—庆远—三岔的龙江沿岸谷地、北牙—石别谷地、忻城县的马泗—忻城—古蓬谷地，长度都超过 20 km，宽度均大于 1 km，最宽可达 3 km，周边多有交叉小型分支谷地。中小型谷地数量众多，主要有金城江谷地、罗城谷地、德胜谷地、大塘—思练谷地、融水谷地、融安谷地等。谷地地面平坦，红色黏土覆盖层厚度较大，地面适宜耕种，一般有常年性地表河或季节性地表河发育，多数谷地分布有可供利用的有水溶洞、溶井、地下河或天窗等地下水点。

20. 湘南粤北桂东北峰林谷地-溶丘洼地区（XX）

该区主要包括桂东北桂林市、贺州市、梧州市，粤北清远、韶关，湘南永州、衡阳、郴州大部分区域，大地构造属于湘桂地块（湘桂裂谷盆地）中部及湘赣、两广交界部位的罗霄岩浆弧。

该区地层发育齐全，自冷家溪群至中新生界各时代地层均有出露，沉积岩层厚度巨大。新元古代—早古生代属扬子陆块东南缘被动陆缘盆地。前泥盆纪地层发生褶皱变形和低绿片岩相变质，并伴有碰撞型岩浆活动。自早泥盆世晚期开始，区内处于拉张机制下，地壳开始裂陷，并发展成为一个晚古生代陆内裂谷盆地，泥盆纪—早三叠纪海相地层发育，以碳酸盐岩为主夹硅质岩及碎屑岩沉积，厚度达 5000 余米。

该区属世界上最典型的热带亚热带岩溶峰林地形，从全州—桂林—阳朔—荔浦—平乐—钟山—贺州，沿途可看到多处开阔平坦的孤峰平原和曲折谷地，两侧为稀疏或密集形态百千的奇峰异石。平原上一座座平地拔起的塔状和柱状石灰岩山峰，几乎每座孤峰都发育大小不等的溶洞。平原和大型谷地均有常年性河流发育，岩溶峰林平原一般分布在各条中小型河流的中上游地区，平原地面高程多数 150～200 m。该区局部面积较大的峰林区的中心地段往往有一些峰丛洼地地形分布，其面积不大，以串珠状洼地或长条状洼地为主，高程大于 200 m。

该区碳酸盐岩分布面积 3.17×10^4 km²，占全区面积 22.12%，区内地表岩溶形态较多，岩溶形态主要有地下河、溶洞，其次为落水洞及洼地等。岩溶个体形态分布密度一般为 0.31～0.63 个 / km²，地下河发育密度 6.2～7.5 km/100 km²，分布密度 0.029～0.04 条 / km²，面积岩溶率 2.57%～9%。地下河发育规模中等，一般长度为 1～4 km，极少数较长的也只有 5 公里左右。岩溶发育强度较强。

21. 粤东北低山丘陵区（XXI）

该区分布于肇庆—四会—清远—韶关一线以南，茂名—佛山—广州—东莞—河源—梅州以北地区，大地构造属于武夷岛弧地块，北西为吴川—四会断裂及新丰—清远断裂，南东为上虞—龙泉—政和—大埔结合带。碳酸盐岩主要区域为东北部的英德市、翁源县、连平县及梅州市部分区域，岩溶地貌以丘陵谷地、丘丛谷地等为主，其他非碳酸盐岩分布区则主要为丘陵山地。大都属珠江水系东江、北江及粤南水系流域。该区碳酸盐岩分布面积 1400 km²，主要为中石炭统船山组、壶天群厚层状灰岩夹白云岩及白云质灰岩及厚层-块状夹白云质灰岩及白云岩。发育有 8～10 条短小型地下河及少量岩溶大泉，绝大部分为分散排泄地下水系统，为非岩溶石山区。

22. 滇东南桂西南峰丛、峰林谷地区（XXII）

该区主要位于蒙自—文山—砚山—富宁—田阳—田东—平果—隆安—南宁以南的广大地区，大地构造上属于富宁—那坡被动边缘盆地，北西以右江断裂与南盘江—右江裂谷盆地分界,南以宁明—南宁断裂与十万大山断陷盆地为界。盆地内出露地层以上古生界—中生界为主。寒武系自西向东由台地相碳酸盐岩,早泥盆世布拉格早期开始拉张沉降,盆地内出现台盆相间的古地理格局。早二叠世期间盆地曾一度抬升,晚二叠世又重新拉张沉陷,初期仍继承台盆相间的古地理特征。中三叠世开始,沉积了巨厚的陆源碎屑浊积岩。

西南诸河元江流域和珠江流域的右江、左江流域,以峰丛洼地为主,群山之中穿插较多长条形谷地,地势西高东低、北高南低,该区域岩溶强烈发育,碳酸盐岩分布面积 3.14×10^4 km²,占全区面积 63.31%,岩溶发育强。

桂西南峰丛、峰林谷地地貌区,位于百色地区南部和南宁地区西部。以峰丛洼地为主体。群峰峰顶构成一个起伏不大的夷平面,夷平面高程 700 m 左右,较大型谷地高程 250 m 以下,该区的洼地以圆形为主,谷地以北东—南西向的长条形谷地为主,其次是近东西向的谷地。一般谷地宽度不过数百米,最宽不足 2 km,但长度可达数千米至数十千米。多数谷地中发育季节性小河,少数谷地发育常年性河流。

滇东南褶皱带中山峰丛盆(洼)谷地区总体情况前文已介绍,此处不再赘述。

基本的岩溶地貌单元以峰洼(谷)地、岩溶河谷为主,少部分岩溶断陷盆地。该区落水洞、天窗、竖井、溶洞、地下河管道较为发育,且发育规模较大,延伸长,溶洞发育规模大,延伸长。岩溶发育程度强。

23. 桂东南孤峰平原区(XXIII)

该区峒中—小董断裂与凭祥—藤县断裂之间,十万大山一带,为晚三叠世的一套砾岩-砂岩-粉砂岩(含煤)组合。大地构造属于十万大山前陆盆地,盆地除西南部晚三叠世局部为淡化海湾沉积外,主要由河流相、三角洲相、湖泊相砂砾岩、砂岩、泥岩组成。从晚三叠世至侏罗纪盆地东南侧逐渐抬升,沉积中心不断向北西方向迁移。早白垩世末,盆地褶皱上升,形成平缓开阔向斜。古近纪初,宁明—上思东西向断裂活动,形成上叠断陷盆地。该区主要碳酸盐层为上石炭统马平组浅灰色块状灰岩,除邕江、郁江沿岸平原面积较大以外,其余均为独立的小盆地。平原或盆地地面平坦,高程均在100 m 以下,其中地表江河水系较发育。岩溶盆地区覆盖面积大,红黏土分布厚度一般 10 ~ 20 m,最厚达 30 m,分布岩溶大泉较多,河谷两侧阶地较发育,局部阶地面冲沟发育,水土流失较严重,地表河河床下切深度大,近分水岭地段地表水贫乏,旱情较严重。

在盆地边缘,发育有较分散的地下河系统和岩溶大泉系统,地下河规模大都较小,如邕宁县莆庙镇新新村清水泉地下河出口、上思县在妙镇平良村陆村屯西地下河出口、贵港市三里镇鲤鱼江边地下河出口等,地下河延伸长度 8 ~ 12 km,岩溶发育中等—弱。

24. 桂南粤东粤南沿海岩浆弧丘陵平原区(XXIV)

该区位于钦州—灵山—藤县东南,玉林—肇庆—广州—东莞—河源—大埔县以南广大地区,华夏造山系武夷—云开弧盆系的钦防残余盆地、六万大山—大容山岩浆弧、云开地块、信宜—贵子坑坪蛇绿混杂岩带、罗霄岩浆弧、粤东沿海岩浆弧和粤南岩浆弧等地区。沿海地区整体呈北东走向的巨型火山－岩浆构造带,包含有火山岩浆弧、火山盆地、坳陷盆地、同碰撞岩浆杂岩、后碰撞岩浆杂岩、后造山岩浆杂岩、碳酸盐岩陆表海、海陆交互陆表海、碎屑岩陆表海、陆内裂谷、远洋沉积、陆缘斜坡等不同的构造建造组合。中生代火山岩和花岗岩大面积分布,普遍发育一系列岩浆弧间盆地和火山岩断陷盆地,为非岩溶石山区。

25. 滇西岩浆弧剥蚀区(XXV)

该区位于滇西芒市、泸水西部,主要属于伊洛瓦底江流域,大地构造上位于冈底斯—喜马拉雅造山系的冈底斯—察隅弧盆系,可划分为班公—腾冲岩浆弧、隆格尔—工布江达复合岛弧带、冈底斯—下察隅岩浆弧带等3个三级构造单元。该区碳酸盐岩主要分布于腾冲市北部及盈江县中部。班公—腾冲岩浆弧上志留统为碳酸盐岩建造;泥盆系为含锰碳酸盐岩和碎屑岩建造;石炭系是碎屑岩和碳酸盐岩建造,中上三叠统分布零星的碳酸盐岩及碎屑岩;隆格尔—工布江达复合岛弧带奥陶系主要为一套被动边缘盆地中的浅海碳酸盐岩夹碎屑岩建造,泥盆系局限为被动边缘盆地中的浅海碳酸盐岩夹碎屑岩建造。其余大都为变质岩和火山岩,碳酸盐岩分布面积2300 km^2,岩溶发育弱。

地貌主要以中山谷地、中山峡谷为主,发育瑞丽江、太平江(大盈江)、南碗河等河流,该区未见地下河发育,岩溶大泉也较少,主要为分散排泄地下水系统。

26. 保山地块褶皱带岩溶峡谷区(XXVI)

该区位于滇西南保山市、临沧市、芒市,主要属怒江流域及伊洛瓦底江流域。海拔2000～2500 m,地形起伏不大,山体多呈平缓圆顶或垄岗状。怒江南段河谷海拔约560 m,切割较深。分布有保山、施甸、柯街、孟定、耿马等盆地。大地构造上主要属于冈底斯—喜马拉雅造山系保山地块,界于南怒江断裂和昌宁—孟连结合带之间,出露地层主要为震旦系—侏罗系。

该区奥陶系—志留系为浅海-深水陆棚相碎屑岩－碳酸盐岩组合,晚古生代泥盆系向东水体逐渐变深,沉积碎屑岩-碳酸盐岩组合。石炭系上部至下二叠统出现冈瓦纳相含砾沉积,含冰川漂砾的碎屑岩等,并有玄武岩、安山玄武岩的喷溢,显示具有被动边缘裂陷-裂谷盆地性质。二叠纪末随着东侧特提斯大洋的俯冲消亡、弧-陆碰撞作用的开始,下中三叠统为前陆盆地中的一套局限浅海相碳酸盐岩夹碎屑岩沉积,并平行不整合于下伏地层之上;上三叠统为一套海陆交互相碎屑岩,局部夹中基性-中酸性火山岩,顶部出现红色磨拉石堆积,火山岩形成于碰撞造山作用的构造环境。中、晚侏罗世地层不整合覆在三叠系之上,新生代叠加了西断东超的典型箕状盆地。

该区断裂发育,近南北向为主。碳酸盐岩、碎屑岩及变质岩呈条带相间分布,岩溶管道发育,岩溶水多于河谷及盆地边缘,以岩溶大泉、地下河形式排泄,流量动态变幅在几十倍之上。盆地中的富水地段单井涌水量均在800 m^3/d以上。

基本的岩溶地貌单元以岩溶河谷、岩溶断陷盆地为主。该区落水洞、管道发育一般,溶洞发育较少,岩溶发育程度中等。

二、岩溶发育影响和控制因素

（一）地质构造的控制作用

新构造运动对岩溶发育的影响表现为挽近断裂的强烈活动及由此造成的巨大的地貌反差。新近纪上新世以来，滇东地区大部分以北东向、南北向为主的深大断裂复活，断块差异上升代替了区域性隆升，地形高差加大，上升区大都形成高山台地，多属地下水补给、径流区，以垂直岩溶为主。下降区沿深大断裂沿线形成一批岩溶盆地，多为地下水的排泄区，以水平溶蚀为主。

如泸西盆地，上新世以来，因间歇性上升运动使得岩溶发育具有与之对应的成层性特征。从东部最高的补给区至小江河最低排泄区，水平溶洞依高程差异分6层（表1-3）。第一层为盆地外围岩溶中山区的小阿棚溶洞，高程2180～2210 m；第二层为盆地上游溶丘台地槽谷区的长街洞、槟榔洞、当当石等溶洞，高程1830～1860 m，溶洞数量较多；第三层为盆底周边岩溶峰丛洼地区的阿庐古洞，高程1720～1750 m，是区内规模最大的溶洞；第四～六层分布在小江岩溶河谷区（图1-4），有永宁溶洞、小江村溶洞、冒水洞，高程分别为1570～1610 m、1420～1450 m、920～950 m。

表1-3　泸西小江流域水平溶洞统计表

溶洞分层	高程/m	规模	典型溶洞	特点	地貌类型分区
第一层	2180～2210	水平长约30 m	小阿棚	干枯水平溶洞	盆地外围岩溶中山区
第二层	1830～1860	一般延伸长22～75 m，最长者槟榔洞136.3 m	长街洞、槟榔洞、当当石	干枯水平溶洞	盆地上游溶丘台地槽谷区
第三层	1720～1750	分2层，规模宏大	阿庐古洞	上层干枯，下层底部有水，为地下河通道	盆底周边岩溶峰丛洼地区
第四层	1570～1610	长15～45 m，宽2.5～10 m，高3～8 m	永宁溶洞	溶洞底部有水，为地下河通道	小江岩溶河谷区
第五层	1420～1450	洞口宽约3 m，高约2 m	小江村溶洞	溶洞底部有水，为地下河通道	小江岩溶河谷区
第六层	920～950	因建水库电站被小江河淹没	冒水洞	充水溶洞，为地下河通道	小江岩溶河谷区

新构造运动间歇式的不断隆升，使老溶洞层逐渐脱离饱水带，进入包气带，形成高溶洞层，分布位置一般较高，高程1830～2210 m，高层溶洞多为干洞，如小阿棚溶洞；中层溶洞与石林期第二级夷平面相当，分布于盆地边缘，高程1720～1750 m，有不同程度的充填，如阿庐古洞，上层为干洞，长1500 m，下层底部洞口为地下河出口，已探明的地下河长400 m；底层溶洞有3层，高程920～1610 m，一般高出河床水面20 m左右，为地下河及伏流的出口，如冒水洞。

裸露型岩溶石山区在构造运动中处于相对上升的地位，构造发育，节理裂隙发育，基岩裸露，直接遭受水流的溶蚀，岩溶以不均匀的洞、管、隙系统为主。由于岩溶发育具继承性，不同岩溶形态之间有垂直管隙相连，岩溶发育强烈但不均匀，形成纵横交错的岩溶管隙、管道网络系统。覆盖型岩溶石山区在构造运动中处于相对下沉的地位，构造相对简单。地表覆盖有厚度不等的新生界第四系沉积物，隐伏碳酸盐岩地层长期处于饱水带地下水作用下，径流和缓，岩溶发育充分并且均匀，形成以溶隙为主的较均匀网状结构岩溶系统。

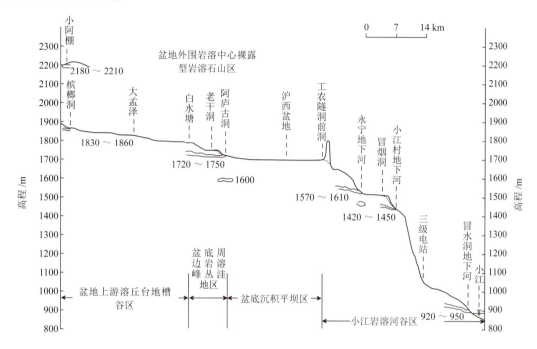

图 1-4　泸西小江流域小江河与岩溶发育关系图

构造运动造成地壳的抬升或沉降，使岩溶的形成条件存在差异，从而控制岩溶发育的格局。构造因素对岩溶发育的控制作用一般是通过构造应力使岩体破裂，形成节理裂隙等空隙，使地表地下水有可渗入的空间，在具有可溶性的碳酸盐岩岩体中不断地通过溶蚀、侵蚀作用来扩大空间；同时，裂隙发育差异控制着岩溶发育的强弱，不同构造部位及构造影响带岩层变形破碎程度不同，裂隙发育强弱不等。不同力学性质的断裂导致岩体破碎程度、形式及充填情况差异很大；而在不同的褶皱部位裂隙发育各具特点，其对岩溶发育起着控制作用。一般地，断裂附近、断裂密集和交汇地段、褶皱轴部岩溶较为发育，张性或扭性断裂带岩溶发育相对较强，而压性及扭性断裂带岩溶发育相对较弱；大型岩溶地貌如断陷盆地等受区域性活动断裂控制；洼地、漏斗、落水洞、竖井、天窗等在褶皱轴部、断裂带成串珠状发育。

1. 断层对岩溶发育的控制

张性断层及影响带岩体裂隙发育且多张开，利于溶蚀、侵蚀作用发展，故沿张性断裂带及其两侧影响带岩溶普遍强烈。如盆底平坝区的南端边缘大兴堡南部，位于雨龙正断层两侧宽大的影响带内，岩溶发育强烈，在地表发育落水洞，地下发育岩溶管道。泸西盆地也受北东向的雨龙正断层控制。

区内扭性断层往往成组出现，影响带一般裂隙密集发育，特别在石灰岩、白云岩等脆性岩体中，扭裂隙延伸较长，影响带岩体受到强烈破坏，利于岩溶向深处发展。如盆地外围岩溶中山区，在构造运动中处于相对上升的地位，断裂构造发育，在湾半孔—小阿棚一带，扭性平移断层成组发育，并伴有分支断层，受其影响，岩体破碎，利于地下水向下渗入流动，并在渗入溶蚀过程中逐渐扩大裂隙，导致岩溶发育强烈，表现为该区的洼地、漏斗、竖井、落水洞具有明显的方向性，呈串珠状分布。

2. 褶皱对岩溶发育的控制

褶皱构造对岩溶的发育影响显著。核部地带、转折端构造应力集中，节理裂隙发育，岩体变形破碎，溶洞的平面展布和发育规模与岩层遭受的构造变动程度相适应，构造变动程度及其所决定的裂隙发育差异是导致岩溶分异作用的基本动因。构造引起岩体的变形破碎，其中具有优势的层面与纵张裂隙组，易于构成非连续空隙网络而形成集中的地下水径流通道，巨型裂隙以其张开度和延伸长度的特别优势，产生岩溶分异作用，充分表现出对岩溶发育的控制作用。白水向斜核部地带，地表裸露的岩体节理裂隙极为发育，常切穿层面，破碎程度高，局部破碎呈砂状，主要发育有3组节理裂隙，走向分别为320°～355°、245°～280°、55°，线密度分别为25条/m、40～60条/m、20条/m。密集的节理裂隙为地下水的径流运移、溶蚀提供了良好的条件，阿庐古洞地下河系统即是沿白水向斜核部追踪纵向节理裂隙发育而成的地下河系统。

贵州省地壳在早三叠纪喜山运动中受带大体近东西向的挤压应力，在水平压应力的作用下，一般东西向断裂表现为张性，南北向为逆冲断裂及二次纵张活动，北东、北北东向断裂以右旋扭动为主兼具顺时针扭动特征。这些大的区域性断裂构造，不但控制了贵州省地层构造、地貌和山河展布，而且严格地控制了地下水的运动方向和岩溶的发育规律。在不同的地区，岩溶的发育和断裂的力学性质密切相关，一般来说，断层越老，充填胶结越好，越不利于地下水的活动，沿断裂带岩溶的发育程度也越差；断层越新，充填胶结越差，越有利于地下水的活动，沿断层带的岩溶也就越发育。调查结果显示，省内大部分的岩溶地下河的分布都沿碳酸盐岩地层中发育的断层带分布，岩溶大泉的出露也多与断裂带有关。

褶曲构造对岩溶发育的控制主要反映在对褶曲的类型、宽缓程度的影响，以及褶曲中节理裂隙的发育情况。在宽缓的褶曲中，碳酸盐岩倾角较缓，岩层展布较宽，岩溶的发育主要受发育在碳酸盐岩中的节理（包括断层）的控制，往往沿大型大"X"节理追踪发育岩溶洞穴、管道类型，以黔南贵定至罗甸一带的箱状背斜最为典型。在该区域内，在宽缓的背斜中发育成了众多树枝状的地下河系统，其中以大小井地下河系统为代表；在紧密的褶曲中，由于岩层倾角一般较陡，碳酸盐岩和碎屑岩呈条带状相间分布，岩溶发育主要碳酸盐岩地层中层间裂隙发育，碳酸盐岩与碎屑岩的接触带由于岩性差异影响，也成为岩溶发育的主要地带。

广西乐业S型旋扭构造、凌云旋卷构造和所略旋卷构造中的岩溶洞道系统主要沿旋扭轴或旋卷弧发育。乐业S型旋扭构造对岩溶发育的控制表现在：罗沙、武称、平寨、乐业、上岗、田坝、花坪、石龙背、百中及幼平等谷地，在总体上呈 S 型展布。百朗地下河系向北西凸起呈明显的弧形分布，地下河主流沿武称背斜、金竹洞背斜轴部发育，主流由南西向北东，折转北面，往北再转北东，展布的形态与褶皱的基本轮廓一致，表明地下河系主流走向受 S 型构造的控制（图 1-5）。

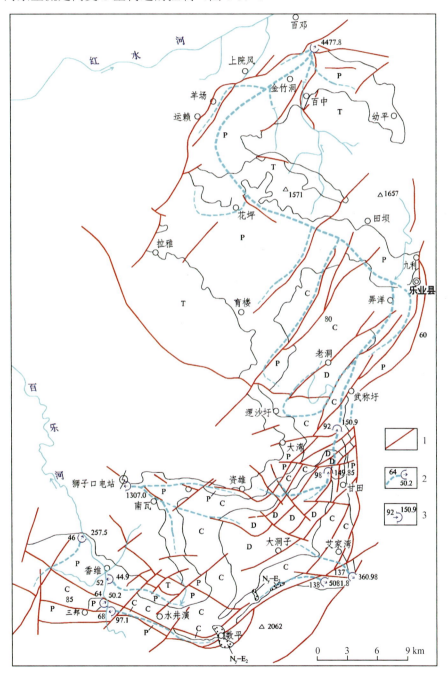

图 1-5　乐业 S 型旋扭构造地下河系展布图

1. 断裂；2. 地下河出口 [左为室内编号，右为流量 /(L/s)]；3. 地下河进口 [左为室内编号，右为流量 /(L/s)]
引自《1 ∶ 20 万田林幅区域水文地质普查报告》

　　凌云旋卷构造由碳酸盐岩地层组成，该构造体系中分布的水源洞地下河系，陇朗—弄福地下河及弄黄—十二洞地下河，其干流均是沿旋卷构造的内旋层的边缘形成，呈弧形展布，旋卷构造中的洼地、竖井、天窗、消水洞等定向排列成网络状，地下水的运动方向和展布形式严格受旋卷构造体系的控制，砥柱中心部位形成多支流的地下河系，在内旋层与外旋层接触部位形成较长的单枝状地下河（图1-6）。

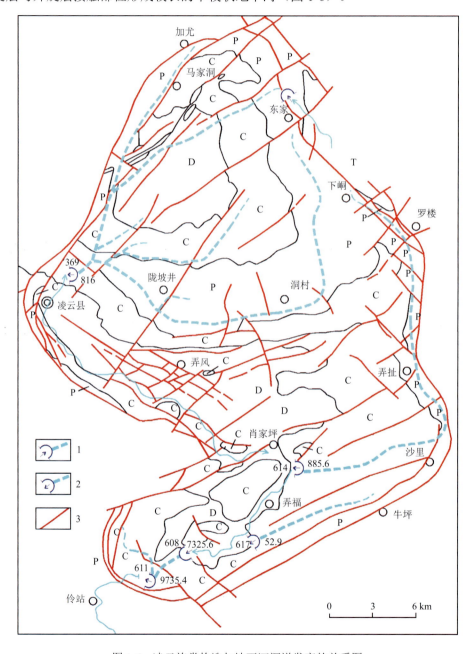

图1-6　凌云旋卷构造与地下河洞道发育的关系图

1.地下河进口；2.地下河出口 [左为室内编号，右为流量 /(L/s)]；3.断裂

引自《1：20万田林幅区域水文地质普查报告》

更新—坡心弧形构造，展布在弧形构造中的坡心地下河系、更新地下河、弄留地下河等，其发育方向均受弧形构造面的控制（图1-7）。

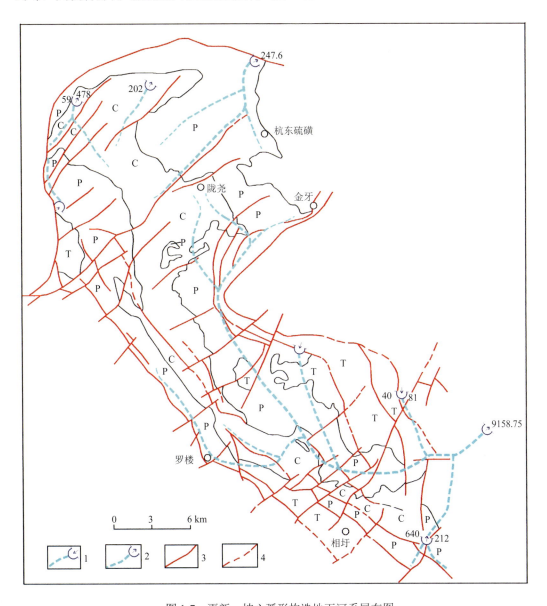

图 1-7　更新—坡心弧形构造地下河系展布图

1.地下河进口；2.地下河出口 [左为室内编号，右为流量 /(L/s)]；3.断裂；4.断层推测部分

引自《1∶20万田林幅区域水文地质普查报告》

右江断层的东部至桂林—柳州—来宾新华夏断层以西的广大岩溶盆地区，形成北北西向的宽阔平缓的背斜及较狭窄紧密的向斜构造，背斜轴部是浅层岩溶洞道系统发育的主要地带，著名的地苏地下河系主流就发育在保安—地苏背斜轴附近。地苏地下河系发育于一大型复背斜构造内，复背斜轴为北偏西，轴部岩层平缓，横张裂隙发育，地下河系主流及主要支流均处于该轴部，沿东北或南北向裂隙展布（图1-8）。

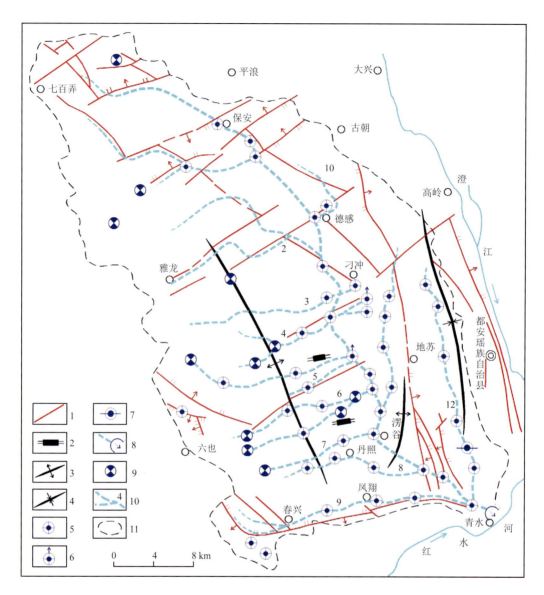

图 1-8 地苏地下河系与地质构造关系图

1. 断层；2. 裂隙及其发育方向；3. 背斜轴；4. 向斜轴；5. 地下河天窗；6. 季节性地下河溢流天窗；7. 地下河流动天窗；
8. 地下河出口；9. 落水洞；10. 地下河及其编号；11. 地苏地下河范围界线
引自广西水文工程地质队《广西都安县地苏—六也地区地下河系勘察报告》

　　泗顶矿区南部谷地中地下岩溶洞道主要是沿褶皱轴部发育，形成矿坑充水的主要通道。下末地下河、官村地下河皆沿背斜轴部发育。武鸣地下河系沿宽阔平缓的武鸣向斜轴发育，永福县和平乡平村地下河上游洞道沿向斜轴部发育。

　　广西岩溶发育与地质构造中的褶皱关系密切，岩溶斜坡区，背斜轴易形成暴露于地表或浅层的岩溶形态，地下河洞道规模、展布方向受弧形类褶皱制约。岩溶盆地区，宽阔舒缓的褶皱轴部岩溶较发育，向斜易形成埋伏的岩溶形态。在广西宽阔平缓的褶皱比紧密狭窄的褶皱岩溶更发育，背斜形成的谷地要比向斜形成的谷地多，褶皱变换部位岩溶比较发育，轴部比翼部发育（图1-9）。

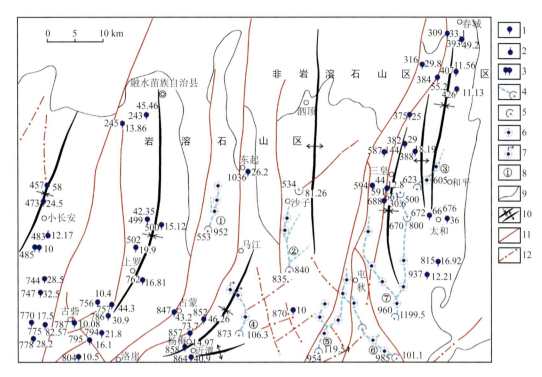

图1-9 地下河岩溶大泉与构造关系略图

1. 下降泉；2. 上升泉；3. 泉群；4. 地下河出口；5. 地下河进口；6. 天窗；7. 溢流天窗；
8. 地下河编号；9. 岩溶石山区与非岩溶石山区界线；10. 背斜轴、向斜轴；11. 断裂；12. 卫片、航片解译断裂
引自《1：20万融安幅区域水文地质普查报告》

广西岩溶的发育与断层构造的关系尤为密切，岩溶发育的程度受断层性质、规模的制约，正断层对岩溶的发育具有特殊的开导作用。对广西岩溶发育最有利的断层依次为南北向、北西向、东西向和北北东向。

南北向断层主要为正断层。柳江、黔江受其控制，基本呈南北向发育。南北向断层主要分布在桂中、桂东北。桂中岩溶大泉均沿南北向断层分布；象州热矿水主要沿南北向断层形成，埋深450 m处还有深层岩溶，经钻孔揭露最深溶洞埋深800 m也发育在柳江成团南北向断层带中。桂东钟山源头的热矿泉、贺州南乡热矿泉的形成均与南北向断层有关。桂东北全州县才湾乡南北向断层两侧岩溶发育，地下河及岩溶大泉均沿断层两侧分布（图1-10）。

从断层性质分析，逆断层一侧岩溶发育。广西逆断层多表现为逆冲断层或逆掩断层，这类断层规模较小，主动盘易形成较宽的破碎带，造成一侧岩溶发育。桂西岩溶斜坡区，马山县永州一带北东东向逆断层上盘灰岩中岩溶发育，地下水富集。乐业县武称一带北东向断层一侧有利于岩溶发育，溶井、溢洪洞、地下河天窗等沿断层带呈串珠状分布（图1-11）。

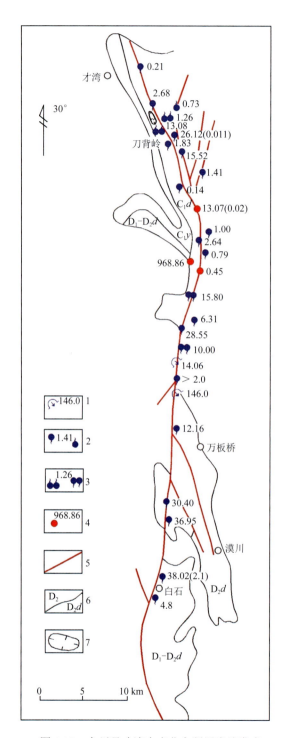

图 1-10 全州县才湾乡南北向断层岩溶发育

1. 出水溶洞及流量 /(L/s)；2. 上升、下降泉及流量 /(L/s)；3. 上升、下降泉群及流量 /(L/s)；
4. 钻孔及涌水量 /(t/d)；5. 断裂；6. 地质界线；7. 岩溶洼地
引自《1∶20 万三江—兴安幅区域水文地质普查报告》

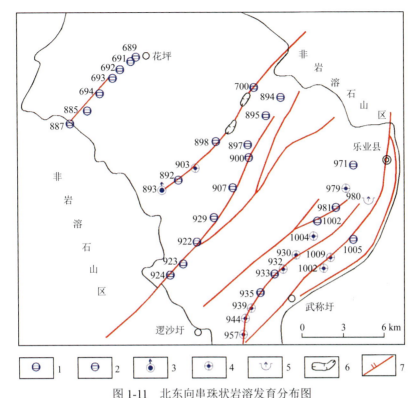

图 1-11 北东向串珠状岩溶发育分布图

1. 干溶井；2. 充水溶井；3. 溢洪洞；4. 地下河天窗；5. 地下河出口；6. 岩溶洼地；7. 北东向断裂

正断层两侧平行主断层的引张裂隙发育，主断层带形成的角砾岩多属充填型，胶结不紧密，使两盘地下水互相沟通，形成岩溶富水地段。

区域性张裂隙是岩溶洞穴发育的主要通道。广西大型洞穴基本上是沿两组张裂隙交汇处扩大或转向，桂中柳州都乐岩、桂东北桂林芦笛岩、阳朔北溶洞，以及北流沟漏洞、罗城平定连环洞、崇左濑湍洞、百色泮水洞等均沿区域性南北向及东西向或北北西向张裂隙发育。

（二）碳酸盐岩层组类型

碳酸盐岩层按同一地层单元中碳酸盐岩层与非碳酸盐岩层之间的厚度比例，划分出均匀状碳酸盐岩和间互状碳酸盐岩两种。均匀状碳酸盐岩指所夹有的非碳酸盐岩厚度小于总厚度的 10%，由比较单一的各类碳酸盐岩层构成；间互状碳酸盐岩一种是非碳酸盐岩占 40%～60%，与碳酸盐岩成互层的情况；另一种为非碳酸盐岩占 10%～40% 或 60% 以上，呈间层存在。按碳酸盐岩层与非碳酸盐岩层的组合情况，西南岩溶石山区内的碳酸盐岩层组可划分为均匀状纯碳酸盐岩层组、均匀状不纯碳酸盐岩层组和间互状纯碳酸盐岩层组 3 种类型。均匀状纯碳酸盐岩层组为石灰岩、白云岩成层状的组合；均匀状不纯碳酸盐岩层组由含泥质、硅质的灰岩和白云岩组成；间互状纯碳酸盐岩层组为非碳酸盐岩占 10%～40% 的情况。

均匀状纯碳酸盐岩层组包括下三叠统永宁镇组第一段 T_1yn 灰岩、白云质灰岩，中三叠统个旧组 T_2ga^1、T_2ga^2、T_2gc^1、T_2gd、T_2ge 灰岩、白云岩和法郎组第一段 T_2fa 灰岩、白云质灰岩。均匀状不纯碳酸盐岩层组包括中三叠统个旧组 T_2ga^3 白云岩夹泥质灰岩和 T_2gc^2 灰岩、白云质灰岩夹钙质泥页岩。间互状纯碳酸盐岩层组包括中三叠统个旧组 T_2gb^1 泥质白云岩、白云岩夹钙质泥岩，古近系始新统路美邑组 E_2la 灰质砾岩、白云质砾岩夹灰质砂岩、泥质粉砂岩。不同的碳酸盐岩层组类型，地下水径流对其溶蚀作用不同，造成岩溶发育特征差异明显。

1. 均匀状纯碳酸盐岩层组与岩溶发育特征

均匀状纯碳酸盐岩厚度大，连续性好，无相对隔水层，通常遭受的溶蚀作用强烈，产生的岩溶形态多为循层面及构造破裂系统发育规模较大的洞穴通道或规模相对较小的密集洞穴，前者一般发生在纯灰岩中，是沿优势裂隙逐渐扩大裂隙通道不均匀的溶蚀作用形成，后者一般发生在纯白云岩中，由岩体发生整体扩散溶滤较均匀的岩溶化所致。地表岩溶形态以连片分布的峰丛、洼地、谷地和落水洞为主，地下则发育大型溶洞、地下河系统，如区内的阿庐古洞、冒烟洞、永宁地下河、小江村地下河、冒水洞地下河等均发育在均匀状纯碳酸盐层组中。

2. 均匀状不纯碳酸盐岩层组与岩溶发育特征

均匀状不纯碳酸盐岩厚度相对较小，呈条带状分布，因碳酸盐岩中含有泥质或硅质成分，岩溶作用既有溶蚀，又有因蚀余的不溶物而造成的微裂隙通道的堵塞，所以岩溶发育相对较弱。地表岩溶形态主要为峰丛、洼地、溶丘，漏斗、落水洞较为少见。地下岩溶形态以溶隙、溶孔为主。

3. 间互状纯碳酸盐岩层组与岩溶发育特征

间互状纯碳酸盐岩在区内呈条带状分布，分布面积小，在溶蚀过程中易受非碳酸盐岩和不纯碳酸盐岩的限制，在同样的地下水径流条件下，岩溶发育的速度和程度都不如均匀状碳酸盐岩，岩溶发育较弱，地表一般表现为低矮的缓丘，无大型溶洞、地下河发育。岩溶泉、落水洞较少，岩溶多沿非碳酸盐岩、不纯碳酸盐岩和纯碳酸盐岩的接触带发育。

（三）地形地貌

地形地貌对岩溶的发育有重要影响，主要是通过控制地下水的汇水条件和径流状态来控制岩溶的发育。地形地貌不仅控制岩溶形态组合特征，而且控制其发育的规模，客观地反映了岩溶发生、发展的历史阶段。

如云南省小江流域处于高原面边缘及河谷斜坡区，受深切河谷的影响，对岩溶发育极为有利，地形的起伏程度影响着地下水径流和能量转化的速度及方式，从而影响岩溶的发育。流域内最大相对高差 1639.3 m，在相对隆起上升区形成高山台地，与小江岩溶河谷、盆地地势反差大，属地下水的补给、径流区，为高能量储藏带，地下水力坡度大，径流畅通，水循环交替迅速，水量大且侵蚀性较高，岩溶以发育非均匀垂直岩溶为主，均匀性差，岩溶形态规模较大，表现为数量较多的遭受剧烈侵蚀的岩溶形态，如在盆地外围岩溶中山区的岩溶洼地、落水洞、漏斗、竖井等，在盆底周边岩溶峰丛洼地地区表现为大型的溶洞和岩溶洞管极为发育。在小江岩溶河谷区，是从相对高能量储存带向低能量储存带转化的异常剧烈带，径流集中，地下水的交替速度极为迅速，最有利于岩溶发育，形态规模大，在该地貌区岩溶洞管系统、伏流管道、溶洞、落水洞、漏斗等都非常发育。

相对下降区形成槽谷、盆地，地形平坦，远离区域排泄基准，为低能量储存带，地下水运移流动滞缓，侵蚀性弱，是地下水的排泄、径流区，不利于分异溶蚀的持续进行，以均匀溶蚀为主，均匀性较好，岩溶形态规模小，以溶隙、溶孔为主，部分为黏土充填。

（四）水动力条件

岩溶发育与水动力条件关系密切，特别是地下水的径流方式和速度，对岩溶发育影响较大。岩溶槽谷和盆地四周的斜坡地貌区、岩溶峰丛洼地地貌区及岩溶峡谷地貌区，地形较陡，地势反差大，属地下水的补给、径流区，大气降水以垂直入渗为主，直接灌入地下，补给量大，使得地下水力坡度大，径流集中畅通，地下水循环交替极为迅速，水量大且侵蚀性较高，与裸露的透水岩层直接相互作用，有利于岩溶发育，岩溶以发育非均匀垂直岩溶为主，均匀性差，岩溶形态规模一般较大，表现为数量较多的遭受剧烈侵蚀的岩溶形态，岩溶洞管系统、伏流管道、溶洞、落水洞、漏斗等都非常发育。如罗平盆地东部的以折一带，处于峰丛洼地向罗平盆地过渡边缘，约 1 km² 的面积上发育天窗、落水洞共 15 个，往东南部的峰丛洼地区则发育以折地下河。

岩溶槽谷、盆地底部区地形平坦，是地下水的排泄、径流区，大气降水先要流经地表覆盖的松散堆积土层，再通过土层的孔隙渗入到下伏的透水岩层中，地下水以水平运动为主，具有扩散性，为缓慢的隙变流或缓变流，运移流动速度滞缓，侵蚀性弱，以均匀溶蚀为主，均匀性较好，不利于分异溶蚀作用的持续进行，岩溶形态规模小，以溶隙、溶孔为主，部分为黏土充填。

云南高原面向滇东北的昭通地区岩溶发育海拔 2500 m 以上，属金沙江流域，江河纵横，地形切割较强烈。岩溶含水层上覆为玄武岩覆盖，从元古界到中生界各地层碳酸盐岩与碎屑岩呈条带状相间出露，岩溶含水层受构造影响常呈环带状分布，岩溶发育不均，以水平发育为主，赋水空间以管隙为主，地层产状平缓，河谷区岩溶大泉、地下河较多，呈悬挂式出露。岩溶水多快速向河谷及构造阻水带排泄，谷底岩溶发育深度大，较富水。北东部地表岩溶发育，可见落水洞、天窗等岩溶形态，南西部地表岩溶形态少见。

云南高原面向滇东南的红河、文山地区岩溶发育海拔 1500 m 左右，主要地貌特征为峰丛盆（洼）谷地组合形态，岩溶地貌发育于海拔 1800～2200 m、1500～1700 m、1300 m 左右三级构造溶蚀台面上。古生界、中生界碳酸盐岩层分布面积达 60% 以上，累计厚 7000 余米，其中尤以中生界碳酸盐岩层分布广泛。岩溶含水层岩溶发育强烈，但不均匀，岩溶管道为主要径流通道，岩溶大泉、地下河数量多。该区落水洞、天窗、竖井、溶洞、地下河管道较为发育，且发育规模较大，延伸长，溶洞发育规模大，延伸长。岩溶发育程度强。

　　云南高原面向滇西的保山、临沧地区岩溶发育海拔 2000 m 以下，属怒江南段河谷，切割较深。碳酸盐岩、碎屑岩及变质岩呈条带相间分布，岩溶管道发育，岩溶水多于河谷及盆地边缘以岩溶大泉、地下河形式排泄。补给区落水洞、天窗发育一般，溶洞发育较少。盆地区岩溶发育均匀，山区岩溶发育不均匀，岩溶发育程度中等。

　　云南高原面向滇西北的丽江、迪庆地区岩溶发育海拔 2500 m 以上，西属澜沧江流域，东属金沙江流域，地形切割极为强烈。岩溶含水层主要为元古界至中生界碳酸盐岩及大理岩层，岩溶发育不均，储水空间以管隙系统为主。补给区地表岩溶发育一般，主要为落水洞，规模不大，数量较少。由于断裂密布，地形切割强烈，岩溶水以快速管道流为主，多向河谷排泄，围绕盆地周边也往盆地汇集再排向江河之中。该区落水洞、管道发育一般，溶洞发育较少，岩溶发育程度中等。

　　贵州省处在云贵高原向桂中平原、四川盆地和湖南丘陵山地过渡的斜坡地带，总体上地形在东西方向上向湘西形成"三个台阶"，以黔中山原为中心向桂中平原和四川盆地分别形成南、北两个大斜坡。而且，从西向东从水城经安顺过雷公山形成长江和珠江的分水岭，北部有长江流域的乌江、赤水河干流及其支流，南部为珠江流域的北盘江、南盘江、红水河及其支流，各主干河流切割深度、河床坡度大。除西部威宁的一级高原台面、黔中的二级高原台面及黔东的三级高原台面地形相对较为平缓外，各台面之间的斜坡地带沟壑纵横、地形破碎，受深切河谷影响，地下水、地表水水力坡度较陡，地下水循环交替极为强烈。加之受地质构造控制，在各级高原台面向次一级台面过渡的斜坡地带出露的碳酸盐岩多为从泥盆系到三叠系的石灰岩，为该类区域中岩溶的发育提供了良好的条件。在斜坡地带，碳酸盐分布区地表多形成峰丛山地、峰丛洼地，洼地中落水洞、岩溶竖井、地下河天窗比比皆是，地下则发育了规模加大的溶蚀洞穴、管道、地下河，而且沿地表河流，一些河段上明流与伏流常常明暗交替，频繁转换。

　　在峰丛洼地、峰丛谷地区，地形坡度相对较大，属地下水的补给、径流区，大气降水以垂直入渗为主，直接灌入地下，补给量大，使得地下水力坡度大，径流集中畅通，地下水循环交替迅速，水量大且侵蚀性较高，岩溶发育，以发育非均匀垂直岩溶为主，均匀性差，岩溶形态规模一般较大，伏流管道、溶洞、落水洞等岩溶形态发育。如广西坡心地下河系统，出口处位于坡心村附近的坡心河边，高程为 421 m，地下河管道尾部位于最上游区金牙乡陇弄村附近，海拔为 780 m，相对高差为 359 m，地下河主干道长 39.5 km，由于地形高差大，地下水水力坡度也大，平均达 9.1‰，地下水流速快，加速了岩溶发育，形成规模较大的地下河系统。

　　在桂西一带的高峰丛山区，大多数地下河及伏流进出口地段，地形急剧下切，河床坡度较大。如坡月地表河谷入口至那怀屯 S 部的伏流进口等处的河床，受到强烈切割，地形陡峻呈峡谷型，河床水力坡度为 2.5‰ 以上，水流急促，伏流洞口及管道发育规模很大，不仅受大流量和强大动力的冲刷、侵蚀等作用，而且还受洪水携带大量且巨大的块石、河床砾、卵石的冲击作用。因此，在地形高抬地区，在强大的水动力及各种机械作用下，岩石溶蚀能力得到加强，为地下河及伏流管道发育创造了条件。

　　在岩溶谷地区，主要为覆盖型岩溶区，地形平坦，为地下水的排泄、径流区，大气降水先要流经地表覆盖的松散堆积土层，再通过土层的孔隙渗入到下伏的透水岩层中，地下水以水平运动为主，具有扩散性，为缓慢的隙变流或缓变流，运移流动速度滞缓，侵蚀性弱，以均匀溶蚀为主，不利于溶蚀作用，岩溶形态规模小，以溶隙、溶孔、小溶洞为主。

第四节　存在的水资源环境问题

一、干旱缺水问题

西南岩溶石山区旱灾发生频率高，云南省在 1500 ～ 1999 年的 500 年中，旱灾出现 473 次，旱灾频率为 94.6%。2010 年旱灾造成贵州省 2702 万人受灾，965 万人、619 万头大牲畜饮水困难，受灾农作物面积 4740 万亩[①]，粮食减产 50%；贵州省有 1299.8 万农村人口、342.4 万头大牲畜饮水安全问题亟待解决，尚有 1461.4 万亩旱地无水浇灌，占耕地总面积 62%。2010 年旱灾造成广西壮族自治区 1728 万人受灾，557 万人、267 万头大牲畜饮水困难，受灾农作物面积 1245 万亩，直接经济损失 29 亿元；广西饮水不安全人口 1779.6 万人，万亩以上岩溶旱区有 83 片 643.1 万亩（图 1-12）。2010 年旱灾造成湖南省 325 万人饮水困难，受灾农作物面积 146 万亩，直接经济损失 33 亿元；湖南

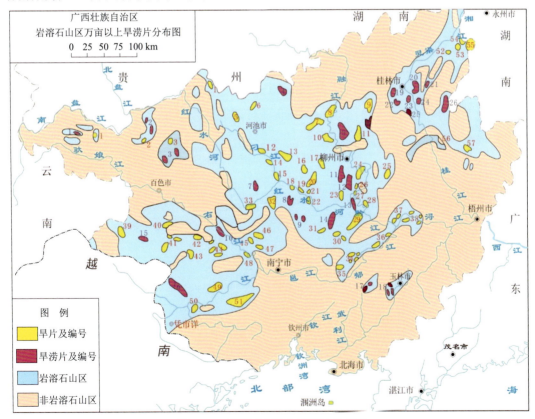

图 1-12　广西万亩以上旱涝片分布图

① 1 亩 ≈ 666.67 m²。

省 2013 年岩溶石山区旱灾造成 149 万人、86 万头大牲畜饮水困难，受灾农作物面积 1370 万亩；湖北省西部岩溶石山区饮水不安全人口 88.4 万人，缺水灌溉耕地 643.1 万亩，占总耕地面积的 71.1%。

除气象因素外，特殊的岩溶发育条件是造成干旱缺水的重要原因。地表溶蚀沟槽、岩溶漏斗及洼地、竖井等与地下溶洞、岩溶管道等构成地表物质与能量迅速渗透转移的复杂介质结构系统，大气降水和地表水容易通过溶隙、落水洞等渗入地下，岩溶渗漏严重，而很薄的土壤覆盖层中水分又容易快速蒸发，造成"三天无雨便是旱，十天无雨地冒烟"的缺水现象。

由于人口急剧增长，土地过度垦殖，森林植被破坏，水土流失加剧，形成岩溶石漠化。导致地下水补给调节条件变差，动态变幅加剧，泉水出现流量衰减和断流现象，更加重了区域干旱。如云南昭通地区的大小龙洞一带，20 世纪 50 年代有山泉 50 处，到 1999 年时只有 30 处，断流泉水数量占 40%。

西南岩溶石山区干旱的防治，需要从水资源合理开发、高效利用、科学管理和保护多方面入手，采取综合治理措施，提高综合抗旱能力，实现农村经济和社会的可持续发展。

二、石漠化问题

碳酸盐岩层成土物质极少，土壤先天贫瘠，易产生水土流失，留下一片石海，产生石漠化。2000 ~ 2015 年，中国西南岩溶石山区的石漠化面积从 113 509.74 km² （1999 年）减少到 92 037.33 km²（2015 年）（表 1-4），石漠化面积总共减少 21 472.41 km²，平均每年净减少 1342.03 km²，每年平均减少率为 2%。由此可见，近几年来随着生态工程、退耕还林、天保工程、沼气的推广应用及人们生活观念的改变，石漠化现象已得到了明显的遏制和改善。

表 1-4　西南八省（自治区、直辖市）岩溶石漠化面积统计表（2015 年）

地区	总面积 /km²	岩溶石山区面积 /km²	重度石漠化面积 /km²	中度石漠化面积 /km²	轻度石漠化面积 /km²	石漠化总面积 /km²
云南	377 832.05	108 607.69	7 295.61	9 657.18	10 471.17	27 423.97
贵州	173 186.29	121 215.74	2 935.37	10 811.23	17 094.54	30 841.15
广西	233 492.54	81 707.86	2 675.47	5 749.24	10 907.04	19 331.74
四川	477 987.49	69 121.69	565.85	1 602.69	1 822.88	3 991.43
湖南	208 302.45	62 503.99	7.79	963.46	1 815.29	2 786.54
湖北	183 466.89	50 419.59	249.00	955.91	1 552.81	2 757.72
重庆	81 173.65	30 108.06	236.80	1 394.31	2 281.54	3 912.66
广东	173 977.14	11 874.86	123.86	380.88	487.39	992.13
合计	1 909 418.50	535 559.49	14 089.76	31 514.91	46 432.67	92 037.33

注：小计数字的和可能不等于总计数字，是因为有些数据进行过舍入修约

以 2015 年多尺度遥感数据为数据源，采用遥感调查与地面监测相结合的技术手段，调查了西南八省（自治区、直辖市）的岩溶石漠化状况。西南岩溶石山区岩溶石漠化面积为 92 037.33 km²，占西南岩溶石山区面积 17.19%，占西南八省（自治区、直辖市）土地总面积 4.82%。

石漠化过程中的水土流失还是引发长江和珠江频繁洪泛的重要原因，严重威胁我国经济发达地区——长江三角洲和珠江三角洲等的安全，影响这些区域的可持续发展；泥沙淤积又影响三峡等诸多水利工程的效用和安全。国家建立长江和珠江防洪体系的重任主要在西南岩溶石山区。

石漠化集中区往往是最贫困的地区。如贵州省石漠化分布地区主要集中于武陵山区、麻山和瑶山区，这些地区农民年人均收入均在贫困线以下，为国家扶贫重点区域。2003 年，贵州全省 50 个国家扶贫工作重点县均为石漠化重灾县，其中缺饮用水人口 576.04 万人，1198.34 万亩耕地缺水灌溉，有贫困人口 201.25 万人，农民年人均纯收入仅 1055 ～ 1395 元。

石漠化综合治理需要水资源、土壤、岩石等基础地质数据，实践表明，以详细的地质调查资料为依据，开展以地下水合理开发利用为龙头的综合整治工作，才能取得事半功倍的效果。

三、地下水污染问题

2012 年 1 月，广西河池市龙江河段发生严重镉（Cd）污染事件。此次污染事件的直接原因是工矿企业尾矿或矿渣随意露天堆放，没有采取任何防渗处理；工业污水处理不达标，甚至未经处理的高浓度工业废水直接排入地表河流或地下岩溶管道。岩溶地下水与龙江河水水力联系密切，污染物通过溶蚀裂隙或落水洞等直接由地表进入地下，导致局部岩溶地下水受污染。受污染的地下河通过溶蚀裂缝、岩溶管道等导水介质直接排入地表水，最终造成龙江河污染。

西南岩溶石山区城市开发、水利水电建设等人类活动，强烈改造着地下河系统的结构、破坏了地下水系统的天然平衡，加剧了城市及周边地区地下水污染。龙江河是河池境内的主要河流，近年来一直在对龙江河流域进行径流式梯级电站开发。2012 年的镉污染事件中，因拉浪水电站蓄水抬高龙江河水位（河水位由原来的约 150 m 抬高到 176.7 m），龙江河两岸的地下河出口被淹没（淹没深度最大达 30 m），导致原本畅通的地下河排泄受阻，地下河下游河段甚至发生地表水倒灌进入地下河的情况。受污染的地表水在向下游运移过程中，通过溶蚀裂缝、地下河管道等倒灌并污染龙江河两岸的地下水。同时，地下河水位的抬升，还导致地下水水力梯度减小、水循环速度降低，地下河系统自净能力也随之减弱，使得地下水中污染物滞留时间延长，次生污染加剧。

岩溶石山区地下水一旦受到污染，很难治理和恢复。河池市 1995 年曾发生过砒霜厂废水渗漏事故，城东水厂（1995 年 10 月地下水中砷超标 24.2 倍）地下河子系统受砷严重污染而报废，至今水质仍受砷污染（2014 年 2 月地下水中砷超标 4.1 倍），表明 20 年前进入地下河系统内的污染物仍然存在。

近 30 年的监测表明，西南岩溶石山区水质不断恶化。在已完成地下水污染调查的 8 个主要城市中，地下水质量超标的点数达 30%～50%。近郊及工业集中区地下水普遍受到不同程度污染，且污染有加剧趋势。

20 世纪 70～80 年代，湘西岩溶水水化类型以 HCO_3-Ca 或 HCO_3-Ca·Mg 型为主，局部为 HCO_3-Ca·(K+Na) 或 HCO_3-Ca·Mg·(K+Na) 型；1999～2001 年 82 组水样分析，仅一组水中 K+Na 离子含量＞0，水质类型已无 (K+Na) 参与命名，即 K+Na 离子已逐渐减少。同时，岩溶水的硬度、矿化度及 pH 均在增加。20 世纪 70～80 年代，湘西岩溶水总硬度 1.5～3 mmol/L，矿化度 100～400 mg/L，pH 6.6～8.0。1999～2001 年间的总硬度 2.76～6.99 mmol/L，平均 3.685 mmol/L；矿化度 160.73～450.88 mg/L，平均 288.43 mg/L；pH 6.35～8.47，平均 7.578；水中 Ca、Mg 离子含量明显增加。总硬度、矿化度和 pH 随石漠化等级增加而增大，一般峰值均出现于中度和重度石漠化区域。

重金属冶炼废水和尾渣淋滤液的不规范排放是河池、郴州、攀枝花等地市地下水污染的主要原因；近年来，湘南发生的多起"儿童血铅"事件均由小冶炼厂非法排污引起，湖南省郴州市郊局部地下水已受重金属严重污染。

根据贵州省 2009 年完成的全省污染源普查及《贵州省环境状况公报》，省内排放污染物的工业、农业、生活污染源 62 841 个，其中工业污染源 16 090 个，农业污染源 16 335 个，生活污染源 30 416 个，而集中式污染治理设施只有 33 个。全年工业固体废物产生量为 7316.15 万 t，排放量 94.69 万 t；生活垃圾无害化处理达 5175 t/d；废水排放总量为 5.93 亿 m^3（其中工业废水排放量 1.35 亿 m^3，生活废水排放量 4.58 亿 m^3），废水中化学需氧量排放总量为 21.59 万 t（其中工业废水中化学需氧量排放量 1.25 万 t，生活废水中化学需氧量 20.34 万 t），水中氨氮排放总量为 1.713 万 t（其中工业废水中氨氮排放量 0.093 万 t，生活废水中氨氮排放量 1.62 万 t）；废气排放量 55 万 t。此外，石油类排放总量 1.68 万 t，重金属（镉、铬、砷、汞、铅）排放总量 1.64 t，总磷排放总量 0.65 万 t，总氮排放总量 7.06 万 t，二氧化硫排放总量 111.81 万 t（其中工业废气中二氧化硫排放量 62.37 万 t，生活及其他废气中二氧化硫排放量 49.44 万 t），烟尘排放总量 23.25 万 t，氮氧化物排放总量 34.44 万 t，工业粉尘排放总量 15.77 万 t。大量的城市生活污水、垃圾，工矿"三废"排放，对水环境造成了严重的威胁。近几年，地下水资源的污染范围已经从"点状"向区域上的"面上"扩展，地下水严重污染区由过去的中心城区转向矿山及化工生产区。以煤、磷为主的矿山及与矿产资源有关的化工矿企业已经成为最大的污染源。

根据贵州省毕节市调查资料，毕节市有五级岩溶水系统 92 个，含地下河系统 36 个、岩溶泉系统 1 个，分散排泄系统 54 个、储水构造 4 个，其中，查明受煤矿山及煤化工等排污污染的地下河 27 条、岩溶大泉 10 个。

四、岩溶内涝问题

西南岩溶石山区地貌类型以峰丛（溶丘）岩溶（谷地）为主，地表漏斗、落水洞等封闭的负形态比较发育。大气降水到地面后，经短暂地表汇流后迅速渗入地下成为地下水，排泄通道以岩溶管道和裂隙网络为主。暴雨期，由于地下岩溶通道排泄不畅，地下水位上升，并通过岩溶天窗和出水洞等溢出，淹没农田、村镇和道路，产生岩溶内涝灾害，给人民生命财产安全带来了威胁，成为岩溶石山区农村经济发展的制约因素。

云南省岩溶石山区内涝灾害发生频率高，受灾耕地达 271 万亩。其昭通地区每年均遭受内涝灾害，1950～1990 年，累计受灾面积 442 万亩，粮食减产 21 860 万 kg，经济损失 10 520 万元。

贵州省 1950～1991 年平均每年农田受灾 1578.87 km²，成灾面积 978.73 km²，倒塌房屋 8931 间，经济损失 60 亿元。其中岩溶内涝灾害 525 处，淹没土地总面积 30 万亩。单个岩溶内涝洼地中遭受淹没的耕地面积规模大多数为 300～500 亩，最大者是处在黎平县中潮镇良朋村的内涝洼地，面积达 7000 亩（图 1-13）。

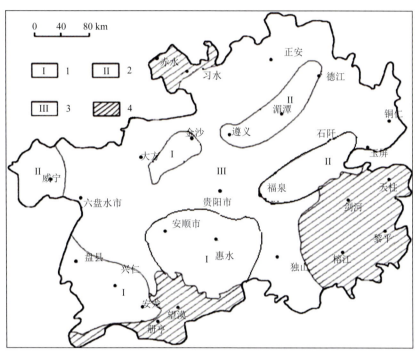

图 1-13 贵州省岩溶内涝灾害易发分区图

1. 易发区；2. 较易发区；3. 不易发区；4. 非岩溶石山区

广西万亩以上内涝片有 26 片，面积 178.6 万亩。其中东兰县三石－巴纳为 7000 亩，巴马瑶族自治县西山乡为 4000 亩，凤山县的金牙－平乐内涝片面积达 10 500 亩，凌云县的沙里瑶族乡 3000 亩，隆安县的布泉乡 12 000 亩，天等县的龙洞－孔民 15 000 亩，大新县的福隆乡 8000 亩。红水河中游东兰县 2004 年 7 月 9 日至 7 月 25 日遭受连续强降雨天气袭击，全县 14 个乡镇的 102 个村屯受到不同程度洪涝灾害，农作物受灾面积达 6 万亩，受灾毁坏耕地 0.2 万亩，农作物绝收 2.28 万亩。

2008 年 6 月 8 日至 6 月 16 日，广西凤山县金牙乡发生持续强降水，降水量达 367.1 mm，由于地下河受堵排水不畅，整个谷地全部受淹，水位不断上涨，最大水深达 40 m，谷地积水扩大至 6000 万 m³，相当于一个中型水库，造成 4300 亩农田被淹，受淹房屋 110 户 300 间，倒房 42 户，受灾共 275 户 2000 人，直接经济损失 468.9 万元。

第二章　西南岩溶石山区地下水系统

第一节　水文地质条件概况 [①]

西南岩溶石山区年降水量 1000 mm 以上，天然水资源比较丰沛。但该区季节性气候十分明显，水资源在时间分布上不均衡，导致既旱又涝。5～9 月汛期降水量占全年 60%～80%，约有三分之二的水资源量成为洪水径流量而未能利用，而且因排水不畅，低洼地还会积水成灾。由于岩溶发育强烈，岩溶漏斗、落水洞、溶洞、地下河管道和溶蚀缝洞等岩溶形态丰富，降水极易渗入地下，地表涵水能力差，短期无雨即会形成地表干旱。

受地形地貌和岩溶条件的控制，西南地区地表水和地下水在空间上分布也极不均匀，地表水具有支流少、切割深、坡降大等典型特征，对区域性供水十分不利；地下岩溶含水介质以管道和溶蚀孔隙为主，具有高度不均匀性。

西南岩溶石山区水资源系统小型分散，地表和地下水的赋存、分布特征完全不同于北方以大型盆地为主要水资源系统的特点，决定了其开发利用形式的多样性，应因地制宜，分类开发利用。

一、含水岩组类型

根据西南岩溶石山区含水介质特征，地下水可划分为岩溶水、基岩裂隙水和松散岩类孔隙水 3 种类型。

岩溶水赋存于碳酸盐岩中，为区内主要的地下水类型，分布面积占全区总面积 54.3%。介质空间由孔、隙、缝、管、洞构成，尺度变化大，组合复杂，非均一性强；其内水流往往层流与紊流并存，多相流并存，水流运动规律复杂。

基岩裂隙水赋存于区内碎屑岩、火成岩和变质岩中，岩层裂隙有成岩裂隙、构造裂隙和风化带裂隙等，分布相对比较均匀，适用钻探成井供水，但水量相对较小，泉水流量一般为 0.1～1.0 L/s。

松散岩类孔隙水为赋存于第四系松散层中的地下水，岩性以沙砾石和黏土为主，峰丛山区和峰林平原区厚度 0～10 m，断陷盆地区厚度较大。水点出露较少，一般流量小，易受污染。

---

① 参考中国地质科学院岩溶地质研究所内部资料《西南岩溶石山地区地下水及环境地质调查报告及附图（2006—2010）》。

二、含水岩组富水性

区内岩溶水分为纯碳酸盐岩组和不纯碳酸盐岩组两大类。

（一）纯碳酸盐岩组富水性

岩性以石灰岩和白云岩为主，地貌形态为峰丛洼地、峰林谷地和峰林平原等，岩溶发育相对强烈，规模相对较大，分布比较广泛，为地下河和岩溶大泉发育的主要层位。

1. 水量丰富类型

地下河和岩溶大泉枯季流量大于 50 L/s，地下水枯季径流模数大于 6.0 L/s·km^2。主要分布于桂北的天鹅、月里、打狗河流域和柳城的屯秋；桂中的都安、拉浪、忻城、上林—来宾—武宣一带的峰丛、峰林谷地与孤峰平原区；桂东北的湘江、资江、漓（桂）江流域的峰林谷地与孤峰平原区；桂西南的靖西—德保—隆安、武鸣的峰丛谷地区；桂东南的邕宁—桂平—灵山—寨圩、博白—玉林的岩溶盆地区；贵州黔南、黔西南等地。代表性的含水岩组有下三叠统、下二叠统栖霞—茅口组、中石炭统、上石炭统、下寒武统清虚洞组等。该类地区地貌多为峰丛谷地、丘峰槽谷，地下溶洞及管道发育。地下水多集中在较大型的岩溶洞穴和通道中赋存和运移，形成规模较大的地下河系。地下水多以岩溶大泉和地下河出口的形式集中排泄，具有流量大、动态变化剧烈的特征。该类含水岩组含水丰富，但含水层分布极不均一。

2. 水量中等类型

地下河和岩溶大泉流量 10 ～ 50 L/s，地下水枯季径流模数 3 ～ 6 L/s·km^2。主要分布于桂西北的隆林—巴马、凤山—榜圩、河池—马山；桂中的罗城—大塘、桂西的那坡五村、平果果化、桂西南的龙州—扶绥；黔西北及黔北地区。含水岩组以三叠系、上寒武统、上震旦统等白云岩为代表。溶孔和溶隙发育，形成了溶孔溶隙水。地下河不发育，含水层较均一，具有似层状特点，多形成富水构造。

3. 水量贫乏类型

地下河和岩溶大泉流量小于 10 L/s，地下水枯季径流模数小于 3 L/s·km^2。主要分布于平果县城以北的旧城背斜及环江北部一带；贵州的主要含水岩组有三叠系垄头组、杨柳组、茅草铺组，奥陶系桐梓—红花园组。碳酸盐岩层厚度小，岩性变化大，导致含水性不均匀，泉水流量小，水量相对贫乏。

（二）不纯碳酸盐岩组富水性

该含水岩组主要分布在广西龙江中下游地下水系统中的南丹、环江一带；柳江地下水系统的西部和中部柳城、鹿寨一带，东北部永福—临桂一带及桂江地下水系统的中部荔浦—平乐一带。贵州代表性的含水岩组有三叠系大冶组、夜郎组、松子坎组，石炭系岩关组，泥盆系响水洞组、寒武系高台组。易形成峰丛洼地、溶丘洼地，由于含碎屑岩夹层及泥、硅质等较多，其溶蚀程度及富水性较差，地下水枯季径流模数为 $1.5 \sim 4.0$ L/s·km^2，为中-弱含水岩组。

岩性以砂岩、页岩、硅质岩为主，占 $60\% \sim 70\%$，碳酸盐岩次之。未见地下河发育，仅有一些短小的伏流，地下水主要以泉的形式排泄。由于岩性组合结构特点，岩溶发育往往受非岩溶地层限制，规模较小。由于地表覆盖层厚，地表坡度较大，降水多以地表径流流失，影响降水入渗及有效蓄存，对地下水富集不利。

三、岩溶地下水补给条件

（一）补给源

岩溶地下水系统的补给源主要有：①大气降水入渗补给；②地表河、库、渠的渗漏补给及非岩溶石山区的地表水补给；③第四系孔隙水渗透补给；④相邻水系统地下水侧向径流补给等。

（二）补给形式

①渗透式补给：降水沿溶隙、裂隙入渗补给岩溶地下水系统，为岩溶石山区较普遍的补给形式，斜坡区以分散性、断续性、补给量小和速度慢为特点。②灌入式补给：大气降水、坡面流、地表水直接沿地表落水洞、地下河天窗、竖井、漏斗等注入地下，斜坡区较盆地区明显，以补给量大，具有集中性、瞬间性为其特点。

四、西南岩溶石山区地下水径流特征

（一）径流形式

西南岩溶石山区地下水系统含水介质宏观上可分为溶隙型和管道型。溶隙型含水介质以溶蚀裂隙和溶蚀孔隙为主，导水能力相对弱，地下水流动相对缓慢。但储存量很大，调节能力强，是岩溶地下水的主体，枯水期地下河基流便来自溶隙水。这是枯水期地下河的水位趋于稳定后，出口仍继续维持一定基流的原因；岩溶型含水介质主要由垂直通道和水平通道组成，导水能力强，传导水量大，但蓄水能力差，地下河丰水期流量暴涨暴落，便源自排泄该类管道水。

（二）垂向分带

岩溶发育具有垂向分带性，并由此决定了岩溶地下水垂向分布特征。根据地下水运动方式与岩溶发育强度，西南岩溶石山区垂向上具有 4 个带：①表层岩溶带；②垂向渗滤带；③径流带；④潜流带。

表层岩溶带为可溶岩层地表面附近的岩溶发育带，其内溶蚀动力作用中的 CO_2 来源于土壤或大气，岩溶作用相对强烈，岩溶化程度较高，表现为在可溶岩地表以下附近的一定深度范围内，存在着一个以溶沟、溶槽、溶缝、溶隙、溶痕、溶穴、溶管和溶孔等岩溶个体形态组合而成的强岩溶化层。

垂向渗滤带为地下水沿断层或裂隙向下渗滤，对碳酸盐岩进行淋滤、溶蚀，以形成一系列垂直或高角度的溶缝或溶洞为特点，溶蚀空间横向连通性相对较弱，洞内以机械垮塌半充填物为主。在地下水补给区发育厚度较大。

径流带地下水流速相对较快，形成一系列近水平的溶缝、溶洞和岩溶管道系统，也形成相当多的机械或化学充填、半充填物质。此带的特点是：溶蚀空间规模相对较大，岩溶空间横向连通性较好，岩溶发育极不均匀。

潜流带位于地下水径流带之下，地下水流速相对较慢，地下水沿断层或裂隙潜流对碳酸盐岩进行溶蚀，溶蚀空间规模相对较小，岩溶发育极不均匀，后期机械充填相对较弱，化学沉积作用相对较强，整体岩溶相对不发育。

五、岩溶地下水排泄特征

岩溶地下水的排泄方式与地下水的类型有关，也与所处部位的地形地貌有关，西南岩溶石山区岩溶地下水的排泄主要有 3 种类型。

（一）分散排泄

主要为孔洞裂隙水的排泄方式，主要分布于白云岩含水岩组中。该类地下水分散径流于岩层中，多呈分散的小泉群或散流状，在地势低洼地带分散排出地表。这类排泄方式在地貌上大多数分布于平原和盆地区，如广西的柳州、桂林地区及黔北、黔中白云岩山间盆地。

（二）集中排泄

以溶洞和岩溶管道水为主，岩性多以石灰岩为主，含水岩组中有较大的径流排泄空间，多分布于新构造运动隆起的河谷斜坡地带。如川西南峡谷区，桂西、黔南及滇东的红水河、北盘江和南盘江上游区，广西左江和右江上游区等。

（三）远基准排泄

主要分布于地貌斜坡带，当地河流对岩溶水的排泄难以起到控制作用，岩溶水通过深部径流向更远处的低基准面运移，并于适当的地貌部位溢出。如红水河的东兰县以东及左江和武鸣河一带有此类现象。

六、西南岩溶石山区地下水典型特征

与其他地区相比，西南岩溶石山区地下水具有下列特点。

（一）岩溶地下水分布的非均一性

岩溶水系统以各种不均匀的岩溶形态（溶缝、地下河、溶潭等）为水的储存和运动空间，也就是说这个系统的内部结构极不均匀；这种不均匀性带来了岩溶水系统内部水力联系的各向异性。岩溶发育在平面上分布一般呈不规则条带状，垂向分布具有分带性；从地表向地下可划分为表层岩溶带、垂向渗滤带、径流溶蚀带和潜流溶蚀带，各带具有不同的水文地质特征。岩溶区地表水主要分布于极少数大江、大河中，无法解决区域性供水问题；地下分散分布有溶洞、管道、溶蚀孔隙，探测的难度相对较大（图 2-1）。岩溶地下水分布规律的研究和探测技术需要加强。

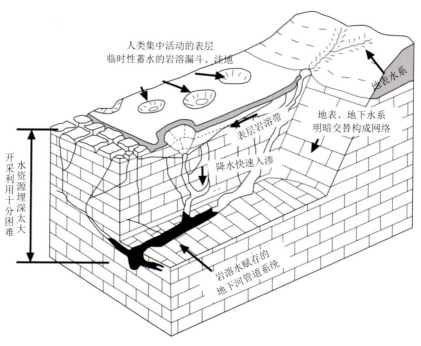

图 2-1　岩溶地下水分布非均一性特征

（二）岩溶含水介质构成的多重性

岩溶地下水可同时赋存于孔、隙、缝、管、洞中，介质尺度差别很大。规模较大的地下河系统长度可达数百千米，大的溶洞直径达数百米，而小的溶蚀孔洞直径仅数毫米。按发育规模和结构特征划分为岩溶地下河管道系统、溶蚀孔隙系统和裂隙介质含水系统，掌握不同系统之间的关系，分类型、分尺度进行水资源评价是调查研究的关键。

（三）岩溶地下水流运动的多相性

不同含水介质之间的水循环转化以非线流水流运动规律为主。岩溶地下水快速流与慢速流并存，达西流与非达西流并存，液相流、气相流和固相流并存。

（四）岩溶地下水水流动态变化的剧变性

地下河发育的地区，岩溶地下水的水位变幅可达数十至数百米，流量变幅达数十至数百倍，属极不稳定型动态变化（图2-2）。采用水文地质微动态监测与试验，可掌握地下水演变规律与动态变化趋势。

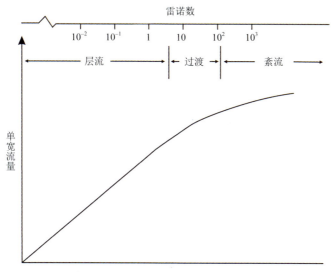

图 2-2 岩溶地下水水流动态变化示意图

第二节 岩溶地下水系统的划分及特征

岩溶地下水系统是指有水力联系的岩溶地质体及赋存于其中的地下水构成的有机整体，具有独立且完整的补给、径流、调蓄、排泄条件，边界条件清楚，水力联系密切。根据岩溶地下水的出露条件，将岩溶地下水系统划分为表层带岩溶水系统、岩溶地下河与管道流系统（具有明显管道流特征）、岩溶大泉系统和分散排泄地下水系统。其中，表层带岩溶水系统一般叠置分布于其他地下水系统之上，呈不连续分布状况；岩溶大泉是指枯季流量大于 10 L/s 的泉水集中排泄点。

一、岩溶地下水系统划分

（一）划分原则

1. 完整性

在区域流域系统划分基础上，根据地质构造对地下水径流、排泄的控制，含水岩组的展布情况，进一步按地下河、岩溶大泉流域、储水构造等划分次一级岩溶水系统。打破行政区划对岩溶地下水系统划分的影响，尽可能保持流域的统分性、组合性与完整性。

2. 综合性

为满足岩溶水资源评价、开发利用、生态环境、综合治理、合理配置和科学管理等各类工作的需要，岩溶水系统划分还应考虑自然、气候、地形、地貌、人口、社会经济发展、生态环境等方面的情况。

3. 可操作性

岩溶水系统划分需采用合理的划分方案，并具有可操作性。

4. 层次性

为适应不同层次的岩溶水资源规划、合理调配和科学管理工作需要，便于各级决策部门指导经济社会的发展、生态环境的保护与灾害防治，采取分级进行区划。

（二）岩溶水系统划分体系

岩溶水系统边界的划分是一个难点，在地下分水岭与地表分水岭一致的情况下，可根据地表分水岭来圈定岩溶水系统的边界；当地下分水岭与地表分水岭不一致时，应根据地质构造、地下水位和水化学指标等综合因素分析圈定岩溶水系统的边界。作为重点调查的岩溶水系统，应采用综合勘查手段确定岩溶水系统的水平和垂向边界，并根据系统出口总流量验证水平边界范围。岩溶水一级流域、二级流域、三级流域按照水利部《全国水资源综合区划导则》进行统一划分，西南岩溶石山区包括长江流域、珠江流域、西南诸河三个一级流域。在此基础上，结合地形地貌和控制断面对大江大河干流进行合理分段，按干支流相互关系进行支流水系分区，按汇流及用水关系对区域进行合理分区，行政分区按照土地关系及人口情况适当调整，使其具有一定程度可比性，划分二级流域。

为满足流域层面和区域层面水资源规划、水资源调配和日常管理等工作的要求，在水资源二级分区的基础上，按照水系内河流的关系，兼顾地级行政区的完整性，考虑水文站及重要工程的控制作用，按照有利于进行分区水量控制的要求进一步划分，划分三级流域。

在三级流域划分基础上，利用西南地区 1∶25 万地形图统一勾绘四级流域，划分四级流域、五级流域。

在区域流域系统划分的基础上，根据地质构造对地下水径流、排泄的控制，进一步按地下河、岩溶大泉流域、分散排泄地下水等划分岩溶地下水系统（基础系统）和岩溶地下河系统、岩溶泉域系统级、分散排泄地下水系统等，根据工作需要可在岩溶地下河系统、岩溶泉域系统级、分散排泄地下水系统及储水构造系统的基础上进一步划分子系统。

（三）岩溶水系统编码

1. 编码原则

①科学性。依据国家标准及行业标准，按建立现代化水资源信息管理系统的要求，对水资源分区进行科学编码，形成编码体系。

②唯一性。水资源分区与其代码一一对应，可保证分区信息存储、交换的一致性、唯一性。

③完整性。分区代码既反映各个分区的属性，又反映分区之间的相互关系，具有完整性。

④可扩展性。编码结构留有扩展余地，适宜延伸。

2. 编码对象、编码格式

①编码对象。西南岩溶石山区地下水系统。

②编码采用拉丁字母（I、O、Z 舍弃）和数字的混合编码，共 7 位。

③编码定义：WXXYYUV-AA-BB。

W：1 位字母（I、O、Z 舍弃）表示一级岩溶流域分区。

XX：2 位数字表示二级岩溶流域分区的编号，取值 01～99。

YY：2 位数字表示三级岩溶流域分区的编号，取值 01～99。

UV：2 位数字表示四级岩溶流域分区的编号。U 用数字或字母表示，取值 1～9，数码大于 9 以后用字母（I、O、Z 舍弃）顺序编码；V 取值 0 或字母表示（I、O、Z 舍弃）。如三级流域干流为 10，各支流域分布按 20、30……90、A0、B0……Y0 表示，对于三级流域干流，由上往下按 1A、1B……1Y 顺序编码。

AA：2 位数字表示五级岩溶流域分区的编号，取值 01～99。

BB：2 位数字表示岩溶地下水系统分区的编号，取值 01～99。

例如，珠江流域北盘江水系四级流域革香河流域白龙洞地下河系统编码为 H010220-02-01

W	XX	YY	UV	-	AA	-	BB
一级流域	二级流域	三级流域	四级流域	-	五级流域	-	地下水系统
H	01	02	20	-	02	-	01
珠江流域	南北盘江	北盘江	革香河	-	嘉河	-	白龙洞地下河系统

④编码次序。一级流域按照全国由北向南结合顺时针方向编码，岩溶水系统二级、三级、四级及五级分区按照其水系干流先上游后下游、先左岸后右岸顺序编码，岩溶地下河系统、岩溶泉域系统级、分散排泄地下水系统及储水构造系统等按照其排泄基准面水系的河流先上游后下游、先左岸后右岸顺序编码。

⑤子系统编码，根据工作需要可进一步划分地下水子系统，子系统在上一级系统基础上在其后添加两位数字表示。

（四）岩溶地下水系统划分结果

岩溶地下水系统划分的基础资料来源为：《全国水资源综合区划导则》的三级流域划分；西南八省（自治区、直辖市）地区 1∶20 万区域水文地质普查、西南八省（自治区、直辖市）区域地质志、西南八省（自治区、直辖市）近年来实施的水文地质调查项目资料等。

岩溶水一级流域、二级流域、三级流域按照水利部《全国水资源综合区划导则》进行统一划分，西南岩溶石山区包括长江流域、珠江流域、西南诸河 3 个一级流域、23 个二级流域、56 个三级流域、696 个四级流域（表 2-1、图 2-3、图 2-4）。

表 2-1　西南岩溶石山区地下水系统划分表

序号	一级流域	一级代码	二级流域	二级代码	三级流域	三级流域代码	四级流域个数
1	长江流域	F	金沙江石鼓以上	F01	通天河	F010100	1
2					直门达至石鼓	F010200	30
3			金沙江石鼓以下	F02	雅砻江	F020100	36
4					石鼓以下干流	F020200	46
5			岷沱江	F03	大渡河	F030100	32
6					青衣江和岷江干流	F030200	23
7					沱江	F030300	13
8			嘉陵江	F04	广元昭化以上	F040100	3
9					涪江	F040200	17
10					渠江	F040300	13
11					广元昭化以下干流	F040400	11
12			乌江	F05	思南以上	F050100	13
13					思南以下	F050200	16
14			宜宾至宜昌	F06	赤水河	F060100	11
15					宜宾至宜昌干流	F060200	44
16			洞庭湖水系	F07	澧水	F070100	5
17					沅江浦市镇以上	F070200	21
18					沅江浦市镇以下	F070300	15
19					资水冷水江以上	F070400	12
20					湘江衡阳以上	F070600	18
21					湘江衡阳以下	F070700	12
22					洞庭湖环湖区	F070800	7
23			汉江	F08	丹江口以上	F080100	7
24					唐白河	F080200	4
25					丹江口以下干流	F080300	9
26			鄱阳湖水系	F09	赣江栋背以上	F090200	3

序号	一级流域	一级代码	二级流域	二级代码	三级流域	三级流域代码	四级流域个数
27	长江流域	F	宜昌至湖口	F10	清江	F100100	7
28					武汉至湖口右岸	F100200	8
29					武汉至湖口左岸	F100300	11
30					城陵矶至湖口右岸	F100400	3
31			湖口以下干流	F11	青弋江和水阳江及沿江诸河	F110100	1
32	珠江流域	H	南北盘江	H01	南盘江	H010100	16
33					北盘江	H010200	12
34			红柳江	H02	红水河	H020100	19
35					柳江	H020200	20
36			郁江	H03	右江	H030100	19
37					左江及郁江干流	H030200	16
38			西江	H04	桂贺江	H040100	10
39					黔浔江及西江（梧州以下）	H040200	12
40			北江	H05	北江大坑口以上	H050100	6
41					北江大坑口以下	H050200	16
42			东江	H06	东江秋香江口以上	H060100	6
43					东江秋香江口以下	H060200	6
44			珠江三角洲	H07	东江三角洲	H070100	3
45					西北江三角洲	H070200	5
46			韩江及粤东诸河	H08	韩江白莲以上	H080100	6
47					韩江白莲以下及粤东诸河	H080200	5
48			粤西桂南沿海诸河	H09	粤西诸河	H090100	3
49					桂南诸河	H090200	4
50	西南诸河	J	红河	J01	李仙江	J010100	5
51					元江	J010200	7
52					盘龙江	J010300	4
53			澜沧江	J02	沘江口以上	J020100	2
54					沘江口以下	J020200	28
55			怒江及伊洛瓦底江	J03	怒江勐古以上	J030100	7
56					伊洛瓦底江	J030200	5
合计							696

　　如贵州省共划分 2 个一级流域、6 个二级流域、11 个三级流域、41 个四级流域、365 个五级流域（图 2-5）。再如云南省革香河流域划分为 1 个四级流域、3 个五级流域、48 个地下水系统（图 2-6）；革香河流域卡泥幅共划分为 2 个四级流域、2 个五级流域，13 个岩溶水系统，其中地下河系统 4 个，岩溶大泉地下河系统 1 个，分散排泄系统 8 个（图 2-7）。

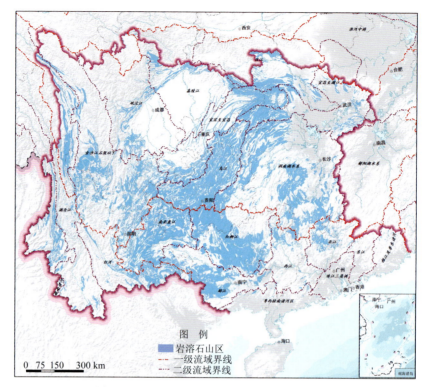

图 2-3   西南岩溶石山区一级、二级流域划分图

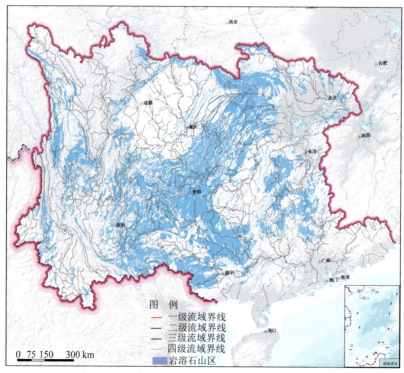

图 2-4   西南岩溶石山区三级、四级流域划分图

图例 ━━ 一级流域界线 ┅┅ 二级流域界线 ┅┅ 三级流域界线
四级流域界线 ━━ 五级流域界线 ── 河流

0　30　60　　　120 km

图 2-5　贵州省五级流域划分图

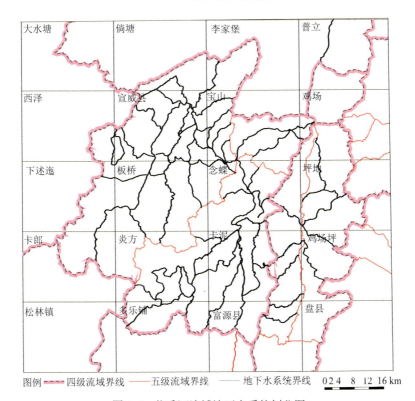

图例 ━━ 四级流域界线 ‥‥ 五级流域界线 ⋯⋯ 地下水系统界线

0 2 4　8　12 16 km

图 2-6　革香河流域地下水系统划分图

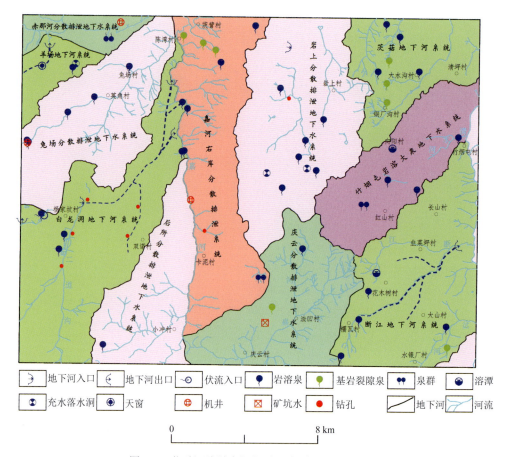

图 2-7 革香河流域卡泥幅地下水系统划分图

二、典型岩溶地下水系统特征

（一）断陷盆地地下水系统

　　断陷盆地主要分布于云贵高原面内部，由断裂作用产生下陷并伴随着侵蚀、溶蚀作用形成的山间盆地，这类盆地规模较大，多一侧耸起或为断层崖，盆底盖层厚度一般在百米以上，盆底与周边山地高差多在 300～500 m。盆地内岩溶发育均匀性好，水位埋藏浅，多具承压性，盆地四周多有岩溶大泉、地下河出露或形成富水地段。一般以地表分水岭为汇水边界，在汇水边界内地下水获得的补给量基本上全部在盆地内排泄到地表，如昆明、曲靖、通海等盆地，见图 2-8。

　　贵州断陷盆地分布在贵州西部，乌江上游支流三岔河与北盘江河谷的河间地块上，为长江水系和珠江水系的分水岭地带，亦为贵州一级高原台面。区内地势总体较平缓，地表水系不发育，地势起伏小。

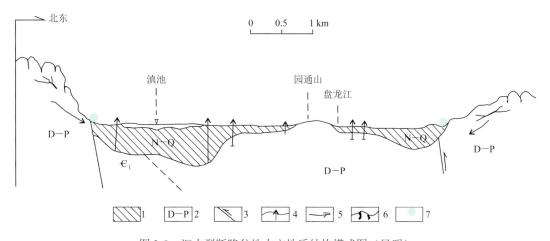

图 2-8　汇水型断陷盆地水文地质结构模式图（昆明）

1. 松散覆盖层；2. 地层代号；3. 断层；4. 钻孔；5. 地下水流向；6. 溶隙；7. 泉

该区处在晚古生代形成的一个裂谷带上。在大地构造上，该类型处在威宁北西向构造变形区的中段，威水背斜、格木底向斜及观音山、汪家寨短轴背斜构成了区内的构造格架。沿威水背斜核部发育了两条规模较大的走向北西的压性断裂，为挽近期活动断裂，其外，在各向斜中，也发育有一系列走向北西断裂和走向北张性断裂。威水背斜核部由石炭系组成，各向斜核部大部分为三叠系和侏罗系，褶曲翼部由二叠系和中下三叠统地层组成。其中，石炭系—中三叠统及中三叠统为石灰岩，其余地层均为碎屑岩（其中二叠系龙潭组下伏为峨眉山玄武岩）。

威水背斜核部及两翼石炭系—中二叠统石灰岩分布区岩溶极为发育，地表形成岩溶盆地和峰林谷地。盆地和谷地宽缓、平坦，第四系覆盖层较厚，常有地表溪流发育，地下岩溶发育程度高，并主要受断裂带控制。周边山区地带地下水向盆地和谷地地带径流，部分在坡麓地带呈岩溶泉出露外，大部分均汇集于盆地、谷地中，成为地下水富集地带，地下水埋深小于 10 m。盆地周边多形成厚大的岩溶峰丛和侵蚀山体，地表水文网不发育，地下水埋深大，泉点少见。

（二）高原台面盆谷型岩溶地下水系统

该类型岩溶石山区处在高原台面及缓斜坡上，地势总体起伏较小，分布在峰林、峰丛及溶丘中的宽缓的岩溶盆地、谷地、槽谷众多，规模较大。除乌江、北盘江等主干河流切割较深外，其余支流河床浅割相对较浅，河谷较宽缓。在地质条件上，该类型区突出的特点为地表出露的岩石岩性主要为不同时代的白云岩和不纯碳酸盐岩，石灰岩分布次之，地下水类型以岩溶孔洞裂隙水为主，裂隙管道水次之。

1. 黔北峰丛盆谷型岩溶地下水系统

该类型岩溶流域分布于大娄山南麓与乌江河谷之间的缓斜坡地带，占地面积 12 180 km^2。除南部乌江切割较深，呈峡谷地貌外，区内地势总体较平缓，山间盆地、谷地规模较大，常地表溪流蜿蜒其中，河床多宽缓，切割浅。

在地质构造上，中—东部位于凤冈北北东构造变形区，仅西部处毕节北东向变形区内。宽缓的背斜与紧密向斜相间分布，组成隔槽式褶皱，复背斜宽缓呈舒缓箱状，宽数十至数百千米，一般为30 km。背斜、遵义复向斜、绥阳复背斜、道真复向斜、湄潭复背斜、凤冈复向斜等。除桐梓复背斜核部在金沙岩孔一带出露上震旦统灯影组（$Z_b dn$）白云岩外，其余复背斜核部均由寒武系地层组成，且以中上统白云岩为主，桐梓背斜东翼亦为中寒武统、上寒武统白云岩大面积分布。向斜核部多保留三叠系地层，奥陶系、志留系及二叠系地层沿褶曲翼部呈环形分布。与褶皱配套的走向冲断层、二次纵张断裂和一次横张断裂普遍发育，尤其以背斜构造中最为复杂，导致了背斜核部中寒武统、上寒武统娄山关群（$\epsilon_{2-3}ls$）白云岩中节理、裂隙极为发育，岩石完整性极差，为该层位地下水赋存和运移提供了良好的空间条件，亦是该层位含水丰富且含水性相对均匀的重要原因。

受地层组合和构造条件控制，区内呈现出背斜地势低洼、向斜地势较高的景观，在各宽缓的背斜核部，震旦系和中寒武统、上寒武统白云岩分布区发育了如金沙县岩孔、遵义海龙—高坪—板桥、遵义新蒲、绥阳蒲场及旺草、湄潭黄家坝等较多的山间盆地和谷地，其规模从数十平方千米至数百平方千米。这些盆地、谷地周边均为厚大的峰丛山体，山区为地下水的重要补给区，并以盆地和谷地为中心，地下水从周边山区向盆（谷）地中汇流，使得盆地和谷地成为地下水的富集地带。区内每个山间盆地与谷地基本上都具有各自独立的补给、径流、排泄（简称补、径、排）系统，构成独立的水文地质单元。由于白云岩弥散状的溶蚀特点及受构造作用产生的密集节理裂隙，使得盆地和谷地中岩层含水性较为均匀，具有统一的地下水流场，并受平缓的地形和浅切割的水文网控制，地下水呈散流状缓慢地径流于含水层中，地下水埋深通常小于10 m，赋存和流场近似于孔隙、裂隙含水层的特征，而区别于石灰岩含水岩组。

由于上述特征，背斜核部白云岩分布区的山间盆地和谷地一般都能成为有集中供水价值的地下水水源地。

典型实例为遵义市红花岗区海龙坝水源地。该水源地位于遵义市中心城区西北郊，构造上位于桐梓背斜南东翼，岩层倾角10°～20°。中寒武统、上寒武统白云岩大面积分布，北东及南东分别以中寒武统高台组（$\epsilon_2 g$）砂岩、泥质白云岩及下奥陶统湄潭组（$O_1 m$）泥岩、泥质粉砂岩构成阻水边界，北西及南西为地表分水岭，平面上呈菱形封闭式的水文地质单元，面积80 km²。区内地势总体北西高、南东低，北西部为以碎屑岩分布为主的山区，北东部及南部为白云岩分布的厚大峰丛山体，腹部白云岩分布区形成延伸45°方向的岩溶山间盆地，盆地面积30 km²。发源于北西部山区的喇叭河在盆地东部边缘横贯而过，成为盆地中地下水的排泄基准面。水源地勘探资料反映，盆地中地下水的补给一是来源于盆地大气降水向地下的入渗，降水入渗补给系数 α 为0.32；二是来源于山区地下水的侧向补给量。垂向上：水文地质钻探揭示，平均地下0～140 m内岩石中节理裂隙和溶孔极为发育，裂隙率2.8%～9.8%，其下逐渐减弱，裂隙率小于1%。钻孔测井曲线亦反映出该深度以上视电阻率一般为100～250 Ω·m，该深度以下高达500～3000 Ω·m，反映出该盆地中地下水的富集主要分布在地下140 m以上（图2-9）；平面上：抽水试验结果表明，盆地中地下水具有统一的地下水流场（图2-10），

含水层渗透系数 K=1.64～5.7 m/d，给水度 μ=0.027～0.062，水位降深 10 m 左右条件下，单井涌水量多在 1000～4000 m³/d。在地下 140 m 以内，整个水源地地下水多年平均补给量 2598.69 万 m³/a（其中盆地区大气降水补给量 2023.59 万 m³/a、山区侧向潜流补给量 575.10 万 m³/a），盆地区地下水储存量 3535.65 万 m³/a，地下水允许开采量 1095.00 万 m³/a。

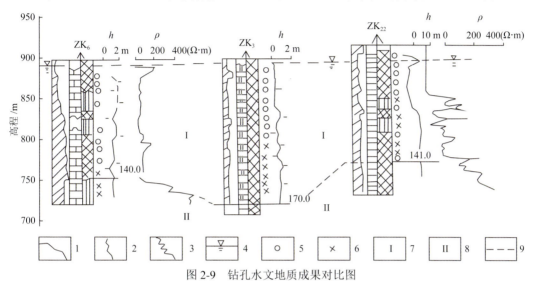

图 2-9　钻孔水文地质成果对比图

1. 岩心采取率直方图；2. 钻孔简易水位曲线；3. 视电阻率曲线；4. 静止水位线；5. 溶孔；
6. 溶蚀裂隙；7. 强含水带；8. 弱含水带；9. 有效含水带底板界

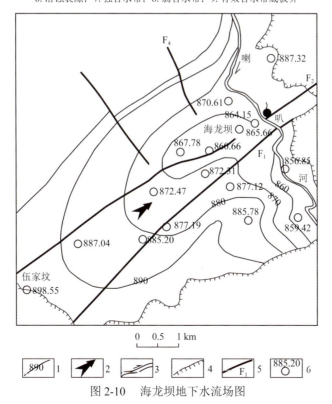

图 2-10　海龙坝地下水流场图

1. 等位线及高程 /m；2. 地下水流向；3. 河流流向；4. 阻水边界；5. 断层；6. 观测孔及地下水位 /m

与海龙坝盆地相似，相邻遵义高坪、板桥、绥阳蒲场、湄潭黄家坝等盆地中均具有相似的特征。向斜构造中碳酸盐岩与碎屑岩相间呈条带状分布，且碳酸盐岩均以石灰岩为主，其次为白云质灰岩、泥质灰岩，岩层倾角较陡，受其控制，沿向斜延伸方向多形成隆起于宽缓背斜的山体，并且沿中二叠统栖霞茅口组、下三叠统茅草铺组石灰岩地层经溶蚀形成条带状槽谷，而沿上二叠统龙潭组、三叠系夜郎组、中三叠统松子坎组碎屑岩、不纯碳酸盐岩层形成垄岗。槽谷中地势平缓，第四系覆盖，为农田分布区，地下水埋深多小于 10 m，含水较丰富，沿槽谷地下常发育规模不大的单枝状地下河，沿地下河轨迹，地表多见地下河天窗、岩溶潭。

2. 黔中丘原、峰林盆地型岩溶地下水系统

该类型区分布在贵州二级高原台面上，被北盘江深切河谷两岸的河谷斜坡地带分隔，平面分布分为东部黔中和西部黔西南两个块段。

东部黔中块段在大地构造上跨贵阳复杂构造变形区和毕节北东向构造变形区，并以贵阳复杂构造变形区为主。在行政区域上跨贵阳、开阳、修文、黔西、安顺、平坝等地。乌江上游主支流三岔河和六冲河分别在西部的普定和黔西进入区内并汇合成乌江干流，于北部息烽流出区内。除沿上述河流的河谷地带多形成峡谷外，区内地势总较平缓，在较开阔的高原台面上，溶原、宽缓的盆地和谷地之间多分布岩溶缓丘、峰林及部分簇状的峰丛（图 2-11）。溶原、盆谷高程多在 1100 ～ 1200 m，溶丘、峰林高程 1050 ～ 1300 m，相对高差一般小于 100 m。

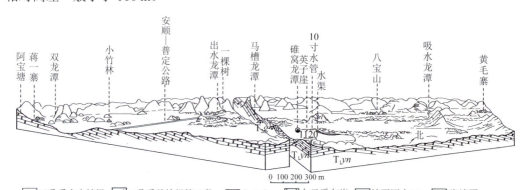

图 2-11　普定一棵树地堑盆地地貌块状图（据贵州省地质矿产勘查开发局 114 地质队资料）

东段褶曲轴向北北东及南北向，背斜宽缓，而向斜较紧密，背斜核部大面积出露寒武系地层，向斜核部主要由三叠系地层构成，岩性均以白云岩为主。褶曲翼部地层为古生代石灰岩与碎屑岩相间分布；西段褶曲轴向北东，褶曲宽缓，背斜与向斜具等势发育。宽缓的向斜核部下三叠统及中三叠统白云岩大面积展布，背斜核部则主要由古生代地层组成，并以二叠系为主，岩性为石灰岩，间夹碎屑岩。区内走向北东的断裂极为发育，并与走向北北东向断层交织，使得地质构造总体较为复杂。

受地质构造、岩性和岩溶发育控制，区内贵阳以东为宽缓箱状背斜与紧密向斜组成的"隔槽式"构造，地貌上反应为背斜呈谷，向斜呈山；中部及西部地段以宽缓的向斜

和较紧密背斜组成的"隔挡式"构造，在地形上反应为向斜呈谷，背斜呈山。东部宽缓的背斜核部出露岩石为寒武系白云岩，而中—西部宽缓的向斜中出露下三叠统—中三叠统白云岩。白云岩大面积分布区多形成宽缓的盆地、谷地，而在石灰岩分布区形成凸出于盆地、谷地的脊状山地是该类型流域区的突出地貌特点。

在上述岩溶地质背景下，白云岩分布区的盆地、谷地中总体地下水丰富，水位埋藏一般均较浅，易于开发利用，成为贵州省内岩溶地下水富集的区域之一。但受不同时代白云岩的化学成分和结构影响，该类型区不同地带中地下水的类型和赋存形式仍存在一定的差异，表现为：东段寒武系娄山关群白云岩分布盆地中地下水丰富且含水性较均匀，地下水多呈分散状泉的形式排泄，而西段地带下三叠统安顺组（T_1a）和中三叠统关岭组（T_2g）白云岩含钙较高，岩石的 CaO/MgO 值大于中上寒武统（$\in_{2\text{-}3}$）CaO/MgO 值，使得的贵阳—安顺一带安顺组（T_1a）中的岩溶发育强度低于古生代石灰岩，但高于寒武系地层白云岩。岩石中岩溶洞穴和裂隙较发育，常有小型的地下河系发育，地表见岩溶潭、岩溶大泉等，地下水类型为溶隙溶洞水，岩层含水的均匀性及水动力特征等介于典型的白云岩溶孔溶隙水和石灰岩溶洞管道水之间。如安顺市平坝—西秀区一带，安顺组和关岭组白云岩大面积分布，岩层倾角平缓，并形成峰林谷地貌，谷地中地下水埋深一般小于 20 m，岩层含水较丰富，并形成诸如宁谷、幺铺、下午屯等地下水富集且含水性较均匀的水源地，探采结合成井率较高，单井抽水涌水量 300 ~ 1000 m³/d。部分地带地下河也较发育，以普定县化处地下河系统为代表，该地下河发育于安顺组（T_1a），汇水面积约 35 km²，地下河沿走向北东和北西向的节理追踪发育，平面分布呈树枝状，沿地下河各支管道，地表多见岩溶潭及地下河天窗（图 2-12），并在水网以南集中排泄，

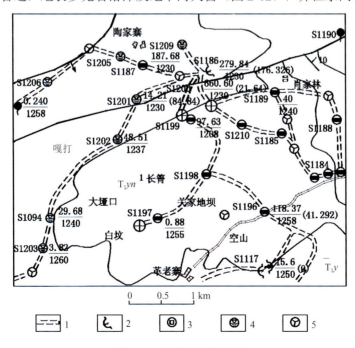

图 2-12 化处地下河系统

1. 地下河管道；2. 地下河[出口分子流量 /(L/s)，分母出口高程 /m]；3. 地下河天窗；4. 岩溶潭；5. 落水洞

成为夜郎湖支流的源头。出口流量 279 L/s，枯季流量 76 L/s。发育于关岭组（T_1g）白云岩中的地下河系统则以普定县马关镇后寨地下河系统为代表，该流域面积约 80 km²。地下河系统分别由陈旗堡地下河、长冲地下河、羊皮寨地下河、大新寨—陈家庄地下河、油菜坝—后寨冒水坑地下河、打油寨—后寨冒水坑等 6 条支流组成，发育受 X 节理控制，平面分布沿地下河轨迹呈树枝状，地表多有地下河天窗分布，地下水埋深小于 20 m。地下河在后寨处集中挂满地表，偶测流量 740 L/s，枯季流量 520 L/s，20 世纪 80 年代，依托该地下河系统建立了普定岩溶研究综合试验站。

（三）谷地岩溶水系统

岩溶谷地区一般地形切割强烈，相对高差均在数百米至千余米。连片岩溶分布区常发育峰丛洼地地貌，条带状岩溶分布区常以侵蚀溶蚀山地地貌为主。岩溶发育强烈，但均匀性差，补给区到排泄区高差大，地下水循环交替强烈，地下水径流以管道流为主，自补给区向河谷底部径流，谷底岩溶大泉、地下河发育。如泸西小江流域南部岩溶峡谷区，面积 369.47 km²。区内地形高差大，冲沟发育。主流河谷切割深度 500～1000 m，下游冒水洞地带，地形崎岖，切割深度 1639 m，横断面呈 V 形。小江河谷区干谷、断头河、地下河发育，地下水以垂直入渗为主，渗漏强烈。谷底分布有永宁地下河、下寨伏流等。

1. 黔南峰林谷地型岩溶地下水系统

分布在黔南布依族苗族自治州南部独山、荔波一带，区内地势总体北高南低，樟江从北向南流经中部地带。该区北部碎屑岩连片分布，山体厚大，沟谷纵横，其间分布岩溶峰林、孤峰。

在大地构造上，本类型区跨扬子准地台和华南褶皱带两个构造单元。西部为扬子准地台贵定南北向构造变形区，主要褶曲构造为王司背斜，背斜宽呈箱状。

独山县城以北背斜核部出露从志留系到下泥盆统（S—D）地层，岩性以泥岩、粉砂岩为主，受其控制，连片形成山体厚大，沟谷纵横的侵蚀地貌。独山县城以南背斜核部大面积出露中泥盆统至上石炭统（D_2—C_3）地层，岩性为白云质灰岩和白云岩，岩溶地貌占主体地位，以峰林谷地为主；东部华南褶皱带从西向东依次为方村向斜、周覃背斜、荔波向斜、捞村背斜及茂兰向斜，褶曲轴向北东，背斜和向斜具有等势发育的特点。背斜核部出露地层石炭系（C），向斜核部以三叠系地层（T）为主，仅茂兰向斜核部为二叠系（P）。区内岩性以石灰岩为主，碎屑岩地层仅为下石炭统，其厚度小、分布面积局限。岩溶地貌为主要地貌类型，表现为连片的峰丛洼地、峰林谷地。

西部王司背斜中，独山—基长一带上泥盆统（D_3）白云岩分布区地表多形成宽缓的岩溶谷地和槽谷，岩层含水介质以岩溶孔洞和裂隙为主，含水丰富且较均匀，地下水位浅埋，形成了诸如麻万—姚家寨、基长—场坝等规模较大的地下水浅埋的富集块段。以南石炭系—中二叠统（C—P）石灰岩大面积分布区，地表以峰丛洼地为主，尤以麻尾、黄后片区最为典型。

地下水赋存和运移的方式以地下河为主，岩层含水不均匀，各地下河系统平面上均呈树枝状展布（图 2-13），支流一般达 3～4 级。各地下河河床在纵剖面上均有反平衡的特征，下游地段水力坡度大，地下水埋深大并多有跌水。

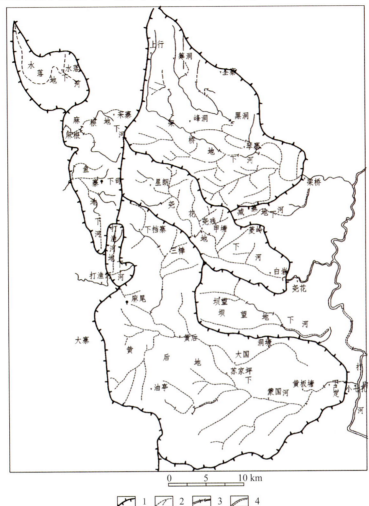

图 2-13 独山南部地区地下河系图

1. 系统边界；2. 地下河；3. 伏流进出口；4. 双层地下河

东部地带受地质构造控制，各背斜核部石灰岩分布广，岩溶极为发育，地面岩溶谷地较多，面积较大，地下多发育有地下河。谷地区地下水埋深一般小于 20 m，并多有岩溶潭及地下河天窗出露。翼部碳酸盐岩与碎屑岩相间分布，沿碎屑岩多形成脊状山脉，沿碳酸盐岩则多形成岩溶槽谷。分布于中部地带的方村向斜和荔波向斜轴部分别发育了地峨大河和樟江（打狗河），成为区内地下水主要排泄场所。由于两条河流河床浅切、河谷均较宽缓，河谷岸坡地带地下水埋深不大，易于开发。位于东部地带的茂兰向斜为一宽缓的船形褶曲，受下石炭统碎屑岩在翼部的封闭和底部垫托，向斜核部石炭系—中二叠统石灰岩中岩溶极为发育，地表峰丛洼地为主的岩溶地貌中，间夹规模较大的岩溶谷地、峰林、孤峰，地表地下河天窗、岩溶潭呈串珠状排列，地下发育了以洞腮、洞塘、上更叶等为代表的地下河系统，系统中伏流与明流频繁交替，地下水埋藏总体较浅，地下水埋深小于 50 m。单个地下河系统流域在 100 km² 以上的，出口流量 250 ～ 1200 L/s。

白云岩孔隙裂隙含水介质和石灰岩裂隙溶洞含水介质并存，并以石灰岩裂隙溶洞水为主，有别于高原台面盆谷型流域区，但是，对盆地和谷地的发育情况、地下水埋深、地下水开发利用的有利程度而言，仍具有一定的相似性。

2. 黔东溶丘谷地型岩溶地下水系统

分布在贵州东部苗岭山脉以北，武陵山脉以南，雷公山脉以西之间，处于黔中二级高原台面向湖南丘陵和桂中平原过渡地带，呈北东延伸的条块。区内水文网发育，从南向北分别有清水江、锦江、松桃河等主干河流及其支流，从西向东横贯，除各河流部分河段呈峡谷，岸坡地带地势起伏较大外，区内大部分地带均以较为低缓的丘陵和波状地形为主，岩溶谷地分散分布在其间，规模一般为数平方千米。

在地质构造上，该类型岩溶石山区绝大部分均处在扬子准地台，仅在北东台江—万山一带属华南褶皱带。

宽缓的波状地形台面上、岩溶谷地中，地下水位埋藏极浅，一般小于 10 m，地下水丰富，钻孔单孔涌水量多在 500 ～ 1000 m³/d，成为该类型岩溶石山区突出的水文地质特征。

（四）洼地岩溶地下水系统

1. 宽缓垄脊型、峰丛洼地型背斜岩溶地下水系统

如贵州省西南部龙骨溪背斜、接龙场背斜、东南部的咸丰背斜、宜居背斜、天馆背斜、桐麻岭背斜等。含水岩组主要为奥陶系的白云岩、寒武系的白云岩、灰质白云岩、泥灰岩、石灰岩。主要受构造和地形地貌及水文网切割控制，大气降水渗入地下后由背斜核部向两翼作分流运动，在纵向河谷两侧排泄。

岩溶地貌形态组合类型为垄脊型、峰丛洼地低中山，山顶高程一般为 1200 ～ 1300 m。谷底高程多在 600 ～ 700 m，谷地多由顺构造线发育的串珠状小洼地组成。地下水以流程短、流量较小为其特征。东南部狭长的咸丰背斜、桐麻岭背斜，地层为奥陶系—中上寒武统及下寒武统的石龙洞组，岩性为白云岩及白云质灰岩、灰岩夹泥页岩。桐麻岭背斜从地貌上看为一垄脊槽地，咸丰背斜为峰丛洼地。背斜翼部发育大型槽谷，如酉阳小坝槽谷、龙潭槽谷等。降水沿洼地、落水洞及溶隙入渗后分别向翼部分流，排泄于当地侵蚀基准面。伏流发育，沿龙潭槽谷边缘岩溶大泉、地下河较多，构成地下水的溢出带。地下水埋深普遍大于 100 m，大型槽谷、洼地中埋深小于 50 m。

2. 黔西山地斜坡峰丛洼地型岩溶地下水系统

如贵州省西部乌蒙山区南北盘江之间的河间地块，区内山地地形占绝对优势，总体地势为从西部威宁高原台面向东、南东倾斜，总体上形成从西向东地面高程急剧降低的大斜坡，地面高程从 2200 m 降到 1200 m。区内亦是贵州省主干河流的发育地带。金沙江的支流横江和牛栏江构成北部边界，省内主干河流乌江上游支流三岔河、六冲河从西向东纵贯中部、南盘江、北盘江流至该区南部。上述各地表河流河谷深切，将该区分割成向西、向南东延伸的多个河间地块。在平面上，以威宁一级高原台面为始点，各河间

地块形成向南东"发散"的束状的脊状山脉。

在构造和地层上，分跨威宁北西向构造变形区、普安旋扭构造变形区和毕节北东向构造变形区，构造变形极为复杂。泥盆系—三叠系碳酸盐岩连片分布，基岩裸露，为裸露型岩溶区。在地貌上，除威宁县城及近郊地带形成地势相对平缓的高原台地外，各主干河流的河谷地带均形成岩溶峡谷，各河谷河间地块的山脉地带多形成簇状的岩溶峰丛，峰丛间散布众多的封闭状岩溶洼地。毕节北东向构造带中部分地带由于碳酸盐岩与碎屑岩相间分布，亦有少量小型岩溶槽谷发育。

区内石炭系、二叠系、三叠系碳酸盐岩岩性以质纯、厚—中厚层的石灰岩为主，地表岩溶洼地、落水洞、岩溶、漏斗、地下河、天窗等岩溶形态发育，地下多形成规模较大的溶蚀裂隙、溶洞和岩溶管道，沿岩层走向多发育呈单枝状地下河。大气降水在地表汇集于岩溶洼地中，通过落水洞以注入的形式集中转入地下补给地下水，并主要集中在地下河中运移。地表河流在径流途中明暗交替频繁。受深切河谷、沟谷控制，地下河在径流方向上河床呈反平衡剖面，在一个次级的岩溶小流域中，在地下水径流方向上，补给区和排泄区地下水埋深大，中部径流段地下水埋深相对较浅。地下水多以岩溶大泉和地下河出口的形式在深切河谷中集中排泄。受上述岩溶水文地质条件控制，单个岩溶地下水系统规模较小、岩层含水性极不均匀、地下水循环交替强烈、地下水位动态变化大，水位和流量暴涨暴落极不稳定，是该岩溶区内岩溶水文地质条件中的总体特征。

除上述总体的水文地质特征外，受岩性和地质构造控制，流域区内局部地带也零星分布着地下水埋藏较浅、地下水相对富集的地带。一是西部一级高原台面上出露了大面积的中上石炭统白云质灰岩，岩溶发育已经达到准平原化阶段，台面上地形平缓，岩层中岩溶发育程度高，含水性相对均匀，地下水埋藏浅，多见岩溶潭分布。如以威宁县城—金钟镇为中心的高原台面地带；二是一些受碳酸盐岩与碎屑岩地层相间分布控制，无较大深切割的地表流通过褶曲中，沿碳酸盐岩地层分布地带，地表常形成较平缓的岩溶槽谷，沿碎屑岩和不纯碳酸盐岩分布地带则形成脊状的垄岗，在下伏相对隔水的碎屑岩层的"垫托"下，岩溶槽谷中常能成为水位浅埋的岩溶地下水富集地带。典型实例如毕节中心城区及邻近的草堤—菁口一带，露郎背斜核部中二叠统栖霞—茅口组 (P_1q—P_1m) 石灰岩地层岩溶极为发育，受翼部上二叠统龙潭组 (P_3l) 碎屑岩地层圈闭而构成一个封闭式的阻水型储水构造（图 2-14），地下水埋深小于 5 m，流量大于 100 L/s 的岩溶大泉呈泉群出露，钻孔单井涌水量达 1000 ~ 3000 m³/d，成为毕节中心城区水文地质条件最佳的地下水源地。

除自然岩溶地质背景外，该区人为环境的特征也极为突出。一是山地多、坝地少，人口多、耕地少，山坡开垦强烈；二是区内煤炭资源极为丰富，著名的织纳煤田位于区内，素有我国"江南煤海"之称。其他矿产资源如磷、铅、锌、铁等矿产资源也较为富集。煤炭及非煤矿产资源的开采和开发利用具有悠久的历史。矿山多、规模大、开采深度也大，成为影响流域内岩溶水环境的重要因素。

受上述条件影响，使得流域区岩溶水环境问题突出。地表可有效利用的水资源极为缺乏，而且地下水埋藏较深且极不均匀。"水少、水多、水脏"成为该岩溶石山区的真实写照。

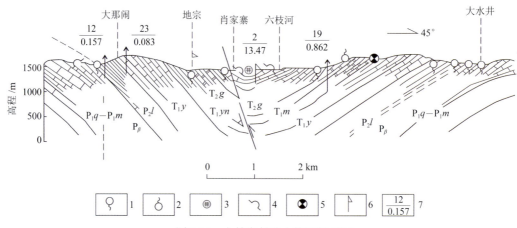

图 2-14 六枝向斜储水构造剖面图

1. 下降泉；2. 上升泉；3. 竖井；4. 溶洞；5. 落水洞；6. 承压水钻孔；7. 钻孔标注 [上为钻孔编号，下为涌水量 /(L/s)]

上述特征使得黔西山地斜坡峰丛洼地型岩溶石山区成为贵州省内地质环境最差，生态地质环境问题最突出的区域。

（五）河谷斜坡岩溶地下水系统

分布在高原台面与深切河谷之间的斜坡地带，突出的特征是山体耸立、河谷与沟谷深切，地形破碎、坡降大。地下水埋藏较深、分布极不均匀、循环交替强烈，并主要以地下河出口及岩溶大泉的形式集中排泄于深切的河谷和沟谷中。地表缺水干旱严重、石漠化严重且面积大，水文地质条件差。

1. 乌江干流下游岩溶地下水系统

分布在大娄山脉与武陵山脉之间的乌江干流河谷斜坡地带，乌江干流从南西向北东纵贯全区。以乌江干流为主干，两岸支流较发育，各河谷切割深度均较大，两岸斜坡坡度较大。受水文网控制，区内总体上南西高、北东低，北西和南东高，腹部低。最高点为梵净山主峰，高程 2573 m，最低点为沿河土家族自治县（以下简称沿河县）县城中乌江干流河床，高程 225 m。

在大地构造位置上，处在凤冈北北东向构造变形区中，褶曲轴向北北东，西部背斜宽缓而向斜紧密，中东部较紧密并近等势发育。背斜核部多出露寒武系地层，向斜核部保留三叠系，翼部由二叠系、志留系及奥陶系地层组成，碳酸盐岩与碎屑岩呈条带状相间分布。北东向走滑断裂发育且规模大，延伸长，斜切褶曲轴并有左行扭动的特点，此外，横切褶曲轴的北西向张性断裂也较发育。

西部德江县复兴镇至县城，以及沿河官州一带为宽缓背斜区，中、上寒武统及下奥陶统白云岩大面积出露，地表形成峰丛洼地，局部地带形成以岩溶谷地，谷地中地下水位埋藏较浅且较富集。走向北东断裂带多具有较好的阻水性能，沿断裂带的迎水盘，常形成地下水富集区。另外在该类断裂阻水控制下，沿乌江河谷的岸坡地带，往往形成了一些高悬于河谷百余米之上的地下水富集块段，成为深切河谷岸坡地带乡镇、村寨生活和生产的供水水源地。

中—东部沿河、印江、思南、石阡及余庆部分地带在地质构造上为紧密褶皱区。在不同的构造部位，水文地质条件差异较大，各背斜核部中、上寒武统白云岩分布地带地貌形成峰丛、峰林谷地，谷地规模不大，但地下水富集且埋藏较浅，谷地边缘及坡麓地带常有泉点出露；向斜核部多出露二叠系—三叠系石灰岩，受下部志留系泥岩、粉砂岩泥岩等垫托，并在差异风化作用下，常具有向斜成山的特点，翼部志留系碎屑岩抗风化和抗侵蚀能力弱，常形成地势低洼地带、斜坡和沟谷，核部抗风化侵蚀能力强的石灰岩地层耸立于斜坡、沟谷之上形成盾状台地。向斜核部的石灰岩与下伏志留系泥岩隔水岩层共同构造封闭较好的高位向斜储水构造。向斜核部石灰岩岩层中岩溶发育，地下水赋存条件良好，常发育有地下河，地下水位埋藏不大，地下水以地下河出口和岩溶大泉的形式在石灰岩岩溶含水层与下伏碎屑岩接触带处集中排泄，地下河出口及泉口流量大，出露位置高，势能较大，体现了山高水高的特点，有利于地下水的开发利用。

褶曲翼部碳酸盐岩与碎屑岩呈条带状相间分布，沿碳酸盐岩分布地带形成条带状的岩溶槽谷或洼地，槽谷中多发育单枝状地下河，沿碎屑岩分布地带形成脊状的山体。区内地下河网密度较大，以乌江干流为主干两侧支流呈羽状分布，并横切各褶曲。受其控制，岩溶槽谷中地下水浅埋的富集区一般规模都不大。地下河汇水面积较小，流程短，一般几千米，在径流方向上，河床呈反平衡状，地下水位埋深较大，地下水多以地下河出口和岩溶大泉的形式集中在深切河谷中排泄。

2. 北盘江—红水河河谷峰丛洼地型岩溶地下水系统

位于北盘江干流中下游河谷两岸斜坡地带，干流两岸支流发育，各河流河谷切割较深，大部分河谷地段呈峡谷状，平面分布呈树枝状，将区内切割成多个河间地块。区内地形破碎，起伏大，地势总体上北东低、南西高，分别向腹部北盘江河谷急剧倾斜，相对高差 200 m 以上。

在大地构造上，该区处在六盘水断陷威宁北西向构造变化区（I_1B^1）、普安旋扭构造变形区（I_1B^2）及望谟北西向构造变形区（I_2^2）的接合部位，构造形迹以北西向延伸的褶皱和压性断层为主。主要褶曲包括堕却背斜、郎岱向斜、头山背斜、丁家湾背斜、法郎向斜，褶曲多紧密状，两翼岩层倾角较陡，部分地带甚至倒转。各背斜核部主要由石炭系地层组成，向斜核部除在郎岱向斜保存了侏罗系地层外，其余向斜均为二叠系和三叠系。

法郎向斜核部的中三叠统关岭组白云岩大面积分布，北盘江干流基本上在法郎向斜核部沿构造方向发育延伸，两岸基岩裸露，地貌呈峰丛沟谷，并形成向北盘江峡谷急剧倾斜的大斜坡。该向斜核部地下水埋藏深，地表出露泉点稀少，河床高程以上岩层基本处于疏干状态。法郎向斜翼部及其他褶曲中石灰岩地层与碎屑岩呈条带状相间分布，受岩性和地质构造控制，多形成北西向延伸的垄脊槽谷地貌。北盘江两岸各支流延伸方向基本上与褶曲轴向垂直或大角度斜交，河谷切割深度也较大，导致一个褶曲构造被分割成多个小型、零碎的水文地质单元，呈开放型系统；溶蚀槽谷中地表落水洞、漏斗强烈发育，受地表支流河谷及沟谷深刻影响，地下水循环交替强烈且埋深大；地表露头少、地下水主要集中在深切切割的河谷和沟谷中集中排泄，成为该区流域水文地质条件的突出特征。

可供开发利用的地表水和地下水严重缺乏，工程性缺水是最主要的地质环境问题。表层带在该岩溶水环境条件下，区内水土流失极为严重，石漠化面广并以重度为主，成为贵州省内生态环境最差的区域。

（六）分散排泄的储水构造系统

常见的储水构造系统是碳酸盐岩与非可溶岩接触带储水构造系统，其次是向斜储水构造系统，如湖北五峰土家族自治县（以下简称五峰县）的红溢坪—白溢坪向斜与狮子垴向斜储水构造等（图2-15），其内发育的地下河规模小，其流量多在100 m³/s左右，或其内未发育岩溶大泉与地下河，但其岩溶裂隙水点多。背斜倾伏端储水构造系统和断裂带储水构造系统如利川市西侧小青垭背斜西南倾伏端处，在宽约4 km、长约18 km的环绕带内发育有3条地下河（流量72～129 m³/s）和7个岩溶泉（流量13～65 m³/s），合计流量776 m³/s（图2-16）。

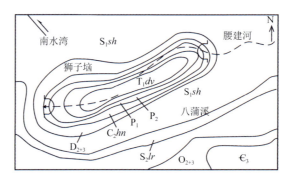

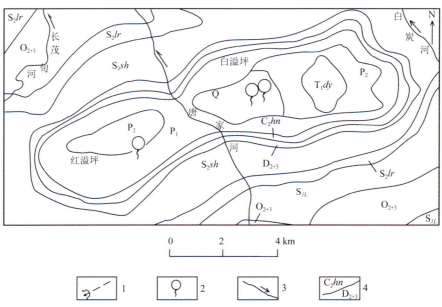

图2-15　红溢坪—白溢坪向斜与狮子垴向斜储水构造系统略图

1.地下河出口及管道；2.岩溶泉；3.地表水系及名称；4.地层界线及代号

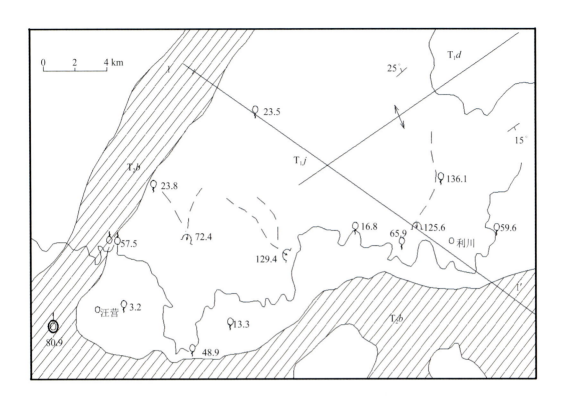

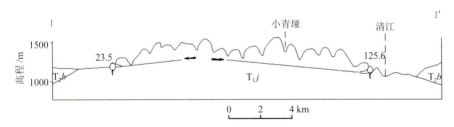

图 2-16　利川市小青垭背斜倾伏端储水构造系统略图

1. 巴东组砂页岩；2. 嘉陵江组灰岩；3. 大冶组灰岩；4. 岩溶泉及流量 /(m³/s)；5. 上升泉群及流量 /(m³/s)；
6. 地下河出口及管道；7. 承压钻孔及流量 /(m³/s)；8. 背斜轴；9. 岩溶大泉及流量 /(m³/s)；10. 地下水流向

　　黔江八面山向斜轴部出露下二叠统地层，岩性以厚层状灰岩为主，含燧石团块及条带。向斜两翼产状 5°～8°，两翼高差 600～800 m，形成明显台塬地形，在向斜轴部分布较多的落水洞、天窗、洼地等岩溶现象，岩溶较为发育，含水性较好。加之下伏地层为志留系碎屑岩，厚度较大，可起到良好的隔水作用，形成一个完整的岩溶水系统（图 2-17）。

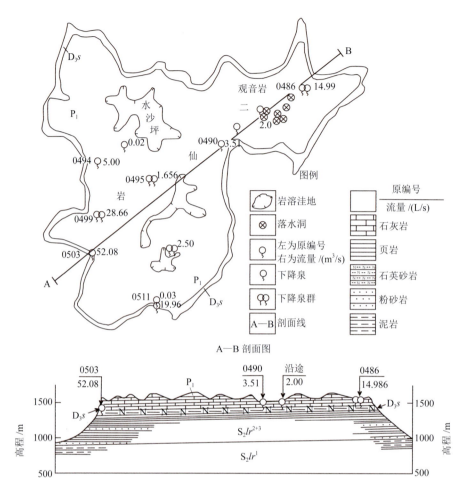

图 2-17 黔江八面山向斜水文地质略图

第三节 西南岩溶石山区地下水资源量

一、岩溶地下水资源评价方法

(一) 岩溶地下水资源评价原则

①以岩溶地下水为主要评价对象,系统地进行不同保证率的天然补给量、储存量、允许开采量、现状开采量、剩余允许开采量的计算评价。

②以岩溶水文地质单元为计算单元,通过不同保证率的降水量计算,用降水入渗补给系数法评价岩溶水天然补给量。

③以各类水源地为计算单元，计算岩溶水储存量、允许开采量、现状开采量、剩余允许开采量。

④结合岩溶水开采技术条件计算储存量和允许开采量。

隐伏的岩溶水源地，含水层的储存调节能力强，适宜机井开采，采用多种方法计算允许开采量；用体积法计算储存量，按枯季天数计算储存调节量。根据目前的经济技术水平，饱水带富水块段计算下限为 100 m，表层带富水块段计算下限到隔水底板。

天然出露的岩溶水源地，调蓄条件差，大部分仅适宜引流开采，需求主要在枯季，因此，主要以枯季平均流量汇总作为允许开采量。仅对具有较大储水洞管的地下河和岩溶大泉，采用流量消耗法计算出口以上的储存量。

⑤允许开采量必须满足以下条件。

第一，有补给保证：水文地质单元内允许开采量合计不能超过多年平均天然补给量。

第二，有储存调节保证：生活和工业供水要求全年不同时期的供水量基本稳定，而饱水带富水块段由于有丰富的储存量，最适宜作为生活和工业用水水源地。但在枯季，天然径流量将逐渐减小，直到翌年雨季。因此，为了稳定供水，允许开采量不能超过枯季岩溶水径流量和储存调节量之和。

第三，有环境安全保证：按所评价的允许开采量开采，不会发生危害性的环境地质现象和影响已建岩溶水开发工程的正常生产。

（二）水资源评价方法

1. 天然水资源

采用降水入渗补给系数法计算天然补给量，计算公式：

$$Q = \alpha \cdot F \cdot X \qquad (2\text{-}1)$$

式中，Q 为降水入渗补给量（$\times 10^4 m^3/a$）；α 为降水入渗补给系数，由动态观测和试验资料计算而得；F 为接受降水入渗补给的面积（$\times 10^4 m^2$），由水文地质图上实际圈定；X 为多年平均降水量（m/a），选取保证率 95%、75% 和多年平均降水量计算。

用维泊尔公式计算降水量的保证率：

$$P = \frac{m}{n+1} \times 100\% \qquad (2\text{-}2)$$

式中，P 为降水量的保证率（%）；m 为降水量值从大到小排序后的序号；n 为统计的实测降水量值个数。

2. 水源地岩溶水资源

（1）储存量

1）隐伏岩溶水源地

容积储存资源和弹性储存资源。

潜水含水层：

$$Q_{容} = \mu \cdot F \cdot M \qquad (2\text{-}3)$$

承压含水层：

$$Q_{弹} = S \cdot F \cdot \Delta H \qquad (2\text{-}4)$$

式中，$Q_{容}$ 为潜水含水层的地下水储量（m^3）；$Q_{弹}$ 为承压含水层的地下水弹性储量（m^3）；μ 为给水度（无量纲）；F 为计算块段面积（m^2）；M 为潜水含水层的厚度（m）；S 为释水系数；ΔH 为承压含水层自顶板算起的压力水头高度（m）。

2）天然出露的岩溶水源地

对天然出露的岩溶水源地，仅对具有较大储水空间的岩溶大泉和地下河（流量 $Q \geqslant 50$ L/s）采用流量消耗法计算其出口以上的储存量：

$$W = Q_{枯} / \alpha \qquad (2\text{-}5)$$

式中，W 为含水系统体积储存量（$\times 10^4 m^3$）；为地下河、岩溶大泉最枯流量（$\times 10^4 m^3/d$）；α 为衰减期最末一个状态衰减参数（1/d）。

（2）允许开采量

1）隐伏的岩溶水源地

方法一：相关分析法。

在地下水开采资料较多的地区，可用相关分析法预测近期地下水可开采量或开采水位的变化规律。当水位降深与地下水开采量相关密切并且呈直线相关时：

$$Q = a + b \cdot S \qquad (2\text{-}6)$$

式中，Q 为地下水开采量（m^3/d）；S 为水位降深（m）；a 为常数（m^3/d）；b 为回归系数（m^2/d）。

a、b 根据地下水动态观测资料利用最小二乘法确定：

$$b = \frac{\sum_{i=1}^{n}(S_i - S_0)(Q_i - Q_0)}{\sum_{i=1}^{n}(S_i - S_0)^2}$$

$$a = Q_0 - b \cdot S_0$$

式中，Q_0 为开采量的平均值（m^3/d），$Q_0 = \dfrac{1}{n}\sum_{i=1}^{n} Q_i$；$S_0$ 为开采水位降深的平均值（m），$S_0 = \dfrac{1}{n}\sum_{i=1}^{n} S_i$；$n$ 为观测数据组数。

方法二：干扰井群法。

①直线井排布井。直线井排（长度等于地下径流带宽度）平行于补给排泄边界之间，各井的流量、井径、水位降深、井距均相等，$b > 2d$ 时：

承压水：

$$Q = \frac{2.73K \cdot M \cdot S_w}{\lg \dfrac{d}{\pi \cdot \gamma_w} + \dfrac{1.36b_1 \cdot b_2}{d \cdot b}} \qquad (2\text{-}7)$$

潜水：

$$Q = \frac{1.36K(2H - S_w) \cdot S_w}{\lg \dfrac{d}{\pi \cdot \gamma_w} + \dfrac{1.36b_1 \cdot b_2}{d \cdot b}} \qquad (2\text{-}8)$$

式中，Q 为干扰井群中单井涌水量（m³/d）；K 为含水层平均渗透系数（m/d）；M 为承压含水层平均厚度（m）；S_w 为抽水井中的水位降深（m）；d 为井距之半（m）；γ_w 为抽水井半径（m）；H 为水头或潜水层含水层厚度（m）；b_1 为井排至排泄区的距离（m）；b_2 为井排至补给区的距离（m）；$b = b_1 + b_2$。

②无规则圆形封闭布井。当 n 个等流量井按无规则封闭圆形分布，在无限含水层时：

$$Q = \frac{2.73 \cdot K \cdot M \cdot S_w}{n \lg R - \lg r_1 \cdot r_{1-2} \cdots r_{1-n-1}} \qquad (2\text{-}9)$$

$$R = R_0 + r_0$$

式中，Q 为干扰井群中单井涌水量（m³/d）；K 为含水层平均渗透系数（m/d）；M 为承压含水层平均厚度（m）；S_w 为抽水井中的水位降深（m）；n 为抽水井个数；R 为井群中心至补给边界的距离（m），用公式 $R = 10S\sqrt{K}$ 计算求得；R_0 为引用影响半径（m）；r_0 为抽水井群轮廓引用半径（m）；r_1 为 1 号抽水井半径（m）；$r_{1-2} \cdots r_{1-n-1}$ 为井群中其他各井至 1 号井距离（m），从 1∶50000 水文地质图上量得。

方法三：平均布井法。

平均布井法对浅部潜水和深部承压水都可应用，其误差与水文地质条件复杂程度呈正比关系。

①稳定流。

$$Q = Q_0 \cdot n \qquad (2\text{-}10)$$

$$n = \frac{F}{4R^2} \qquad (2\text{-}11)$$

式中，Q 为允许开采量（m³/d）；Q_0 为设计降深单井涌水量（m³/d）；n 为设计井数；F 为富水块段面积（m²）；R 为单井影响半径（m）。

②非稳定流。

$$Q_0 = \frac{(4\pi K \cdot M)S - \Delta H}{\ln \dfrac{2.25a \cdot t}{\gamma_w^{\,2}}} \qquad (2\text{-}12)$$

$$\Delta H = \frac{Q_0 \cdot t}{\mu^{**} \cdot f} \qquad (2\text{-}13)$$

式中，Q_0 为单井平均涌水量（m³/d）；K 为含水层平均渗透系数（m/d）；M 为含水层平均厚度（m）；S 为设计降深（m）；ΔH 为减压可疏干厚度（m）；a 为含水层压力传导系数（m²/d）；t 为开采时间（d）；γ_w 为井孔半径（m）；f 为疏干影响面积（m²）；μ^{**} 为含水层综合释水系数，当长期抽水时，$\mu^{**} \approx \mu^* + \mu$；$\mu^*$ 为含水层弹性释水系数；μ 为含水层给水度。

方法四：管井统计法。

$$Q_{总} = \sum_{i=1}^{n} Q \qquad (2\text{-}14)$$

式中，$Q_{总}$ 为管井涌水总量（m³/d）；Q 为单井最大涌水量（m³/d）；n 为管井数。

用公式（2-15）～（2-19）计算单井最大涌水量：

$$Q = S \cdot \bar{q} \qquad (2\text{-}15)$$

$$\bar{q} = \frac{Q_1 + Q_2}{S_1 + S_2}$$

$$Q = \frac{\sqrt{a^2 + 4b \cdot S} - a}{2b} \qquad (2\text{-}16)$$

$$S = a \cdot Q + b \cdot Q^2$$

$$a = \frac{S_2 - b \cdot Q_2^{\,2}}{Q_2}$$

$$b = \frac{S_2 \cdot Q_1 - S_1 \cdot Q_2}{Q_2^{\,2} \cdot Q_1 - Q_1^{\,2} \cdot Q_2}$$

$$\lg Q = \lg q_0 + \frac{1}{m} \lg S \qquad (2\text{-}17)$$

$$\lg q_0 = \frac{\lg Q_1 + \lg Q_2 - \dfrac{1}{m}(\lg S_1 + \lg S_2)}{2}$$

$$Q = a + b \cdot \lg S_1 \tag{2-18}$$

$$a = Q_1 - b \cdot \lg S_1$$

$$b = \frac{Q_2 - Q_1}{\lg S_2 - \lg S_1}$$

$$Q = q_0 \cdot S_1^{\frac{1}{m}} \tag{2-19}$$

$$q_0 = \frac{Q_1}{S_1^{\frac{1}{m}}}$$

式中，Q 为推算钻孔最大涌水量（L/s）；S_1、S_2 为抽水试验水位降深（m）；Q_1、Q_2 为相应降深涌水量（L/s）；S 为推算降深（m）；$\bar{q}$、q_0 为单位涌水量和化引单位涌水量（L/s·m）；a、b 为计算系数；m 为试验孔（井）流态指数。

m 值按下式计算：

$$\frac{\lg S_2}{\lg Q_2} \quad \frac{\lg S_1}{\lg Q_1} \tag{2-20}$$

公式（2-15）～（2-19）依 m 值选用：$m=1.0 \sim 1.1$ 用公式（2-15），S 推 1.75 倍；$m=1.2 \sim 1.5$ 用公式（2-17），S 推 2 倍；$m=1.6 \sim 2.5$ 用公式（2-18），S 推 2 倍；$m > 2.5$ 用公式（2-19），S 推 3 倍；

仅有一次降深试验时，m 取经验值，用公式（2-20），S 推 2 倍。

方法五：大井法。

当地下水由承压水开采后转化为潜水时：

$$Q = 1.366K \frac{2H \cdot M - M^2 - h^2}{\lg R - \lg \gamma_0} \tag{2-21}$$

$$\gamma_0 = \sqrt{\frac{F}{\pi}} \tag{2-22}$$

$$R = \gamma_0 + 10S\sqrt{K} \tag{2-23}$$

式中，H 为从底板算起的承压含水层水头值（m）；h 为大井边处无压含水层厚度（m）；R 为大井影响半径（m）；γ_0 为大井引用半径（m）；F 为计算区段面积（km²）；K 为含水层平均渗透系数（m/d）。

2）天然出露的岩溶水源地

对流域内不断流的地下河、岩溶泉、表层岩溶泉进行计算。长观点以长观期内枯季（11月、12月、1月、2月、3月、4月）6个月的平均流量作为允许开采量；仅有偶测流量的，根据已有观测点的观测资料及水文地质条件，选择适合的动态类型作水点观测系列数据模比处理，求出枯季（11月、12月、1月、2月、3月、4月）6个月的平均流量作为允许开采量。

（3）剩余允许开采量

剩余允许开采量计算公式如下：

$$Q_{剩}=Q_{允}-Q_{已} \qquad (2-24)$$

式中，$Q_{剩}$为剩余允许开采量（m³/d）；$Q_{允}$为允许开采量（m³/d）；$Q_{已}$为现状开采量（m³/d），由调查分析确定。

3. 水文地质参数选取

（1）降水入渗补给系数 α

有长观点的单元、块段一般采用该单元、块段含水层组之降水入渗补给系数；少数无长观点的单元、块段用类比的方法依据含水层岩性、构造、地貌、植被和岩溶发育等水文地质条件选用降水入渗补给系数；当有多个降水入渗补给系数时，则采用其加权平均值。

（2）含水层厚度 M

根据岩心编录和抽水试验资料确定。松散层中，水位以下，凡粒级在黏质砂土以上者即为含水层。岩溶含水层根据所测定的体积岩溶率和结合单位涌水量，大致划分为强、中、弱岩溶发育带，以中等发育带底界为岩溶发育下限；块段岩溶发育下限取其平均值。

（3）渗透系数 K

依据单孔和孔组抽水的资料计算。有孔组抽水试验的富水块段采用孔组抽水试验稳定流或非稳定流计算值；无孔组抽水试验资料的富水块段采用各单孔渗透系数平均值；富水块段内控制孔少且分布不均时，选用代表孔之渗透系数。

（4）影响半径 R、导水系数 T、导压系数 α、给水度 μ 和弹性释水系数 μ^*

主要由富水块段内的水文地质钻孔资料及前人报告综合确定。

（5）面积 F

单元、块段、泉域、含水层组面积在 1：50000 水文地质图上量算。干扰面积、疏干面积考虑设计降深或疏干含水层厚度结合自然水力坡度及边界条件确定。

（6）降水量 X

降水量 X 用计算单元内或邻近气象站降水量资料。

（7）岩溶大泉、地下河衰减系数 α

对于典型的观测点，用式（2-25）计算。只有偶测流量的岩溶大泉、地下河，则根据典型观测点的水文地质条件及衰减系数，进行类比得出。

$$\alpha = \frac{\ln Q_0 - \ln Q_t}{t} \qquad (2\text{-}25)$$

式中，α 为衰减期最末一个状态衰减系数（1/d）；Q_0 为计算段起始流量（m^3/d）；Q_t 为 t 时刻流量（m^3/d）；t 为计算时段天数（d）。

（8）偶测泉流量的数模处理

不同的含水层组和地下水类型，由于受到岩性、地貌、岩溶发育特点的控制，反映出各种不同的地下水动态过程曲线。综合调查和收集的泉水、地下河的动态长期观测资料，经技术处理，建立不同地质环境类型的地下水径流模比系数。对于岩溶泉，偶测泉流量按式（2-26）数模处理为多年平均流量：

$$\overline{Q} = \frac{Q_i}{K_{yi}} \qquad (2\text{-}26)$$

式中，Q_i 为偶测流量（L/s）；K_{yi} 为偶测月或日径流量模型之模比系数；$\overline{Q}$ 为多年平均流量（L/s）。

（三）岩溶地下水资源开发利用潜力评价方法

地下水可有效利用量是指在某地下水子系统中，在目前经济发展条件下，可以开发利用的地下水资源量。在数量上，当该区域地下水尚未被开发利用时，它相当于允许开采量；当该区域地下水已被开采时，它相当于允许开采量扣除已开采量后的水量。

$$Q_{效} = Q_{允} - Q_{采} \qquad (2\text{-}27)$$

式中，$Q_{效}$ 为地下水可有效利用资源量（m^3/a）；$Q_{允}$ 为地下水允许开采量（m^3/a）；$Q_{采}$ 为已开采地下水资源量（m^3/a）。

因此，地下水潜力评价是结合流域系统内地下水允许开采量、已开采量、地下水的空间分布特点、可有效开采利用的技术经济条件，以及当地经济条件、开采利用是否产生地质环境问题等进行的综合评价。

1. 地下水开发利用潜力指数

$$P_{潜} = Q_{允} / Q_{采} \qquad (2\text{-}28)$$

式中，$P_{潜}$ 为地下水开发利用潜力指数。

2. 地下水可开发利用潜力模数

$$\Delta Q_{潜} = (Q_{允} - Q_{采}) / F \qquad (2\text{-}29)$$

式中，$\Delta Q_{潜}$为地下水可开发利用潜力模数（万 $m^3/a \cdot km^2$）；F 为开采区面积（km^2）。

地下水开发利用潜力指数可判断地下水系统内地下水资源的开采潜力，以地下水开发利用潜力模数作为潜力分区的依据。

当 $P_{潜} > 1.2$ 时，有开采潜力、可扩大开采；$P_{潜} = 0.8 \sim 1.2$ 时，采补基本平衡；$P_{潜} < 0.8$ 时，潜力不足，已超采。

对有开发利用潜力可扩大开采的地区，其潜力等级按如下标准进行评价：$\Delta Q_{潜} < 5$，潜力较小区；$\Delta Q_{潜} = 5 \sim 10$，潜力中等区；$\Delta Q_{潜} > 10$，潜力较大区。

二、岩溶地下水资源量

西南岩溶石山区地下水资源丰富，开发利用潜力巨大，地下水总资源量为 $1695.36 \times 10^8 \, m^3/a$，可开采量为 $621.81 \times 10^8 \, m^3/a$，已开采量 $90.53 \times 10^8 \, m^3/a$，开采程度为 14.56%。岩溶地下水开发利用潜力较大，达 $515.38 \times 10^8 \, m^3/a$。各省（自治区、直辖市）剩余可开采量分别为：云南 $83.38 \times 10^8 \, m^3/a$，贵州 $122.01 \times 10^8 \, m^3/a$，广西 $148.98 \times 10^8 \, m^3/a$，湖南 $54.33 \times 10^8 \, m^3/a$，湖北 $37.42 \times 10^8 \, m^3/a$，重庆 $8.82 \times 10^8 \, m^3/a$，四川 $61.47 \times 10^8 \, m^3/a$，广东 $14.87 \times 10^8 \, m^3/a$（表 2-2）。

表 2-2　西南岩溶石山区地下水资源量[1]

省（自治区、直辖市）	总资源量 /($\times 10^8 m^3$/a)	可开采量 /($\times 10^8 m^3$/a)	已开采量 /($\times 10^8 m^3$/a)	剩余可开发利用量 /($\times 10^8 m^3$/a)
云南	290.61	119.45	36.07	83.38
贵州	206.12	138.10	16.09	122.01
广西	464.80	162.57	13.59	148.98
湖南	269.33	62.83	8.50	54.33
湖北	98.77	46.78	9.36	37.42
重庆	53.31	10.56	1.74	8.82
四川	261.22	63.62	2.15	61.47
广东	51.20	17.90	3.03	14.87
合计	1695.36	621.81	90.53	531.28

1. 云南岩溶地下水资源量

云南岩溶地下水总资源量 $290.61 \times 10^8 \, m^3/a$，可开采量 $119.45 \times 10^8 \, m^3/a$。其中，滇东岩溶石山区岩溶地下水总资源量为 $238.08 \times 10^8 \, m^3/a$，可开采量 $103.55 \times 10^8 \, m^3/a$；滇西岩溶区岩溶水总资源量 $52.53 \times 10^8 \, m^3/a$，可开采量 $15.9 \times 10^8 \, m^3/a$。[2]

---

[1] 表中数据为多年平均值。

[2] 数据来源：云南省地质环境监测院内部资料《2002 年云南岩溶石山地区水文地质报告》《2014 年云南省岩溶水水文地质及环境地质调查与研究》《2002 年云南省地下水资源报告》。

2. 贵州岩溶地下水资源量

贵州岩溶地下水天然补给量计算结果：保证率（P）=50% 为 $457.78\times10^8\,m^3/a$（其中，长江流域 $290.17\times10^8\,m^3/a$，珠江流域 $167.61\times10^8\,m^3/a$）；保证率（P）=75% 为 $410.43\times10^8\,m^3/a$（其中，长江流域 $265.59\times10^8\,m^3/a$，珠江流域 $144.84\times10^8\,m^3/a$）；保证率（P）=95% 为 $363.23\times10^8\,m^3/a$（其中，长江流域 $231.76\times10^8\,m^3/a$，珠江流域 $131.47\times10^8\,m^3/a$）。

岩溶地下总资源量 $206.12\times10^8\,m^3/a$（其中，长江流域 $145.61\times10^8\,m^3/a$，珠江流域 $60.51\times10^8\,m^3/a$）。

岩溶地下水可开采量为 $138.10\times10^8\,m^3/a$（其中，长江流域 $97.56\times10^8\,m^3/a$，珠江流域 $40.54\times10^8\,m^3/a$）。

3. 广西岩溶地下水资源量

广西全区天然资源量为 $810.14\times10^8\,m^3/a$，其中岩溶地下水总资源量为 $464.80\times10^8\,m^3/a$。1：50000 水文地质调查由于调查精度提高，同时投入了水点的水位及流量长观、钻探、抽水试验等大量的实物工作，因此无论是计算区的划分还是计算参数的选取均更加精细，结果也更加准确。区内岩溶地下水可开采量为 $162.57\times10^8\,m^3/a$。

4. 湖南岩溶地下水资源量

采用降水入渗补给系数法与径流模数法计算出湖南岩溶石山区面积 89 451.443 km²（其中碳酸盐岩出露面积 59 597.887 km²），地下水多年平均补给量 $312.80\times10^8\,m^3/a$，其中岩溶地下水总资源量为 $269.33\times10^8\,m^3/a$，多年平均径流量 $295.27\times10^8\,m^3/a$（其中岩溶水 $257.00\times10^8\,m^3/a$）。

经计算，区内地下水可开采资源量为 $69.09\times10^8\,m^3/a$。其中岩溶地下水 $62.83\times10^8\,m^3/a$，仅占岩溶水天然补给资源量的 23.3%。岩溶地下水难利用资源量 $206.50\times10^8\,m^3/a$。

5. 湖北岩溶地下水资源量

湖北岩溶石山区地下水天然资源量为 $98.77\times10^8\,m^3/a$，平水年为 $98.65\times10^8\,m^3/a$，偏枯年为 $85.47\times10^8\,m^3/a$，特枯年为 $73.64\times10^8\,m^3/a$，全省碳酸盐岩岩溶地下水总资源量为 $98.77\times10^8\,m^3/a$，碎屑岩资源量为 $0.66\times10^8\,m^3/a$。

对全区 376 个岩溶大泉和地下河的可开采量进行了计算，得出其岩溶地下水可开采量为 $46.78\times10^8\,m^3/a$，占全区岩溶天然补给资源量的 47.4%。

6. 重庆岩溶地下水资源量[①]

对重庆重点岩溶流域进行了水资源评价计算，在已完成 1：50000 水文地质调查区内，地下水总资源量及保证率分别为 50%、75%、95% 降水量条件下的天然补给量分别为 $53.31\times10^8\,m^3/a$、$47.76\times10^8\,m^3/a$、$44.94\times10^8\,m^3/a$、$41.08\times10^8\,m^3/a$。

---

① 数据来源：重庆南江地质队内部资料《2016 重庆市地下水资源图说明书》；重庆市地质环境监测总站内部资料《重庆市地质环境监测成果报告（2011—2013）》。

经计算，在已完成 1 ∶ 50000 水文地质调查区内岩溶地下水天然排泄量为 $48.66 \times 10^8 \, \mathrm{m}^3/\mathrm{a}$。

南川区水江乌江干流流域地下水可开采资源量为 $1.41 \times 10^8 \, \mathrm{m}^3/\mathrm{a}$，武隆区乌江干流流域地下水可开采资源量为 $2.17 \times 10^8 \, \mathrm{m}^3/\mathrm{a}$，酉阳土家族苗族自治县龙潭河流域地下水可开采资源量为 $0.07 \times 10^8 \, \mathrm{m}^3/\mathrm{a}$，奉节县大溪河流域地下水可开采资源量为 $3.00 \times 10^8 \, \mathrm{m}^3/\mathrm{a}$，涪陵焦石片区地下水可开采资源量为 $0.19 \times 10^8 \, \mathrm{m}^3/\mathrm{a}$，彭水桑柘片区地下水可开采资源量为 $1.13 \times 10^8 \, \mathrm{m}^3/\mathrm{a}$，巫溪县天星河、文峰河流域地下水可开采资源量为 $0.30 \times 10^8 \, \mathrm{m}^3/\mathrm{a}$。2003 ~ 2012 年重庆重点岩溶流域调查碳酸盐岩岩溶区总面积为 12 037.68 km²，整个工作区地下水可开采量为 $10.56 \times 10^8 \, \mathrm{m}^3/\mathrm{a}$。

7. 四川岩溶地下水资源量

四川省岩溶地下水总资源量 $261.22 \times 10^8 \, \mathrm{m}^3/\mathrm{a}$，可开采量 $63.62 \times 10^8 \, \mathrm{m}^3/\mathrm{a}$。

8. 广东岩溶地下水资源量

广东省岩溶地下水总资源量 $51.20 \times 10^8 \, \mathrm{m}^3/\mathrm{a}$，可开采量 $17.90 \times 10^8 \, \mathrm{m}^3/\mathrm{a}$。

三、岩溶地下水资源开发利用潜力

1. 云南岩溶地下水资源开发利用潜力

云南岩溶地下水资源可开采量为 $119.45 \times 10^8 \, \mathrm{m}^3/\mathrm{a}$，已开采量 $36.07 \times 10^8 \, \mathrm{m}^3/\mathrm{a}$，剩余可开发利用量 $83.38 \times 10^8 \, \mathrm{m}^3/\mathrm{a}$。

2. 贵州岩溶地下水资源开发利用潜力[①]

贵州岩溶地下水可开采量 $138.10 \times 10^8 \, \mathrm{m}^3/\mathrm{a}$，已开采量 $16.09 \times 10^8 \, \mathrm{m}^3/\mathrm{a}$，剩余可开发利用量 $122.01 \times 10^8 \, \mathrm{m}^3/\mathrm{a}$，占全省地下水可开采量的 88.3%。其中长江流域：地下水可开采量 $69.92 \times 10^8 \, \mathrm{m}^3/\mathrm{a}$，已开采量 $12.22 \times 10^8 \, \mathrm{m}^3/\mathrm{a}$，剩余可开发利用量 $57.70 \times 10^8 \, \mathrm{m}^3/\mathrm{a}$，占全省剩余可开发利用量 47.3%。珠江流域：地下水可开采量 $42.83 \times 10^8 \, \mathrm{m}^3/\mathrm{a}$，已开采量 $3.87 \times 10^8 \, \mathrm{m}^3/\mathrm{a}$，剩余可开发利用量 $38.96 \times 10^8 \, \mathrm{m}^3/\mathrm{a}$，占全省剩余可开发利用量的 31.9%。结果表明：贵州省地下水可开发利用潜力指数为 5 ~ 20，远大于 1.2，说明省内各计算区（流域）中地下水均有较大的开发利用潜力。

贵州省地下水资源丰富，各流域、块段内地下水可开发利用潜力较大，但由于不同地区水文地质条件、经济发展水平及对地下水资源开发利用的程度不同而表现出差异。根据地下水可开发利用潜力模数，将贵州省岩溶石山区划分为地下水资源开发利用潜力较大区、开发利用潜力中等区及开发利用潜力小区三类。各区主要特征叙述于下。

（1）开发利用潜力较大区

分别分布在长江流域的牛栏江、芙蓉江、綦江水系亚区、赤水河水系亚区、松桃水系亚区、锦江水系亚区、清水江水系亚区，珠江流域的南盘江、格凸河、红水河、都柳

---

① 数据来源：贵州省地质调查院内部资料《2003 年贵州岩溶石山地区地下水资源勘查与生态环境地质调查报告》。

江等 11 个亚区，地下水开发利用潜力指数 9.212 ～ 43.613，地下水可开发利用潜力模数 $10.02×10^8 ～ 53.05×10^8 m^3/a·km^2$。

（2）开发利用潜力中等区

中等区 15 个，分别分布于长江流域乌江水系的六冲河、三岔河、乌渡河、猫跳河、偏岩河，湘江、清水河、乌江中干流、乌江下干流、洪渡河、舞阳河水系，以及珠江流域的北盘江、涟江—蒙江、曹渡河、打狗河等。地下水开发利用潜力指数 3.840 ～ 77.478，地下水可开发利用潜力模数 $5.59×10^8 ～ 9.51×10^8 m^3/a·km^2$。

（3）开发利用潜力较小区

开发利用潜力较小区 2 个，为分布于长江流域的横江和珠江流域的六洞河，地下水开发利用潜力指数 4.063 ～ 15.138，地下水可开发利用潜力模数 $3.92×10^8 ～ 4.80×10^8 m^3/a·km^2$。

综合分析贵州省岩溶地下水的开发利用现状及可开发利用潜力，贵州省岩溶地下水开发利用总量 $16.09×10^8 m^3/a$，仅占岩溶地下水可开采量 $138.10×10^8 m^3/a$ 的 11.65%，总体上开发利用量不大。

3. 广西岩溶地下水资源开发利用潜力[①]

根据地下水开发利用潜力指数及可开发利用潜力模数的计算结果，全区岩溶地下水开发利用潜力指数为 13.35，开发利用潜力大，可开发利用潜力模数为 $18.81×10^4 m^3/a·km^2$。三级流域区，可开发利用潜力指数为 5.02 ～ 2273.38，可开发利用潜力模数为 $10.60×10^4 ～ 71.82×10^4 m^3/a·km^2$，可划分为可开发利用潜力较大区和可开发利用潜力中等区。

（1）可开发利用潜力较大区

湘江河源（Ⅴ 8-8-1）、柳江下游（Ⅵ 4-3）、龙江中下游（Ⅵ 4-5）、桂江（Ⅵ 7-1）、贺江上中游（Ⅵ 7-2）、黔浔江（Ⅵ 8-1）、桂南沿海诸河（Ⅵ 15-1）、百都河（Ⅷ 1-1-1）等 8 个三级流域区，岩溶地下水可开采量为 $9385.38×10^4 ～ 251168.56×10^4 m^3/a$，剩余可开发利用量为 $9285.38×10^4 ～ 219074×10^4 m^3/a$，已开发利用程度为 1.07% ～ 16.70%，可开发利用潜力模数为 $20.03×10^4 ～ 24.01×10^4 m^3/a·km^2$，属可开发利用潜力较大区。

（2）可开发利用潜力中等区

南盘江南（Ⅵ $_{1-7}$）、红水河上游（Ⅵ $_{3-1}$）、红水河中游（Ⅵ $_{3-2}$）、红水河下游（Ⅵ $_{3-3}$）、右江中下游（Ⅵ $_{5-2}$）、左江（Ⅵ $_{6-1}$）、郁江（Ⅵ $_{6-2}$）等 7 个三级流域区，岩溶地下水可开采量为 $19587.86×10^4 ～ 277117.07×10^4 m^3/a$，剩余可开发利用量为 $22733.76×10^4 ～ 263341.21×10^4 m^3/a$，开发利用程度为 0.04% ～ 16.62%，可开发利用潜力模数为 $10.60×10^4 ～ 17.88×10^4 m^3/a·km^2$，属可开发利用潜力中等区。

4. 湖南岩溶地下水资源开发利用潜力[②]

湖南境内，除松滋河流域地下水开采潜力模数小、潜力指数大外，其他流域的开采潜力均大。全区岩溶地下水平均开发利用潜力指数为 7.51，地下河、岩溶大泉剩余可开发利用量为 $93.98×10^4 m^3/d$，饱水带储水褶皱剩余可开发利用量为 $77.58×10^8 m^3/d$。开

---

① 数据来源：广西壮族自治区地质调查院内部资料《2014 年广西壮族自治区岩溶地区水文地质环境地质调查与地下水开发利用示范成果集成报告》。

② 数据来源：湖南省国土资源规划院内部资料《2000 年湖南省地下水资源评价的报告》。

发利用潜力均较大（表2-3）。

表 2-3　湖南岩溶石山区地下水系统岩溶水资源开发利用潜力计算表

| 三级系统代号 | 面积 /km² | 可开采量 /(×10⁴m³/a) | | | 已开采量 /(×10⁴m³/a) | 剩余可开发利用量 $Q_允 - Q_采$ /(×10⁴m³/a) | 潜力指数 $P_潜$ | 潜力模数 $\Delta Q_潜$ /(×10⁴m³/a·km²) |
		C 级	D 级	合计				
松滋河 EFF14	156.96	0	315.49	315.49	69.64	245.85	4.53	1.57
澧水 EFF13	6 461.03	0	61 877.99	61 877.99	7 592.96	54 285.03	8.15	8.40
沅江 EFF12	9 225.28	1466.88	79 349.96	80 816.84	15 465.02	65 351.82	5.23	7.08
湘江 IFF10	27 714.91	38 595.06	257 821.79	296 416.85	39 124.45	257 292.40	6.58	9.28
资江 IFF11	13 459.75	35 293.76	143 484.88	178 778.64	20 761.94	158 016.70	7.61	11.74
桂江 IHA52	630.82	0	6 461.34	6 461.34	356.16	6 105.18	17.10	9.68
武水 IHB15	1 949.14	0	12 402.27	12 402.27	1 607.80	10 794.47	6.71	5.54
合计	59 597.89	75 355.70	561 713.72	637 069.40	84 977.97	552 091.44	7.51	9.26

5. 湖北岩溶地下水资源开发利用潜力

湖北省目前难利用资源量总计为 $21.66 \times 10^8 m^3/a$，全省可开采量为 $46.78 \times 10^8 m^3/a$，可开采量占全省特枯年地下水资源量（$73.64 \times 10^8 m^3/a$）的 63.5%；目前难利用资源量占其 29.4%；已开采利用资源量（$9.36 \times 10^8 m^3/a$）占 12.7%；剩余可开发利用的资源量（$37.42 \times 10^8 m^3/a$）占特枯年资源量的 50.81%；可开发利用地下水资源潜力的绝对数量为 $15.77 \times 10^8 m^3/a$。

6. 重庆岩溶地下水资源开发利用潜力

重庆岩溶地下水可开采量为 $10.56 \times 10^8 m^3/a$，已开采量 $1.74 \times 10^8 m^3/a$，剩余可开发利用量 $8.82 \times 10^8 m^3/a$。

调查区总体处于开发潜力较大区，可开发利用潜力指数 2.88～12.31，其中南川区水江乌江干流流域可开发利用潜力指数为 12.31，武隆区乌江干流流域可开发利用潜力指数为 2.88、酉阳土家族苗族自治县龙潭河流域可开发利用潜力指数为 12.06，奉节县大溪河流域可开发利用潜力指数为 3.45，涪陵焦石片区可开发利用潜力指数为 6.30，彭水桑柘片区可开发利用潜力指数为 8.32，巫溪县天星河、文峰河流域可开发利用潜力指数为 5.73。

7. 四川岩溶地下水资源开发利用潜力

四川省岩溶地下资源可开采量为 $63.62 \times 10^8 m^3/a$，已开采量 $2.15 \times 10^8 m^3/a$，剩余可开发利用量 $61.47 \times 10^8 m^3/a$。四川省可开发利用潜力指数为 29.59。

8. 广东岩溶地下水资源开发利用潜力

广东省岩溶地下资源可开采量为 $17.90 \times 10^8 m^3/a$，已开采量 $3.03 \times 10^8 m^3/a$，剩余可开发利用量 $14.87 \times 10^8 m^3/a$。广东省可开发利用潜力指数为 5.91。

第三章 典型岩溶地下水系统水资源调查评价

第一节 云南南洞地下河系统

一、自然地理概况

南洞地下河系统为规模大、地质构造及岩溶地下水系统结构复杂、地下水埋深大、岩溶地下水资源丰富的岩溶水系统，由多条地下河组合叠置而成，既有鸣鹫至南洞的干流管道，又有红塘子、卧龙谷等支管道，还有叠置于其上的平石板地下河、大小黑水洞地下河、黑龙潭地下河等次级管道。

南洞地下河系统位于云南省东部，地理坐标：23°13′～23°43′N，103°10′～103°43′E，流域面积 1684 km²，隶属红河彝族哈尼族自治州，行政区划属个旧、开远两市市郊及蒙自市之大部，东邻文山壮族苗族自治州，南连中越边境河口，西部毗邻建水，北距昆明约 300 km。公路 323 国道及铁路昆河线及蒙宝线通过该区（图 3-1）。

位于云南高原东南部，地处红河流域与南盘江流域的分水岭地带，宏观地形由一系列断陷盆地及周边中低山组成。自南向北分布有蒙自、大屯、草坝和大庄 4 个沉积盆地，其地势略向北倾斜，海拔为 1280～1340 m。各盆地间又以浅丘（海拔 1360～1600 m）相隔。盆地区东面为大庄—草坝—蒙自高原面东山区，其海拔一般皆在 2000 m 以上，以陡峻断层陡崖与盆地相接，最高峰大黑山海拔 2705.4 m；盆地区南面为中低山区，海拔为 1500～2500 m，与盆地间以缓坡相连接；盆地区西南面隔莲花山，地势陡峻，海拔 2739.7 m，与东北端的大黑山遥遥相对；盆地区西面及北面山体较低，海拔为 1500～1800 m，与盆地区相接（图 3-2）。

盆地中无常年性河流，地下河流域内地表水系也极不发育。流域东部高原面上发育有三条小河：即杨柳河、平地街河、马桑菁河，末端皆消失于落水洞，成为盲谷。其中以杨柳河最大，流域面积达 40.2 km²。杨柳河自东南向西北流至石洞全部转入地下，成为伏流。沙甸河是为盆地中主要的季节性河流，属南盘江流域泸江水系的一级支流（南盘江二级支流）。

图 3-1　南洞地下河系统交通位置图

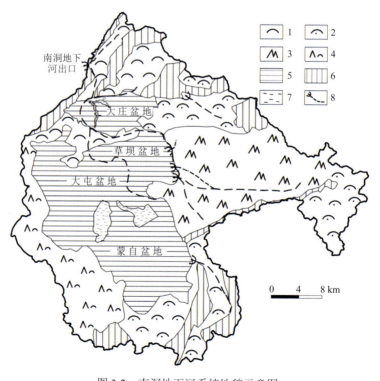

图 3-2　南洞地下河系统地貌示意图

1. 溶丘洼地；2. 峰丘洼地；3. 峰丛洼地；4. 峰丘谷地；5. 盆地区；6. 非岩溶石山区；7. 水域面；8. 地下河

　　南洞地下河系统内较大的湖泊有大屯海、长桥海、三角海等。大屯海位于蒙自市西北角，水域面积 13.69 km²，蓄水量 2500 万 m³。长桥海位于蒙自市西北角的大屯海东部，水域面积 10.32 km²，蓄水量 2000 万 m³，最大水深 6.3 m。三角海位于大庄盆地西部，水域面积 2.17 km²，蓄水量 1400 万 m³（图 3-3、表 3-1）。

图 3-3　南洞地下河系统水系图

表 3-1　南洞地下河系统主要水系特征

河流	河长 /km	坡降 /%	最大流量 /(m³/s)	最小流量 /(m³/s)	平均流量 /(m³/s)	径流量 /(×10⁸ m³/a)
沙甸河	119	0.37	93.1	0	2.21	0.69
南洞河	5.3	0.37	63.3	0.57	8.95	2.8

二、区域地质概况

1. 地层及岩性

　　南洞地下河系统内沉积岩分布广泛，自古生界至第四系，除上寒武统、奥陶系、志留系、侏罗系和白垩系地层缺失外，出露有下寒武统和中寒武统、泥盆系、石炭系、二叠系、三叠系及古近系、新近系和第四系，总厚 11 176 m。其中，三叠系地层分布最广，约占全区面积 2/3，古近系、新近系和第四系主要分布于各盆地区域，约占全区面积 28%。古生界地层集中于蒙自以东及大黑山一带。玄武岩及花岗岩仅见于大庄以东及友谊村附近。

　　按照地层的出露情况及沉积特征，可将区内地层划分为两大部分，即基岩山及高原岩溶峰丛区，主要为前新生代地层，以碳酸盐岩建造为主，石灰岩、白云岩出露面积千余平方公里；沉降盆地区主要为新生代的松散岩类，分布面积约 450 km²。

2. 地质构造

南洞地下河系统在地质构造上位于扬子准地台的西南缘，东南邻华南褶皱带，西南接哀牢山—红河深大断裂带。构造体系上则位于云南"山"字形构造前弧的东南侧与滇藏"歹"字形构造体系的交汇部位，并受南岭东西向纬向构造西延及川滇经向构造带南延的影响。云南是东亚和南亚板块活动的交汇地区，其西部为向北漂移的印度板块向东北方向的俯冲，使西藏板块受力应变，向南东挤出一块流变板块，即康滇菱形板块。南洞地下河流域即位于这一小型板块的东南角。康滇菱形板块的边界，由一系列斜滑活动断层束组成，这些断层束以正断层为主。

由于古生代以来，几个板块的多次碰撞俯冲，使得区内构造条件十分复杂，构造性质多变。总的看来，南洞地下河系统主要受控于两条南北向断裂，同时因受印度板块与扬子板块的缝合线——红河深大断裂带的影响，北西向构造也十分发育，加之，较早期形成的北东向及近东西向构造的组合，褶皱构造多被破坏，断陷盆地与断块隆升山地并存，新构造运动强烈的基本构造格局，地质构造条件复杂（图 3-4）。

图 3-4 显示，南洞地下河系统的构造主要有近南北向、北西向、北东向及近东西向 4 组构造形迹。它们不仅构成了南洞地下河流域系统的基本构造格局，也控制着南洞地下河系统的边界与地下河的分布。

三、水文地质概况

（一）含水岩组及其富水性

按含水介质空隙类型划分，南洞地下河系统内分布有空隙含水岩组、裂隙含水岩组和岩溶含水岩组三大类。

1. 空隙含水岩组

主要由第四系松散沉积物构成，分布于区内几个盆地中，叠置于岩溶含水层之上。岩相主要为坡积、洪积、冲积及湖积，岩性以松散砂卵石、砾石、碎石、砂质黏土、钙华等沉积物为主，以砂、砂砾层为主要含水层。因其具有多旋回沉积特征，黏土层与砂、砂砾层相间分布，常有局部层间承压水存在。其富水程度取决于砂、砂砾层的厚度、粒度及其分选性。不同地段含水层的厚度不一，往往具多层结构，累计厚度达 30 ～ 50 m，局部可达 100 m。地下水埋深 1 ～ 4 m，局部可自流，泉水流量 0.001 ～ 2.720 L/s；单孔涌水量一般为 100 ～ 500 m³/d。

2. 裂隙含水岩组

包括各类砂岩、砾岩、页岩及零星出露的花岗岩、玄武岩。各类碎屑岩主要分布于南洞地下河系统的东部及北部，一般富水性微弱或不含水，常构成流域系统或子系统的边界。在地表浅部常赋存有风化裂隙水，其中花岗岩（r）、寒武系（$\in$）、下泥盆统坡脚组（D_1p）、中三叠统法郎组（T_2f）、古近系（E）的砂砾岩、粉砂岩及峨眉山玄武岩组（$P_2\beta$）富水性中等，泉水流量 $0.05 \sim 1.46$ L/s；而 P_2l、T_1f、T_2f^3、T_1y^2、T_3n、T_3h 等的页岩、粉砂岩的富水性微弱，泉水流量 $0.01 \sim 0.28$ L/s。不同地段含水层的厚度不一，一般厚度仅数米至数十米，地下径流模数 $0.048 \sim 5.23$ L/s·km²。具有泉水流量小、浅埋且动态较稳定的特点，一般仅能作为山区居民生活用水的水源，无集中开采价值。

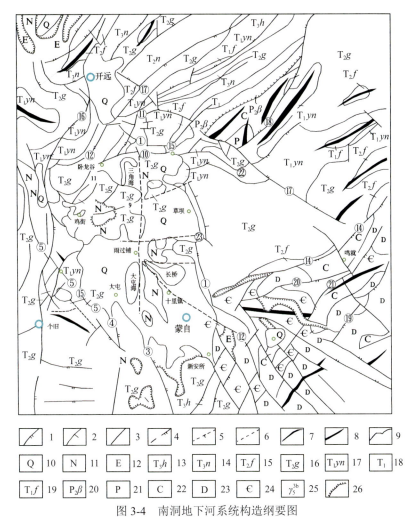

图 3-4　南洞地下河系统构造纲要图

1.压性断裂；2.张性断裂；3.性质不明断裂；4.推测压断裂；5.推测张断裂；6.推测性质不明的断裂；
7.背斜轴；8.向斜轴；9.地质界线；10.第四系；11.新近系；12.古近系；13.上三叠统火把冲组；
14.上三叠统鸟格组；15.中三叠统法郎组；16.下三叠统个旧组；17.下三叠统永宁镇组；
18.下三叠统；19.下三叠统飞仙关组；20.上二叠统玄武岩组；21.二叠系；22.石炭系；
23.泥盆系；24.寒武系；25.燕山期花岗岩；26.不整合接触界线

3. 岩溶含水岩组

包括古生界中寒武统和中泥盆统—上泥盆统、石炭系、下二叠统栖霞组（P_1q）、中生界下三叠统永宁镇组（T_1yn）、中三叠统个旧组（T_2g）和法郎组（T_2f）的第二至第四段（T_2f^2、

T_2f^3、T_2f^4），以及古近系（E）的钙质砾岩，累计厚度 1800～6300 m，是南洞地下河系统内分布最为广泛的岩溶含水岩组，也是本书的主要工作对象。根据上述各地层的富水程度，可将南洞地下河系统的岩溶含水岩组划分为：富水性强的岩溶含水岩组、富水性中等的岩溶含水岩组和富水性弱的岩溶含水岩组三个类型。

①富水性强的岩溶含水岩组：主要由下二叠统茅口组（P_1m）和中三叠统个旧组（T_2g）构成。其中，下二叠统茅口组（P_1m）仅在个别地段零星分布；而中三叠统个旧组（T_2g）以厚层块状灰岩、白云岩为主，南洞地下河系统内广泛出露，分布面积近 1000 km²，累计厚度 1160～2027 m。地表岩溶十分发育，以峰丛洼地（漏斗）为主要特征，洼地密度 6～15 个/km²，且有许多溶洞、落水洞、竖井等发育，石芽、规模大的溶蚀裂隙亦随处可见。草坝、大庄盆地东部边缘有多个季节性出水口，如大小黑水洞、大小龙洞等，蒙自大屯西部边缘也有小泉出露。大黑水洞每年雨季出流（溢洪），流量可达 10～20 m³/s，最大流量 33.3 m³/s；南洞地下河总出口处多年平均流量 9.474 m³/s，径流总量 2.988×10⁸ m³/a。地下径流模数 9.194～17.350 L/s·km²。

②富水性中等的岩溶含水岩组：由中寒武统（ϵ_2）、中泥盆统（D_2）、上泥盆统（D_3）、石炭系（C_1-C_3）、下二叠统（P_1）及南洞地下河系统西部的下三叠统永宁镇组（T_1yn）组成。主要分布于黑龙潭地下河流域、鸣鹫杨柳河一带，地表岩溶也相当发育。黑龙潭地下河流量 0.166～2.246 m³/s，地下径流模数 6.02～9.75 L/s·km²。

③富水性弱的岩溶含水岩组：主要由南洞地下河系统东部的上二叠统龙潭组（P_2l）、下三叠统永宁镇组第三段（T_1yn^3）、中三叠统法郎组第一段（T_2f^1）和第三段（T_2f^3）及古近系（E）的钙质砾岩组成。其中，南洞地下河系统东部的三叠系下统永宁镇组（T_1yn）以薄层灰岩、泥质灰岩为主，常夹泥质条带，岩溶不发育，出露面积小，富水性弱，明显差于西部地区的永宁镇组。而古近系（E）的钙质砾岩，其砾石成分及胶结物均为钙质，地表岩溶也较为发育，但因厚度小，出露零星，泉水流量 0.03～0.83 L/s，富水性弱。

（二）岩溶水系统

南洞地下河流域系统是一个平面边界较为封闭独立的岩溶水系统，由多个岩溶水子系统组合、叠置而成，流域面积 1628.1 km²。以地表水分水岭、地下水分水岭、隔水或相对隔水岩层、阻水断层为边界，以古生界中上泥盆统、石炭系和中生界三叠系个旧组、永宁镇组为主要含水层，以各种地下洞穴、管道和岩溶裂隙为地下水赋存的主要空间和运移通道。

南洞地下河出口，位于开远市东南约 8 km 处，为南洞河的发源地。出水洞口高程 1067 m，最大流量达 43.80 m³/s。这里山、水、洞各种景观互相配套，已批为省级旅游区。

据以往的探测，南洞地下河由三条不同性质的地下河汇聚而成，另外，在出水口上方不同高程上有多层干洞。有的空间也相当宽敞（图 3-5）。

北支洞（原称一号地下河）大致为东北—西南走向，为开远东山补给的集中通道，补给面积约 26 km²。已测长度 1583 m（原实测 1295 m，1991 年 3 月经潜水后又延伸 288 m），宽 10～20 m，高 10～15 m，为单一廊道型，似矩形断面，流量小，枯季流量约 0.45 m³/s，占同期流出总量 10.6%。洞内水流平缓，水力梯度 2‰，洞穴堆积和阶地发育，呈老年期地下河形态。该类型洞穴最突出的形态特征是洞穴纵断面表现为水平廊道和潜流环相间，越往上游方向潜流环越长，水平廊道越短，直至演变为全充水的潜流管道。

图 3-5　南洞口洞穴平面展布图

南支洞（即二号地下河）总体走向南东，沿 T_2g^2 层面发育，受西北向和东北向两组断裂制约。已测长度 1545 m，洞宽 3 ~ 10 m，高 1 ~ 4 m，水深 3 ~ 4 m，水力梯度 7‰，河床被强裂冲刷切割，侵蚀形态发育，枯季流量 1.6 m³/s 左右，占南洞地下河同期流出总量的 37.8%。1991 年 3 月再次探测时发现，深度 300 m 以上的通道内空气越变越稀薄，洞穴环境较 20 余年前有了很大的变化。

三号地下河主要沿南东向断裂带发育，水流由桃源洞末端流出，人仅能进入 17 m，水流湍急，冲刷切割强烈，枯季流量 2.18 m³/s，占同期流出总量 51.5%。一般认为，二、三号地下河为同一条地下河，三号地下河是一个分支，但形态更为年轻，发育时间更晚，其地下水的主要补给区来自草坝东山及三大盆地。

南洞地下河系统共划分为 4 个子系统，即南洞一号地下河子系统，南洞二、三号地下河子系统，平石板地下河子系统及黑龙潭地下河子系统，如图 3-6 所示。由于小黑水洞地下河、大黑水洞地下河及灰土地地下河为南洞二、三号地下河子系统的季节性溢洪口，将其并入南洞二、三号地下河子系统，不再单独划分子系统。

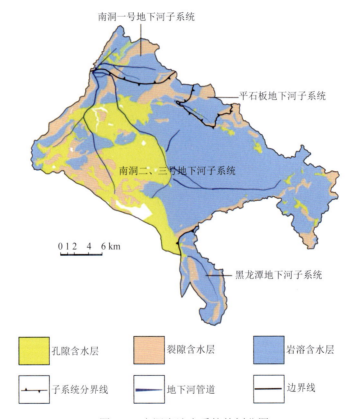

图 3-6 南洞岩溶水系统的划分图

1. 南洞一号地下河子系统

南洞一号地下河子系统面积约 78.09 km²，受 T_3n 砂页岩、$P_2\beta$ 玄武岩的夹持呈条带状沿北东向延伸，汇集了来自开远东山、阿得邑、雨那味和瓦白白一带的地下水。该子系统内溶蚀强烈，岩石表面有较多溶孔和溶洞，溶峰高度 40～80 m，陡峻，基岩出露。洼地、漏斗呈椭圆形，深而窄，直径一般 50～250 m，密度 3～8 个 /km²，底部一般无堆积物，多数有垂直落水洞发育，多沿地层走向线和构造线呈串珠状排列。清塘子以南一段形成典型的岩溶干谷，松散层厚达 10 m，开远东山的大量溪水直接沿此干谷渗入补给地下河。补给区陡坡耕地多，水土流失严重。地下水主要赋存运移于顺岩层走向发育的岩溶管道中，于南洞一号地下河出口流出地表。

2. 南洞二、三号地下河子系统

该子系统是南洞岩溶水系统的主体，由早期二、三号地下河子系统与石洞—大黑水洞地下河系统经后期发展，归并统一形成的。鸡街盆地、大庄盆地、草坝盆地及蒙自东山岩溶石山区是主要补给区。由南洞口排泄的径流总量，其中90%左右来自该子系统。

鸡街盆地、草坝盆地、大庄盆地岩溶地下水以盆地边缘消水洞的点状集中灌入补给为主，盆地之间的岩溶丘陵相对分散补给为辅。盆地中的长桥海、大屯海、三角海（高程1260～1280 m）既是上游地表水和部分地下水的排泄区，又是下游地下水的补给区。草坝盆地边缘的大黑水洞为季节性消水落水洞。湖盆边缘的涌水落水洞是主流与地表水的主要交换通道。

蒙自东山岩溶石山区，面积约600 km^2，高程均在1800 m以上，含水介质由石灰岩、白云岩组成，以峰丛洼地、峰丘洼地地貌为特征，地表岩溶十分发育，洼地密度5～13个/km^2，多者达10～15个/km^2，峰丛洼地比高100～200余米，并有大量漏斗、落水洞分布，地表泉水罕见。岩溶发育历史悠长，发育深度巨大，包气带深度可达300 m以下。大气降水通过这些岩溶微地貌和溶隙、裂隙，既均匀又相对分散地补给地下水。该区植被稀少，土壤浅薄，除岩溶洼地中土壤层略厚外，一般均小于0.5 m，渗漏严重，地下水的径流以垂直渗流为主。该地区除了上述补给外，在高原面上的杨柳河，流经鸣鹫—独家村—石洞村后，于一盲谷末端石洞注入地下，曾是岩溶高原上常年性十分重要的补给水源，杨柳河调水工程开通以后，对鸣鹫石洞消水洞的消水量产生了较大影响。由于西侧盆地表面高程仅1280 m左右，在补排水位差的控制下，地下水沿水力坡度方向主要作由东向西运动，在整个东山地区发育了多条岩溶管道系统，排泄输送岩溶水，并在长达20 km的盆地边缘形成多个岩溶水的排泄口，如潭子头洞、祭狗塘、家邑村洞、小黑水洞、大黑水洞和灰土地消水洞等。

3. 平石板地下河子系统

该子系统地势东高西低，为岩溶中低山峰丛洼地区，有的中山坡度比较陡，在40°左右，一般在20°左右，补给区海拔一般1800～2100 m。该子系统东、北以地表分水岭为边界；南以透水层地表分水岭为边界；西以透水层地表分水岭—新华村一带地表分水岭为边界。地下河内含水层主要为T$_2$g^1、T$_2$g^2、T$_1$y^1、T$_1$y^{3}等灰岩、灰质白云岩、白云岩、白云质灰岩地层，富水性中等—极强；隔水层为T$_2$f、T$_1$y^2、T$_1$y、P$_2$l、P$_2$β等砂岩、页岩、粉砂岩地层。地表岩溶发育，可见落水洞密布及洼地。东部、南部为岩溶水的补给区，补给条件较好。碎屑岩接受大气降水，径流到碳酸盐岩区或洼地，通过落水洞点状灌入补给地下水，落水洞密布，发育3个相对较大的洼地，面积都小于2 km^2。在补给区有少量表层岩溶泉出露，排泄少部分地下水。地下水以管道流为主，裂隙流次之，向北西方向径流，由于地形的切割，在平石板以地下河的形式股状流出地表。

4. 黑龙潭地下河子系统

该子系统在平面上呈南北向展布，流域内地势南东高北西低，以岩溶中低山为主，坡度在 15° 左右，补给区海拔一般 1600～1800 m，地表落水洞、溶丘发育。北、东、南以地表分水岭为边界，西以断层、地表分水岭为边界。地下河系统内含水层主要为 ϵ_1、ϵ_2、D_2d 等灰质白云岩、白云岩、白云质灰岩地层，富水性中等—强；隔水层为 E、D_1p 等砂岩、页岩、粉砂岩地层。南东部为该子系统的补给区，接受大气降水，通过地表、管道以渗入和灌入的方式补给地下水，以北东—南西向导水断层为运移的管道，由北东向南西方向径流，由于地形切割在黑龙潭呈股状涌出后流入蒙自盆地。

5. 系统边界特征

南洞地下河系统的边界由地表水分水岭、地下水分水岭、隔水或相对隔水岩层、阻（隔）水断层的组合构成。

（1）北东北部边界

以沿东山顶—大黑山—大山坡—马吊陡坡—腰排垭口一线分布的地表水分水岭为界，呈北西南东向展布，长约 50 km，高程 2200～2705.4 m。

（2）北西部边界

由 T_3n、T_2f 砂页岩地表水分水岭和北东向阻水断层构成的混合边界，大致沿东山顶—红塘子—南洞台—金鸡寨一线分布，呈北东南西向展布，长约 26 km，高程 1067～2289.9 m。

（3）南东部边界

主要以 T_1f 和 T_1y 砂页岩组成地表水分水岭为界，黑龙潭北西则为 D_2d 灰岩中的地下水分水岭，蜿蜒延伸达 40 km。

（4）南西部边界

主要由鸡街—大屯海—长桥海南侧—蒙自城北—黑龙潭断裂带形成的断陷深槽沉积的泥灰岩、泥岩、褐煤构成深部阻水边界，深槽区地下水位高程 1255～1322 m，草坝一带水位高程 1124～1174 m，二者相差近百米，此边界长达 36 km，为南洞地下河系统的一可移动边界。南部及西部以地表分水岭圈闭，大致以雨沙山—马鹿塘—莲花山线为界。但由于元江（高程 120 m 左右）的强烈向源袭夺（南盘江高程 1000 m），在蒙自与莲花山之间又形成一可移动边界，南北各自形成雨沙山岩溶水南流区和大屯岩溶水承压区，但地表水均向北汇入长桥海、大屯海，间接补给南洞地下河系统。

6. 系统结构特征

（1）含水层与隔水层

南洞地下河流域系统以中寒武统（ϵ_2）和中泥盆统—上泥盆统（D_2-D_3）、石炭系（C_1-C_3）、下二叠统栖霞组（P_1q）和茅口组（P_1m）、下三叠统永宁镇组（T_1yn）、中三叠统个旧组（T_2g）和法郎组（T_2f）的碳酸盐岩为含水层；以下寒武统（ϵ_1）、下泥盆统坡脚组（D_1p）、下三叠统飞仙关组（T_1f）、中三叠统法郎组第五段（T_2f^5）和上三叠统等碎屑岩地层为隔水或相对隔水层。

（2）岩溶含水介质特征

按岩溶含水岩组蓄（导）水空间及其组合特征，南洞地下河系统岩溶含水介质可以分为：裂隙-管道型、管道-溶隙型和溶孔-缝隙型三种岩溶含水介质类型。

裂隙-管道型岩溶含水介质：所属含水岩组系南洞地下河系统内富水性强的岩溶含水岩组，层位为中三叠统个旧组（T_2g），其蓄（导）水空间以较多的地下河管道、落水洞及竖井与众多规模较大的溶蚀裂隙的组合为主要特征。

管道-溶隙型岩溶含水介质：所属含水岩组系区内富水性中等的岩溶含水岩组，层位包括中泥盆统东岗岭组（D_2d）、上泥盆统（D_3）、石炭系（C_1-C_3）及工作区西部的下三叠统永宁镇组（T_1yn），其蓄（导）水空间以众多规模较大的溶蚀裂隙与少量地下河管道、落水洞及竖井的组合为主要特征。

溶孔-缝隙型岩溶含水介质：所属含水岩组系区内富水性弱的岩溶含水岩组，层位包括工作区东部的下三叠统永宁镇组（T_1yn）及古近系（E），其蓄（导）水空间以众多规模较小的溶蚀裂隙及溶孔组成。

（3）南洞地下河系统的发育及分布

南洞地下河系统是由多个地下河子系统组合叠置而成，流域面积1684 km²。地下河埋深大，地质构造复杂，地形差别很大，发展历史较为久远，组合关系复杂，因而在地下河系统的展布上，具有鲜明的特征。

南洞地下河系统在出水口上方不同高程上有多层干洞，北支洞长度1583 m，宽10～20 m，高10～15 m，为一廊道型，似矩形断面；南支洞长度1545 m，洞宽3～10 m，高1～4 m，河床被强烈冲刷切割，侵蚀形态发育。

四、环境地质概况

（一）石漠化

南洞地下河流域地处滇东岩溶较为发育的地区，由于其环境的脆弱性存在土地的石漠化问题。这种类似荒漠化的土地退化过程将使植被资源、土地资源、水资源遭到破坏，同时产生一系列区域性生态环境问题。

根据ETM遥感影像计算机解译和野外调查验证，全流域面积1628.1 km²，其中非岩溶石山区面积757.55 km²，岩溶石山区面积870.55 km²。据调查统计数据和遥感影像计算机解译显示，全流域石漠化面积达到641.47 km²，占岩溶石山区面积73.69%，其中，轻度石漠化215.09 km²，占岩溶石山区面积24.71%，中度石漠化265.49 km²，占岩溶石山区面积30.50%，重度石漠化160.89 km²，占岩溶石山区面积18.48%（表3-2）。

总体上以轻度和中度石漠化为主，重度石漠化主要分布于盆地边缘至岩溶石山区的陡坡斜坡地带，且呈连片分布，流域下游地段的分布面积也比较大，石漠化尤为严重。轻度石漠化分布较为分散，镶嵌于重度和中度石漠化之间（图3-7）。

表 3-2　南洞地下河流域石漠化现状统计表

项目类型	面积 /km²	占全流域面积的比例 /%	占岩溶石山区面积的比例 /%
无石漠化	229.07	13.60	26.31
石漠化	641.47	38.09	73.69
轻度石漠化	215.09	12.77	24.71
中度石漠化	265.49	15.77	30.50
重度石漠化	160.89	9.55	18.48

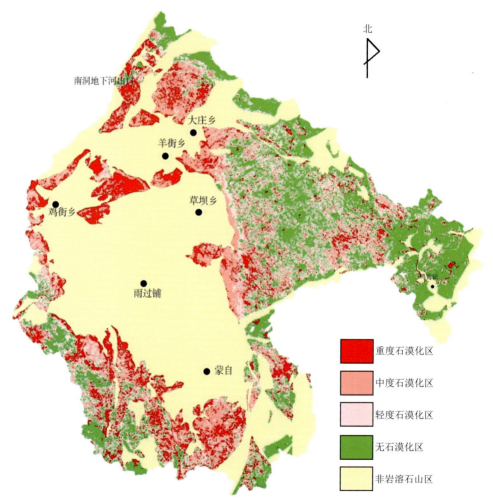

图 3-7　南洞地下河流域石漠化分布区

（1）分布与地层岩性及组合相关

石漠化的分布与流域内碳酸盐岩的岩性及其组合关系密切。流域内主要的碳酸盐岩有 T_2g^1 白云岩（142.75 km²）、T_2g^2 灰质白云岩、白云质灰岩（280.96 km²）、T_2g^3 灰岩（2401.71 km²）。随着灰岩成分增加，石漠化也略有增加。由此可见，灰岩中石漠化发生率略高于白云岩。

流域内碳酸盐岩地层主要有 D、C、T。不同碳酸盐岩层组类型石漠化发生率不同，均匀状的纯碳酸盐岩中，石漠化比例最大，夹层型碳酸盐岩中石漠化比例最小。

（2）分布与地貌类型相关

地形坡度较大的地方石漠化较为严重。流域内石漠化主要分布于盆地外围溶丘、峰丛洼（谷）地及岩溶低中山区，重度、中度石漠化主要集中分布于盆地边缘地形切割较深的地方。蒙自盆地外围岩溶低中山区以重度石漠化为主，且分布连续，中度石漠化呈不连续状分布于大片的重度石漠化周围。

（二）水土流失

南洞地下河流域主要由隆升的岩溶高原山区和断陷盆地组成，从补给区—径流区—排泄区，形成多级排泄面，由高原山区至盆地的坡降大，山区与盆地高差 100～700 m，单就南洞地下河系统而言，水动力坡度从海拔 1800～2000 m 的东山岩溶高原区到南洞口的水位高程 1067 m，上游段水力坡度 21.9‰～25.4‰，中游段 4.8‰～7.5‰，下游段 2.2‰～7.7‰，平均 10.8‰～14.5‰，山区主要为中三叠统个旧组质纯而厚度大的灰岩、白云质灰岩覆盖，加之多期次复杂的构造运动，南洞地下河系统地处湿热的亚热带季风气候区，形成岩溶发育的有利条件，区内岩溶发育强烈，表层岩溶带厚度大，垂向发育深度可达地下几百米，在地面形成了各种各样有利于水土向下流失和漏失的岩溶形态。

据调查数据显示，整个流域的岩溶石山区共有大小洼地约 4500 个，平均 5.17 个 /km²，岩溶漏斗、竖井、落水洞、溶洞等共 250 个，平均 0.29 个 /km²。洼地、谷地、漏斗、落水洞等岩溶形态的高密度分布使大气降水集中垂向注入式补给该区域地下水，岩溶地下水主要富集于地下河管道中，管流是地下水的主要径流方式，地下河出口是地下水的主要排泄方式，大气降水汇集到谷地和洼地中沿漏斗、落水洞、地下河天窗和伏流入口呈注入式补给地下水。而注入式补给容易导致很多问题，如大雨、暴雨期由于排泄不畅经常发生洼地和谷地内涝，中下游地下河出口流量在汛期暴涨暴落，形成几天至十几天甚至几个月的溢洪现象。集中垂向注入式补给也是造成大量的水土流失和漏失的主要原因，据观测数据显示，南洞地下河流域从 1998 年～2014 年的 17 年内，南洞地下河总出口多年平均泥沙含量为 0.105 kg/m³，南洞多年平均流量为 8.15 m³/s，平均径流总量为 2.57 亿 m³，即年均输沙量为 2.70 万 t，按照流域面积为 1628.1 km² 计算，流域内土壤侵蚀模数为 16.58 t/(km²·a)，此外，由于地下水流量和水位随降水变化明显，注入式补给容易导致地下水流加速，掏空地下而造成地面塌陷，造成汛期发生洪涝而旱季发生干旱缺水，这也是该区域目前突出的环境地质问题之一。

五、岩溶地下水资源评价

（一）评价分区

据单元补、径、排的相对独立，将南洞地下河系统划分为南洞地下河系区（Ⅰ）、大屯—鸡街岩溶水承压区（Ⅱ）、蒙自城南岩溶水南流区（Ⅲ）、平石板地下河区（Ⅳ）及黑龙潭地下河区（Ⅴ）五大相对独立的系统（称为大区），见图3-8、表3-3。其中南洞地下河系区（Ⅰ）范围最大，面积达 970.11 km²，水资源最为丰富，南洞地下河系区内各类地层岩性出露面积如表3-4所示。该区每年大气降水除消耗于蒸发外，其余均形成地表和地下径流，南洞地下河系区岩溶水主要补给来源是开远东山、大庄—草坝—蒙自东山区灰岩及盆地间浅丘区灰岩的降水直接入渗补给；其次为盆地边缘落水洞地表水灌入补给。

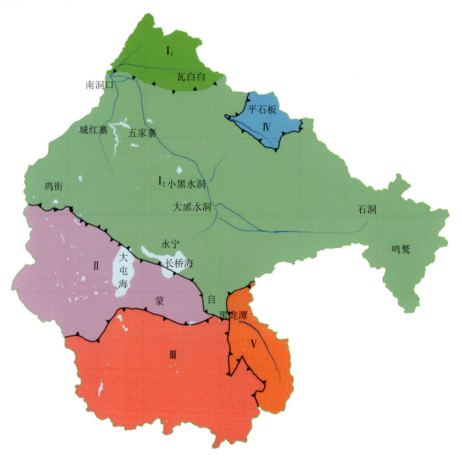

图 3-8　岩溶水资源评价区划分

表 3-3　计算分区一览表

代号	流域名称	分布地域
Ⅰ	南洞地下河系区	南洞一号地下河区（Ⅰ₁）：清塘子、瓦白白、都比等地
		南洞二、三号地下河区（Ⅰ₂）：鸣鹫、草坝、大庄、卧龙谷等地
Ⅱ	大屯—鸡街岩溶水承压区	大屯、鸡街等地
Ⅲ	蒙自城南岩溶水南流区	蒙自、新安所、雨沙山等地
Ⅳ	平石板地下河区	平石板、左美果等地
Ⅴ	黑龙潭地下河区	小东山等地

表 3-4　计算区面积数值一览表

代号	名称	区系统面积/km²	子区系统面积/km²	碳酸盐岩面积/km²	碎屑岩面积/km²	古近系、新近系、第四系覆盖区面积/km²
I₁	南洞一号地下河区	970.11	78.09	49.88	24.65	3.56
I₂	南洞二、三号地下河区		892.02	563.61	33.74	294.67
II	大屯—鸡街岩溶水承压区	246.20	—	70.00	11.98	164.22
III	蒙自城南岩溶水南流区	300.01		185.07	15.97	98.97
IV	平石板地下河区	35.76		25.65	9.67	0.44
V	黑龙潭地下河区	76.02		55.61	9.03	11.38

盆地边缘地带古近系、新近系、第四系地下水下渗补给和Ⅱ区岩溶水侧向径流补给仅占少量。该区内岩溶水大部分在南洞口排出，另雨季期间有部分岩溶水在东山坡脚中途直接排出地表。为了更详细评价南洞地下河系区各分支单元的水资源，又根据其内部各分支地下河的相对独立性，将Ⅰ大区划分为南洞一号地下河区（I₁）、南洞二、三号地下河区（I₂）两个子系统（称为子区）。

1. 南洞一号地下河区（I₁子区）

南洞一号地下河区（I₁子区）平面呈东北—南西向条带状展布，东北端以东山顶地形分水岭为界，为一相对独立的水文地质单元。该子区地下地表分水岭圈闭面积为78.09 km²，其中石灰岩出露面积49.88 km²，砂页岩面积24.65 km²。区内降水除去蒸发外，大部分汇集于灰岩区，形成岩溶水，地下径流自东往西流，于南洞口排出地表。在雨季期间，另有少量的地表水沿该区中部一东西向冲沟排向开远盆地。子区岩溶水主要补给途径是灰岩区降水直接入渗及砂页岩区外源地表径流沿落水洞注入补给。

2. 南洞二、三号地下河区（I₂子区）

I₂子区包括蒙自东山高原区、大庄盆地区、草坝盆地区及鸡街盆地区的一部分，是南洞地下河的补给径流区域和主管道发育区。I₂子区总面积为892.02 km²，其中石灰岩出露面积563.61 km²，砂页岩、玄武岩面积33.74 km²，余为古近系、新近系、第四系覆盖区面积。该子区岩溶水主要补给途径为东山高原区灰岩和盆间浅丘灰岩大气降水的直接入渗，其次为盆地边缘几个主要落水洞的地表水注入补给。子区除存在深部常年性地下径流向南洞口运移排泄外，还在雨季期间由东山脚的小黑水洞、大黑水洞和灰土地洞等季节性出水口，排泄东山高原上部包气带雨季部分洪水。盆地边缘主要落水洞有永宁落水洞、潭子头落水洞、家邑村落水洞、城红寨落水洞和五家寨落水洞。

3. 大屯—鸡街岩溶水承压区（Ⅱ区）

大屯—鸡街岩溶水承压区位于南洞地下河系统西部，系统边界圈闭面积为246.20 km²，灰岩主要为永宁镇组（T_1yn）和法郎组（T_2f）上段泥质灰岩与灰岩，出露面积70.00 km²，砂岩山露较少，仅为11.98 km²，其余为古近系、新近系、第四系覆盖区面积，盖层之下埋藏泥质灰岩及灰岩基岩。该区岩溶水主要补给来源于西部山地基岩出露区降水入渗，产生的地下径流一部分在大屯、鸡街盆地西侧边缘地带以泉水形式排出地表，大部分则向盆地地区被埋灰岩中径流。因受蒙自、大屯、鸡街盆地中部一西北—南东向的沉积凹槽中新近系、古近系泥灰岩的阻隔，而成为一独立的承压水区（目前因人工开采已变为半承压水区）。

4. 蒙自城南岩溶水南流区（Ⅲ区）

该区地下分水岭圈闭面积 300.01 km²，其中石灰岩面积为 185.07 km²，砂页岩出露面积为 15.97 km²。由于红河高程（蛮耗）仅 100 多米，而南盘江高约 1050 米，造成红河的溯源侵蚀与袭夺能力远强于南盘江，使得该地区地下水分水岭向北推移，出现地表分水岭与地下分水岭不一致的现象。新安所以南的岩溶水，已流向五里冲，属南盘江流域的个旧、老厂的岩溶水，也向南流向红河北岸的浑水河泉群、清水河泉群、绿水河泉群。

5. 平石板地下河区（Ⅳ区）

该区地下分水岭圈闭面积 35.76 km²，其中石灰岩面积为 25.65 km²，砂页岩出露面积为 9.67 km²。区内降水除蒸发外，几乎全部形成地下径流，以全排形式由平石板地下河排出地表。

6. 黑龙潭地下河区（Ⅴ区）

黑龙潭地下河区地下分水岭圈闭面积 76.02 km²，砂页岩出露面积为 9.03 km²。大气降水入渗为该区主要补给来源，其地下径流由黑龙潭地下河排出地表。

（二）天然资源量评价

1. 天然补给量

采用降水入渗补给系数法计算天然补给量，收集了气象站（蒙自、开远、个旧气象站）1990 ~ 2014 年的降水资料，根据就近选取的原则，利用经验频率公式算出各子系统多年平均降水量和各保证率（50%、75% 和 95%）下的降水量。具体参数和计算结果见表 3-5、表 3-6。

2. 天然径流量

运用径流模数法计算地下水天然径流量，收集了南洞口 1990 ~ 2015 年的流量资料。但由于南洞口条件较为复杂，各地下河出口都在洞内较深处，只能根据各地下河出口的多次偶测流量，按照其占同期南洞口总出流量的比例来进行计算，得到 I_1 区的南洞口排泄量约占总出流量的 12.2%，I_2 区的南洞口排泄量约占总出流量的 87.8%。除了由南洞口排出的年均排泄量外，I_2 区排泄量的计算还考虑了该区由大小黑水洞和灰土地出流的年均排泄量。Ⅳ 和 Ⅴ 区的径流模数主要依据平石板地下河口和黑龙潭地下河口 2015 年的流量资料，通过公式计算得到。Ⅱ 区径流模数根据调查收集的一些岩溶大泉流量资料计算得出，Ⅲ 区径流模数由于资料不齐全暂不予以评价。具体参数和计算结果见表 3-5、表 3-6。

表 3-5 各区主要参数表

代号	名称	系统面积 /km²	降水量 /(mm/a)			多年平均降水量 /(mm/a)	多年平均径流模数 /(L·s·km²)	入渗系数
			50%	75%	95%			
I₁	南洞一号地下河区	78.09	742.4	628.3	553.7	734.0	12.77	0.542
I₂	南洞二、三号地下河区	892.02	821.7	703.6	623.7	826.9	9.29	0.368
II	大屯—鸡街岩溶水承压区	246.20	822.8	707.5	624.6	847.5	4.83	0.214
III	蒙自城南岩溶水南流区	300.01	1265.0	1062.6	923.5	1265.0	—	0.375
IV	平石板地下河区	35.76	1100.0	969.5	839.1	1100.0	18.20	0.543
V	黑龙潭地下河区	76.02	920.0	817.3	714.5	920.0	8.84	0.461

表 3-6 天然资源量计算成果表

代号	名称	大气降水渗入补给量 /(万 m³/a)			多年平均降水补给量 /(万 m³/a)	多年平均径流量 /(万 m³/a)
		平水年 (P=50%)	枯水年 (P=75%)	特枯水年 (P=95%)		
I₁	南洞一号地下河区	3 142.2	2 659.3	2 343.5	3 106.6	3 147.6
I₂	南洞二、三号地下河区	26 973.4	23 096.6	20 473.8	27 144.1	26 142.4
II	大屯—鸡街岩溶水承压区	4 335.1	3 727.6	3 290.8	4 465.2	3 752.3
III	蒙自城南岩溶水南流区	14 231.7	11 954.6	10 389.7	14 231.7	—
IV	平石板地下河区	2 135.9	1 882.5	1 629.3	2 135.9	2 052.0
V	黑龙潭地下河区	3 224.1	2 864.2	2 503.9	3 224.1	2 118.2

（三）可采资源量评价

各评价区的可采资源量用枯季径流模数法计算,统计了南洞地下河流域共53个泉点,计算得到的各区可采资源量（表 3-7）。由表 3-7 可知南洞地下河流域的岩溶水资源可采资源量巨大。

表 3-7 岩溶地下水可采资源量计算一览表

计算单元	面积 /km²	多年平均径流模数 /(L/s·km²)	多年平均枯季径流模数 /(L/s·km²)	多年平均枯季径流量 /(万 m³/a)
I₁	78.09	12.77	8.94	2 201.6
I₂	892.02	9.29	6.50	18 285.0
II	246.20	4.83	3.38	2 624.3
III	300.01	—	—	—
IV	35.76	18.20	12.74	1 436.7
V	76.02	8.84	6.19	1 484.0

（四）南洞地下河的地下水资源评价

1. 总储存量

对天然出露的南洞地下河系统,可采用大河动态衰减系数法计算其出口以上的储存量。以南洞水文站观测资料选取基本无雨的 2014 年 1 月 1 日至 4 月 30 日共 120 天的观测资料求出衰减系数，以 2014 年 1 月 1 日流量 6.30 m³/s 为初始流量，4 月 30 日流量 2.86 m³/s 为最末流量，计算得到流量衰减系数 $\alpha=0.0066$。从而得到 2014 年 1 月 1 日枯季开始时南洞地下河的剩余储存量为 8247.3 万 m³，4 月 30 日达到最枯时的剩余储存量尚有 3744 万 m³，南洞地下河在断绝天然补给量的情况下，120 d 消耗的调蓄量为 4503.3 万 m³。根据南洞口 1990～2015 年共 26 年的月径流资料，可得出枯水期（当年 11 月至次年 4 月）平均日流量 49.4 万 m³/d，从而进一步求出南洞地下河的储蓄量为 7484.8 万 m³，由此可见南洞地下河的可调蓄量是可观的。

2. 南洞地下河可采资源量

收集了南洞口 1990～2016 年共 27 年的月径流资料，可取其枯水期（当年 11 月至次年 4 月）平均日流量来计算南洞地下河系统天然状态下的可采资源量，得到其平均日可采资源量为 49.4 万 m³/d。

3. 南洞二号地下河在建库蓄水条件下的可采资源量

根据公式：

$$Q_y = Q_{kj} + Q_{xk}/T_{kj} \tag{3-1}$$

式中，Q_y 为建库调蓄利用地下水的地下河开采资源量（m³/d）；Q_{kj} 为地下河枯季平均流量（m³/d）；Q_{xk} 为调蓄水库库容（取 7425×10^4 m³）；T_{kj} 为枯季时间（180 d）。

南洞地下河建库主要是堵截南洞二号地下河，根据南洞口降水流量资料、二号地下河管道流量所占的比例 70.1% 及设计调蓄水库库容为 7425×10^4 m³。通过式（3-1）计算得到建库条件下库区上游可采资源量为 75.9×10^4 m³/d。

六、岩溶水资源开发利用区划方案

根据水文地质条件和现条件下的需水状况，可将整个南洞流域的地下水开发分为 4 个区，即适宜蓄、引、凿利用的盆底平坝区，适宜蓄、引利用的盆地外围低中山区，适宜积蓄利用的盆地外围低中山区，适宜积蓄利用的盆地外围峰丛洼地区，见图 3-9。

（一）适宜蓄、引、凿利用的盆底平坝区

1. 蒙自片区

该区地下水资源丰富，在充分利用好地表水资源的同时，重点开发富水块段，并充分利用坝区边缘出露的泉水。还可在富水块段外围地段采取分散式凿井开发利用地下水，以解决零星村寨的安全饮水问题。

观音庄富水块段：宜用管井开采地下水，井深 150～200 m，设计降深 15 m，单井涌水量 400 m³/d，采用平均布井方案，共可增加布井 6 口，农灌期可就地灌溉观音庄、纳瓦寨、蚂蟥塘、他扎口一带农田及附近村寨生活饮用水，并作为磷肥厂、冷库、砖瓦厂、

云南锡业股份有限公司及附近工厂等单位的生产生活用水水源地。

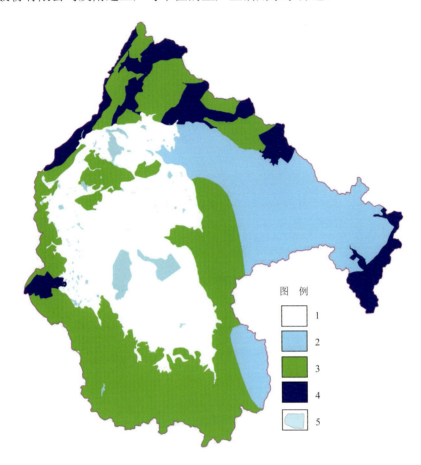

图 3-9　岩溶水资源开发利用区划图

1.适宜蓄、引、凿利用的盆底平坝区；2.适宜积蓄利用的盆地外围峰丛洼地区；
3.适宜蓄、引利用的盆地外围低中山区；4.适宜积蓄利用的盆地外围低中山区；5.水域面

　　仁和村富水块段：宜采取分散式凿井开采浅层地下水。井深 50～80 m，设计单井涌水量 100 m³/d，共布井 20 口，农灌期可就地抽水灌溉，并供烂泥坝—仁和村一带的灌溉和人饮。

　　大屯富水块段：为工矿单位生产生活水源地，已有四五十年的开采历史，由于开采量较大，曾出现地下水位逐年下降，降落漏斗波及全区的情况，近年来，经多方面的努力，地下水位已基本回升。为防止降落漏斗再次出现，富水块段内仅布置少量钻孔。规划在富水块段西部，大屯农场附近布置深井 2 口，井深 150～200 m，设计单井涌水量 1000 m³/d，供农场灌溉及生产生活用水；在松矿农场凿深井 2 口，井深 150～200 m，设计单井涌水量 500 m³/d，供农场灌溉及生产生活用水；在大屯镇凿深井 2 口，井深 200～250 m，设计单井涌水量 1000 m³/d，供大屯镇生产生活用水。

　　马房富水块段：已有钻孔基本分布于马房南东片区，主要供附近灌溉使用。规划

在马房南西片区凿井，井深 200～250 m，采用平均布井方案，设计单井平均涌水量 400 m³/d，共可增加凿井 20 口，供新坝、团山、管家山、世家寨一带生产生活用水，同时配合大屯海，农灌期就地抽水灌溉。

土光村富水块段：宜采用分散式浅井开发取水，井深 50～100 m，设计单井涌水量 200 m³/d，共凿井 6 口，以生产生活供水为主，旱季可增加开采，兼作灌溉之用。

蒙自富水块段：以分散式浅井开发为主，作为蒙自城区生产生活供水和农田灌溉供水，但不同地段的开发利用方案有所差异，见表 3-8。为实现水资源的长时间持续开采，可在攀枝花、布依透等冲洪积扇后缘砾石、沙砾石带，引雨水、洪水等进行人工回灌，以增加对区内地下水的补给。

表 3-8 蒙自富水块段地下水开发利用方案建议表

分区	水文地质条件				开发利用方案				
	含水层平均厚度 /m	水位 /m	设计降深 /m	单井涌水量 /(m³/d)	井间距 /m	井深 /m	提水设备	布井数 / 口	开采量 /(m³/d)
映月村—和平村	9.69	2.26～3.98	5.0	300	550	60	深井泵	10	3000
田头村—维新村	15.17	0.75～5.07	10.0	500	800	70～100	深井泵	4	2000
杨家寨—胡家寨	11.99	2.07～5.25	8.0	800	700	70	深井泵	6	3000
余家寨—高家寨	5.10	2.85～4.82	5.0	200	500	50	深井泵	10	2000

盆地东部小东山黑龙潭地下河，多年平均流量 2118.2 万 m³/a，出露位置较高，开发利用条件较好，地下水动态呈峰态型。地下河呈南北向展布，主流长度 7.5 km，地势南东高北西低，补给区海拔 1600～1800 m，地表落水洞、溶丘发育。地下河系统内含水层主要为 D_2d、D_3 灰质白云岩、白云岩、白云质灰岩，富水性中等—强；隔水层为 E、ϵ_1ch、D_1p 砂岩、页岩、粉砂岩。南东部为地下河系统的补给区，接受大气降水，通过地表、管道以渗入和灌入的方式补给地下水，以北东—南西向导水断层为运移的通道，由北东向南西方向径流，由于地形切割在黑龙潭呈股状涌出后流入蒙自盆地。地下河水质类型为 $HCO_3^-\cdot SO_4^{2-}$-$Mg^{2+}\cdot Ca^{2+}$ 型，由于其上游的冶炼厂可能将部分污水排入落水洞，导致黑龙潭地下河锌含量达到 V 类水标准。地下河水旱季被用于农田灌溉，开采资源量为 0～500 m³/d，开采程度低，开采潜力大。该处曾修建水厂，因矿山污染而未投入使用。目前，该地下河水主要被引流至长桥海，未能有效利用。地下河出口位于盆地边缘，出口下方地势平坦，适合修建水厂。首先建议政府采取措施禁止上游企业将污水排入落水洞；其次利用原水厂旧址重新修建自来水厂，产水量 5000 m³/d；最后，利用原有水沟修建引水管道引至蒙自，水管长 7.2 km。

2. 草坝片区

重点是富水块段开采和盆地边缘引泉。草坝富水块段可采资源量为 50 956 m³/d，已开采量为 6000 m³/d，适宜采用浅井、深井相结合开发，规划开采总量为 23 000 m³/d。开发利用方案见表 3-9。开采量以草坝城镇生产生活供水为主，旱季可用于抽水灌溉。

为充分发挥盆地地下水资源的作用和效益，可采取在东部波黑、灰土地等冲洪积扇后缘砾石、沙砾石带，引雨水洪水进行回灌或清理南邑河河道淤泥等方式，增加对地下水的补给。

表 3-9　草坝富水块段地下水开发利用方案建议

分区	水文地质条件		开发利用方案						
	含水层平均厚度 /m	水位 /m	设计降深 /m	单井涌水量 /(m³/d)	井间距 /m	井深 /m	提水设备	布井数 / 口	开采量 /(m³/d)
一村—二村	2.65	0.8～11.1	6	1 200	600	50	深井泵	5	6 000
六村—明白村新寨	97.17	0.32～11.8	12	600	800	70	深井泵	4	2 400
大水塘新寨—新沟	19.65	1.74～1.89	15	500	500	100	深井泵	12	6 000
小红桥—燎原	63.26	1.3～3.29	18	600	1 000	100～200	深井泵	5	3 000
明白村老寨—灰土地	63.26	1.25～3.65	22	1 400	1 000	100～200	深井泵	4	5 600
合计	—	—	—	—	—	—	—	30	23 000

坝区边缘引水工程：草坝盆地东部边缘发育多个季节泉和季节性地下河出口（大小黑水洞、灰土地洞等），由于多在雨季出水，易形成涝灾，可通过渠引，将其流水引入蒙自盆地的长桥海，调蓄后供旱季灌溉和生产使用。盆地西部边缘共出露泉水 13 个，自流总量达 15.7 万 m³/a，可就地引流灌溉农田近 300 亩。

3. 大庄片区

重点对三角海水库进行渗漏处理，发展三角海旅游的同时，防止造成水污染，地下水开发主要是凿井开采大庄富水块段内的地下水。采用平均布井方案，设计降深 25 m，单井涌水量 600 m³/d，以大庄城镇生产生活供水为主。

盆地西部卧龙谷—黑泥地片区，储存有一定量的孔隙水，地下水埋深一般小于 10 m，宜采用分散式井采。井深 10～15 m，井径 5～8 m，降深 5 m，涌水量 50～100 m³/d，局部地段可直接开挖深 5 m 的基坑抽水，供周围村寨人畜生活饮用，农灌期可增加降深，就地抽水灌溉。

盆地边缘共出露 10 个泉水，年自流总量约 15 万 m³，可就地引流灌溉下游农田近 250 亩 [按 593 m³/（a·亩）的单位灌溉用水量计算]。

4. 鸡街片区

泉点已基本开发完全，引泉开采地下水潜力小，以 3 个富水块段为岩溶水开采的重点。

大红地富水块段：目前仅有两个开采孔，具有较大开采潜力。规划按平均布井方案凿井开采，设计井深 150～200 m，降深 10 m，单井涌水量 800 m³/d，再凿井 6 口，规划开采量 4800 m³/d，通过提、引供沙甸镇工业生产及城镇生活用水，北坡水库则以灌溉供水为主，少量作工业生产之用。

三道沟富水块段：仅有一个钻孔正在运行，供其北部一磷酸厂生产生活用水，同时供三道沟、白马寨、沈家庄、新寨等村寨的人畜饮用水。该井使用初期可自流，抽水量可达 1300 m³/d，经过几年的运行，已不能自流（水位 8 m），目前抽水超过 500 m³/d 井水就会变浑。规划在块段北东沈家庄一带凿井 2 口，总开采量 1000 m³/d，供鸡街镇使用。

新泥寨富水块段：规划在新泥寨以南布置深井 2 口，设计单井涌水量 400 m³/d，井深 150 ~ 200 m；新泥寨以北布置浅井 10 口，井深 50 ~ 80 m，单井涌水量 100 m³/d。规划总开采量 1800 m³/d，供鸡街镇工业生产及城镇生活使用。

（二）适宜蓄、引利用的盆地外围低中山区

该区包括蒙自盆地东南边缘山区，蒙自盆地南西部、大庄北东山区及流域东部边缘鸣鹫一带山区。以泉水蓄、引为主，条件较好地段可建库蓄水。

大庄北东山区一带是南洞地下河的下游地段，该地段水资源丰富，据南洞口水文站 1990 ~ 2014 年 25 年的统计资料，多年平均年径流总量为 2.58×10^8 m³（平均流量 8.18 m³/s）。除开远市使用 0.5 m³/s（一年 0.158×10^8 m³）外，绝大部分水源经南盘江流失，因此，充分合理地开发利用南洞地下河的水资源，是从根本上解决蒙自五坝水资源不足的有效办法。可根据山区的地形地质条件因地制宜，修建地表-地下联合水库，蓄高地下水位，从而满足蒙自、草坝和大庄平坝区的需水。

蒙自大东山一带共出露岩溶泉 12 个，年自流总量约 38 万 m³，可扩泉就地引灌部分农田或通过管引至附近村寨使用。

西南方家寨一带出露 4 个表层岩溶泉，年自流总量 3.28 万 m³，可在其中 1 个泉口位置扩泉，建 1500 m³ 容积的蓄水池，将其他 3 个泉水引流至蓄水池内，供方家寨村生活用水及旱季保苗用水。

流域东部边缘石洞以东，鸣鹫一带为溶蚀低中山地貌，出露多个泉水，且单泉流量一般较大，宜建库蓄水或汇流建水厂，形成大型集中供水系统。

鸡街东部的泉水，尽管流量较小，但仍可建蓄水池，通过管引，供其下游化肥厂工人生活饮用。

对人口稀疏，耕地分散的部分缺水村寨，可通过修建庭院式小水窖和田边旱地水窖，雨季积蓄大气降水或沟水，旱季供人畜生活用水或引流灌溉，做保苗用水。

（三）适宜积蓄利用的盆地外围低中山区

位于蒙自盆地南部地区，无地下水天然露头，也未发育常年、季节性河流，只能靠修建分散的小水窖，积蓄雨水及沟水，缓解旱季生活用水困难和做保苗用水。

（四）适宜积蓄利用的盆地外围峰丛洼地区

位于蒙自东山高原面上，仅零星出露 2 个季节性小泉水和 2 个表层岩溶泉，不具备规模蓄水和引流的条件。各村寨生活用水及零星灌溉用水，只能靠修建小水窖积蓄雨水解决。

七、南洞地下河下游主管道堵坝成库开发方案

（一）南洞地下河主管道分布特征

通过大量收集和分析前人工作资料，并采用了物探、钻探、洞穴探测、示踪试验及地面调查等多种方法综合研究，对比分析，并互相印证，对南洞地下河主管道的分布获得了新的认识，南洞地下河系统是一个以管道为主，裂隙溶洞为辅，比较复杂的地下水含水系统结构，以往的观点认为南洞二号和三号地下河主管道是从南边的红塘子与城红寨之间被碎屑岩所夹持的三叠系个旧组石灰岩、白云质灰岩地层中经过，城红寨至驻马哨一带的三叠系法郎组碎屑岩地层为阻隔地下水从东向西流的隔水层。经过调查认为，由于该区域的法郎组地层产状比较平缓，法郎组地层厚度仅 60 ～ 180 m，下面是岩溶发育强烈的个旧组地层，加上该区域新构造运动比较剧烈，从而导致地下水从法郎组下面的个旧组地层中经过，沿构造带从东向西，穿过法郎组地层，形成地下河主管道或强径流带。①一号地下河为一独立的含水系统，补给区为瓦白白一带；二号地下河穿越碎屑岩地层至五家寨，然后沿蒙自东山大断裂通往永宁和石洞方向；三号地下河总体通往城红寨方向。②二号地下河和三号地下河在南洞口附近有连通，三号地下河管道位置相对二号地下河管道较低，枯季时二号地下河一部分地下水补给三号地下河。③一号、二号地下河发育较早，管道较为畅通，分别呈老年期和壮年期地下河形态，三号地下河则相对发育较晚，出口处为脉管状裂隙。通过调查对南洞地下河主管道展布情况的认识见图 3-10。

（二）阿枢寨地下河管道堵坝成库方案

1. 坝址选取

在阿枢寨实施的 ZK17 号钻孔成功钻到了南洞二号地下河主管道，根据地面调查、物探、钻探及示踪试验的分析，一号地下河较为独立，三号地下河与二号地下河的连通处在此钻孔位置的下游，因此选择在 ZK17 钻孔位置堵截地下河，不易发生堵二号地下河水从一号、三号地下河口流出的情况，并且一号、三号地下河有其他的补给源，南洞口将继续出水，以供南洞口风景区和下游开远盆地的各项供水之需。南洞二号地下河为 $Ca-HCO_3$ 和 $Ca\cdot Mg-HCO_3$ 型中性水，低矿化度，无侵蚀性，水质优良。此外，ZK17 号钻孔附近地形、地质、场地及交通等条件，对该项工程的设计和施工，防渗措施的可行性和工程规模，以及水利的综合开发利用等均相对有利（图 3-11）。

2. 工程方案

据1990 ～ 2014 年南洞地下河出口的资料，南洞地下河多年平均流量为 $2.58\times10^8\,m^3/a$。其中南洞二号地下河占 70.1%，多年平均流量约 $1.81\times10^8\,m^3/a$。这个地下堵截方案，可截取南洞二号地下河的全部流量，其水资源丰富，从水资源充分利用角度考虑，宜建高

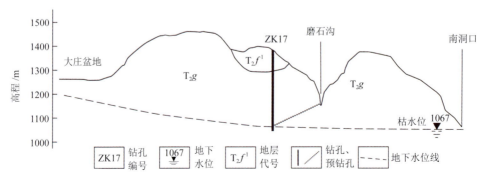

图 3-10 南洞地下河主管道展布图

图 3-11 ZK17 号钻孔堵洞剖面图及其与周边地形的关系

水头、大库容水库。此外，水库正常蓄水位的选择还应考虑岩体稳定、水库运营安全保障、生态环境重建和经济发展需要，用于库周岩体加强和防渗处理的工作量相对要少，而经济、社会、生态环境效益尽可能大。该坝体设计由阿枢寨较低的磨石沟打斜井到ZK17号钻孔位置进行堵洞，利用天然分水岭形成地下水库，并对附近渗漏较大的地段帷幕灌浆，从而进行南洞地下河的开发利用。

蓄水后的地下水动力条件与地表迥异，可能会回水到大黑水洞一带。南洞、黑水洞枯季地下水位分别为1067 m、1179 m，南洞至黑水洞在枯季地下水位坡降平均为5‰。按55 m水头，回水线长度为11 km（由于地下水与上游联系有统一地下水面，必然形成一定地下水坡降，实际回水线长度可超过11 km）。在回水范围内平均抬高水头为27.5 m（1/2×55 m）。

按库水位回水范围100 km²计算，库区蓄水灰岩体积 $V=100\times10^6\times27.5=2.75\times10^9$（km³）。

根据岩溶率计算地下水库库容 A，南洞地下水库地下水埋深一般为150～330 m。查得此深度之岩溶率（n）平均为2.7%。假定地下水从岩溶中全部排泄出来。则：$A=V\cdot n=2.75\times10^9\times0.027=7425$ 万 m³，即南洞地下水水库库容为7425万m³。在上述方法中，认为水量平衡关系计算结果仅为最小库容，在筑坝后可集中在用水季节加大开采，库区上游开采量可达到75.9万 m³/d；在上述假定条件下，计算结果偏小，采用的岩溶率数据正确与否，关系到地下库容计算结果是否接近实际，根据流域内三叠系个旧组灰岩近200个钻孔质料统计所得，采用岩溶率2.7%较接近实际。

3. 库区工程地质条件

该区岩土体工程地质主要有堆积砾岩、残积碎石土和岩体。

（1）堆积砾岩

主要堆积于大坡头、驻马哨和阿枢寨的山麓地带，下部为灰色砾岩，夹少量紫红色含砾砂岩、含砂钙质泥岩。砾石磨圆度差，多为次棱角状。部分为次圆状，分选性差，砾径大者25 cm，一般5～10 cm，由钙质胶结，胶结紧密。以角度不整合于个旧组灰岩或法郎组砂岩、页岩之上。抗压、抗剪强度中等。

（2）残积碎石土

主要分布于磨石沟沟底及浅丘洼地的底部，面积约0.05 km²。主要由块石、孤石夹黏土、泥沙和钙华组成，孔隙度大，渗透性好，抗压、抗剪强度极低。

（3）岩体

据岩体的力学性质、水理性质等分为以下两类。

1）坚硬的厚层状灰岩、白云岩为主的层状工程地质岩组（T_2g^3）

该岩体主要由完整的块状岩石组成，层厚，岩石抗风化能力强，抗压、抗剪强度高。其岩块单轴饱和抗压强度单值42.7～71.8 MPa，平均值57.25 MPa；单轴干燥抗压强度单值52.1～68.3 MPa，平均值60.2 MPa。岩石孔隙率0.37%～1.47%，吸水率0.07%～0.73%。

2）软硬相间的薄—中厚钙质页岩、泥质粉砂岩层状工程地质岩组（T_2f^1）

该岩体主要由较完整的薄-中厚块状岩石组成，层薄至中厚，抗风化能力较强，抗压、抗剪强度较高。岩块之间的嵌合力较高，岩体单轴饱和抗压强度单值 62.4 ～ 71.8 MPa，平均值 67.1 MPa；单轴干燥抗压强度单值 4.7 ～ 5.5 MPa，平均值 5.1 MPa。岩石孔隙率 0.81% ～ 1.21%，吸水率 1.55% ～ 1.92%。

4. 山体稳定性和地下库盆稳定性

库区岩石坚硬，完整性好，岩体强度较大，钻孔取样中岩体工程地质类别主要为 A_{II} ～ A_{IIII} 类。岩体稳定性较好。

但由于台地边坡切割深达 100 m 以上，近台缘悬崖、陡坡岩体在受卸荷作用、应力重分布等因素的影响下产生一系列表生构造，岩体多呈碎裂结构，节理裂隙十分发育，结构面发育较密集，虽较坚硬但完整性差，多呈破碎状，岩体工程地质类别为 A_{IV1} ～ A_{IV2} 类，沿台缘陡坡常见表层坍塌体、崩滑体和危岩体等，边坡表层稳定性较差。

依据钻孔岩心、地表和节理裂隙调查特征、岩块室内力学试验成果，单轴饱和抗压强度单值为 42.7 ～ 71.8 MPa，平均值 46.6 ～ 58.5 MPa；单轴干燥抗压强度单值 52.1 ～ 68.3 MPa，平均值 54.1 ～ 63.9 MPa。岩心较完整估算出岩体饱和强度相对较高。以隧道围岩结构完整状态及其稳定性为基本因素，考虑围岩的强度、地下水作用及风化程度、围岩组合特征等因素将围岩分为六大类，类似于 ZK17 号钻孔地区的围岩类别为 V-VI 类，除表层外，围岩稳定。

值得说明的是，按照 Hoek 和 Brown 用试验法导出的岩块与岩体破坏的应力关系公式与关系表估算出的岩体强度值，对于完整和较完整的岩体是偏小的，甚至偏小较多，但对于裂隙岩体则很接近。出于安全和受可行性研究阶段的限制考虑，估算出的岩体强度值可为其他稳定性估算提供参数。

5. 渗漏问题分析

根据南洞地下水系发育特点，地下水总的向开远南洞径流排泄。在二号地下河周围构成封闭的地下水分水岭。地下水分水岭按地形分水岭划分。但由于灰岩中岩溶较为发育，地下水分水岭与地表水分水岭往往不一致。其岩溶发育沿地下水流方向形成一定岩溶痕迹。野外常见溶蚀洼地（或盲谷）长轴方向沿地下水流方向，消水点方向即为水流运动方向。如一号地下河两侧洼地倾斜及消水方向均为地下河水流方向。因此在分水岭两侧岩溶消水点则向相反方向，追索盲谷可发现沟谷沿一定方向到头消失（如开远东山远近冲）。但有时单个溶蚀洼地消水点方向也不一定是库区地下水流方向，可能因构造条件在局部造成水流消失。因此需根据多个洼地消水总方向来判断，甚至有时洼地呈串珠状沿地下水流方向排列。此外，灰岩中落水洞倾斜延伸方向一般也为地下水流方向。故从多方面综合分析判断，确定了南洞地下水系之地下水分水岭线，即为南洞地下水库区边界。

此外，在库区范围内无深切河流，仅草坝、大庄盆地内有黑水河排泄黑水洞间歇性泉水（雨季过洪水），与库内地下水无关。此外，通过库区之草坝东山大断层向南穿过库区边界，由于断层本身角砾岩胶结良好，经断层带两侧钻孔水位观测证实东山大断层是不透水的，库内地下水也不会沿东山大断裂带形成集中通道向库外渗漏。

　　南洞地下水库有封闭的库区边界，库区地下水不会产生邻谷渗漏，也不存在地下水分水岭袭夺向区外渗漏的问题。就目前所知，南洞岩溶地下水流域最低排泄口是高程1067 m的南洞口。根据区域地质图，可靠的隔水层分布在 ZK17 号钻孔拟选坝址以上，其全流域的水文地质边界是基本封闭的（图 3-12）。

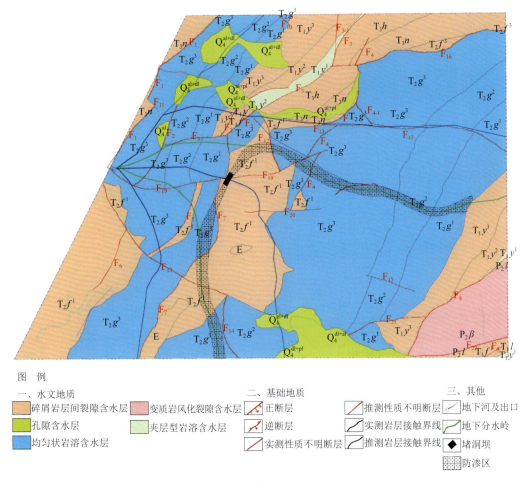

图 3-12　南洞地下河堵洞与防渗平面示意图

　　根据南洞地下河系统的发育史，以及第四纪中晚期南洞地下水流域范围地壳具较大幅度抬升的特点，在 ZK17 号钻孔地下坝坝前水位抬升至高程 1160～1232 m 的情况下，即使库区的石灰岩分布有外围缺口，存在地下水位低于这一高程的渗漏通道的可能性应是非常之小的。

　　分水岭附近和沿断裂带发育的溶洞和溶隙是其相对集中渗漏的主要通道，应重点加强防渗工作。由于南洞岩溶地下水系统水资源丰富，地下坝必须长年排水，同时南洞口还要保持 2～3 m³/s 的日常流量，以供下游开远盆地及开远市各项供水之需要，所以尚可允许一定的渗漏量，防渗要求不高。

第二节 贵州大小井地下河系统

一、自然地理概况

大小井地下河系统发育于贵州高原南部斜坡地带，行政区范围含贵州省平塘县的塘边、克度，惠水县的抵季、羡塘、摆金、西关，罗甸县的云干、董架，以及贵阳市花溪区的高坡等乡镇部分国土（图3-13），地理坐标：106°35′35″ ～ 106°57′14″E，25°30′49″ ～ 26°04′00″N，地下河系统面积1943.2 km²。

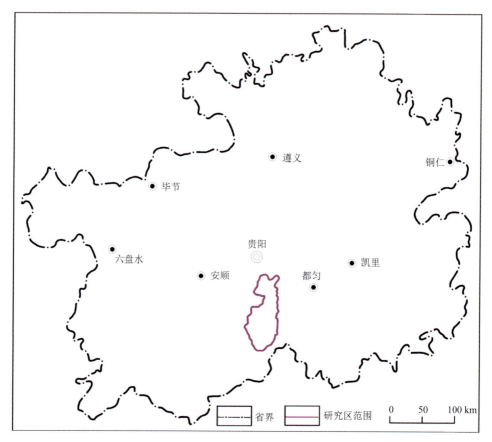

图 3-13 大小井地下河位置图

大小井流域为珠江水系四级支流流域。区内主要地表水系为发源于贵阳市高坡场南部的摆郎河，其次为发源于惠水县抵季乡翁招村的三岔河。

大小井流域地势总体特征表现为北高南低。流域上游海拔1350 ～ 1450 m，最高点位于惠水县宁旺乡以东的龙塘山，海拔1690 m，向南逐渐降至900 ～ 1000 m，大小井地下河总出口附近降低至750 ～ 850 m，最低点为大小井地下河出口，高程430 m，最大相对高差 1260 m。

二、区域地质概况

1. 地层岩性

流域内从泥盆系至中三叠统地层均有出露（表 3-10）。

表 3-10　大小井流域地层岩性

系	统	地层名称		地层代号		厚度 /m		岩性简述	
第四系	—	—		Q		0～2.5		残坡积黏土、亚黏土	
三叠系	中三叠统	边阳组	凉水井组	T_2b	T_2l	2120	1626	粉砂质泥岩、页岩夹泥灰岩	灰色厚层状白云岩、石灰岩
		新苑组	小米塘组	T_2x	T_2xm	31～406	361～516	页岩、泥岩夹泥灰岩、石灰岩	浅灰色厚层状白云岩、白云质灰岩
	下三叠统	大冶组	永宁镇组	T_1d	T_1yn	—	28～118	灰色中厚层状灰岩夹泥质灰岩、泥岩	深灰色中厚层状泥质灰岩夹页岩
二叠系	上二叠统	大隆组		P_2d		0～6		燧石灰岩、泥岩	
		吴家坪组		P_2w		82～813		风洞、达上、鸡公坡一线以北为泥岩、砂岩夹含燧石灰岩，以南为灰色厚层状含燧石灰岩	
	下二叠统	茅口组		P_1m		141～668		灰色厚层至块状灰岩	
		栖霞组		P_1q		91～282		上部为灰色厚层状灰岩夹泥灰岩；底部为页岩与泥灰岩互层	
石炭系	上石炭统	马平群		C_3mp		161～289		浅灰色厚层状灰岩	
	中石炭统	黄龙组		C_2hn		70～639		浅灰至灰白色厚层状灰岩	
	下石炭统	摆佐组		C_1b		128～207		灰色厚层状灰岩	
		大塘组		C_1d^{1-2}		18～996		二段为深灰色厚层状灰岩、燧石灰岩夹泥灰岩；一段为泥岩、砂岩、页岩夹灰岩，董照以北地区，灰岩夹层少但较厚，西关至老鸦山，灰岩夹层增多	
		岩关组		C_1y		＞79		灰色厚层状灰岩、泥质灰岩	
泥盆系	上泥盆统	尧梭组		D_3y		392		灰色中厚层状白云岩、白云质灰岩	
		望城坡组		D_3w		56		顶部为灰色泥质泥岩，中下部为浅灰色厚层状白云岩、白云质灰岩	

2. 地质构造

大小井岩溶流域所处的大地构造位置为扬子准地台黔南台陷之贵定南北向构造变形区，其特有的构造应力场造就了区域构造框架中分布最广、规模最大的经向构造体系。流域包括了该构造体系中的雅水背斜、克度向斜、高坡场向斜及边阳断裂等主要构造形迹（图 3-14）。

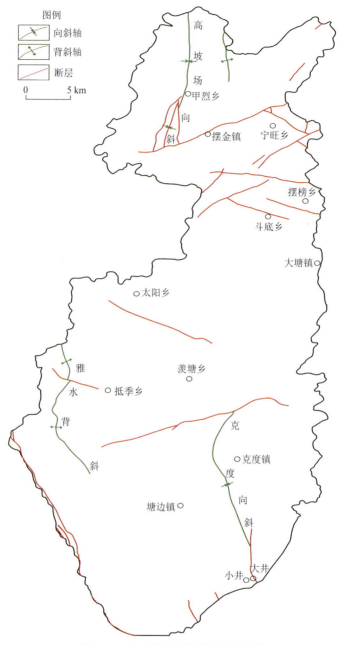

图 3-14　大小井流域地质构造示意图

三、岩溶发育特征

①由于出露地层岩性的溶蚀差异作用，流域上游的党古村至摆郎河源头，垂直循环带较薄，岩溶发育以水平作用为主；中游党古村至羡塘乡之间，垂直循环带增厚，岩溶发育的向深性加强；下游平塘县航龙村至大小井地下河出口，垂直循环带厚度大，岩溶发育的垂向作用强烈。

②在岩溶地貌的组合类型方面，流域中上游为峰丛谷地、丘峰洼地等；中下游形成了以峰丛深洼地为主的地貌类型，并且呈现出从上游至大小井地下河出口，洼地发育的深度和密度逐步加大、个体规模逐渐变小的规律。

③受构造、水文网等因素影响，流域上游发育有少量单枝状地下河，负地形中的主要岩溶个体形态为深度较浅的落水洞，地下水埋深小，地表分布的泉水较多；流域中游，负地形内常发育有竖井、天窗等岩溶个体形态，摆郎河两岸明暗相间径流特征的单枝状地下河数量明显增多，并发育了诸如巨木地下河系之类的树枝状地下河系，地下水埋深进一步加大；流域下游，负地形内的竖井、天窗、落水洞等岩溶个体形态规模趋向大型化，地下河管道演变为各支流向出口密集收拢的大型树枝状地下河系，地下水埋藏极深。

四、水文地质概况

（一）地下河系统边界条件

在区域流域隶属关系上，大小井流域为珠江水系四级流域单元。区内地下水的径流方向受地表水文网及地质结构的控制，其边界表现形式有地表分水岭、地下分水岭和断裂构造三种。

大小井流域东侧以石炭系大塘组一段（C_1d^1）碎屑岩形成的侵蚀低中山所构成的摆郎河与曹渡河之间的地表分水岭为界；西侧边界较为复杂，上游的洗马塘—大华段为地下分水岭，大华至大保寨段为摆郎河与涟江的地表分水岭；流域下游的板当镇至令当段边界为边阳压扭性断裂；北侧边界为长江与珠江两大水系的分水岭；南侧为大小井地下河排泄带。

（二）含水岩组划分及富水性

1.含水岩组富水性指标确定

以含水层枯季地下水径流模数为主要评价指标，同时参照泉或地下河出口流量作为含水岩组富水性评价的依据，评价指标见表 3-11。其中由于松散岩类孔隙水无实际供水意义，不对其富水性指标进行划分。

表3-11　含水岩组富水性等级指标划分

含水岩组	划分指标		富水性等级
	泉或地下河流量 /(L/s)	枯季地下水径流模数 /(L/s·km²)	
碳酸盐岩类含水岩组	>100	>6	强
	10～100	3～6	中等
	<10	<3	弱
松散岩类含水岩组	>1	>3	强
	0.1～1	1～3	中等
	<0.1	<1	弱

2. 含水岩组划分及富水性

根据含水岩组岩性、含水介质组合类型，区内含水岩组可划分为碳酸盐岩类含水岩组、基岩裂隙类含水岩组及松散岩类孔隙含水岩组三大类。其中，碳酸盐岩类含水岩组又视碳酸盐岩与碎屑岩的互层组合进一步划分为纯碳酸盐岩类含水岩组、碳酸盐岩夹碎屑岩类含水岩组两个亚类。各类含水岩组的富水性如表 3-12 所示。

表3-12　含水岩组富水性统计

含水岩组类型	地层代号	泉及地下河流量 /(L/s)	径流模数 /(L/s·km²)	富水性
碳酸盐岩类含水岩组	D_3y	60.85	13.70	强
	D_2d	—	0.77	弱
	C_1y	300	5.50	强
	C_1d^2	300	$3.27 \sim 24.86$	中等—强
	C_1b	2095	8.57	强
	C_2hn	135.11	4.70	中等
	C_3mp	43.29	$2.1 \sim 6.5$	中等—强
	P_1q-P_1m	5530.00	$0.474 \sim 32.63$	弱—强
	T_1d	19.07	$3.50 \sim 4.20$	中等
	T_2xm	8531	$2.07 \sim 7.05$	中等—强
	T_2L	1.00	$5.00 \sim 8.10$	中等—强
	$P_2w\text{-}c\text{-}d$	51.89	$3.10 \sim 4.10$	中等
	T_1yn	0.80	—	弱
基岩裂隙类含水岩组	T_2b	1.0	1.33	中等
	T_2x	$0.1 \sim 1.5$	$0.22 \sim 3.45$	弱—强
	P_2w	$0.04 \sim 8.30$	$0.02 \sim 8.00$	弱—强
	C_1d^1	$0.01 \sim 30$	$0.46 \sim 3.49$	弱—强
松散岩类孔隙含水岩组	Q	—	—	弱

3. 含水介质结构

不同类型的岩石，由于其中化学成分、矿物成分的差异及受构造、风化等因素的影响，岩体内具有不同类型的含水空间。

（1）第四系松散岩类岩石含水介质

区内第四系覆盖层为母岩风化后形成的残积或坡积物，分布于谷地、洼地底部或斜坡地带，地下水的储集场所为土层中的孔隙。

（2）碎屑岩类岩石含水介质

区内碎屑岩类岩性为脆性的砂岩及软塑性的页岩和泥岩，其中发育的构造裂隙、风化裂隙和层间裂隙构成了地下水的含水空间。

砂岩地层的层间裂隙较发育，同时在构造应力作用下，岩体内尚普遍发育有 X 型节理，裂隙的切穿性较强，充填物少，开张度低。但由于受成岩作用的影响，砂岩中的粒间孔隙已大多被充填，其含水功能被大大降低；页岩、泥岩中的粒间孔隙较小，在构造变动中易产生塑性变形，因此构造裂隙不发育，而地表浅部岩体内分布有密集的风化裂隙。裂隙一般呈网状连接，延伸短，且多在后期被黏土充填，含水性差，透水性弱，层组内少见泉水出露。因此区内页岩、泥岩类地层均具有相对隔水性能，通常被视为隔水层。

（3）碳酸盐岩类岩石含水介质

区内碳酸盐岩类岩石的岩溶发育过程首先是从岩石中的裂隙、孔隙开始，而孔隙的发育程度与岩石中白云石的含量有关。一般纯度较高的碳酸盐岩类岩石，其孔隙度一般较低，不纯碳酸盐岩类岩石的孔隙度相对较高。据此，较纯碳酸盐岩类岩石受岩溶发育分异作用的影响，岩体内一部分裂隙可进一步演化为管道、廊道或地下溶潭，成为地下水的集中径流通道，岩溶化程度相对较低的裂隙则成为地下水的主要储集空间，该类岩组的含水介质以裂隙及循裂隙发育而成的管道、廊道或地下溶潭组合为其特征，构成地下水的储集和传导系统；不纯碳酸盐岩类岩石由于酸不溶物含量高或有碎屑岩夹层而影响了岩石岩溶发育的充分性，其含水介质主要为孔隙、溶蚀裂隙、小规模的洞穴或几种储水空间的组合。

（三）地下水补给、径流与排泄条件

1. 地下水补给

由于大小井岩溶流域系封闭、完整的地下水系统，除大气降水的入渗补给外，基本上无外源水输入，仅流域内部上游的部分次级单元存在地表水与地下水之间的相互转换。

（1）补给源

地下水接受大气降水补给量的大小与降水量、降水强度、地形地貌、岩石内裂隙的发育密度及岩溶发育程度等因素有关。

区内年降水量较为充沛，但在时空上分布不均。地域上，降水量分配的总体趋势为从上游向下游逐渐减少；时间上，每年丰水期降水量占全年降水总量的50%～70%，是地下水接受补给的主要时期，其他季节降水少，地下水接受补给的量较小。

地形、地貌条件影响降水入渗补给的强度。流域内碎屑岩分布区多形成侵蚀低中山地貌类型，冲沟发育，地形切割较深，大部分降水以坡面流形式汇集于沟谷内迅速排走，仅少量降水沿构造或风化裂隙渗入地下。流域中上游碳酸盐岩出露区，地形相对平缓，地表覆盖层较厚，地面持水能力相对较强，有利于大气降水的入渗；中下游的峰丛洼地区，地形起伏大，覆盖层浅薄，基岩裸露率高，岩溶发育充分，碳酸盐岩体内溶蚀裂隙纵横交错，地表漏斗状洼地、落水洞、溶洞等分布密集，其发育密度可达 3～5 个 /km²，大气降水大部分通过洼地、落水洞等岩溶个体形态进入地下。

受碳酸盐岩与碎屑岩空间分布、岩溶发育程度控制，区内地下河明流、暗流交替频繁，地表河经落水洞入渗转入地下对地下水进行补给的现象在流域上游较为普遍。如龙洞地下河上游石炭系大塘组一段（C_1d^1）碎屑岩地层中发育的地表水在进入中石炭统黄龙组（C_2hn）碳酸盐岩类分布区的盲谷后，即由伏流入口潜入地下补给龙洞地下河。

（2）补给方式

区内地下水接受补给的方式有集中补给和分散补给两种。集中补给普遍存在于摆郎河

深切河谷地带及流域下游的峰丛洼地区，系指大气降水通过落水洞或规模较大的溶蚀裂隙直接注入地下补给地下水，具有补给量大、补给迅速的特点；分散补给主要存在于区内碎屑岩及不纯碳酸盐岩分布区，系指大气降水、农田灌溉回归水等沿岩石的构造或风化裂隙、溶隙、溶孔等通道缓慢渗入补给地下水，具有分散、面广、补给量小、速度慢的特点。

2. 地下水径流

总体上，区内地下水径流方向为自北向南，径流形式表现为：碎屑岩或不纯碳酸盐岩分布区，地下水主要沿不同成因发育的裂隙呈分散流状径流；纯碳酸盐岩出露区，地下水多以管道流形式集中径流。在流域不同地段，受含水岩组组合特征、地质构造及地形、地貌条件、地表水文网的展布等因素影响，地下水的径流方向及径流形式有所差异。

流域中上游，摆郎河构成了地下水排泄基准面，地下水由东、西两侧分别向摆郎河运动，且分散流与管道流并存；中游的三岔河控制着其流域范围内的地下水由南、北两侧向河道径流，其形式主要为集中管道流。当摆郎河与三岔河汇合由航龙河道内的落水洞潜入地下后，流域中下游地下水径流的主导方向即呈现出由北向南的径流态势，其径流形式亦基本上全部转变为管道流。

总体上，区内地下水的径流特征可归结为下。

①区域舒缓型复式褶皱汇流型：流域东侧边界的西关背斜和西侧的雅水背斜，控制着地下水顺层向中部、基本循克度向斜轴部发育的摆郎河运动。

②局部背斜谷地汇流型：由于背斜轴部溶蚀形成洼地，其形成四周高位地下水向中部低洼处汇集的径流类型。较为典型的是雅水背斜在翁吕一带背斜成谷，并控制了小井地下河系中翁吕支流的管道发育，使地下水由东、西两侧向中部洼地汇集。

③局部断裂洼地汇流型：发育于碳酸盐岩出露区的断裂，其破碎带岩溶化程度较高，沿断裂带通常有呈串珠状排列的洼地，由此控制了断裂两侧地下水向断裂带汇集。如F断裂控制着巨木地下河系中的望窝支流，在地下河管道的延伸方向上深陷洼地发育密集，十分利于地下水的富集。

3. 地下水排泄

流域地下水的排泄方式以地下河出口集中排泄为主，其次为分散排泄。

地下河出口集中排泄型：出口位于碳酸盐岩分布区和摆郎河河谷深切地段，具有排泄迅速、流量大、动态极不稳定的特点。如流域上游摆郎河两岸发育的单枝状地下河及中游的巨木地下河等。

分散排泄型：主要指区内不纯碳酸盐岩类及碎屑岩类含水岩组中溶洞——裂隙水和基岩裂隙水所具有的排泄类型。地下水一般以泉的形式分散排泄于沟谷、河谷内。如大小井流域上游地带及中游的克度地区，泉水出露点多，但流量小，动态不稳定。

（四）地下水系统划分及其特征

根据地下水系统划分原则和依据，区内共划分24个地下河系统，10个分散排泄系统（图3-15），研究区水文地质简图如图3-16所示。

图 3-15 大小井流域地下水系统构成图

H02012008101：中寨地下河系统；H02012008102：小龙井地下河系统；H02012008103：大龙井分散排泄系统；
H02012008104：龙洞地下河系统；H02012008105：大寨分散排泄系统；H02012008106：石头寨地下河系统；
H02012008107：甲浪分散排泄系统；H02012008108：么洋分散排泄系统；H02012008109：党古分散排泄系统；
H02012008110：斗底地下河系统；H02012008111：播翁老寨地下河系统；H02012008112：掌满地下河系统；
H02012008113：洞口地下河系统；H02012008114：石板分散排泄系统；H02012008115：杨家湾地下河系统；
H02012008116：西牛地下河系统；H02012008117：蛮面地下河系统；H02012008118：翁进地下河系统；
H02012008119：太阳分散排泄系统；H02012008120：平寨地下河系统；H02012008121：龙冲地下河系统；
H02012008122：平浩地下河系统；H02012008123：三岔河分散排泄系统；H02012008124：燕子洞地下河系统；
H02012008125：白硐地下河系统；H02012008126：雅洲地下河系统；H02012008127：白纸厂分散排泄系统；
H02012008128：小冲地下河系统；H02012008129：航龙坡分散排泄系统；H02012008130：大井地下河系统；
H02012008201：巨木地下河系统；H02012008202：翁吕—小井地下河系统；H02012008203：马鞍寨地下河系统；
H02012008204：砂厂地下河系统

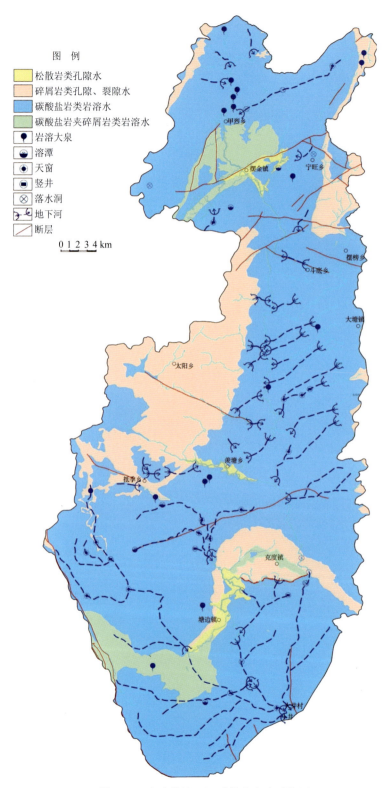

图 3-16 大小井地下河系统水文地质简图

五、大小井地下河系统水资源评价

（一）模拟范围

为了完整评价整个流域的水资源量，模型范围选取为完整大小井地下河系统。模拟范围东至摆郎河与曹渡河之间的地表分水岭，西至摆郎河与涟江的地表分水岭及边阳压扭性断裂，北至长江与珠江两大水系的分水岭，南至大小井地下河集中排泄带。模拟范围面积为 1943.2 km²。

（二）概念模型

由于大小井地下河系统水文地质条件复杂，完整且全面地反映整个系统的特点并不现实，且很难做到，因此本书概念模型采取从水循环模式，含水层结构及介质特征，补、径、排特点三个方面入手，化繁从简的建立一个可以简单、直接、准确地反映研究区重要水文地质特征的概念模型。其概念模型框图如图 3-17 所示。

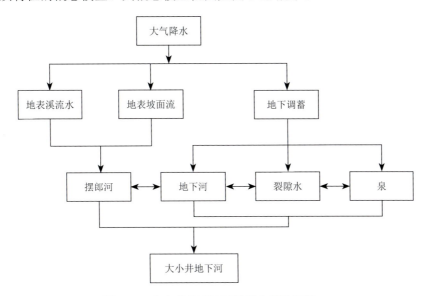

图 3-17　大小井地下河系统概念模型框图

1. 水循环模式

研究区主要包括了"三水"，分别为大气降水、地表水和地下水。大气降水是地表水和地下水（即地下河、裂隙水和泉）产生的主要来源，而地表水和地下水分别形成之后，其相互之间有着密切的水量交换关系，主要包括三种关系：①地表河（即摆郎河）与地下河的水量交换关系；②地下河与裂隙水的水量交换关系；③地表河与裂隙水的水量交换关系。因此，在概念模型中需要概化水循环模式中这三种关系，本书模型主要采用 MODFLOW 中的 DRAIN 模块（排水沟模块）、WELL 模块（井模块）和 RIVER 模块（河流模块）来处理，其中 DRAIN 模块是概化岩溶管道，模拟地下河水与裂隙水之间的交换关系，WELL 模块是处理地表水与地下河的水量交换，其主要模拟落水洞、地下河出口、入口等地点状补给点，RIVER 模块是处理地表河与裂隙水的水量交换。

2. 含水层结构及介质特征

研究区地层以厚层状灰岩、白云岩为主，其含水岩组主要是纯碳酸盐岩类含水岩组，占比高达 75.9%，剩余含水岩组主要为碳酸盐岩夹碎屑岩、基岩裂隙水、松散岩类孔隙水等含水岩组。富水性较差的含水岩组分布较为分散，无法构成一个完整弱透水层，且从钻探资料和水文地质剖面资料可知，纯碳酸盐岩类含水岩组地层厚度大，下伏的较为连续、完整的弱透水层一般出现在 500 m 以下深度（该深度可作为模型的底板深度），其参与区内水循环的能力较弱。因此，含水层结构概化为单层的含水层结构。由于单层含水层结构中存在局部弱透水层（如碎屑岩、松散岩类等），此类情况可用调整渗透系数等水文地质参数的方式进行处理。

区内含水介质主要包括三种，分别为孔隙、裂隙和管道。其中裂隙处理为等效多孔介质，与孔隙一起按照三维 Richard 公式进行描述，软件中用 BCF 模块处理：

$$\frac{\partial}{\partial x}(K_x \frac{\partial h}{\partial x}) + \frac{\partial}{\partial y}(K_y \frac{\partial h}{\partial y}) + \frac{\partial}{\partial z}(K_z \frac{\partial h}{\partial z}) = S_s \frac{\partial h}{\partial t} - W$$

管道则利用 MODFLOW 中的 DRAIN 模块进行处理。

3. 补、径、排特点

系统的补给源主要为大气降水，其主要用 MODFLOW 中 RCH 模块处理；地下水径流分两部分，一是管道径流用 DRAIN 模块模拟，二是裂隙水径流用 BCF 模块模拟；地下水排泄主要是指大小井集中排泄带，概念模型中用定流量模块进行处理。

4. 地下水均衡

以 2015 年 1 月 1 日至 2015 年 12 月 31 日为均衡期，进行地下水均衡分析。建立的大小井流域地下水均衡方程为

$$P(t - \tau) \times \alpha \times F = Q(t) + \frac{\mathrm{d}v(t)}{\mathrm{d}t} + Z(t) \tag{3-2}$$

式中，$P(t)$ 为 t 时刻研究区降水量；τ 为降水滞后时间；α 为大气降水入渗补给系数；F 为流域面积；$Q(t)$ 为大小井地下河系统 t 时刻的排泄量；$\frac{\mathrm{d}v(t)}{\mathrm{d}t}$ 为大小井地下河系统 t 时刻地下水储存量的变化量；$Z(t)$ 为大小井地下河系统 t 时刻地下水蒸发量。

由于区内垂直循环带较厚，地下水埋深较大，因而地下水的蒸发量可忽略不计，故上式可改写为

$$P(t - \tau) \times \alpha \times F = Q(t) + \frac{\mathrm{d}v(t)}{\mathrm{d}t} \qquad (3\text{-}3)$$

式（3-3）即为大小井流域地下水均衡方程式。

（1）降水入渗补给量

根据以往研究资料，研究区的大气降水入渗补给系数为 0.311，研究区面积为 1943.2 km²，2015 年全年降水量为 1190.3 mm。因此，降水入渗补给量为 7.193×10^8 m³。

（2）大小井地下河总出口排泄量

大小井地下河总出口排泄量包括管道排泄量和裂隙潜流排泄量，根据均衡期的总出口的实测流量数据，大小井地下河总出口排泄量为 6.731×10^8 m³。

（3）地下水储存量的变化量

根据式（3-3），地下水储存量的变化量 = 降水入渗补给量 − 大小井地下河总出口排泄量。因此，大小井地下河总出口排泄量为 0.462×10^8 m³。

综上所述，2015 年 1 月 1 日至 2015 年 12 月 31 日内，大小井地下河系统的水均衡汇总如表 3-13 所示。

表 3-13　实测水均衡结果

源汇项	补给项 （降水入渗补给量）	排泄项 （大小井地下河总出口排泄量）	储存量变化量
水量 /(×10⁸m³)	7.193	6.731	0.462

5. 含水层结构

根据《贵州典型地区岩溶地下水调查和地质环境整治示范——大小井岩溶流域地下水与地质环境调查报告》《西南典型岩溶地下河调查与动态评价成果报告》等资料，并结合研究区已有的勘探钻孔资料、水文地质剖面资料、现场试验资料（地下河示踪试验、钻孔注水试验等）等，建立了单层含水层结构模型。

（1）含水层顶板高程

传统的单层含水层顶板高程是通过对地表高程进行插值得出的，此方法一般用于北方平原地区，但研究区内地貌以峰丛洼地为主，其地下水季节变化带一般只涉及洼地底部一带，区内不会出现整体性的地下水水位高于峰丛底部的情况，如这些峰丛（尤其是孤峰）纳入为含水层结构，是不符合研究区的水文地质特征的。因此，模型的含水层顶板高程是以区内洼地底部的高程点插值得出，剔除了区内峰丛。

下面两个图为顶板高程修改前后的等值线对比图（图 3-18）和立体对比图（图 3-19）。从图 3-18 和图 3-19 中可以看出，修改后的顶板高程呈现了较为明显的北高南低的斜坡地带趋势和东西两侧高中部低的河谷形态，这与研究区内的实际情况是相符合的，而修改前的顶板高程等值线和立体图较为复杂，上述规律体现不明显。

（2）含水层底板高程

通过勘探钻孔资料、水文地质剖面资料等确定了岩溶含水层发育深度，以此深度进行插值得出含水层底板高程，图 3-20 为底板高程等值线图。

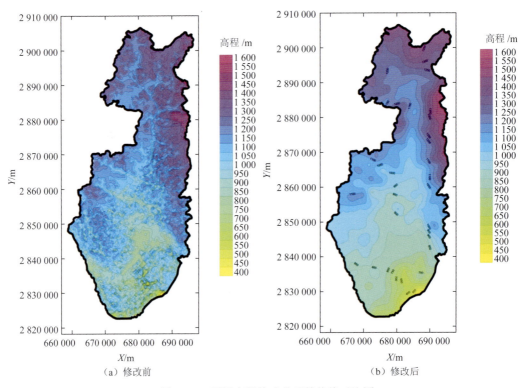

（a）修改前　　　　　　　　　　　　　（b）修改后

图 3-18　　顶板高程修改前后等值线对比图

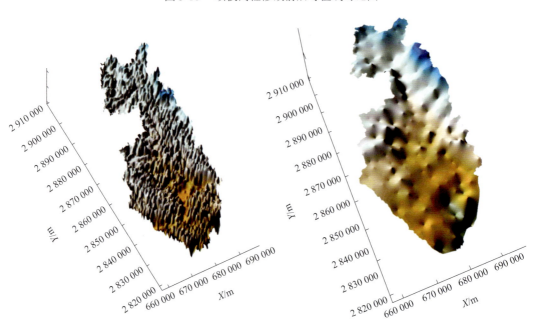

（a）修改前　　　　　　　　　　　　　（b）修改后

图 3-19　　顶板高程修改前后立体对比图

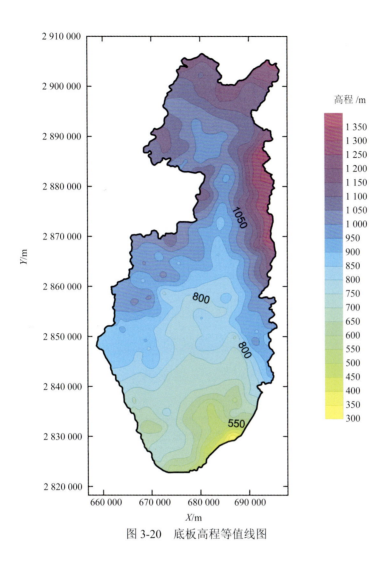

图 3-20 底板高程等值线图

6. 含水层结构剖面

为了更好地反映含水层结构，在结构模型设置中做了四条剖面，其中东西向剖面三条，设置在北部补给区、中部径流区和南部排泄区；南北向剖面一条，设置在大小井出口处，贯穿整个研究区。四条剖面所在研究区内的位置如图 3-21 所示，四个剖面图如图 3-22 ～图 3-25。

从图 3-22 中可以看出，含水层由北至南高程逐渐降低，是呈斜坡式形态；图 3-23 ～图 3-25 反映出区内存在明显的河谷地貌，河谷深切程度在中部径流区最为明显，北部补给区相对较差。上述所展示的含水层结构的变化与研究区的实际情况相符，进一步证明了所建立的含水层结构模型是正确的。

图 3-21 模型剖面平面位置图

图 3-22 A-A′剖面（南北向剖面）

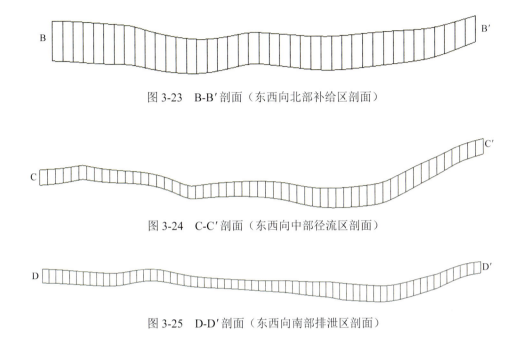

图 3-23 B-B′剖面（东西向北部补给区剖面）

图 3-24 C-C′剖面（东西向中部径流区剖面）

图 3-25 D-D′剖面（东西向南部排泄区剖面）

7. 边界条件概化

（1）侧向边界

根据前述研究区水文地质条件可知，模型的东侧边界是由碎屑岩（C_1d^1）形成的侵蚀低中山所构成的摆郎河与曹渡河之间的地表分水岭；西侧边界由洗马塘—大华段地下分水岭、摆郎河与涟江的地表分水岭和边阳压扭性断裂组成，北侧边界为长江与珠江两大水系的分水岭。上述边界存在水量交换，但交换能力较弱，因此东侧、西侧、北侧边界概化为二类零流量边界。模型南侧边界为裂隙潜流排泄边界，原为点状排泄边界，为了避免水位及流场失真，把实际点状集中排泄概化为线状排泄，在模型中处理为二类流量边界，根据总出口实际流量给定。

（2）垂向边界

模型上边界为潜水面，在该面上存在大气降水入渗补给、地表水系入渗补给等垂向水量交换。模型下伏地层主要为碎屑岩地层，岩性主要为泥岩、页岩，该地层与上覆岩溶含水层的水量交换微弱，基本可忽略不计，因此将该碎屑岩地层概化为隔水底板。

综上所述，模拟区地下水系统的概念模型可概化成非均质各向异性、空间三维结构、非稳定地下水流系统（图 3-26）。

（三）地下河系统水流数值模型的建立

1. 数学模型

对于非均质、各向同性、空间三维结构、非稳定地下水流系统，可用如下微分方程的定解问题来描述：

$$
\begin{cases}
\mu\dfrac{\partial h}{\partial t} = K_x\left(\dfrac{\partial h}{\partial x}\right)^2 + K_y\left(\dfrac{\partial h}{\partial y}\right)^2 + K_z\left(\dfrac{\partial h}{\partial z}\right)^2 - \dfrac{\partial h}{\partial z}(K_z + p) + p & x,y,z \in \Gamma_0, t \geqslant 0 \\[3mm]
h(x,y,z,t)_{t=0} = h_0 & x,y,z \in \Omega, t \geqslant 0 \quad (3\text{-}4) \\[3mm]
K_n\dfrac{\partial h}{\partial \vec{n}}\bigg|\Gamma_1 = q(x,y,z,t) & x,y,z \in \Gamma_1, t \geqslant 0
\end{cases}
$$

式中，K_x, K_y, K_z 分别为 x、y, z 方向的渗透系数（m/d）；h 为 $h(x,y,z)$ 含水层水位高程（m）；K_n 为边界面法向方向的渗透系数（m/d）；p 为潜水面的蒸发和降水入渗强度（m/d）；Ω 为渗流区域；Γ_0 为渗流区域的上边界，即地下水的自由表面；Γ_1 为渗流区域的侧向裂隙潜流边界；$\vec{n}$ 为边界面的法线方向；$q(x, y, z, t)$ 为二类边界的单宽流量（m/d），流入为正，流出为负，隔水边界为0。

图 3-26　模型边界概化图

2. 模拟流场及初始条件

以 2015 年 1 月 1 日的统测流场作为初始流场，以 2015 年 12 月 31 日的统测流程作为模型的识别流场。因此，模拟期为 2015 年 1 月 1 日至 2015 年 12 月 31 日，每个月为一个应力期，每个应力期内设置两个时间步长。模型的初始流场建立依据是研究区内已建监测站的水位，以及区内其他水点高程（如泉、地下河出入口等），同时参考了区内整体的地表高程。初始流场图如图 3-27 所示。

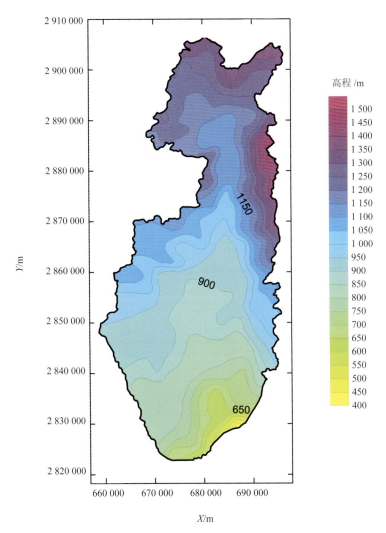

图 3-27　模型初始流场图（2015 年 1 月 1 日）

源汇项主要包括大气降水入渗补给、裂隙潜流排泄、河流补给及排泄、管道排泄等。各项均换算成相应分区上的强度，然后分配到相应单元格。

（1）大气降水入渗补给量的确定

大气降水到岩溶石山区后的补给方式主要为面状入渗补给，降水到地表后形成地表径流过程中，以面状方式垂直入渗补给到地下，这部分入渗量是通过降水入渗补给系数乘以降水量得到的。根据大小井子系统划分结果，结合以往报告中的相关数据，进行降水入渗补给系数分区，模型共划分为 42 个降水入渗分区（图 3-28，表 3-14）。

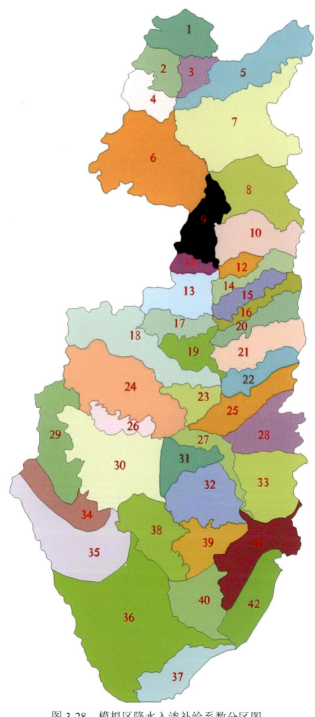

图 3-28　模拟区降水入渗补给系数分区图

表 3-14　各分区降水入渗补给系数对应表

降水入渗分区	降水入渗系数补给	降水入渗分区	降水入渗补给系数
1	0.313	22	0.398
2	0.333	23	0.296
3	0.261	24	0.178
4	0.261	25	0.386
5	0.421	26	0.357
6	0.271	27	0.261
7	0.302	28	0.333
8	0.235	29	0.403
9	0.214	30	0.532
10	0.398	31	0.498
11	0.156	32	0.125
12	0.333	33	0.251
13	0.166	34	0.467
14	0.353	35	0.445
15	0.364	36	0.502
16	0.324	37	0.433
17	0.178	38	0.282
18	0.136	39	0.305
19	0.178	40	0.448
20	0.345	41	0.424
21	0.331	42	0.477

（2）裂隙潜流排泄量

模型南部边界被概化为二类定流量边界，该流量通过大小井地下河出口实测流量进行给定，具体处理方法为将地下河出口的实测流量平均分配给南部边界所占用的单元格。模拟期内大小井地下河的实测流量见图 3-29。

（3）河流补给和排泄量

大小井流域为珠江水系四级支流。区内主要地表水系为发源于贵阳市高坡场南部的摆郎河，其次为发源于惠水县抵季乡翁招村的三岔河。在模型中用 RIVER 模块对其进行模拟，其计算公式如下：

$$Q = C \cdot (H_{river} - h_{i,j,k}), \quad h_{i,j,k} > R_{bot} \tag{3-5}$$

$$Q = C \cdot (H_{river} - R_{bot}), \quad h_{i,j,k} \leqslant R_{bot} \tag{3-6}$$

式中，Q 为排水量（m^3/d），C 为综合导水系数（m^2/d），H_{river} 为河流水位高程（m），

$h_{i,j,k}$ 为单元格水位值（m），R_{bot} 为河流底部高程（m）。

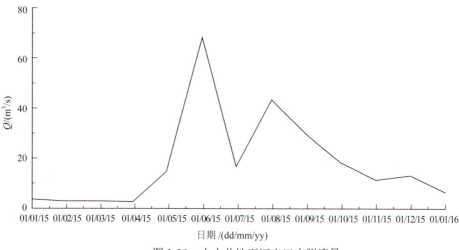

图 3-29 大小井地下河出口实测流量

（4）管道排泄量

研究区地下河管道分布如图 3-30 所示。在模型中利用 MODFLOW 中的 DRAIN 沟渠模块进行处理，原设计目的是模拟农用排水沟渠的排水效果，在层流地下水系统模拟中，主要针对大型集中排泄点（带）的模拟和计算。其计算公式如下：

$$Q = C \cdot (h_{i,j,k} - d_{i,j,k}), \quad h_{i,j,k} > d_{i,j,k} \tag{3-7}$$

$$Q = 0, \quad h_{i,j,k} \leqslant d_{i,j,k}$$

式中，Q 为排水量（m³/d），C 为综合导水系数（m²/d），$h_{i,j,k}$ 为单元格水位值（m），$d_{i,j,k}$ 为管道底部高程（m）。当水位低于排水渠底部高程时，无排水效果；反之，则存在排水量。

3. 模拟软件选择及模拟区剖分

模拟采用美国国家环境保护局开发的 GMS7.9。GMS 是地下水模拟系统（Groundwater Modeling System）的简称，是目前国际上最先进的综合性的地下水模拟软件包，由 MODFLOW、MODPATH、MT3D、FEMWATER、PEST、MAP、Borehole Data、TINs、SOLID 等模块组成的可视化三维地下水模拟软件包；可进行水流模拟、溶质运移模拟、反应运移模拟；建立三维地层实体，进行钻孔数据管理、二维（三维）地质统计；可视化和打印二维（三维）模拟结果。GMS 在全球得到广泛应用。它是唯一支持 TIN、立体图、钻孔数据、二维和三维地质统计、二维和三维有限元和有限差的集成系统。由于 GMS 的模块特性，可以配置带有所需模块和模型界面的用户版本 GMS。

模拟区网格大小为 500 m×500 m，网格划分 X 自 657 000 到 698 000，Y 自 2 818 000 到 2 910 000，X 长 41 000，Y 长 92 000。共剖分为 15 088 个，其中有效单元格为 7777 个，剖分结果见图 3-31。

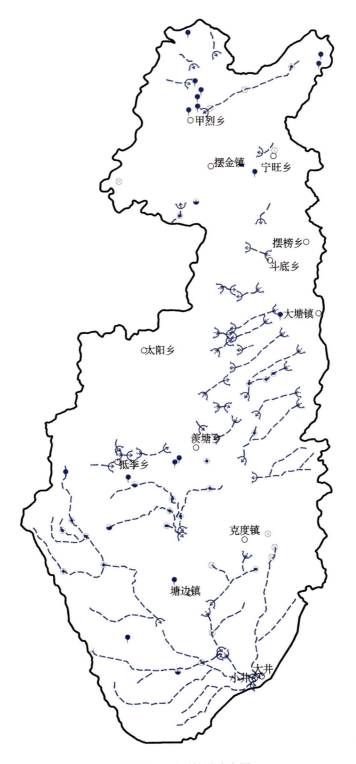

图 3-30　模型管道分布图

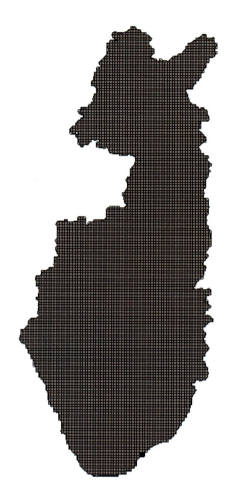

图 3-31　模拟区网格剖分图

4. 水文地质参数

　　根据前述地质、水文地质条件的分析及勘察资料，结合地形地貌、野外抽水实验、地下水示踪试验、渗水试验计算结果，为了达到监测水位与模拟水位最大程度上的拟合目的，对模拟区含水层渗透系数进行分区，模拟区的渗透系数分区的结果见表 3-15 和图 3-32。

表 3-15　模型水文地质参数分区统计一览表

参数分区编号	渗透系数 K/(m/d)	渗透系数各向异性比	给水度 μ
1	0.9	1.8	0.28
2	0.7	1.5	0.25
3	0.25	1.3	0.23
4	0.015	0.8	0.08
5	0.005	0.9	0.02

注：渗透系数各向异性比代表渗透系数各向异性程度

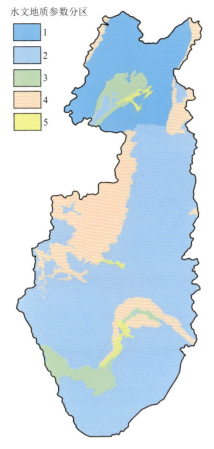

图 3-32　模型水文地质参数分区图

5. 模型的识别

模型的识别是整个模拟中极为重要的一步工作，通常要进行反复地调整参数才能达到较为理想的拟合结果。模型识别过程采用的方法也称试估 – 校正法，属于反求参数的间接方法之一。

运行计算程序，可得到在给定水文地质参数和各均衡项条件下的模拟区地下水流场，通过拟合同时期的统测流场，识别水文地质参数和其他均衡项，使建立的模型更加符合模拟区的水文地质条件。模型的识别主要遵循以下原则：

①从均衡的角度出发，模拟的地下水均衡变化与实际基本相符；

②模拟的水位动态与实测的水位动态大体一致；

③模拟的地下水流场与实测的地下水流场大体一致；

④识别的水文地质条件要符合实际水文地质条件。

根据以上原则，对模拟区地下水系统进行了识别。通过反复调整参数，识别了水文地质条件，确定了模型结构、参数和均衡要素。选取模拟区内 5 个典型水位观测钻孔进行水位动态拟合，拟合曲线如图 3-33 ～图 3-37 所示。将模拟的地下水流场与实测的地下水流场进行拟合，如图 3-38 所示。从水位拟合图和流场拟合图中可以看出，建立的数值模型比较符合实际情况。

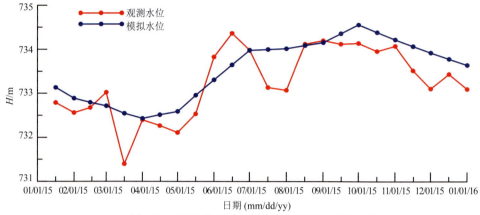

图 3-33 JC03 监测站观测水位与模拟水位拟合图

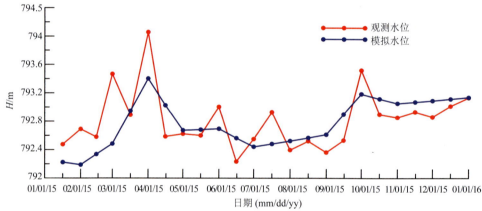

图 3-34 JC05 监测站观测水位与模拟水位拟合图

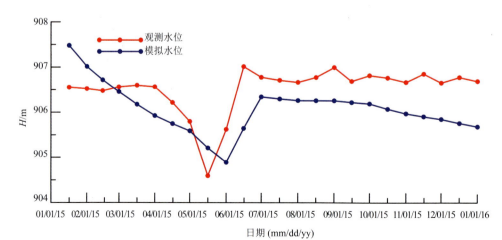

图 3-35 JC07 监测站观测水位与模拟水位拟合图

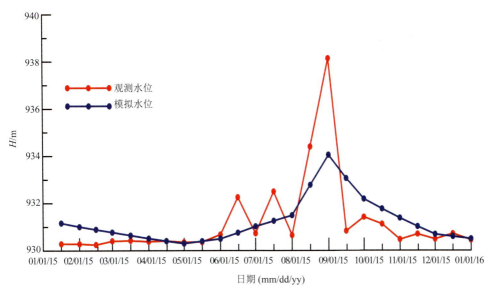

图 3-36　JC08 监测站观测水位与模拟水位拟合图

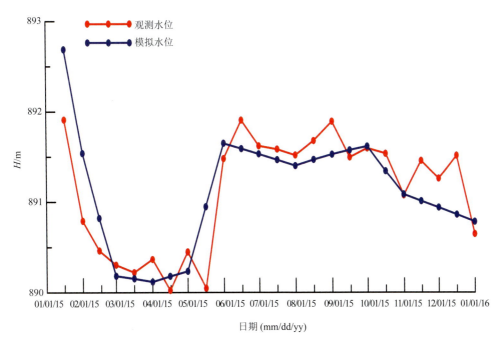

图 3-37　ZK02 监测站观测水位与模拟水位拟合图

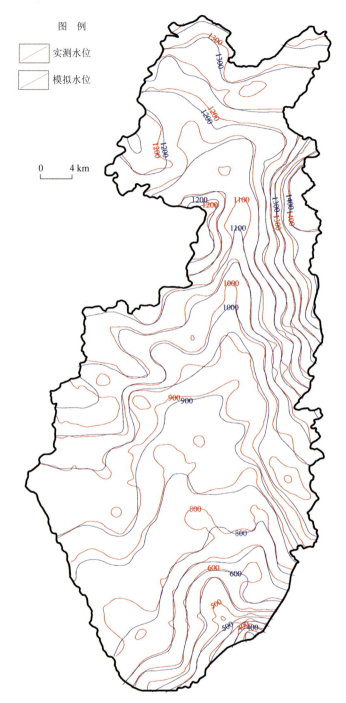

图 3-38　大小井地下河系统地下水位流场拟合图

6. 水均衡分析

通过模型识别，得出模拟期（2015 年 1 月至 2015 年 12 月）地下水水量均衡结果（表 3-16）。从流场拟合结果及水均衡结果来看，模型建立符合实际水文地质条件。

表 3-16　模拟水均衡结果

源汇项	补给项		排泄项			储存量变化量
	降水入渗补给量	河流补给量	河流排泄量	管道排泄量	裂隙潜流排泄量	
水量 /(×10^{8}m^3)	7.19	0.04	0.35	4.83	1.85	0.2

（四）不同降水条件下的地下河系统水资源评价

1. 不同保证率降水量

（1）平塘、惠水、罗甸三县不同保证率降水量

根据三县气象站 1980～2000 年降水量资料，从中选择出一个完整的降水周期，按式（3-8）～（3-10）对年降水量序列进行概率统计检验：

$$A = \frac{m}{n-1} \times 100\% \tag{3-8}$$

$$C_s = \frac{\Sigma(K_i-1)^3}{(n-3)C_v^3} \quad \overline{P} = \frac{1}{n}\Sigma P_i \tag{3-9}$$

$$C_v = \frac{S}{X}\delta = \sqrt{\frac{\Sigma(P_i-\overline{P})}{n-1}} \tag{3-10}$$

式中，A 为降水量保证率；m 为周期内降水量按大小排列的序号；n 为气象资料年限数；$\overline{P}$ 为多年平均降水量（mm）；P_i 为年降水量（mm）；δ 为均方差；C_v 为变差系数；C_s 为偏态系数；K_i 为年降水量模比系数，$K_i = P_i/P$。

检验结果，年降水量服从正态分布。据此，采用皮尔逊Ⅲ型分布作为概率模型，进行理论频率曲线选配，按与经验曲线拟合最好的 P 值确定参数。通过查皮尔逊Ⅲ型分布 Φ 值表，用式（3-11）计算各县 50%、75%、95% 保证率的降水量。

$$P_i = P - \delta\Phi \tag{3-11}$$

式中，P_i 为各县不同保证率的降水量（mm）；Φ 为皮尔逊Ⅲ型曲线均离系数；δ 为均方差；P 为平均降水量（mm）。

各县不同保证率降水量计算结果见表 3-17。

表 3-17　各县不同保证率降水量　　　　　　　　　　　（单位：mm）

县名	保证率		
	50%	75%	95%
平塘县	1173.1	1051.7	882.4
惠水县	1239.8	1171.3	1070.1
罗甸县	1137.9	1016.7	847.7

（2）大小井地下河系统不同保证率降水量

根据各县在系统内所占面积比例，以加权平均方式得出计算式：

$$P = \frac{\Sigma F_i \times P_i}{F} \tag{3-12}$$

式中，P 为大小井流域不同保证率的降水量（mm）；P_i 为各县不同保证率的降水量（mm）；F_i 为各县在系统中所占面积（km²）；F 为流域面积（km²）。

计算结果：大小井流域 50% 保证率的降水量为 1188.60 mm，75% 保证率的降水量为 1086.72 mm，95% 保证率的降水量为 942.56 mm。

2. 不同降水条件下的地下河水资源评价

根据研究区内 50%、75% 和 95% 三种不同保证率的降水量，利用识别后的地下河系统水流数值模型对地下河的水资源量进行评价，具体评价结果如表 3-18 所示。

表 3-18 　不同保证率降水量下的模拟区水均衡结果

不同保证率的降水量 /mm	补给项		排泄项			储存量变化量 /(×10⁸m³)
	降水入渗补给量 /(×10⁸m³)	河流补给量 /(×10⁸m³)	河流排泄量 /(×10⁸m³)	管道排泄量 /(×10⁸m³)	裂隙潜流排泄量 /(×10⁸m³)	
1188.60（保证率 50%）	7.18	0.04	0.34	4.82	1.85	0.21
1086.72（保证率 75%）	6.52	0.03	0.32	4.49	1.67	0.07
942.56（保证率 95%）	5.08	0.02	0.22	3.76	1.20	−0.08

第三节　湖南新田地下水系统

一、自然地理概况

新田县位于湖南省南部，永州市东南部。东部与郴州市的桂阳县相邻，南接嘉禾县，西靠宁远县，北接祁阳县。新田河流域，北部以鲁塘河流域与新田河流域分水岭为界；大部分属新田县管辖，此外南端小部分属宁远县，东部有小部分属桂阳县。地理位置 112′04′30″ ~ 112°23′E，25°36′40″ ~ 26°06′30″N，流域面积 991.05 km²（图 3-39）。

新田河流域地处湘南阳明山、九嶷山之间，阳明山、塔山呈北东东向横亘于北部，南为南岭山地，地势总特点是北西部高，南东低，向东南倾斜。最高峰为西北角新田、祁阳、宁远三县交界处的牛角漕主峰，海拔 1080 m；最低点位于南东新田河出口处（心安渡口），海拔 147 m；从西北至东南地势高差 933 m，比降 17.7‰。整个流域呈南北长、东西窄，北、西、南三面环山向南东开口的不规则掌形盆地。

新田河流域属亚热带湿润季风气候，总的特点是气候温和，热量富足，雨量充沛，降水集中。年平均气温 18.1℃，年际平均变幅在 17.4 ~ 19℃，气温总趋势是从东南向西北递减，热量亦从东南向西北逐渐递减。多年平均降水量分别为 1444.5 mm（新田站）、1395.6 mm（金陵水库站）；年际降水极不均匀，春、夏季（4 ~ 8 月）降水多，占全年总降水量 72%，其中 4 ~ 6 月最集中，占全年总降水量 43%，降水总趋势是从东南向西北递增。多年平均蒸发量 1442.3 mm。

新田河流域属于湘江水系，在境内无较大的河流，全境包括河、溪、沟、涧共 114 条，呈不规则的树枝状分布，其中干流长度 5 km 以上的 26 条，1 ~ 5 km 的 47 条，其他都是不足 1 km 的沟涧，属湘江一级支流的只有过境河——舂陵水（在境内干流长度 4 km），二级支流 3 条（新田河、上庄河、千家洞河），三级支流 4 条（日东河、日西河、石羊河、山下洞河），四级、五级支流 65 条；此外，山（平）塘、水库散布其中，水域面积占全流域总面积 1.6%。

主要河流有：日东河、日西河两条支流；在县城南门外汇流的新田河，新田河自北向南东，在新隆镇纱帽岭出境，注入舂陵水。

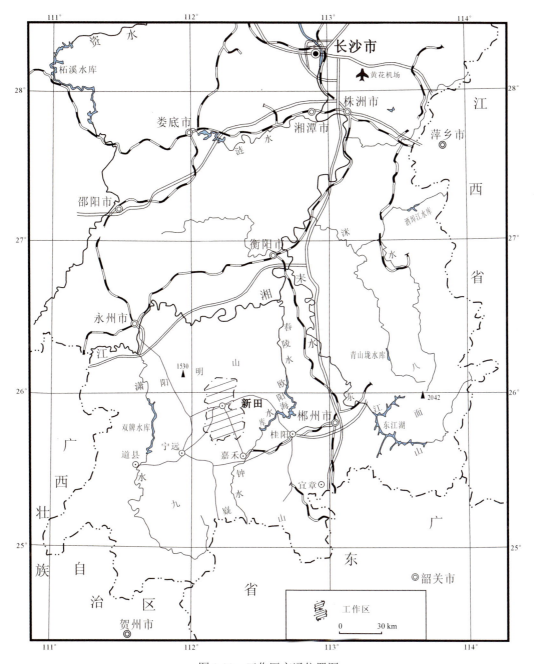

图 3-39　工作区交通位置图

二、区域地质概况

区内地层除缺失下泥盆统、二叠系、三叠系、古近系、新近系外，从下古生界寒武系到新生界第四系均有分布。下古生界中上寒武统—志留系主要为一套浅变质的海相碎屑岩及泥质沉积，厚度 3564 ～ 5600 m，主要分布在北部中低山区；上古生界泥盆系、石炭系，主要分布在东部、东南丘岗地和西部低级山区；中生界侏罗系—白垩系均为陆相红色碎屑岩沉积，并与下伏地层呈不整合接触；新生界第四系以残坡积物为主，冲积物次之，残坡积物分布广且薄，在碳酸盐岩分布区多为风化红色黏土，冲积物主要零星分布于河谷两岸。此外，在西部还见有小块岩浆（喷发）岩零星出露。

该区位于南岭巨型纬向构造带的北部，祁阳弧形构造带的南缘，经历了多次构造运动，形成了以加里东—印支期的东西向构造、南北向构造与印支—燕山期的新华夏系构造、北东向、北北西向构造等多期构造的复合，对水文地质条件和岩溶发育与分布起着严格的控制作用。

三、岩溶发育特征

（一）地表岩溶地貌

新田河流域地处湘南阳明山、九嶷山之间，地势大致呈西北高，东南低，向东南倾斜，整个流域呈南北长，东西窄，北、西、南三面环山向南东开口的不规则长条形盆地。

非岩溶石山区地貌（Ⅰ）：北部牛角漕、九峰山、双巴岭、三峰凸等一带群峰由浅变质岩、碎屑岩组成的侵蚀构造中山和南部陶岭、东部小岗、大岭等地由碎屑岩组成小面积低山丘陵，面积 270.80 km²，占全域总面积 27.3%；其余地区均为侵蚀—溶蚀型地貌，碳酸盐岩出露面积达 720.25 km²，占全域总面积 72.7 %。流域内地表岩溶形态主要有：峰丛洼地、峰林谷地、峰林平原和岩溶丘陵—垄岗等 4 种组合类型，具体特征如下。

峰丛洼地区（Ⅱ）：分布在西部大冠岭、青光岭一带的中低山区，系由基座相连的碳酸盐岩高耸林立的山峰与长条状岩溶洼地组合而成，呈南北向分布的岩溶峰丛洼地地貌，并见海拔 500 m 左右的夷平面，洼地一般较宽缓，石峰多呈丘陵状起伏，地表岩溶发育，见有盲谷，落水洞、地下河发育（图 3-40）。

峰林谷地区（Ⅲ）：分布在骥村镇、枧头镇、三井镇、金盆镇、白土乡、太平圩镇、岭头源一带，呈南北向分布的峰林谷地，海拔 200 ～ 300 m，地表岩溶强烈发育，主要有峰林、洼地、谷地等，溶峰形态有锥状、塔状等，如水窝塘塔状峰林，溶蚀谷地沿南北向断裂发育，具一定规模，如毛里坪溶蚀谷地，其中积红土覆盖，时有间歇水流，地下水多以地下河及岩溶形式广泛出露（图 3-41）。

峰林平原区（Ⅳ）：分布在流域南部石羊、宏发、下坠一带，由峰林与平原组合形成的地貌形态，地表岩溶发育，主要有石羊溶蚀平原，见有峰林、孤峰等，溶峰形态有锥状、塔状等，如石羊文明村南见较典型的塔状孤峰，岩溶大泉、地下河发育。

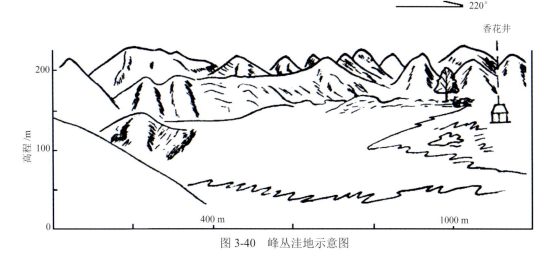

图 3-40 峰丛洼地示意图

图 3-41 石羊峰林谷地与峰林平原特征示意图

岩溶丘陵－垄岗区（Ⅴ）：分布于金陵、莲花、大坪塘、新圩、新隆一带，主要是由不纯碳酸盐岩溶蚀形成，呈线状分布的岩溶丘陵（垄岗）。海拔 200～350 m，比高 30～40 m，部分 50 m 以上，残坡积红土丘陵，边坡因流水线状冲刷，常形成谷、匙状等冲沟微地貌（图 3-42）。

（二）岩溶洞穴

该流域岩溶发育，溶洞较发育，但一般规模较小，据不完全统计，大小溶洞 50 多个，主要分布在西部峰丛洼地和峰林谷地地区。在野外调查的 18 个溶洞中，规模都较小，大部分为脚洞，发育长度为 4～700 m。其中：有水溶洞 15 个，干溶洞 3 个，主要分布在下石炭统岩关阶下段（C_1y^1）、上泥盆统佘田桥组（D_3s）灰岩夹白云质灰岩、白云岩中，其次发育在上泥盆统锡矿山组下段（D_3x^1）、中泥盆统棋子桥组（D_2q）和下石炭统大塘阶石磴子段（C_1d^1）白云质灰岩、石灰岩等层位上。

流域内较大洞穴主要有：骥村胡家—黄公塘活动带水平充水洞穴、毛里水浸窝地下河洞穴和毛里坪龙珠湾矮婆咀干溶洞。

图 3-42　新田河谷岩溶丘陵地貌示意图

毛里水浸窝地下河洞穴（S01）：属多层管道形洞穴，垂向发育深度 75 m，管道总长约 1300 m，洞穴发育在 D_3s 厚层状灰岩中，沿 240°～260° 方向延伸，呈廊道式展布，该溶洞发育深度达 75.0 m，见 3 层溶洞，第 1 层埋深 3.9～8.9 m，第 2 层埋深 18.6～27.0 m，第 3 层埋深 20.7～33.2 m，上层为干洞，空间较大，一般宽 2.0～3.5 m，最宽 12.5 m，高度一般为 15.0～20.0 m，最高达 35.0 m，底部见地下河，下两层洞均以充水管道为主（图 3-43）。

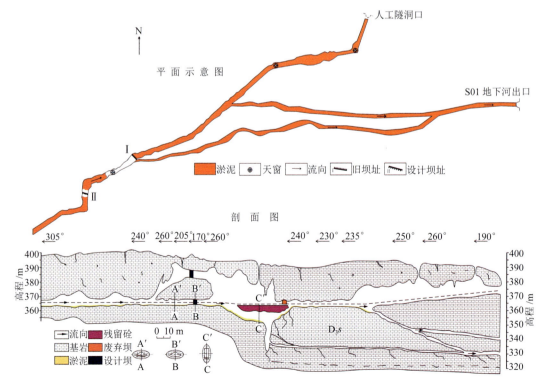

图 3-43　毛里水浸窝地下河洞穴图（S01）

毛里坪龙珠湾矮婆咀干溶洞（177）：出露于峰丛洼地地貌边缘，向斜轴部，西侧有近南北向断裂通过，发育地层为下石炭统岩关阶下段（C_1y^1）厚层状灰岩。洞内长47 m，最大宽28 m×高10 m，平均宽22 m×高5.0 m，有效使用面积650 m²，属无积水古水平大型洞穴。

（三）地下河和岩溶大泉

在岩溶地区具有河流主要特征的地下岩溶通道称为地下河，它的出口具有明显的洞穴通道和明显集中补给区，流量动态多属剧变型。根据野外调查，该流域共发现地下河11条，总长度20余千米，平均分布密度为0.028 km/km²，总排泄量1.95 m³/s，年排泄量为0.61亿m³，占流域岩溶水天然补给资源量的18%。

从地貌分布看，地下河主要分布在峰丛洼地、峰林谷地、峰林平原区，岩溶丘陵—垄岗区未见出露。地下河埋深一般为30～60 m，最大埋深80 m，汇水面积一般在0.3～6 km²，长度0.4～2.5 km，水力坡度一般在2‰～27‰。

毛里水浸窝地下河（S01）出露于龙凤塘村西侧，发育在上泥盆统佘田桥组（D_3s）灰岩夹灰白云质灰岩、白云岩中。洼地底部落水洞为地下河进水口，高程为371.0 m。由西南向北东方向延伸，于龙凤塘排出地表，出口高程为330.0 m，长度为1.3 km，水力坡度约在27‰。地下河接受马场岭一带的汇水补给，总汇水面积6.0 km²。地下河明显受断裂构造控制，除有一小叉洞沿北西300°方向发育外，其主洞方向沿240°～260°方向发育，呈廊道状，埋深30～60 m。洞体狭窄，宽一般为2.0～3.5 m，最宽12.5 m，高度一般为15.0～20.0 m，最高达35.0 m。经探测，地下河内除局部见积水潭外，大部分水流畅通，最大的洞内溶潭位于距地下河出口600 m处，潭宽15.0 m，深大于1.5 m，可见地下河内有较大的蓄水空间。现距地下河出口600 m处堵坝，建成库容196万m³的小（一）型水库，是该流域峰林谷地区较典型的地下河与溶洼相结合修建的地表地下联合水库。

将岩溶水向地表流出的天然露头，凡流量≥10 L/s的泉水划归为岩溶大泉。据全流域23个岩溶大泉统计，总排泄量1.059 m³/s，年排泄量为0.33亿m³，占流域岩溶水天然补给资源量9.8%。其中：上升泉4个，下降泉19个，90%的岩溶大泉分布于峰林谷地和峰林平原，75%的岩溶大泉与断裂影响带有关。

（四）表层岩溶带

表层岩溶带是岩溶石山区强烈岩溶化的包气带或浅饱水带表层部分，处于岩石圈、大气圈、生物圈、水圈四大圈层的交汇部位，岩溶动力作用强烈，环境变化敏感，对岩溶石山区生态建设与经济发展有着极其重要的影响。表层岩溶带地下水可构成小型供水水源，作为缺水岩溶石山区人畜用水和分散农田灌溉的重要水源，在该流域一般以泉水形式溢出地表，且多为间歇泉，其流量的大小取决于大气降水补给量及表层岩溶带本身发育的基本条件，如发育厚度、覆盖条件（包括植被覆盖）等。

表层岩溶泉主要出露在西部大冠岭一带，多见于上泥盆统锡矿山组下段（D_3x^1）和佘田桥组（D_3s）石灰岩、白云质灰岩中。表层岩溶泉出口处，上覆第四系黏土夹砾石厚 2～5 m，局部 10 m，下伏灰岩溶蚀裂隙发育。据不完全统计，共发育表层岩溶泉 23 个，大部分已开发利用。目前对表层岩溶带水资源的利用主要是围泉、扩泉蓄水、修引水渠、蓄水池，解决 10～100 人饮水及灌田等，开发能力较低。由于表层岩溶带地下水与降水有直接的联系，绝大部分表层岩溶泉在雨季流量较大，而雨后不久便干枯断流。对表层岩溶水资源的利用，除采用上述方法和修集水箱、建山塘水库蓄水的方法外，局部地区可因地制宜修建截水墙，使降水入渗后径流速度减慢，延长滞留时间，提高调节能力。在水资源的开发中，根据表层带岩溶水的集、储及调蓄功能的特点，对表层带岩溶水进行开发，具有重要的意义和开发潜力。

四、水文地质概况

（一）地下水类型及含水岩组富水程度

根据含水介质的性质、赋存条件、水理性质和水动力特征，将该流域地下水分为孔隙水、岩溶水和裂隙水等 3 种地下类型；又按不同含水岩组划分成松散岩类孔隙、碳酸盐岩裂隙溶洞、碳酸盐岩夹碎屑岩溶洞裂隙、红层风化裂隙、碎屑岩构造裂隙、浅变质岩和岩浆岩风化裂隙等 6 个含水岩组。依据岩层的富水程度又可分成丰富、中等及贫乏三个等级（表 3-19）。

表 3-19 新田河流域地下水类型及含水岩组富水程度一览表

地下水类型	含水岩组	出露层位	分布面积/(km²)	富水级别	富水程度主要指标特征	
					泉（地下河）流量/(L/s)	地下径流模数/(L/s·km²)
孔隙水	松散岩类孔隙含水岩组	Q	—	贫乏	0.01～0.1	—
岩溶水	碳酸盐岩裂隙溶洞含水岩组	$C_{2+3}ht$、C_1d^3 C_1d^1、C_1y^1、D_3s	244.30	丰富	20～500	平均8.42(4.19～57.59)
		C_1y^2、D_3x^1	169.74	中等	10～120	平均5.99
	碳酸盐岩夹碎屑岩溶洞裂隙含水岩组	D_2q	102.38	中等	0.2～3.0	平均5.99
		D_3s（新田东南）	203.83	贫乏	0.1～1.0	平均2.17
裂隙水	红层风化裂隙含水岩组	K、J	3.16	贫乏	0.10～0.5	平均1.08(1.61～7.5)
	碎屑岩构造裂隙含水岩组	C_1d^2、D_3x^2、D_2t、S、O_{2+3}、O_1	224.40	贫乏	0.01～1.0	平均1.19
	浅变质岩和岩浆岩风化裂隙含水岩组	ϵ_3、ϵ_2、βu	43.24	贫乏	0.01～0.5	平均0.95(0.033～1.097)

1. 松散岩类孔隙含水岩组

广布于碳酸盐岩及碎屑岩出露区，岩性主要为残坡积黏土，厚度一般为 1～10 m，多处在包气带上部，一般属透水不含水，无供水意义；其次是冲积物零星分布于河谷两岸，岩性主要为砂、砾层，因厚度薄，且多处在潜水面以上，含水性微弱，仅新田河谷的局部地段与河流沟通，常年储水，其余的无供水价值，故未作评价。

2. 碳酸盐岩裂隙溶洞含水岩组

（1）含水丰富

分布于流域西部骥村、冷水井村、毛里圩、枧头镇、三井镇、洞心、金盆镇、太平圩镇及南东石羊、宏发、知市坪一带的中上石炭统壶天群（$C_{2+3}ht$）、下石炭统大塘阶梓门桥段（C_1d^2）、石磴子段（C_1d^1）、岩关阶下段（C_1y^1）和上泥盆统佘田桥组（D_3s）等地层出露区，面积 244.30 km^2。岩性为厚——巨厚层状灰岩、白云质灰岩、白云岩为主，岩溶发育强烈，但不均一。地表主要形态为溶沟、溶槽、溶洞、落水洞、洼地；地下形态为裂隙、溶洞、岩溶管道、地下河等。地表与地下水力联系比较密切，地下水露头也较多，地下水运动以管流——隙流并存，但以管流为主，岩溶泉及地下河多见，泉流量一般在 0.5～10 L/s，最大达 105 L/s，最小 0.01 L/s，岩溶大泉流量一般 15～80 L/s，地下河流量一般在 20～500 L/s，最大达 1500 L/s，地下径流模数 4.19～57.59 L/s·km^2，平均 8.42 L/s·km^2，岩溶强发育带垂直深度一般在 100 m 左右。

（2）含水中等

分布于流域西部、西南及东部的田家乡、三井镇、金盆镇等乡镇一带的下石炭统岩关阶上段（C_1y^2）和上泥盆统锡矿山组下段（D_3x^1）等地层出露区，面积 169.74 km^2。岩性为石灰岩、白云质灰岩组成，夹少量白云岩及泥质灰岩，岩溶发育中等。地下河流量一般 8.2～700 L/s，最大 1500 L/s、岩溶大泉流量一般 10～120 L/s，最大 200 L/s，小型岩溶泉较多一般流量 0.02～3 L/s，地下径流模数平均为 5.99 L/s·km^2。

3. 碳酸盐岩夹碎屑岩溶洞裂隙含水岩组

（1）含水中等

分布于新田城关、金陵圩、新圩及大坪塘北部一带的中泥盆统棋子桥组（D_2q）地层出露区，面积 102.38 km^2。岩性变化较大，新田县东南部主要为泥质灰岩夹灰岩或钙质泥岩，新田以西为灰黑色、灰白色厚层白云岩、白云质灰岩。岩溶发育中等。泉流量一般 0.2～3.0 L/s，最大 80 L/s，最小 0.01 L/s，地下径流模数平均为 5.99 L/s·km^2。

（2）含水贫乏

分布于莲花圩、新田县城南、茂家、大坪塘、新隆及新圩和陶岭的北部一带的上泥盆统佘田桥组（D_3s）、锡矿山组下段（D_3x^1）地层出露区，面积 203.83 km^2。岩性相变大，在新田县城以东至东南一带为泥灰岩、泥质灰岩夹灰岩，局部夹石英砂岩。岩溶发育弱。泉流量一般 0.05～1.0 L/s，最大 3.0 L/s，最小 0.01 L/s，地下径流模数平均为 2.17 L/s·km^2。

4. 红层风化裂隙含水岩组

主要分布于三井镇东侧塘下水库一带，出露地层为中生代陆相沉积的白垩系（K）红色碎屑岩系的长石石英砂岩、含砾粗砂岩，面积 3.16 km^2。经风化后裂隙发育中等，含贫乏风化裂隙水，极少泉水出露，流量一般 0.1～0.5 L/s，地下径流模数 1.61～7.50 L/s·km^2，平均为 1.08 L/s·km²。

5. 碎屑岩构造裂隙含水岩组

主要分布在流域新田县城北部的志留系（S）、中上奥陶统（O₂₊₃）、下奥陶统（O₁）和南部陶岭南及东部大坪塘北、知市坪一带中泥盆统跳马涧组（D₂t）地层出露区及区内碳酸盐岩层组中的下石炭统大塘阶测水段（C₁d²）、上泥盆统锡矿山组上段（D₃x²）夹层出露带，总面积 224.40 km²。岩性以细粒石英砂岩、杂色含砾砂岩、粉砂岩、页岩、泥岩为主，构造裂隙发育中等－较弱。含贫乏构造裂隙水，泉流量一般 0.1～1.0 L/s，最大 2.0 L/s，地下径流模数 0.199～1.97 L/s·km²，平均为 1.19 L/s·km²。碳酸盐岩层组中的碎屑岩夹层，导透水弱，在岩溶水系统中，起到阻水作用，在来水方向的接触带常有泉水出露，但厚度较薄，在构造断裂易于切穿，透水。

6. 浅变质岩和岩浆岩风化裂隙含水岩组

分布于流域北东角金陵镇北部地段的上、中、下寒武统（€₃、€₂、€₁）及西部枧头、金盆镇附近小块的岩浆（喷发）岩（βμ）出露区，面积 43.24 km²。岩性为浅变质石英砂岩、长石石英砂岩、板岩和辉绿玢岩等，风化裂隙发育中等，含贫乏风化裂隙水。地下水露头较小，地下径流模数 0.033～1.097 L/s·km²，平均为 0.95 L/s·km²。其中岩浆岩呈斑点状出露，基本不具备储存、调蓄地下水的功能。

（二）岩溶地下水补、径、排条件及动态变化规律

1. 补给条件

该流域为水系源头型的四级流域，大气降水为唯一补给源，地下水系统边界基本与地表水系一致。

主要补给方式有面状分散补给和点状集中补给。典型的补给方式除裸露岩溶石山区普遍存在的溶蚀裂隙导水和消水洞、落水洞等岩溶管道集中注入外，还存在非岩溶补给区溪流进入岩溶石山区对岩溶含水层的侧向补给、地表水库蓄水渗漏对地下水的补给和农业灌溉水漏失等补给方式。

2. 径流条件

区内地下水的径流条件受含水介质及地形地质条件的控制，不同类型的地下水在各种条件影响下，具有各种径流状态，主要有分散渗流和集中管流两种径流状态。

（1）分散渗流

大气降水满足植物截留、包气带持水后产生重力下渗补给地下水，其径流方向依地势由高往低运动，地下水无固定水面，潜水面变化大，但基本与地形坡度一致，径流途径短，且补给区与径流区基本一致。主要分布于流域北部的碎屑岩裂隙水分布区，以及具有较弱岩溶化岩溶裂隙介质性质的不纯碳酸盐岩夹碎屑岩分布区，其他地区多呈小块或条带状分布。分散流在溶洞裂隙介质为特征的岩溶水系统中普遍存在，以面状补给为来源，并多以潜流向河谷排泄带运移排泄或小泉水出露地表。

（2）集中管流

广泛分布于纯碳酸盐岩区，岩溶发育强烈，溶洞、管道成为岩溶含水层的主要导储水空间。岩溶水系统中溶洞、管道周边也存在分散流，是地下水流向地下河或岩溶强径流带汇聚的重要渗流形式，但溶洞、管道的作用更为显著。当雨水及地表径流通过地表岩溶通道，如落水洞、漏斗、地下河天窗等直接灌入或岩溶缝（隙）缓慢渗入地下，形成有一定方向的地下水流，沿岩溶缝隙、管道集中径流及排泄，其流动速度的快慢取决于补给水量的大小、岩溶含水介质的缝隙、管道发育程度、形态大小和缝隙、管道底板坡度等。一般在一次洪水过程中，地下水受细小岩溶裂隙一类含水介质控制，始终沿细小岩溶缝隙运动，流速较慢，流量平稳且动态变化小，水流呈现慢速线性层流流态；而地下水在坡度较陡、岩溶洞穴较大管道中流动，地下水流速相当快，流量动态变化剧烈，且极不稳定，并呈现瞬时洪峰向地下河出口或岩溶大泉快速径流排泄，水流呈现非线性紊流流态，这种地下水在雨季往往成为弃水，需经一定水利工程调节方能利用。

3. 排泄条件

地下水的排泄，受地形地貌、排泄基准面（地表水系）、含水层性质和构造地质等水文地质条件的控制，新田河流域岩溶水系统具有相对独立的水流补给、径流和排泄水动力场结构。总体上岩溶水系统承接大气降水的补给，向新田河河谷排泄，但是由于岩溶水文地质条件的变化，"三水"转化强烈，尤其在地形和水力梯度变化较大的中西部岩溶石山区，表层岩溶带水流快速交替，表层岩溶泉排泄表层循环水形成近源排泄，相当部分排水会再次渗入地下进入下部岩溶含水层。在峰丛山区与岩溶谷地的过渡地带，因水力梯度突变，在浅层循环带的地下河洞穴、管道形成溢流，在山前岩溶谷地形成岩溶水系统的高位溢洪排泄或内排带，成为次级岩溶水系统中地表水系的起源；下渗进入深循环体系的岩溶水流，受新田河排泄基准面的控制，主要向岩溶水系统的排泄区新田河谷地带汇集、排泄。

在碎屑岩分布区，地下水以近源为主。在以潜水形式存在的基岩裂隙水和松散岩类孔隙水区分布较明显。地下水在径流途中同时接受降水的补给而在适宜地段如溪沟或低洼地带排泄，密集的水文网使地下水的排泄条件通畅，尤其是在中高山陡坡的浅变质岩分布区，侵蚀深度可达含水层底板，地下水全部由河谷排泄，因此，碎屑岩区仅见到少量小泉出露。

在低山丘陵地带的不纯碳酸盐岩类裂隙水区，具有局部排泄方式，受含水层性质变化和构造控制，侵蚀基准面的影响不明显，地下水以潜水为主，并有一部分为承压水或脉状水，以泉、井方式在地层接触带和构造带排泄，部分也排泄于河溪侵蚀流的沟谷、槽谷地带。

（三）地下水动态变化特征

新田河流域主要补给源为大气降水，因此气候的变化特别是降水量的周期变化明显地反映地下水动态形成的全过程。区内大气降水丰水期出现在每年4～6月，三个月降水量之和占全年降水量42.8%，平水期出现在每年2月、3月、7月、8月，这4个月降水量之和占全年降水量35.5%，而每年9月、10月、11月、12月及次年1月则为枯水期 5 个月降水量之和，仅占全年降水量的 21.7%。从目前 6 个地下水长观点的动态曲线（图 3-44）看，地下水的动态曲线基本与降水量相一致，反映了地下水动态与降水量的关系密切。但由于降水量在时空上是一个不断变化的因素，各观测点依其出露地形、地貌及含水介质、地下水赋存条件及补、径、排条件的差异有所变化，如毛里龙王井，泉水自溶洞中流出，补给水源来自岩溶石山区。该岩溶水系统由质纯碳酸盐岩构成，地形高差较大，岩溶发育强烈，降水通过溶缝、裂隙和落水洞等通道快速补给，水流通畅，循环交替快，泉水流量的动态变化一般滞后降水 1～2 d。其他一些泉域规模小的泉水流量变化的滞后特征则不明显。

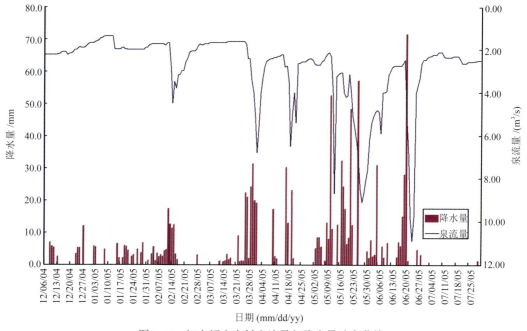

图 3-44　知市坪定家村泉流量与降水量动态曲线

（四）岩溶地下水系统划分与特征

新田河流域岩溶地下水系统是以大气降水补给为来源，以新田河谷为一级排泄基准面，以碳酸盐岩溶洞－裂隙含水介质为储集、运移空间的水流循环系统。受地形地貌、岩性构造和地表水系的控制，该岩溶水系统以新田河流域的分水岭为边界，以新田河出境河段为排泄边界，面积 991.05 km²，整个系统呈一南北长、东西窄，向南东开口的不规则长条形盆地，亦是一个相对较完整的补、径、排地下水系统。

新田河流域岩溶地下水系统为四级岩溶流域，属于长江流域湘江水系中游春陵水的上游支流，该岩溶地下水系统四面环山，系统边界以分水岭边界为主。其中北部边界处于金陵－楼门下北侧九峰山至三峰凸一带非碳酸盐岩中山区；西部边界以大冠岭碳酸盐岩山区为主；东部边界以不纯碳酸盐岩和非碳酸盐岩丘陵低山区为主；南部边界主要是碳酸盐岩丘陵区。

根据野外调查资料分析，按照具有相对独立且完整的补、径、蓄、排条件的封闭水文地质单元的划分原则，主要以地表水分水岭和地质构造条件，将新田河流域岩溶水系统划分出 13 个岩溶地下水系统和 3 个分散排泄地下水系统（表 3-20）。在 13 个岩溶地下水系统中，地下河系统 9 个，泉域系统 4 个。

表 3-20　新田河流域岩溶地下水系统划分结果与含水岩组分布特征　（单位：km^2）

编号	岩溶地下水系统名称	系统（块段）面积	含水岩组分布特征		
			碳酸盐岩面积	不纯碳酸盐岩面积	非碳酸盐岩面积
①	日西河岩溶地下水系统	170.75	36.23	27.08	107.44
②	日东河岩溶地下水系统	173.57	0.29	59.01	114.27
③	双胜河岩溶地下水系统	74.43	63.36	7.60	3.47
④	罗家河岩溶地下水系统	7.63	—	7.63	
⑤	茂家分散排泄岩溶地下水系统	27.06	1.91	25.15	—
⑥	黄沙溪岩溶地下水系统	22.12	—	17.39	4.73
⑦	下村岩溶地下水系统	47.55	9.64	33.83	4.08
⑧	杨家分散排泄岩溶地下水系统	20.79	12.81	5.04	2.94
⑨	龙溪河岩溶地下水系统	35.94	22.89		13.05
⑩	龙会寺北分散排泄岩溶地下水系统	9.42	2.58	5.55	1.29
⑪	罗溪河岩溶地下水系统	91.39	58.67	28.67	4.05
⑫	石羊河岩溶地下水系统	216.81	171.83	37.79	7.99
⑬	祖亭河岩溶地下水系统	8.05	1.26	6.79	
⑭	三仟圩河岩溶地下水系统	37.12	16.81	18.21	2.10
⑮	邝家河岩溶地下水系统	25.76	12.51	10.04	3.21
⑯	新隆河岩溶地下水系统	22.66	4.05	16.46	2.15
	总计	991.05	414.84	306.24	270.77

岩溶地下水系统的结构受岩性、构造、地形地貌、水动力条件等因素的制约，与岩溶发育程度密切相关。

1. 岩溶地下水系统结构基本特征

新田河流域岩溶地下水系统处于湘江水系舂陵水与潇水分水岭地带的舂陵水源头支流流域，是以地表分水岭为主要边界的系统，岩溶含水介质可分为碳酸盐岩裂隙溶洞含水介质和碳酸盐岩夹碎屑岩溶洞裂隙含水介质两种类型，前者主要分布在地下水系统的西部骥村－枧头－太平圩和南部石羊－下坠，以及东部知市坪－高山一带；后者主要分布在系统中东部莲花－城关－新圩－新隆一带（表 3-21）。

表 3-21　新田河流域岩溶地下水系统含水介质类型及分布特征

含水介质类型	层位	分布面积/km^2	富水程度	分布区域
碳酸盐岩裂隙溶洞含水介质	$C_{2+3}ht$、$C_1d^2C_1d^1$、G_1y^1、D_3s	244.30	丰富	地下水系统的西部骥村、枧头、前进、太平圩及南东石羊、千山农场一带
	C_1y^2、D_3x^1	169.74	中等	地下水系统的西部、西南及东部的田家乡、三井镇、金盆镇等乡镇一带
碳酸盐岩夹碎屑岩溶洞裂隙含水介质	D_2q	102.38	中等	新田城关、金陵圩一带
	D_3s（新田东南）	203.83	贫乏	莲花圩、新田县城、大坪塘、新圩一带

非碳酸盐岩分布在北部中低山区连片分布，为新田河流域岩溶地下水系统的主要水源区。由于地层构造和地形地貌的影响，地表水系的发育，使地下水系统周边中低山补给区的地表水、地下水向新田河谷汇集，地表水系的密度较大，水面面积占土地总面积 0.82%，河流总长 464 km，平均分布密度 0.47 km/km^2，沿新田河谷发育规模较大的次级支流（干流 5 km）20 多条，形成次一级的水动力系统。根据水动力条件和岩溶含水层的空间分布，将新田河流域岩溶地下水系统划分成 13 个岩溶地下水系统和 3 个分散排泄地下水系统（表 3-22）。规模较大的有日西河、日东河、双胜河、罗溪河、石羊河岩溶地下水系统，分布面积合计达 726.95 km^2，占整个岩溶地下水系统 73.35%。其中以双胜河、罗溪河、石羊河岩溶地下水系统的岩溶分布面积较大，分别占各系统面积的95.3%、95.6% 和 96.3%；日西河、日东河岩溶地下水系统北部非碳酸盐岩出露面积较大，岩溶分布面积仅为 37.1% 和 34.2%，碎屑岩山区对岩溶地下水系统形成较强的补给，在系统的中下游岩溶地下水较丰富。茂家、杨家和龙会寺北分散排泄地下水系统沿新田河谷发育，地下水和地表溪沟直接向新田河谷排泄或汇流，规模较小或水流分散。

表 3-22 新田河流域岩溶地下水系统结构特征表

编号	岩溶地下水系统名称	系统边界	地下水类型	介质类型	面积 /km^2	总面积 /km^2
①	日西河岩溶地下水系统	北部、西部为新田河流域地表分水岭，东部为与日东河分水岭，西南部地下水分水岭边界及新田河入口	岩溶水	裂隙－溶洞型	36.23	170.75
				溶洞－裂隙型	27.08	
			裂隙水	非岩溶裂隙	107.44	
②	日东河岩溶地下水系统	北部、东部、西部地表分水岭，南部地下分水岭与罗家河系统分界	岩溶水	裂隙－溶洞型	32.80	173.57
				溶洞－裂隙型	26.50	
			裂隙水	非岩溶裂隙	114.27	
③	双胜河岩溶地下水系统	北部与日西河分界，西部大冠岭分水岭，东部新田河为界，南部地下分水岭	岩溶水	裂隙－溶洞型	63.36	74.43
				溶洞－裂隙型	7.57	
			裂隙水	非岩溶裂隙	3.50	
④	罗家河岩溶地下水系统	北部与日东河系统分界，西部为新田河谷，东部与黄沙溪系统地下分水岭分界	岩溶水	溶洞－裂隙型	7.63	7.63
⑤	茂家块段岩溶地下水系统	北部、西部、南部为地下分水岭，东部为新田河谷	岩溶水	裂隙－溶洞型	1.91	27.06
				非岩溶裂隙	25.15	
⑥	黄沙溪岩溶地下水系统	北部、东部为地表分水岭，西部地下分水岭，南部新田河谷	岩溶水	裂隙－溶洞型	17.39	22.12
			裂隙水	非岩溶裂隙	4.73	
⑦	下村水岩溶地下水系统	北东为地表分水岭，东部、西部、南部为地下水分水岭	岩溶水	裂隙－溶洞型	9.64	47.55
				溶洞－裂隙型	33.83	
			裂隙水	非岩溶裂隙	4.08	
⑧	杨家块段岩溶地下水系统	西部、北部、东部地下水分水岭，南部边界为新田河河谷	岩溶水	裂隙－溶洞型	12.81	20.79
				溶洞－裂隙型	5.04	
			裂隙水	非岩溶裂隙	2.94	
⑨	龙溪河岩溶地下水系统	北东为地表分水岭，西北和南部为地下水分水岭	岩溶水	裂隙－溶洞型	22.89	35.94
			裂隙水	非岩溶裂隙	13.05	
⑩	龙会寺北块段岩溶地下水系统	东部为地表分水岭，北部与龙溪河系统交界，西部、南部为新田河河谷	岩溶水	裂隙－溶洞型	2.58	9.42
				溶洞－裂隙型	5.55	
				非岩溶裂隙	1.29	

续表

编号	岩溶地下水系统名称	系统边界	地下水类型	介质类型	面积/km²	总面积/km²
⑪	罗溪河岩溶地下水系统	西部为大冠岭地表分水岭，北部与双胜河系统及茂家块段、南部与石羊河系统交界，东到新田河河谷	岩溶水	裂隙—溶洞型	58.67	91.39
				溶洞—裂隙型	28.67	
				非岩溶裂隙	4.05	
⑫	石羊河岩溶地下水系统	西南部为地表分水岭，北部与罗溪河系统交界，东部与三仟圩河及祖亭河系统交界	岩溶水	裂隙—溶洞型	171.03	216.81
				溶洞—裂隙型	37.79	
				非岩溶裂隙	7.97	
⑬	祖亭河岩溶地下水系统	北部为新田河河谷，东部、南西部为地下分水岭	岩溶水	裂隙—溶洞型	1.26	8.05
				溶洞—裂隙型	6.79	
⑭	三仟圩河岩溶地下水系统	南部为新田河流域分水岭，东南部、西北部为地下分水岭，东北部为新田河河谷	岩溶水	裂隙—溶洞型	16.81	37.12
				溶洞—裂隙型	18.21	
			裂隙水	非岩溶裂隙	2.10	
⑮	邝家河岩溶地下水系统	南部为新田河流域分水岭，东南部、西北部为地下分水岭，北部以新田河河谷为边界	岩溶水	裂隙—溶洞型	12.51	25.76
				溶洞—裂隙型	10.04	
			裂隙水	非岩溶裂隙	3.21	
⑯	新隆河岩溶地下水系统	南部、东部以新田河流域分水岭为界，西部与邝家河系统相接，北部以新田河河谷为界	岩溶水	裂隙—溶洞型	4.05	22.66
				溶洞—裂隙型	16.46	
			裂隙水	非岩溶裂隙	2.15	

2. 地下河系结构特征

新田河流域岩溶地下水系统中，只有日西河、石羊河、双胜河和罗溪河 4 个岩溶地下水系统内发育有地下河，受岩溶发育条件的控制，地下河系的规模小、结构单一。

3. 岩溶大泉结构特征

由于该区主要岩溶含水岩组的岩性组合关系和构造、地貌条件的影响，岩溶泉的形成和出露具有特殊地带性，但规模一般较小，流量大于 10 L/s 的泉点只有 23 处，其中 90% 分布于峰林谷地和峰林平原，而与断裂影响带有关占 75%。岩溶大泉的主要类型为下降泉、断层溢出泉。

4. 分散排泄地下水系统结构特征

新田河流域岩溶地下水系统中的分散排泄地下水系统包括茂家块段⑤、杨家块段⑧、龙会寺北块段⑩ 3 个分散流岩溶水块段，各块段的结构特点是以新田河河谷为边界，地下水富集程度较弱，汇水区域小，水流分散，泉水出露少，流量小。岩溶含水层主要由泥灰岩、泥质灰岩和泥岩、页岩夹灰岩的不纯碳酸盐岩构成，岩溶发育弱，对地下水的蓄积、运移能力差，泉流量一般为 0.1 ～ 2.0 L/s，地表水系为集水面积较小的小溪流。

5. 水动力场特征

调查表明，新田河流域岩溶地下水系统由 13 个岩溶地下水系统和 3 个分散排泄地下水系统构成，各个次级系统具有相对独立的水动力特征，从岩溶水的补、径、排条件和地下水出露特点分析，该区的水动力场的主要特点如下。

地下水出露类型多样、规模大小不一，系统中的水流循环交替存在较明显的分带性，在纵向上存在表层循环带，在区域上呈非连续分布；垂直渗流带，补给区厚度较大，一般 30～50 m，径流、排泄区较薄，一般 5～15 m；季节变动带，在补给区的厚度一般 20～30 m，径流区一般 10～25 m，排泄区 3～10 m；水平径流带，受系统排泄基准面控制，在补给区埋藏深，厚度小，在径流区厚度大，一般 40～60 m，与水平发育的岩溶管道、裂隙介质结构相对应，具有层状结构特征，为岩溶发育较强的层段，底界埋深在岩溶谷地、平原区，一般 60～80 m；深部循环带，以岩溶裂隙、构造裂隙为水流运移通道，受区域排泄基准面和碳酸盐岩分布及地层岩性变化的控制，该区日西河、双胜河、石羊河和龙溪河岩溶地下水系统的深部循环较深，罗溪河下游径流、排泄区大面积分布的不纯碳酸盐岩，岩溶发育较弱，对上游侧向径流形成阻挡，造成多级排泄，使水位抬升，水力梯度减小，水流循环变浅（表 3-23）。

表 3-23　新田河流域各五级岩溶地下水系统水动力特征统计表

序号	岩溶地下水系统名称	水势特征			排泄特征			
		最高水点 /m	最低水点 /m	水力梯度 /%	内排带		系统出口	
					位置	高程 /m	位置	高程 /m
①	日西河岩溶地下水系统	424.5	190	2.0	骥村	230	城关	185
②	日东河岩溶地下水系统	278	197	0.8	—	—	城关	185
③	双胜河岩溶地下水系统	537	190	3.4	青龙坪	330	河大桥	175
④	罗家河岩溶地下水系统	230	185	1.6	—	—	大历县	173
⑤	茂家块段岩溶地下水系统	220	175	1.0	—	—	黄土园	166
⑥	黄沙溪岩溶地下水系统	249	180	1.1	—	—	石榴窝	172
⑦	下村水岩溶地下水系统	215	172	0.6	—	—	道塘	165
⑧	杨家块段岩溶地下水系统	220	158	2.5	—	—	草坪	156
⑨	龙溪河岩溶地下水系统	285	170	1.1	龙溪	215	石桥	155
⑩	龙会寺北块段岩溶地下水系统	205	151	1.8	—	—	古龙尾	146
⑪	罗溪河岩溶地下水系统	560	166	2.6	富柏	325	道塘	165
⑫	石羊河岩溶地下水系统	410	168	1.0	金盆 / 龙眼	310/230	杏干	164
⑬	祖亭河岩溶地下水系统	190	160	1.4	—	—	万年村	158
⑭	三仟圩河岩溶地下水系统	279	150	1.0	王凤	180	程家	156
⑮	邝家河岩溶地下水系统	198	152	0.9	—	—	龙会寺	148
⑯	新隆河岩溶地下水系统	198	159	0.6	—	—	满塘	146

日东河、黄沙溪等岩溶地下水系统岩溶含水介质以不纯碳酸盐岩为主，地下水渗流条件较差，岩溶发育深度较浅，地下水动力各分带的厚度较小，且深度较浅。受水动力和岩溶介质条件的影响，水力梯度较大的岩溶地下水系统往往存在两级排泄，地下水以地下河或岩溶大泉形式在岩溶谷地和地形突变地带部分排出。从调查结果分析，内排带的排泄具有非全排特征，地下水潜流向系统排泄边界径流运移。在汇水范围较大的石羊河岩溶地下水系统，地下水径流途径较长，地形地势的变化较大，同时受地层构造的影响，系统内形成多级排泄，在不同高程的岩溶谷地中，构成金盆镇地下水富集块段和宏发一

石羊富水块段。

　　岩溶地下水系统的地下水位和水点流量变化与降水补给关系密切，均随降水的时空变化而变化，但由于系统介质结构的不同，其变化幅度、规模及相对滞后的程度不同。在新田河流域西部岩溶石山区以溶洞－管道为介质的地下河、岩溶大泉的动态变化大，稳定系数一般小于 0.1，变幅 10 ～ 50 倍；中东部岩溶石山区以岩溶裂隙介质为特征的不纯碳酸盐岩系统，岩溶水的循环交替较弱，运移较慢，岩溶泉的规模较小，流量很少超过 10 L/s，流量变化幅度介于 5 ～ 20 倍，稳定系数一般为 0.1 ～ 0.5。

　　从地下水出露情况分析，岩溶石山区为地下水的补给区，表层岩溶泉、浅循环带小泉水分散出露，一般高程在 350 ～ 530 m，产出原因多为地形切割、含水层岩性变化或受断层构造的影响，泉水流量一般较小，动态极不稳定，部分以季节性出流为特征。在山前岩溶谷地，高程在 290 ～ 360 m，为水动力场的水势变化地带，发育于岩溶石山区的地下河或导水溶洞管道出口处于谷地边缘，地下水的出露较频繁，如图 3-45 中此高程段水点出露频数呈一峰值，该区各五级岩溶水系统均以新田河谷为排泄边界，河谷平原或岩溶平原区是水动力平缓、水力梯度较小的地带，在 150 ～ 250 m 高程段是地下水排出地表的集中区段，在图中呈很高的频数峰值，出露水点占调查水点总数 62%。

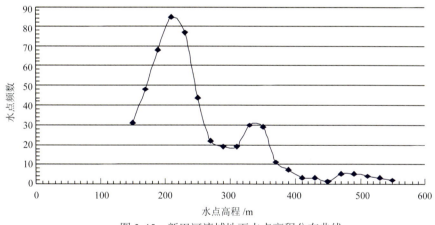

图 3-45　新田河流域地下水点高程分布曲线

　　从整个新田河流域岩溶地下水系统来看，地下水总体以新田河谷为运移方向，水动力场的水势和流场变化较大，自北向南流动的有日西河、日东河、黄沙溪、龙溪河等岩溶地下水系统；自西向东流动的有双胜河、罗溪河等岩溶地下水系统；自南向北流动的为石羊河、三仟圲河、邝家河、新隆河等岩溶地下水系统。可见，新田河谷地带是该区地下水动力场的低水势地带，为各岩溶地下水系统的统一排泄带，但次级岩溶水系统之间存在相对独立的补给、径流途径，相互间的水力联系较弱，在区域上呈现不连续性，反映了该区岩溶含水层分布的地带性特征。受地形地貌、含水介质性质及地质构造的影响，新田河西侧岩溶地下水系统的水力梯度较大，水流交替循环条件较复杂，自山前岩溶谷地到河谷谷地或平原区，地下水流场存在一突变地带，地下水位相差 100 多米。新田河东侧的岩溶地下水系统，水力梯度较平缓，含水介质性质的变化对水动力场的影响较明显，间夹的泥质弱透水层分布使地下水沿层间岩溶裂隙带运移，形成与含水层走向相近的各向异性明显的流场特征。

6. 地下水温度场

岩溶石山区地下水温度场是岩溶地下水系统在地球内外引力作用下，地下水循环过程中能量转换的反映，受当地年均气温和地温变化规律的制约，是地下水循环交替过程中水体与含水层之间能量交换的结果，是地下水补给、运移、储存及排泄条件的综合反映。

地下水温度场与其地下水的循环运移条件密切相关。一般情况下，地下水的温度与系统所处区域的年平均气温相近，新田河流域岩溶地下水系统由多个次级岩溶地下水系统构成，总体温度在 $17 \sim 23℃$，地下水温略高于当地平均气温。在区域分布上，北部、西部岩溶石山区气温一般为 $17 \sim 22.5℃$，中东部岩溶石山区气温一般为 $17.5 \sim 21.5℃$，南部岩溶石山区气温一般为 $18.0 \sim 23.0℃$。

一些循环深度较大，在含水层内逗留时间较长，交替较缓慢的水体温度较高，其中包括在岩溶地下水系统中下游段出露泉水或民井、有水溶洞、溶潭；在规模较大的断层带附近出露的泉水、开挖民井，如宏发、三井石塘、石羊乐山等地；受构造或含水层性质变化影响形成循环较深的上升泉、储水构造溢出泉，如石羊小山、骥村下搓、枧头上富等地带。

出露在岩溶石山区，出露位置较高且循环交替较快，径流途径较短的泉水温度易受气温的影响，夏季水温较高、冬季水温较低，但其平均温度总体上低于岩溶谷地、平原区岩溶地下水的平均温度。

7. 水化学场特征

地下水系统的水化学场是系统介质性质的空间变化与水动力条件、补给来源和环境化学特征的综合反映。在水流循环运移过程中，水与介质的相互作用，随着作用条件的变化，在一定的地理、地质、水文地质和地球化学条件下，形成特定的水化学场特征。

新田河流域岩溶地下水的水文地球化学特征的形成与峰林谷地岩溶石山区岩溶地下水形成的条件有关，具有较低的总溶解固体，岩溶地下水类型较单一，绝大部分属 HCO_3-Ca 型水，仅极个别泉水（B135）出现 $HCO_3-Ca·Mg$ 型水，表征了该流域岩溶地下水系统的地下水形成与岩溶发育的物质基础与环境条件特点。

由图 3-46 可知，在岩溶地下水系统中，地下水流自补给到排泄，因地下水与含水介质的相互作用、不同来源的水流混合、地表环境物质的进入或水体溶质的转化迁出、水化学组分的含量特征存在不同量级的变化，水化学场的总体特征如下。

自补给区到排泄区，岩溶水中碳酸盐、硫酸盐等主要溶解离子的含量具有明显增高的趋势。其中增幅较大的是在补给区向径流区运移的过渡阶段，如 Ca^{2+} 含量在补给区一般为 $65.21 \sim 89.86$ mg/L，平均 79.50 mg/L；在径流区为 $70.37 \sim 101.5$ mg/L，平均 88.34 mg/L，上升11%；在补给区与径流区过渡带，碳酸盐组分的含量已明显增高，Ca^{2+} 含量为 $89.32 \sim 92.57$ mg/L，HCO_3^- 含量为 $248.7 \sim 275.6$ mg/L，其均值增高

$8.5\% \sim 14.7\%$。

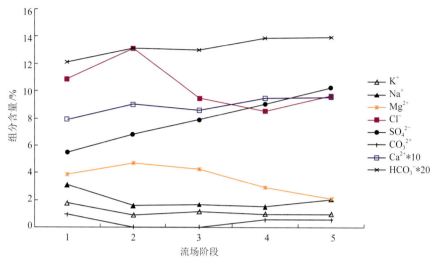

图 3-46 不同流场阶段岩溶水主要水化学组分的含量变化曲线

1. 补给区；2. 补给径流过渡段；3. 径流区；4. 径流内排带；5. 排泄区

在补给区和汇水排泄区的局部地段存在较强的地表水与地下水转化过程，使地下水中碳酸盐含量增高，水的侵蚀性增强。

在整个流域中，碳酸盐、硫酸盐组分的高值区主要分布在各次级岩溶水系统的内排带或排泄区，氯化物在补给径流区含量较高，径流排泄区较低，因此，与之对应的 K^+、Na^+ 浓度也呈现从补给区到排泄区整体下降的趋势，但在局部地段受人为活动的影响，以及来自地表污染物的入渗，使其浓度上升。如田家乡石甑源村泉井（B132）和石羊镇田心自然村泉（B70），出露于灰岩夹白云质灰岩地层之中，岩溶较为发育，岩石表面溶蚀严重，大量的溶槽发育，有些地段有石芽出现，泉水开挖成井，水位年变幅 $2 \sim 3$ m，泉井处于谷地边缘，上游有居民点，谷地内为农田（图 3-47、图 3-48）。由于居民点污水和生活废弃物的下渗致使地下水中氯化物和硫酸盐的含量增高。

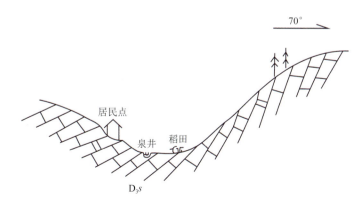

图 3-47 田家乡石甑源村泉井出露环境示意图

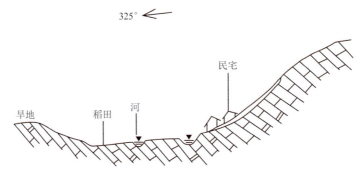

图 3-48　石羊镇田心自然村泉出露环境示意图

流域水化学场的变化既存在总体的趋势，各个次级岩溶地下水系统又具有其不同的特点。在水动力场变化较大的中西部或汇水面积较大的五级岩溶地下水系统中，水化学场的变化较大，而东部水力梯度较小，含水层为不纯碳酸盐岩的五级岩溶地下水系统中，水化学场的变化幅度较小，而且因岩溶裂隙水的运移交替缓慢。

在汇水排泄区，地势较平缓，水流运移循环较慢，人为活动较强，水化学组分的来源复杂，水中氯化物、硫酸盐的浓度比径流区有较明显的上升。当有地表水体形成较强补给时碳酸盐组分含量明显降低，如团结水库下游的 B23 号点，Ca^{2+} 浓度（44.66 mg/L）、HCO_3^- 浓度（121.0 mg/L）仅为所处区域正常地下水的 50% 左右。

（五）岩溶地下水系统的概念模型

综上所述，新田河流域岩溶地下水系统是以岩溶洞穴、管道、溶蚀裂隙为主要导储水介质空间，大气降水为补给源，地表水系为排泄基准面的水流循环系统。该系统为一开放型地下水系统，水资源储存于岩溶化的潜水含水层中，地下水动态与降水补给在时空变化上具有一致性，地下水资源的再生性强。

受地形地貌、地表水系、含水层性质和地质构造等水文地质条件的控制，新田河流域岩溶地下水系统由 13 个次级岩溶地下水系统和 3 个分散排泄地下水系统构成，各个次级岩溶地下水系统具有相对独立的水流补给、径流和排泄特征。在整个水循环圈层中，岩溶地下水系统承接大气降水的补给，向新田河河谷排泄，由于岩溶水文地质条件的变化，"三水"转化强烈，尤其在水力梯度变化较大的中西部岩溶区，表层岩溶带水流快速交替，表层岩溶泉排水相当部分会再次渗入地下进入岩溶含水层。当雨季降水大量补给时，在浅层循环带的地下河洞穴、管道形成溢流，在山前岩溶谷地形成岩溶地下水系统的高位溢洪排泄或内排带，成为次级岩溶地下水系统中地表水系的起源；在枯水期，表层带和浅层循环带储存水下渗进入深循环体系，分布于岩溶石山区和岩溶谷地的高位岩溶泉、地下河排泄水流量减少，部分泉水干枯，地下水主要向岩溶地下水系统的排泄区汇集、排泄，以致形成了地下水资源时空不均一分布的特征。

从地下水的形成，补、径、排特征和岩溶地下水系统结构分析，该区岩溶地下水系统可归纳为三种类型的水文地质模式。

（1）碳酸盐岩连续分布，水流循环、补、排交替强烈，富水型岩溶地下水系统

此类型岩溶地下水系统包括日西河、双胜河、龙溪河岩溶地下水系统，系统内含水层的岩溶化较强，地下水补给条件好，径流通畅，水流循环交替强。日西河、双胜河岩溶地下水系统，当大气降水下渗进入岩溶含水层时，在补给区水力梯度大，水流运移交替较快，随着地势变缓，地下水在山前岩溶谷地汇聚，产生浅循环水流的排泄，受新田河排泄基准面的控制，深循环水流仍向河谷地带径流运移，在骥村－田家－新田河形成河谷盆地的地下水富集带（图3-49）。龙溪河岩溶地下水系统的水力梯度较小，上游补给径流地下水也向新田河谷汇集，在系统下游径流排泄区形成富水块段。

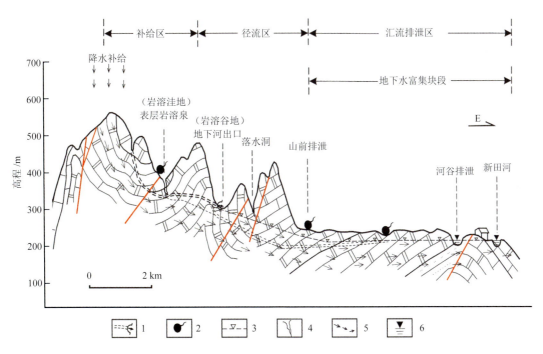

图3-49　新田河流域碳酸盐岩连续分布型岩溶水系统模式

1.地下河及出口；2.表层岩溶泉；3.地下水位；4.岩溶落水洞及溶缝 5.地下水流向；6.地表水

（2）不纯碳酸盐岩间夹分布，地下水径流排泄受阻，地层构造富水型岩溶地下水系统

此类型岩溶地下水系统包括罗溪河、石羊河、三仟圩河、邝家河岩溶地下水系统。其主要特征是在系统中下游大面积分布不纯碳酸盐岩含水层，因岩溶发育较弱，系统介质导水性的改变，使地下径流受阻，地下水的富集受地层构造的控制，在阻水构造的上游形成地下水的富集，而在临近河谷排泄区地下水的富集程度较弱。如罗溪河岩溶地下水系统，在径流区杨柳冲一带不纯碳酸盐岩出露宽度达1～2 km，因其岩溶化较弱，透

水性差对上游地下径流形成阻挡，在上游方向形成上、下富地下水富集带，地下河和岩溶大泉集中出露。在下游排泄区自罗溪到新田河谷一带为不纯碳酸盐岩含水层分布，地下水分散向河谷运移排泄，富集程度较弱。

（3）不纯碳酸盐岩连续分布，地下水循环交替缓慢，弱富水型岩溶地下水系统

此类型岩溶地下水系统包括日东河、黄沙溪、下村水、罗家河、新隆河、祖亭河岩溶地下水系统和茂家、杨家、龙会寺北散流块段。其特点为系统内大面积分布不纯碳酸盐岩岩溶含水层，岩溶发育较弱，岩溶裂隙含水介质特征，水流运移交替缓慢。其中泥质含量较低的石灰岩、泥质灰岩层段较富水，但多呈条带状展布，受补给条件和储水空间规模的限制，该类型岩溶地下水系统的局部富水程度达到中等，多为弱富水等级。

五、主要环境地质问题

（一）干旱缺水及洪涝灾害

新田河流域虽然雨水充沛，但由于降水时空分布不均，加上地形、地质复杂，水资源在地域上的分布变化很大；岩溶石山区地下水资源虽然较丰富，但其分布受岩性、地形地貌、水文地质条件制约，使岩溶地下水分布极不均匀，特别是处于高地势岩溶石山区，漏斗、天窗发育，降水大部分汇入地下河，而地下河在峰丛洼地区埋深一般大于 50 m，在峰林谷地区出口位置较低。因此，地表水较贫乏，地下水难寻，如大冠岭一带碳酸盐岩裸露区和东南不纯碳酸盐岩分布区，约占流域总面积 1/3。区内现有水资源开发设施虽具有一定的规模，但水利工程效益和水资源利用率不高，尤其建于岩溶石山区的水库，渗漏较严重，年蓄水量不足设计库容 80%，干旱缺水形势十分严重，农业灌溉用水和人、畜饮水困难。干旱缺水已成为农业稳定发展和粮食安全供给的主要制约因素。虽然南方地区水资源较为丰富，但新田河流域主要存在地质性、工程技术性和季节性缺水问题，岩溶渗漏是影响水利工程调蓄水资源及供水功能的主要原因，流域北部为非岩溶石山区，主要属资源型缺水。

此外，山洪时有发生。按一般的年景，沿河溪有 7275 亩水田处于汛期的常涝面积，占水田总面积 4.1%。若遇上三日连续降水大于 200 mm 的情况下，则要造成全县大面积的山洪灾害。据实地调查考察，全县从有记载的 1957 年到 1980 年 24 年中，出现三次大涝（即 1968 年 6 月、1975 年 8 月、1976 年 6 月）。山洪灾害的程度随年代升级，1968 年 6 月，出现一次三日连续降水 250 mm 的过程，全县受灾水田面积达 7.3 万亩，占水田总面积 41.5%；1975 年 8 月，出现一次三日连续降水 200 mm 的过程，全县受灾农田 8.8 万亩，占水田总面积 51%，当年冲毁大小水利工程 880 处，冲毁桥梁 158 座，被水围困村庄 32 个，倒塌民房 327 栋，死亡 2 人，破坏耕地 1690 亩。

（二）石漠化特征及其演化趋势

新田河流域碳酸盐岩分布面积 720.25 km²，区内的石漠主要分布在流域西部的大冠

岭；中部毛里坪火炉岭；南部石羊马岗岭－酒壶岭、高山石门头、水富头、陶岭泥龙头、江头－塘石岭；东部知市坪山口－石溪一带的峰丛洼地、谷地型岩溶石山区。通过解译遥感资料的对比分析，1991 年的石漠面积为 325.74 hm²，占土地总面积 0.33%；2001 年石漠面积为 919.83 hm²，占土地总面积 0.93%，10 年间增加了 593.91 hm²，增加了一倍多。

分析表明，在 2001 年的石漠中有 272.16 hm² 是 1991 年已存在的，而 1991 年的石漠到了 2001 年有 53.58 hm² 变成了其他地类，其中分别有 10.22 hm²、9.23 hm²、34.13 hm² 变成了林地、疏林灌丛和荒草地，如毛里石古湾一带通过封山育林原石漠转变为林地、疏林灌丛和荒草地。

2001 年的石漠中有 647.67 hm² 是从其他地类变化而来，其中分别有 31.48 hm²、49.64 hm²、566.55 hm² 是由林地、疏林灌丛和荒草地变化而来（表 3-24）。可见，荒草地是转变成石漠的重要来源，产生的石漠占石漠总量 61.46%，而变为荒草地的原地类中，10 年来有 439.09 hm² 是由耕地转变而来。

表 3-24　1991～2001 年石漠的动态变化

增减动态	数量	未变化石漠	林地	疏林灌丛	荒草地
减少去向	面积 /hm²	272.16	10.22	9.23	34.13
	占 1991 年的比例 /%	83.55	3.14	2.83	10.47
增加由来	面积 /hm²	272.16	31.48	49.64	566.55
	占 2001 年的比例 /%	29.59	3.42	5.40	61.59

从这些数字可以看出，良性变化（即石漠变成林地、疏林灌丛和荒草地）的面积比起环境恶化（林地、疏林灌丛和荒草地变成石漠）的面积要小得多。虽然石漠的面积基数很小，1991 年才占土地总面积 0.33%，2001 年增加了一倍多以后也只占土地总面积 0.93%。但是，必须重视这种趋势，查明成因，制定因地制宜的控制和防治措施，有效遏制石漠化扩展的趋势。该区的石漠化，主要产生于岩溶峰丛石山区，由于其脆弱的生态环境条件，在不合理的人为活动作用下导致土层严重流失、植被遭受破坏而引起基岩逐步裸露。分析认为石漠化的形成和发展有其内在的环境背景和外部的激励因素，内因是基础，外因是条件。内在因素是岩溶石山区特有的岩溶地质背景，外因是过度垦殖、植被破坏等不合理的人为活动。

新田河流域的石漠化规模不算大，但总的趋势是朝着恶化的方向发展，尤其是低等植被覆盖的荒草地面积较大，岩溶石山区的人口压力仍然存在，值得各级政府注意和重视。

（三）地下水污染

新田河流域绝大部分为农业区，工矿产业的规模小，总量少。农田污染和生活污染为该区的主要污染源。

从环境水文地质条件来看，含水层防污性能与含水层结构、地下水补给途径及水流循环条件、第四系覆盖层的性状密切相关。调查表明，防污性能较好的地区在第四系覆盖层较厚，分布连续的新田河流域的中东部岩溶丘陵地区，第四系覆盖层以残坡积黏土、亚黏土为主，厚度较大，一般 2 ～ 10 m；防污性能中等的地区是河谷冲积层分布区和岩溶谷地区，河谷区第四系覆盖层以冲、洪积亚黏土、亚砂土为主，厚度较大，一般 3 ～ 10 m；峰林谷地的覆盖层以残积黏土、洪积黏土、亚黏土为主，厚度 2 ～ 5 m；峰丛、峰林山地及其与谷地、平原的过渡带，溶蚀裂隙、消水洞等渗流通道较发育，隔污条件较差，覆盖层厚 0 ～ 5 m，且分布不连续，地面污染物易进入岩溶含水层；防污性能差的是洼地、谷地中的石牙裸露区，溶沟、溶槽、消水洞等导水通道多、密度大、地势低洼，污染物易于汇聚，渗漏进入岩溶含水层。

新田河流域地下水的污染总体轻微，工矿等制造业的污染源少，规模小。污染造成新田河的水质恶化，如新田造纸厂曾排放生产污水，使河水污染，水生物死亡。对于地下水的污染不明显，但城镇的生活污染和农业污染对地下水存在潜在的威胁。据统计全县城镇人口 36.64 万人，农业人口 33.2 万人，目前对于生活废弃物仍未有无害化处理设施，新田县城的生活废水多由渠道排入新田河，固体废弃物，如生活垃圾多运出城外堆放或用于农业堆肥，进入环境或农田。大多数村庄没有废弃物的收集处理，造成周边环境污染。农业污染主要是化肥和农药的普遍使用，在岩溶石山区均存在农田水的渗漏，必然造成地下水质的恶化。

地下水污染以点状污染为特征，其中发现超标污染的水点是石古湾龙王井泉，主要污染物是亚硝酸盐，浓度达 0.16 mg/L，超过地下水质量 Ⅲ 类标准，为 Ⅳ 类水质。从周边环境看造成该泉水污染的主要原因是该泉水出露于较低部位，残坡积层较薄，局部基岩裸露，村庄的生活废水和废弃物的淋滤水易于下渗，即造成水源污染。污染物为有机物降解产生的硝酸盐类组分，其总氮含量不高，硝化过程产生的过渡产物亚硝酸盐含量过高。

六、地下水资源计算与评价

（一）计算区的划分

新田河流域系湖南南部峰林谷地类型区中一个较为典型的流域，流域内四面环山，西北地势较高，中部、东南部低，并由日东河和日西河汇流形成新田河流干流，新田河于新安渡口最低出口处（高程 147 m）流出境外，整个流域呈一南北长、东西窄，向南东开口的不规则长条形低山丘陵盆地，亦是一个相对较完整的补、径、排地下水系统。

大气降水为该流域水资源的唯一补给来源，由于地质条件的差异，流域内降水补给存在汇入式、注入式及渗入式等三种形式，大气降水自东、南、西、北四面山区接受补给后，就地入渗或形成坡面流向中部新田河及支流汇流，以及碳酸盐岩区发育的落水洞对地下含水层的补给，降水量、地表产流条件及其径流、地表蒸发量大小是影响地下水资源量的主要因素。

本书地下水资源评价，是依据中国地质调查局（2003 年 10 月）提出的"西南岩溶区水文地质调查技术要求（1∶50000）"（征求意见稿），主要计算地下水天然补给资源量和地下水可采资源量。

为了便于地下水资源规划利用，特将新田河流域（面积 991.05 km²）分成 16 个小流域（或块段），以及按新田县（面积 997.14 km²）各乡镇为单位分成 19 个块段分别进行地下水资源计算。小流域划分原则是：按野外调查资料，在 1∶50000 地理底图和地质底图的基础上，将具有相对独立且完整的补、径、排条件的水文地质单元，或以地表水分水岭为界的小流域系统边界进行圈定，然后再进行野外验证确定。

（二）水资源评价

根据地下水均衡原理，该流域内天然状态下地下水天然补给量与天然排泄量是均衡的，即天然补给量也可用排泄量来反求。通过对该流域地质、水文地质条件分析及对地下水补给、径流、排泄途径的研究，初步概化出新田河流域岩溶地下水系统浅层水的水均衡计算水文地质概念模型（图 3-50）。

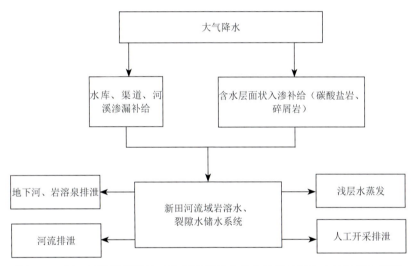

图 3-50 新田河流域岩溶地下水系统浅层水的水均衡计算水文地质概念模型

1. 地下水天然补给资源量计算结果

（1）降水入渗补给系数法

全流域地下水天然（降水入渗）补给资源量多年平均值 35740.85×10⁴ m³/a，其中，碳酸盐岩及碳酸盐岩夹碎屑岩岩溶水为 33737.85×10⁴ m³/a，占总量 94.4%，碎屑岩裂隙水为 2003.00×10⁴ m³/a，仅占总量 5.6%；枯水年（75% 保证率）为 30510.97×10⁴ m³/a，其中，碳酸盐岩岩溶水为 28801.07×10⁴ m³/a，占总量 94.4%，碎屑岩裂隙水为 1709.91×10⁴ m³/a，仅占总量 5.6%。新田县各乡（镇）地下水天然补给资源量多年平均为 34033.25×10⁴ m³/a，其中，碳酸盐岩及碳酸盐岩夹碎屑岩岩溶水为 31276.38×10⁴ m³/a，占总量 91.9%，碎屑岩裂隙水为 2756.87×10⁴ m³/a，仅占总量 8.1%；枯水年（75% 保证率）为 29053.24×10⁴ m³/a，其中，碳酸盐岩及碳酸盐岩夹碎屑岩岩溶水 26699.78×10⁴ m³/a，占总量 91.9%，碎屑岩裂隙水 2353.46×10⁴ m³/a，仅占总量 8.1%。

（2）地下水资源量排泄量法

全流域地下水总排泄量为 33500.00×10⁴ m³/a（表 3-25）。其中 $Q_泉$ 表示泉水排泄量，$Q_河$ 表示地下河排泄量，$Q_开$ 表示分散排泄量，$Q_蒸$ 表示蒸发量。

表 3-25　新田河流域地下水资源排泄量法计算结果表

地下水总排泄量 /(×10⁴ m³/a)				
$Q_泉$	$Q_河$	$Q_开$	$Q_蒸$	合计
20 524.73	8 325.50	1 075.68	3 574.09	33 500.00

（3）水文分析法

据新田县水电局提供的新田河心安渡口处多年平均出境流量 18.58 m³/s（偏小），若按平均径流模数 24.23 L/s·km²（控制流域面积 941.58 km²）计，多年平均出境流量应为 22.82 m³/s，因未收集到该站系统水文观测资料，无法用水文基流分割法较准确的求算地下水排泄量，只能用心安渡口处多年平均出境流量 22.82 m³/s（71965.15×10⁴ m³/a），并参照径流系数（0.49）来估算，估算结果地下水资源量约为多年平均出境流量的 49%，即 $Q_B = 71965.15×10^4$ m³/a×0.49 = 35262.92×10⁴ m³/a。

从表 3-26 可知，新田河流域地下水天然补给（输入）量（35740.85×10⁴ m³/a）与总排泄（输出）量（33500.00×10⁴ m³/a）、河流基流量（35262.92×10⁴ m³/a）稍有差别，补给量比总排泄量大 2240.85×10⁴ m³/a、比河流基流量大 477.93×10⁴ m³/a，即总排泄量比补给量少 2240.85×10⁴ m³/a、河流基流量比补给量少 477.93×10⁴ m³/a。可见，采用降水入渗补给系数法计算地下水天然补给资源量的结果基本上能反映该流域地下水循环的实际情况，各层位所选取的降水入渗补给系数是符合实际的，故本书地下水资源评价确定采用降水入渗补给系数法计算新田河流域和新田县各乡（镇）的地下水天然补给资源量是有依据的。

表 3-26　新田河流域不同方法计算地下水资源量结果对照表

评价方法	地下水多年平均天然资源量 /(×10⁴ m³/a)			水均衡（补给量−排泄量）/(×10⁴ m³/a)	确定取用评价方法
	补给量	总排泄量	基流量		
降水入渗补给系数法	35 740.85	—	—	—	降水入渗补给系数法
排泄量法	—	33 500.00	—	2 240.85	
水文分析法	—	—	35 262.92	477.93	

2. 地下水可采资源量（或允许开采量）计算结果

经统计和计算新田河流域地下水可采资源量为 14004.64×10⁴ m³/a，其中，碳酸盐岩及碳酸盐岩夹碎屑岩岩溶水为 13022.21×10⁴ m³/a，占总量 93%，碎屑岩裂隙水 982.43×10⁴ m³/a，仅占可采资源总量的 7%；新田县各乡（镇）地下水可采资源量为 13307.34×10⁴ m³/a，其中，碳酸盐岩及碳酸盐岩夹碎屑岩岩溶水为 12123.43×10⁴ m³/a，占可采资源总量的 91%，碎屑岩裂隙水 1183.91×10⁴ m³/a，仅占总量 9%。

3. 地下水资源计算结果

流域总面积991.05 km²，其中，岩溶水分布面积为720.25 km²，裂隙水分布面积为270.80 km²，共分成13个岩溶地下水系统和3个分散排泄地下水系统进行计算。计算结果见表3-27。

全流域地下水多年平均天然补给资源总量为35740.85×10⁴ m³/a，枯水年（75% 保证率）总量为30509.83×10⁴ m³/a，枯水年地下水天然补给资源量约占多年平均地下天然补给资源量的85% 左右。

岩溶水多年平均天然补给资源量为33736.50×10⁴ m³/a，资源模数为665.23×10⁴ m³/a·km²，枯水年（75% 保证率）天然补给资源量为28799.92×10⁴ m³/a，资源模数为567.90×10⁴ m³/a·km²。

裂隙水多年平均天然补给资源量为2003.00×10⁴ m³/a，资源模数为103.58×10⁴ m³/a·km²，枯水年（75% 保证率）天然补给资源量为1709.91×10⁴ m³/a，资源模数为88.44×10⁴ m³/a·km²。

表 3-27 新田河流域地下水资源计算成果汇总表

编号	系统（块段）名称	地下水类型	面积/km²	地下水天然补给资源量/(×10⁴m³/a)		地下水资源模数/(×10⁴m³/a·km²)		地下水可采资源量/(×10⁴m³/a)	地下水可采资源模数/(×10⁴m³/a·km²)
				多年平均	枯水年	多年平均	枯水年		
①	日西河	岩溶水	63.31	3 482.08	2 972.55	55.00	46.95	1 396.63	22.06
		裂隙水	107.44	870.65	743.25	8.10	6.92	402.41	3.75
		小计	170.75	4 352.72	3 715.80	63.10	53.87	1 799.04	25.81
②	日东河	岩溶水	59.30	2 264.63	1 933.25	38.19	32.60	803.16	13.54
		裂隙水	114.27	734.92	627.38	6.43	5.49	396.16	3.47
		小计	173.57	2 999.55	2 560.63	44.62	38.09	1 199.32	17.01
③	双胜河	岩溶水	70.93	4 042.71	3 451.15	57.00	48.66	1 648.48	23.24
		裂隙水	3.50	28.34	24.20	8.10	6.91	13.12	3.75
		小计	74.43	4 071.05	3 475.35	65.10	55.57	1 661.60	26.99
④	罗家河	岩溶水	7.63	192.54	164.37	25.23	21.54	56.19	7.36
		小计	7.63	192.54	164.37	25.23	21.54	56.19	7.36
⑤	茂家块段	岩溶水	27.06	720.17	614.79	26.61	22.72	218.76	8.08
		小计	27.06	720.17	614.79	26.61	22.72	218.76	8.08
⑥	黄沙河	岩溶水	17.39	579.33	494.56	33.31	28.44	195.02	11.21
		裂隙水	4.73	38.29	32.68	8.09	6.91	17.75	3.75
		小计	22.12	617.61	527.24	41.40	35.35	212.77	14.96
⑦	下村水	岩溶水	43.47	1 441.50	1 230.57	33.16	28.31	484.32	11.14
		裂隙水	4.08	33.03	28.19	8.09	6.91	15.31	3.75
		小计	47.55	1 474.52	1 258.76	31.01	26.47	499.64	10.51

编号	系统（块段）名称	地下水类型	面积/km²	地下水天然补给资源量/(×10⁴m³/a)		地下水资源模数/(×10⁴m³/a·km²)		地下水可采资源量/(×10⁴m³/a)	地下水可采资源模数/(×10⁴m³/a·km²)
				多年平均	枯水年	多年平均	枯水年		
⑧	杨家块段	岩溶水	17.85	762.56	650.98	42.72	36.47	280.92	15.74
		裂隙水	2.94	23.80	20.32	8.09	6.91	11.03	3.75
		小计	20.79	786.36	671.30	50.81	42.38	291.95	19.49
⑨	龙溪河	岩溶水	22.89	1 395.62	1 191.41	60.97	52.05	583.36	25.49
		裂隙水	13.05	105.63	90.18	8.09	6.91	48.97	3.75
		小计	35.94	1 501.25	1 281.59	69.06	58.96	632.33	29.24
⑩	龙会寺北块段	岩溶水	8.13	289.15	246.84	35.57	30.36	102.43	12.60
		裂隙水	1.29	10.40	8.88	8.06	6.88	4.83	3.74
		小计	9.42	299.55	255.72	43.63	37.24	107.26	16.34
⑪	罗溪河	岩溶水	87.34	4 059.20	3 465.23	46.48	39.68	1 566.28	17.93
		裂隙水	4.05	32.61	27.84	8.05	6.87	15.17	3.75
		小计	91.39	4 091.81	3 493.07	54.53	46.55	1 581.45	21.68
⑫	石羊河	岩溶水	208.82	10 957.52	9 354.13	52.47	44.80	4371.7	20.94
		裂隙水	7.99	64.76	55.28	8.11	6.92	29.83	3.73
		小计	216.81	11 022.28	9 409.41	60.58	51.72	4 401.53	24.67
⑬	祖亭河	岩溶水	8.05	299.50	255.67	37.20	31.76	105.2	13.07
		小计	8.05	299.50	255.67	37.20	31.76	105.20	13.07
⑭	三仟圩河	岩溶水	35.02	1 613.01	1 376.98	46.06	39.32	619.02	17.68
		裂隙水	2.10	17.00	14.51	8.09	6.91	7.88	3.75
		小计	37.12	1 630.01	1 391.49	54.15	46.23	626.90	21.43
⑮	邝家河	岩溶水	22.55	1 033.14	881.96	45.82	39.11	398.58	17.68
		裂隙水	3.21	25.98	22.18	8.09	6.91	12.05	3.75
		小计	25.76	1 059.12	904.14	53.91	46.02	410.63	21.43
⑯	新隆河	岩溶水	20.51	603.84	515.48	29.44	25.13	192.16	9.37
		裂隙水	2.15	17.60	15.02	8.19	6.99	7.91	3.68
		小计	22.66	621.44	530.50	37.63	32.12	200.07	13.05
	合计	岩溶水	720.25	33 736.50	28 799.92	665.23	567.90	13 022.21	247.13
		裂隙水	270.80	2 003.00	1 709.91	103.58	88.44	982.42	48.37
	总计		991.05	35 740.85	30 509.83	768.81	656.34	14 004.63	295.50

全流域地下水可采资源量为 $14004.63 \times 10^4 \, \text{m}^3/ \text{a}$，其中：岩溶水为 $13022.21 \times 10^4 \, \text{m}^3/ \text{a}$，可采资源模数为 $247.13 \times 10^4 \, \text{m}^3/\text{a} \cdot \text{km}^2$；裂隙水为 $982.43 \times 10^4 \, \text{m}^3/\text{a}$，可采资源模数为 $48.37 \times 10^4 \, \text{m}^3/\text{a} \cdot \text{km}^2$。地下水可采资源量约占枯水年天然补给资源量 46%。

七、富锶地下水资源计算

1. 富锶地下水资源计算分区

根据研究区已有调查成果及本书的野外实测资料，研究区富锶地下水集中分布有三块。区块 I：莲花、茂家、新圩、大坪塘一带，面积约 143.39 km²；区块 II：野乐村、候桥、龟石坊一带，面积约 28.80 km²；区块 III：杨家岭一带，面积 2.89 km²。富水地下水集中分布区主要位于新田河两侧，地势平坦，起伏不大，新田河构成区域基准排泄面。含水岩组为上泥盆统佘天桥组（D_3s）泥灰岩夹灰岩地层，岩溶作用较发育，裂隙、洼地较发育，地下水补给来源主要为大气降水，降水通过入渗等形式补给地下水。

计算结果如下。

富锶地下水天然补给资源量（多年平均）：

$Q_b=100\,F·α·χ=100×175.08×0.17×1.4365=4275.54×10^4(\text{m}^3/\text{a})$，其中，$χ$ 表示年降水量 /m；

丰、平、枯年富锶地下水天然补给资源量：

$P=25\%$ 时 $Q_{25\%}=100\,F·α·χ=100×175.08×0.17×1.6064=4786.69×10^4(\text{m}^3/\text{a})$；

$P=50\%$ 时 $Q_{50\%}=100\,F·α·χ=100×175.08×0.17×1.4159=4214.23×10^4(\text{m}^3/\text{a})$；

$P=75\%$ 时 $Q_{75\%}=100\,F·α·χ=100×175.08×0.17×1.2391=3688.01×10^4(\text{m}^3/\text{a})$。

2. 富锶地下水天然排泄资源量计算

研究区内富锶地下水天然出露点众多，包括泉点、地下河。在富锶地下水区域，共调查 35 个天然出露点，流量为 0.3 ～ 16.1 L/s，锶含量为 0.20 ～ 0.55 mg/L。

经过统计，富锶地下水天然排泄量共计 114.83 L/s，即 $3.62×10^6\,\text{m}^3/\text{a}$。

3. 富锶地下水资源储藏量估算

富锶区的富锶地下水资源量估算在 1∶50000 水文地质环境地质调查成果的基础上进行，主要依据是中国地质调查局 1∶50000 水文地质调查相关规范及相应行业技术要求，如《区域水文地质工程地质环境地质综合勘查规范（比例尺 1∶50000）》《西南岩溶地区水文地质调查技术要求（1∶50000）》、全国矿产储量委员会《矿产工业要求参考手册》等有关规范、标准及要求，以及本次和之前开展的 1∶50000 水文地质环境地质调查、钻探等勘探工程和分析的实际成果，对富锶地下水资源量进行初步估算。

经估算富锶区富锶地下水估算储藏量约：

$$Q=Q_1+Q_2+Q_3=80710.2×10^4\,\text{m}^3。$$

4. 富锶地下水锶源的补给量估算

通过计算得出富锶区富锶地下水 Sr 最小补给量约 230.07 mg/s。

通过初步估算的富锶地下水 Sr 最小补给量，以此来初步计算富锶地下水可开采资源量。在不损耗原有资源量的情况下，以开采 Sr 含量为 1.0 mg/L 的标准开采富锶地下水，其可开采资源量为 112.5 t/(d·km²)，总开采量约 19 878 t/d。当该区域内原开发利用量大于 19 878 t/d（包括流失的富锶泉水）时，将开发利用了原有储藏量。

第四节　广西海洋—寨底地下河系统

一、自然条件及地质背景

（一）自然地理条件

1.地理位置

海洋—寨底地下河系统位于桂林市东部灵川县境内，坐标 110°31′25.71″ ~ 110°37′30″E，25°13′26.08″ ~ 25°18′58.04″N；桂林市至南部寨底地下河总出口约 31 km，桂林至兴安二级公路穿过研究区，区内交通比较方便（图 3-51）。海洋—寨底地下河系统在湘江、漓江流域分水岭的南侧，属于漓江流域支流牛溪河的地下河分支。该区以地下水为主。海洋—寨底地下河在寨底村黄土源流出地表后向南径流约 400 m 后汇入牛溪河。牛溪河构成该地下河系统的排泄基准面。该地下河系统主要受海洋暖湿季风影响，雨量充沛。年平均气温 17.5℃，无霜期 285 d。降水量在年内分配不均匀，年平均降水量 1619 mm，历年平均陆面蒸发量为 850.1 mm。根据 1963 ~ 2016 年历史资料显示：5 ~ 8 月为丰水期，合计降水量为 1024 mm，占年平均降水量 59.54%，3 月、4 月、9 月、10 月为平水期，合计降水量为 443 mm，占年平均降水量 25.77%，11 月、12 月和次年 1 月、2 月份为枯水期，合计降水量为 252 mm，占年平均降水量 14.66%。

图 3-51　海洋—寨底地下河系统交通位置图

　　海洋—寨底地下河系统中季节性溪沟发育，主要有海洋谷地溪沟、大浮洼地溪沟、甘野洼地溪沟、国清谷地溪沟及南部潮田河，钓岩—琵琶塘谷底、水牛厄—东究—冷水田—小浮—响水岩一线的波立谷及大浮、小浮源头—空连山村南地下河入口等地段形成流量较小且主要为季节性的地表小河（在水牛厄地下河出口下游约 1 km 范围内可出现流量很小的地表水流）。

2. 地形地貌

　　海洋—寨底地下河系统内部总体地形为东西两侧高，中间低，且东侧高度较大；南、北及中部高度相差不大。位于东部边界上的最高碎屑岩山峰高程为 900.1 m，中部岩溶石山区山顶高程一般为 400～800 m，菖蒲岭东部的最高岩溶石山峰高程为 821.8 m。系统内部除地下河出口处外的最低地表区，其地面高程一般为 260～285 m。地下河出口处地势最低，海拔为 198 m。

　　该区属于南岭海洋山构造剥蚀侵蚀中山的西南麓的中低山地貌区。研究区北侧外围属湘江流域，湘江与珠江流域分水岭构成海洋—寨底地下河系统的北部边界。研究区地形主要受构造和地层岩性控制，可分为如下 4 种类型分布区（图 3-52）。

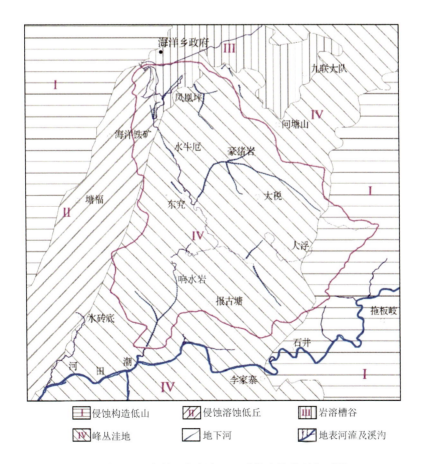

图 3-52　海洋—寨底地下河系统地貌类型分区图

（1）侵蚀构造低山

东部侵蚀构造低山主要指大江、甘野和大浮以东碎屑岩区，海拔 400 ～ 900 m，东高西低。甘野东侧约 1.60 km 处为最高点，高程为 900.1 m，甘野洼地地形高程为 530 m，地形高差 370.1 m，大浮洼地为碎屑岩分布区地形最低点，高程约为 400 m；分水岭高程从北东至南西逐步降低，大浮南东为碎屑岩最低地表分水岭，高程为 654.4 mm。该地形坡度 10°～ 25°。西部侵蚀构造低山，指江尾、海洋公社以西碎屑岩区，海拔 290 ～ 699 m，西高东低。最高点山峰位于研究区西北角，高程为 699.1 m，江尾至海洋公社公路沿线高程 290 ～ 310 m，地形坡度 11°～ 19°。

（2）侵蚀溶蚀低丘

侵蚀溶蚀低丘指江尾至海洋公社公路沿线东侧地区，该区域地层岩性杂，碳酸盐岩和非碳酸盐岩互存，或为不纯碳酸盐岩，地形多呈低矮馒头状，海拔 260 ～ 445 m，大体中间高东西两侧低；北部区域地形坡度多小于 15°，南部区域地形坡度逐步变大为 12°～ 23°。

（3）岩溶槽谷

岩溶槽谷指研究区北部海洋谷地，该区域地形平坦，地形坡度小，高程 300 ～ 330 m，局部发育孤峰，孤峰高程 390 ～ 450 m，相对高差 80 ～ 110 m。在海洋公社—小桐木湾一带，存在局部地表分水岭，分水岭以北为主要孤峰平原分布区，地表地下水向北径流，属湘江水系；分水岭以南岩溶槽谷分布面积小，地表地下水向南径流，为漓江水系。

（4）峰丛洼地

研究区大部分区域属于峰丛洼地，地形高程 260 ～ 820 m，国清洼地南端响水岩为地形最低点，最高峰位于甘野西侧 300 m 处锡崖头，高程为 820.4 m，国清洼地东侧峰丛洼地区地形总体上比西侧地形略高。除国清大型洼地外，在不同高程发育多个大小不等洼地，有一定规模的洼地有：甘野洼地，高程 530 ～ 560 m；大浮洼地，高程 330 ～ 380 m；大税洼地，高程 377 ～ 390 m；小税洼地，高程 400 ～ 450 m；豪猪岩洼地，高程 311 ～ 350 m；大坪洼地，高程 244 ～ 250 m。该区域地形坡度差异大，国清谷地内，从北至南地形坡度小于 1°，国清谷地东西两侧峰丛洼地区地形坡度大于 8°。

（二）研究区地质概况

1. 地层

调查区内分布有中泥盆统、上泥盆统、下石炭统及第四系地层（图 3-53）。由老至新各层描述如下。

①中泥盆统下部信都组（D_2x）：分布于研究区东部边界一带和海洋—寨底地下河系西部外围，为陆相沉积。据岩性组合和沉积旋回特征划分为 2 个岩性段。下段：厚 85 ～ 105 m，主要岩性为砖红、紫红，部分紫灰色中—厚层泥质粉砂岩、粉砂质泥岩、中—薄层泥岩、页岩夹泥质砂岩、石英杂砂岩。上段：厚 159 ～ 303 m，为一套砖红、紫灰—浅灰色中—厚层状石英砂岩、石英岩状砂岩、石英杂砂岩夹中—薄层泥岩、粉砂质泥岩及泥质粉砂岩组合。

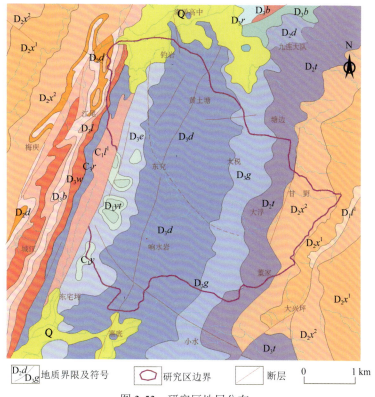

$$\boxed{\begin{array}{c} D_2d \\ \hline D_3g \end{array}}$$ 地质界限及符号　　⬡ 研究区边界　　╱ 断层　　0 ⊢———⊣ 1 km

图 3-53　研究区地层分布

②中泥盆统唐家湾组（D_2t）：该组地层整合于信都组砂、页岩之上与桂林组厚层纹层状石灰岩之下。唐家湾组分布于研究区东部，信都组分布区的西侧，可划分为 2 个岩性段。下段：厚 86～301 m，岩性为深灰色中—厚层白云岩、层孔虫白云岩、生物屑白云岩夹中—厚层微晶生物灰岩、微晶粒屑（球粒）灰岩、微晶灰岩。上段：厚82～200 m，岩性为深灰色中—厚层生物屑微晶灰岩、蓝藻微晶灰岩、微晶粒屑灰岩夹生物屑白云岩、白云岩。

③中泥盆统东岗岭组（D_2d）：时代上与唐家湾组（D_2t）的中下部对应。分布于海洋—寨底地下河系统西部外围，信都组（D_2x）的东侧。属台盆相相对浅水的台棚沉积，厚 43～89 m。主要由灰—深灰色中—薄层疙瘩状泥质灰岩、泥灰岩、微晶生物灰岩、生物屑微晶灰岩夹钙质泥岩组成。

④上泥盆统巴漆组（D_3b）：属斜坡相沉积，主要由深灰色薄—中层微晶灰岩、生物屑微晶灰岩、砾屑灰岩夹薄层硅质岩、硅质条带组成，常具滑塌构造。区内厚度由南向北逐渐增大。该区属典型的台沟沉积系列，下伏东岗岭组，上覆榴江组。

⑤上泥盆统桂林组（D_3g）：属局限—半局限台地沉积，划分为 2 个岩性段。下段：厚 248～261 m，主要为一套深灰、灰黑色中—厚层微晶双孔层孔虫灰岩、纹层状微晶灰岩、微晶蓝藻灰岩、微晶粒屑灰岩夹生物屑白云岩、白云岩组合。上段：厚104～174 m，岩性为深灰色中层夹厚层微晶灰岩、粒屑灰岩、球粒灰岩、生物屑灰岩、

微晶砂屑灰岩、层孔虫生物灰岩夹纹层状微晶蓝藻灰岩、白云岩。

⑥上泥盆统东村组（D_3d）：厚 524～1069 m，由一套浅灰—灰白色中—厚层窗孔状粒屑灰岩、微晶粒屑灰岩、微晶球粒—砂屑灰岩、微晶灰岩、鲕粒灰岩、微晶藻屑灰岩组成，局部夹白云质灰岩及白云岩。以普遍具窗孔鸟眼构造为特征。区内划分为 2 个岩性段，上段和下段都进一步划分为 a、b 两个亚段。下段 a 亚段厚 130 m，下以浅灰色窗孔状蓝藻球粒灰岩、微晶鲕粒灰岩与桂林组豹斑状粒屑白云质灰岩分界；b 亚段厚 211 m，上以溶孔状砂屑灰岩、粒屑灰岩与上段 a 亚段微晶灰岩角砾岩、粒屑灰岩分界。上段 a 亚段厚 157 m，以灰岩角砾岩与微晶粒屑灰岩构成韵律旋回为特征，b 亚段厚 266 m，上以灰白色厚层砂屑灰岩、藻灰岩、白云岩与额头村组灰色中层粒屑灰岩分界。

⑦上泥盆统额头村组（D_3e）：为整合于东村组之上、尧云岭组之下的一套主要岩性为灰—浅灰色、局部深灰色中厚层微晶砂屑生物屑灰岩、微晶生物灰岩、微晶粒屑灰岩组合，偶夹白云岩和白云岩质灰岩。下以粒屑灰岩的消失或含生物屑灰岩的出现与东村组分界；上以中厚层生物屑灰岩的消失或薄层生物灰岩的出现与尧云岭组分界，厚 104～243 m。

⑧上泥盆统融县组（D_3r）：整合于巴漆组之上，平行不整合于英塘组之下。下以深灰色薄层灰岩的消失或灰白色厚层灰岩的出现与巴漆组分界；上以中层状砂屑灰岩的消失或含铁泥质岩的出现与英塘组分界或以深灰色薄层灰岩的出现与鹿寨组分界。潮田—海洋庙脚一带为小融县组，属台沟系列，下伏五指山组，上覆下石炭统鹿寨组，厚 175 m，岩性为一套浅灰色中—厚层微晶粒屑灰岩、微晶生物碎屑灰岩组合，局部夹鲕粒灰岩。

⑨上泥盆统榴江组（D_3l）：属台间盆地相沉积，岩性为深灰色薄层状硅质岩、含竹节虫含放射虫硅质岩夹硅质泥岩、硅质页岩。下部以生物屑硅质岩夹硅质页岩为主，偶夹微晶灰岩透镜体；上部为硅质页岩、硅质岩或互层。江尾一带厚 152 m，下伏巴漆组，上覆五指山组。

⑩上泥盆统五指山组（D_3w）：厚 107～157 m，下部为灰—浅灰色中—厚层扁豆状灰岩夹泥质条带灰岩、泥灰岩，中上部为浅灰—浅肉红色中厚层扁豆状灰岩夹粒屑微晶灰岩、含藻生物屑微晶灰岩、钙质泥岩。该组区内下伏榴江组，上覆融县组。

⑪下石炭统尧云岭组（C_1y）：分布于东究西南约 1 km 的山顶部，面积较小。为局限、半局限—开阔台地相沉积，厚 42 m，下部为深灰色薄—中层泥质条带灰岩、生物屑微晶灰岩、微晶粒屑灰岩，偶夹硅质结核及薄层硅质岩。中上部为灰—深灰色中厚层微晶粒屑灰岩、微晶生物碎屑灰岩、微晶球粒砂屑灰岩，上部夹白云质灰岩、白云岩。

⑫下石炭统英塘组（C_1yt）：该组分布与尧云岭组基本一致，为局限台地—开阔台地相沉积，划分为 3 个岩性段（研究区内只见中、下两段），下段：厚 49～62 m，为一套灰—深灰色薄—中层含海百合茎泥质灰岩、生物屑微晶灰岩、生物屑泥灰岩、泥灰岩夹钙质泥岩、页岩组合，顶部为白云岩。下与尧云岭组呈平行不整合接触，不整合面略有起伏，底部为一铁皮层，铁皮层厚 1～5 cm，横向稳定，区域上多见。中段：根据冷水田剖面为中层状有孔虫生物细晶白云岩，厚 56 m。

⑬下石炭统鹿寨组下段（C_1l^1）：分布于西部边界附近，为灰—灰黑色中—薄层含炭细—粉砂质泥岩、炭质页岩、泥岩、泥灰岩、砂质灰岩、骨针灰岩组合。厚

203～255 m。

⑭第四系：区内第四系主要分布在溶蚀洼地底部、系统南北两侧外围的河谷两岸、东部和西北部碎屑岩山体的表部，在岩溶峰丛山体的表面也有厚度很小的少量溶蚀残积黏性土。在系统内部溶蚀洼地底部，主要覆盖有溶蚀残积成因的黏土、粉质黏土，也包括水流从周围可溶岩体上携带（冲洪积）的黏性土，局部可含少量碎石，土层厚度一般1～3 m；在东部可溶岩与碎屑岩交界的大浮洼地和甘野洼地中，主要覆盖有冲洪积成因的黏性土层，并含有较多磨圆度较差的砂岩等碎石，厚度一般2～10 m；在西北部海洋—独龙山一带的冲洪积扇前缘地带分布有含有碎石的黏性土，厚度一般1～5 m。在系统南北两侧外围的河流阶地区，主要为含碎（卵）石黏性土和砂卵石层。越往东，颗粒越粗大，碎块石含量越高；越往西，颗粒越细小，碎块石含量越少。

2. 区域构造

该区历史上经历了广西运动、印支运动、燕山运动及喜山运动，其中又以早古生代末广西运动最为强烈，形成基底岩系的褶皱和变质。中生代期间，印支运动盖层褶皱平缓，形成南北向弧形构造。燕山运动新华夏系构造和北西向断裂构成先后复合叠加改造前期构造。未发现第四纪以来的断层或与之有关的继承性断裂活动，挽近构造活动主要呈现为缓慢的上升运动。

桂林地区位于南岭纬向构造带、湘东—桂东经向构造带及广西"山"字形构造东翼的交汇处；海洋—寨底地下河系统地处潮田—海洋向斜与海洋山复式背斜之间，属于潮田—海洋向斜东翼，海洋山复式背斜西翼。潮田—海洋向斜实际上位于大坪—琵琶塘一线，由于其轴部出露地层主要为C_1l砂页岩地层，易风化剥蚀，谷地形上主要为谷地，且其中南段切割较深（图3-54）。

图3-54　研究区断层分布

（三）岩溶发育特征

在海洋—寨底地下河系统之内，稍大的溶蚀洼地（含坡立谷）超过 25 处，洼地底部高程一般在 230～250 m、360～460 m，420～550 m，洼地相对深度一般为 20～50 m。在系统内部无溶蚀谷地发育。在野猪塘洼地东南侧、支岭塘洼地南侧、东究村南、豪猪岩等 300～500 m 山坡上可见多处无水溶洞，但限于山体规模，溶洞长度不大，一般几十米到二三百米。地下河管道系统多呈树枝状分布，地下河网发育密度 0.62 km/km²。在响水岩洼地沿地下河主管道约 500 m 的长度上，形成 8 个地下河天窗，并在周围形成多处落水洞。在这些天窗中以响水岩村北的最大，其地下河底部至地表路边的垂直深度为 19 m。在该天窗底部可见沿北北东 15° 方向发育的裂隙，其倾向南东东，倾角 60°～80°。在天窗两侧沿这两条裂隙发育成地下河溶蚀管道。

海洋—寨底地下河系统的现代河网，系由地下河网长期演变形成。早期洞穴型地下河，位于上游峰丛鞍部附近，于溶洞中残留有砂岩、砾岩，可能是地壳抬升结果。中期发育的水平溶洞，位于现代地下河网的下游。随着水流侵蚀的长期作用，排泄基面逐渐下移，地下水的垂向侵蚀溶蚀作用相应加强，河道侵蚀溶蚀下切呈阶梯状跌坎。晚期进入相对稳定阶段，水平溶蚀作用加强，并不断扩大溶蚀空间，形成河道与溶潭串联。根据中英联合探险队对海洋—寨底地下河的探测资料（图 3-55），地下河主干河道宽 10～20 m，高 0.5～5 m，长约 300 m，河床比降 1.5%～5%。主干河道上发育有边滩、溶潭、支沟并有大量卵石堆积，与地表河相似。

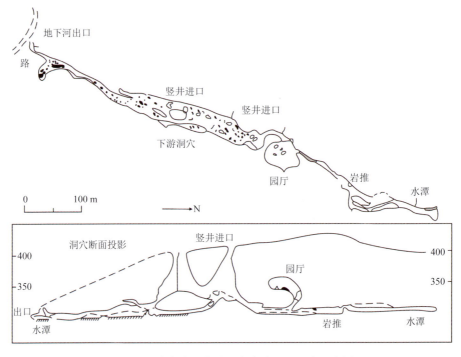

图 3-55　响水岩至海洋—寨底地下河形态示意图

二、水文地质条件

（一）地下水类型、含水岩组及富水性

1. 地下水类型

海洋—寨底地下河系统根据岩性或含水介质特征，地下水可划分3种类型：松散岩类孔隙水、基岩裂隙水、岩溶地下水。

①松散岩类孔隙水是指第四系残坡积物、冲洪积物中的地下水，该类型地下水在海洋谷地、国清谷地及甘野洼地、大浮—焦梨山洼地中有分布。在邓塘洼地等其他小洼地中和一些缓坡地带也有少量零星分布。在海洋乡政府至菜市场一带，第四系厚度稍大，手压井均未开挖至岩石面，8～10 m以下多见淤泥层；岩溶含水层水位埋深浅，且年变幅小于3 m，枯季水位依然在第四系地层中，因此，第四系孔隙水位与岩溶含水层水位为一个统一体。大气降水入渗补给、谷地东西两侧泉水径流过程中的二次入渗补给、渠道及农田用水的入渗补给，另外下伏岩溶水的顶托补给为本区域孔隙水的补给来源，由于有众多补给来源，其孔隙水较为丰富。

②基岩裂隙水主要分布于周边非岩溶石山区。按位置分为甘野—大浮基岩裂隙水分布区和海洋铁矿基岩裂隙水分布区。分布于研究区的东侧，面积约2.53 km²，含水岩组由中泥盆统信都组（D_2x^{1-2}）砂岩、泥质粉砂岩或石英砂岩及页岩等岩层组成。该地区地表植被茂密覆盖率高，基岩裂隙发育，富存一定基岩裂隙水，接收天然降水垂直入渗补给后，甘野洼地和大浮洼地碎屑岩区分别发育一条冲沟，地下水受地形控制向近距离的沟谷径流排泄，因此，沿沟谷发育多个小泉点或局部段沟谷呈线状排泄，甘野洼地冲沟汇水面积稍大，沟内常年有水流；大浮洼地冲沟由于汇水面积较小，枯季多呈断流。降水时期特别是暴雨，碎屑岩区形成丰富的地表产流，部分裂隙水在沟谷内排出地表与地表产流一起，以集中灌入形式分别通过地下河入口G054、G034进入相应的地下河子系统，部分裂隙水通过地下径流方式侧向补给岩溶石山区；在枯季，降水减少，碎屑岩区裂隙水得不到补充，冲沟内各出水点流量减少，冲沟中径流也相应减小，该部分水流在径流过程中，逐步渗入地下，通过碎屑岩或第四系松散层孔隙含水层侧向补给到岩溶地下水中。2008年10月，以甘野洼地为典型例子，在修建观测站以东冲沟内，流量大于5.6 L/s，但在观测站西侧冲沟内，流量逐步减小，大约100余米后，沟内已没有水流。根据区域资料，此区域地下水平均径流模数小于2.0 L/s·km²，根据实地枯季流量计算，其枯季平均径流模数为2.65 L/s·km²（图3-56）。

③岩溶地下水为海洋—寨底地下河系统中主要的地下水类型，面积30.25 km²，占整个系统汇水面积95%。含水岩组主要有：泥盆系唐家湾组（D_2t）、桂林组（D_3g）、东村组（D_3d）、额头村组（D_3e）等，岩性为灰岩、白云质灰岩、白云岩，另还包含部分上泥盆统融县组（D_3r）灰岩、石炭系尧云岭组（C_1y）泥质灰岩、英塘组（C_1yt）白云岩。

由于，上述地层灰岩、白云质灰岩或白云岩质纯，总体厚度大，岩溶极为发育，并发育多条地下河子系统和多个岩溶大泉出露，主要代表水点有：水牛厄泉 G030、东究地下河 G032、寨底地下河 G047 等（图 3-57）。

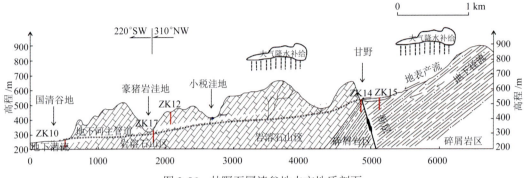

图 3-56 甘野至国清谷地水文地质剖面

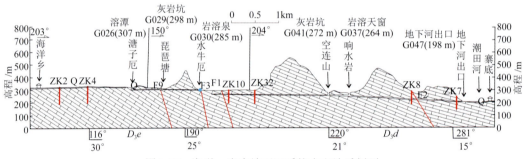

图 3-57 海洋—寨底地下河系统水文地质剖面

松散岩类孔隙水、基岩裂隙水、岩溶地下水三者共同构成一个整体，在局部地区松散岩类孔隙水、基岩裂隙水有可能相对独立存在而形成局部地下水子系统，3 种类型地下水也可能存在相互补给等多种水力联系，但整体上以松散岩类孔隙水、基岩裂隙水向岩溶地下水径流补给为主。

2. 含水岩组及富水性

根据研究区地层岩性等特点，将该区含水岩组划分为松散岩类孔隙含水岩组、碎屑岩类孔隙—裂隙含水岩组、碳酸盐岩类裂隙岩溶含水岩组。

（1）松散岩类孔隙含水岩组

根据岩性、富水性并结合地貌和成因进一步细分为：溶蚀洼地底部黏性土孔隙潜水含水岩组，该含水岩组透水性差，厚度薄，多呈雨季含水，平水期、枯水期常呈包气带形式存在，富水性弱，可构成大气降水与岩溶水水量交换的过渡层；河谷平原冲积卵砾石孔隙潜水含水岩组，主要为砂砾层，局部具有上部为黏性土、下部为砂砾层的二元结构。该含水岩组透水性较好，但厚度薄，多呈雨季含水，平水期、枯水期常呈包气带形式存在，总体富水性弱。在局部厚度较大地段富水性中等—强；山前平原冲洪积含砾石黏性土孔隙潜水含水岩组，该含水岩组为砾石与黏性土混杂，透水性差，一般为富水性弱的含水岩组或隔水层。

（2）碎屑岩类孔隙—裂隙含水岩组

地下水赋存于构造裂隙、层间裂隙、风化裂隙中。该含水岩组由于风化裂隙多被黏性土充填，透水性较差，泉水流量 $10 \sim 20 \ m^3/h$，富水性中等。

（3）碳酸盐岩类裂隙岩溶含水岩组

根据碳酸盐岩纯度和夹层等情况又可细分为：纯碳酸盐岩含水岩组。该含水岩组质纯层厚，包括 D_2t、D_3g、D_3d、D_3e、D_3r 等层位，岩溶发育强烈，地下水主要赋存在以溶洞为主的含水介质中，富水性极强，泉水或地下河流量大于 $60 \ m^3/h$。不纯碳酸盐岩或碳酸盐岩夹非可溶岩含水岩组岩溶较发育，包括 D_3b、C_1y、C_1yt 等层位，地下水主要赋存在以溶洞-溶蚀裂隙为主的含水介质中，富水性强，泉水流量 $40 \sim 60 \ m^3/h$。不纯碳酸盐岩夹非可溶岩或非可溶岩夹碳酸盐岩含水岩组碳酸盐岩纯度差，层薄，岩溶中等发育，地下水主要赋存在以溶蚀裂隙为主的含水介质中，包括 D_2d、D_3w 等层位，富水性中等—强，泉水流量 $20 \sim 40 \ m^3/h$。

（二）地下水系统

地下河系统汇水面积33.5 km^2，其中碎屑岩3.0 km^2。其中东村组（D_3d）、桂林组（D_2g）、唐家湾组（D_2t）等岩溶石山区岩性为灰岩、白云质灰岩或白云岩，其间未发现有一定厚度的隔水岩层或相对隔水层，构成一个岩溶含水系统，寨底地下河出口 G047 为唯一总排泄口（图 3-58）。

1. 地下水系统边界

边界特征分述如下。

①西北部：南湾村西—江尾大队林场附近一线。西侧为 D_2x、D_2d、D_3l、D_3b 等碎屑岩、不纯碳酸盐岩地层形成隔水边界，地形上也形成地表分水岭。

②西部中段：江尾大队林场附近—大坪村西北约 600 m 山垭口。该段为潮田—海洋向斜东翼近轴部地带，西侧主要是非可溶岩为主的 C_1l 地层，在这里出现的近北北东走向的断层也为其西盘形成隔水性的边界提供了条件。地形上也形成地表分水岭。

③西南部：大坪村南西一带。该段边界的东北和西南两侧地下水径流条件较好，促使地下水向其两侧分流。且该段地势较高，形成地表分水岭。

④北部边界为漓江和湘江流域的分水岭。根据其特征分为西北段和东北段。

西北段：从西部边界的北端向东到小桐木湾，为近东西向的一段边界，为近东西向地表分水岭。该地段地势相对较平缓，为山前冲洪积成因为主的波状起伏缓丘地貌。该处为被第四系松散层所覆盖的岩溶石山区，土层厚度一般 $1 \sim 5$ m。下伏 D_3r 岩溶含水层，地下水埋深多在 $1 \sim 4$ m。推测该段边界可能为一个可移动的地下分水岭。

东北段：小桐木湾—甘野村西北一线。总体呈西北—东南走向，为中泥盆统、上泥盆统的碳酸盐岩石山区。在其南北两侧分别分布有多处洼地和连续分布的条形谷地，形成地表、地下分水岭，其西南侧地下水明显汇入海洋—寨底地下河系统，西北侧地下水和地表水流向北西方向湘江流域的海洋河。

⑤东部：甘野村东部一带，为分布 D_2x 碎屑岩区的地表分水岭。该分水岭以西区域汇集地表水流和砂岩、泥岩、页岩区的风化层中的孔隙—裂隙地下水，在甘野一带的碳酸盐岩与碎屑岩交界附近以地下河入口、落水洞、溶蚀裂隙入渗等形式进入岩溶含水层。

⑥东南部：寨底地下河出口——董家村东约 1 km 处为中、上泥盆统的碳酸盐岩石山区。地势较高，为地表、地下分水岭。

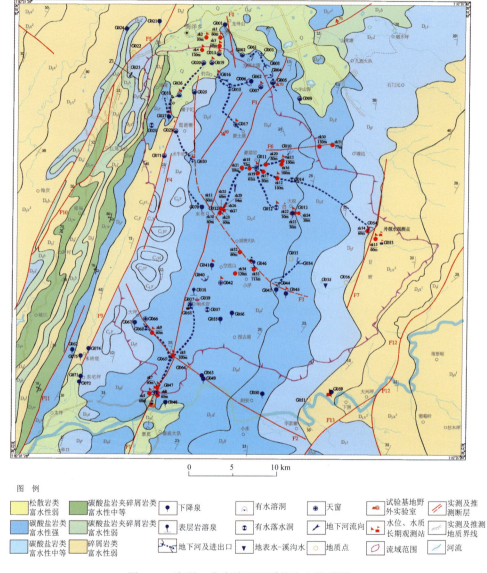

图 3-58　海洋—寨底地下河系统水文地质图

2. 地下水子系统划分

海洋—寨底地下河系统分为 7 个地下水子系统，分别为：钓岩地下水子系统、水牛厄地下水子系统、东究西侧地下水子系统、东究东侧地下水子系统、大浮地下水子系统、菖蒲岭地下水子系统及寨底地下水子系统（图 3-59）。

钓岩地下水子系统位于研究区北部，海洋谷地东侧山脚下，G016 为该子系统的总排泄口，脚洞状，出口洞宽 2.0 m，洞高 1.0 ～ 3.0 m，平水季节一般可见洞深约 10 m，枯季可进入洞内深约 50 m，早期洞内不淤塞可行进约 200 m，每年枯季断流 1 个月左右；遇暴雨发洪水，出口水位高出洞口边的机耕路面 0.3 ～ 0.4 m 并把大部分洞口淹没，洪水瞬间流量可达 2.5 m³/s 或更大。该子系统主要由出水口东部邓塘一带、南部黄土塘一带径流补给；北部边界与研究区寨底—海洋地下河系统边界重合，东、东南边界与东宄东侧地下水子系统相邻，分布区地层为上泥盆东村组（D_3d）灰岩、白云质灰岩及白云岩，控制汇水面积 2.50 km²。子系统内发育 G007 溶潭和 G017 地下河天窗，长年可见地下水水位。该子系统的地下水通过两种方式进入下一级子系统，部分地下水通过钓岩 G016 排泄口排出地表汇入海洋谷地，通过溪沟向南径流，在琵琶塘洼地通过 G029 消水洞再次进入地下；部分地下水通过潜流方式进入海洋谷地岩溶含水层，这种潜流排泄方式在枯季明显可见。

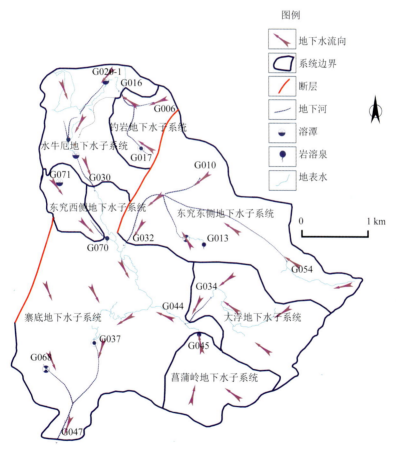

图 3-59　海洋—寨底地下河系统地下水子系统划分

水牛厄地下水子系统为国清坡立谷上游排泄泉点，补给区主要为水牛厄以北区域，包括钓岩地下水子系统和海洋谷地等区域，汇水面积大于 12.0 km²，汇水区域地层主要为上泥盆东村组（D_3d）、额头村组（D_3e）、融县组（D_3r）岩溶石山区，同时包括鹿寨组（C_1l）、五指山组（D_3w）、榴江组（D_3l）等部分非岩溶石山区。北部边界为海洋谷地活动分水岭，东北、东部边界为钓岩地下水子系统边界，西侧为相对隔水边界和隔水边界；G030 排泄口与地面基本相平，泉口附近地下水呈微压性，洪水季节尤为明显，地下水呈翻滚冒出，高出地面 0.5～0.6 m。枯水期水位平排水沟底，水位年变幅约 1.0 m，地下水排出地表后沿溪沟向南径流。

东究西侧地下水子系统补给于西侧非岩溶石山区，经 G071 溶潭，最终汇于 G070 岩溶泉流向寨地地下水子系统。该子系统的地下水主要由东究西北岩溶石山区补给。东究西侧地下水子系统北部边界与钓岩地下水子系统相邻，西部边界为相对隔水层地下分水岭，分布区地层为上泥盆东村组（D_3d）、额头村组（D_3e），下石炭尧云岭组（C_1y）及英塘组（C_1yt），控制汇水面积大于 3.50 km²。该子系统内未见地下河天窗发育和地下水露头点。该子系统的排泄口，常年不断流，冬季流量小但不干枯，雨季流量大，洪水期可把洞口路面淹没，推测流量大于 1.0 m³/s，排泄口与谷地高程相平，除明流排泄外，推测可能存在潜流排泄；地下水通过地表或地下向南朝响水岩 G037 一带径流排泄。

东究东侧地下水子系统补给于东侧外源水，经豪猪岩洼地，最终汇于 G032 地下河出口流向寨地地下水子系统。该子系统位于研究区中部国清谷地东侧山脚公路边，发育两个溶洞出水口，相距约 30 m，北侧出水口稍低，南侧出水口略高，高差约 5.0 m，天然条件下，北侧洞口为主出水口，由于村民在洞内建坝抬高水位并改变流向，使得南侧洞口为主出水口，仅在降大雨时，北部洞口才有水流。该子系统北部边界与钓岩地下水子系统相邻，东部边界为碎屑岩隔水边界、南部与大浮地下水子系统相邻，分布区地层为中泥盆信都组（D_2x）、上泥盆唐家湾组（D_3t）、桂林组（D_3g）及东村组（D_3d），控制汇水面积大于 12.50 km²。子系统内发育豪猪岩 G011 地下河天窗，常年可见地下水水位。常年不断流，排泄口高出谷地地面 3.0～4.5 m，除明流排泄外，推测可能存在潜流排泄；地下水通过地表或地下向南朝响水岩 G037 一带径流排泄。

大浮地下水子系统补给于东侧外源水，经 G034 地下河入口，最终汇于 G044 地下河出口流向寨地地下水子系统。该子系统出水口 G044 位于洼地北侧山坡脚，暴雨期洪水淹没洞口，地下水翻滚涌出，水浑浊，出水口与一条 4～6 m 宽水沟相连。推测 G044 与大浮 G034 消水溶洞有直接水力联系。该子系统主要由东部大浮一带岩溶石山区及碎屑岩区径流补给；子系统北部边界与东究地下水子系统相邻，东部边界为碎屑岩隔水边界，南部边界与菖蒲岭（范家）岩溶泉系统相邻。分布区地层为中泥盆信都组（D_2x）、上泥盆唐家湾组（D_3t）、桂林组（D_3g）及东村组（D_3d），控制汇水面积大于 6.50 km²。子系统内未见地下河天窗发育，仅在大浮洼地发育地下河入口 G034。枯季常断流，排泄口高程比局部谷地低 1.2 m，与一条宽约 5 m 河沟相连，在断流期间，地下水可能以潜流方式向谷地径流排泄，地下水通过地表或地下进入国清谷地后向西径流至小浮一带转南西方向朝响水岩径流排泄。

菖蒲岭地下水子系统补给于东南侧，汇于 G045 岩溶泉流向寨地地下水子系统。该子系统位于研究区南东部，位于小浮村东洼地南侧山脚，发育高程 286.8 m，出水口为洞穴状，高出稻田约 3.0 m，水流从洞口流出，洞口边修建有一个 1.8 m×2.0 m 蓄水池，引水到小浮村作生活用水，洞口与一条 1.5～2.0 m 宽水沟相连，该点排出的地下水与 G043 排出的地下水汇合向西径流，枯季不断流。地下水由南及南东岩溶峰丛山区径流补给，子系统北部边界与大浮地下水子系统相邻，东北角为碎屑岩隔水边界，东南、南部边界与寨底—海洋地下河系统边界重合，分布区地层为中泥盆信都组（D_2x）、上泥盆唐家湾组（D_3t）、桂林组（D_3g），控制汇水面积大于 3.50 km^2。子系统内没有发育天窗和其他排泄泉点。排出地表的明流汇入大浮地下水子系统出口溪沟一起向南西响水岩径流排泄。

寨地地下水子系统补给于北部地表河流、西侧及东侧岩溶泉，流经 G037 响水岩天窗，最终汇于 G047 寨底地下河出口。

（三）地下水补、径、排特征

补给主要以大气降水入渗、外源水补给及内源补给；降水通过土壤带入渗至表层岩溶带，径流形式分为以管道为主径流和以裂隙为主径流，部分水流通过基岩裂隙径流形成溢流泉，部分水流经岩溶管道排泄至地下河出口，暴雨期管道内充满水，管道水补给基岩裂隙水，枯水期管道内水位低于周围含水层水位，基岩裂隙水补给管道水；排泄形式主要以表层岩溶泉、岩溶大泉、地下水出口等形式排泄。

1. 补给特征

①大气降水补给为研究区主要补给源。大气降水对岩溶地下水补给可细分为面状补给和点状补给两种形式。面状补给，主要指入渗形式，大气降水到岩溶区地表后，部分通过出露岩溶石山区裂隙或浅覆盖区孔隙，以垂直入渗方式补给岩溶地下水，这里也包括降水后形成地表径流及径流途中的垂直入渗补给。点状补给，部分大气降水由溶沟、溶槽、洼地冲沟等汇集形成地表径流，地表径流通过消水洞、地下河入口等以点状形式补给岩溶地下水。进一步可分为水平补给方式和垂直补给方式；前者指入口处地形坡度小，地表径流在入口段基本以近水平流入到岩溶地下水，如邓塘 G006、空连山 G040、豪猪岩东北 G010 等；后者指入口地形坡度大且岩溶地下水埋深大，地表径流以近垂直状灌入到岩溶地下水，如大税 G012、小税 G013、大坪 G067 等。

②外源水补给。指碎屑岩区地表径流对流域内岩溶石山区补给，有两种类型：碎屑岩区汇集的地表径流及排出地表的地下水流入岩溶石山区，通过落水洞或地下河入口补给岩溶地下水。海洋谷地高架水渠溢流、农灌水入渗补给岩溶地下水。甘野—大浮基岩裂隙水分布区，碎屑岩分布区接受大气降水后，大部分形成地表径流（外源水）通过消水岩洞集中补给岩溶地下水系统，部分入渗到碎屑岩区形成基岩裂隙水，并受地形控制，向西岩溶石山区径流，对岩溶地下水形成侧向径流补给。同样，位于研究区西北部海洋铁矿基岩裂隙水分布区，也对岩溶石山区形成侧向补给，其中 G071 西侧榴江组（D_3l）页岩分布区，除侧向补给岩溶水外，其下伏为灰岩，基岩裂隙水可垂直向下越流补给岩溶水。

③内源补给。研究区内，高位岩溶水排出地表后对低位岩溶水补给这种形式特别明显。如小税 G013 泉水，通过 G012 落水洞再次补给岩溶水；钓岩地下河 G016、溶潭 G026 及 G027 泉等排出的地下水通过 G029 消水洞再次补给岩溶水。

2. 径流特征

岩溶地下水含水介质在空间尺寸上差异大，大体归纳为大型岩溶管道（地下河）和岩溶裂隙两大类，二者临界面即含水介质空间大的为岩溶管道、反之小的为岩溶裂隙，基于本书研究目的和内容，不进行深入具体划分；这两大类含水介质的存在，分别对应形成裂隙水流、管道水流两种不同的地下水径流的水文地质条件基础。

①以管道为主径流；一次降水过程，在满足植物截留、包气带持水后产生重力下渗，当降水强度过大时，则形成坡面流，坡面流通过岩溶洼地内的消水洞集中快速补给地下河系统，并很快在出口排出地表，该部分快速补给、快速排泄的地下水流为快速流，或称为非线性流（紊流），快速流在流量上主要表现动态变化大等特点。研究区内，邓塘、甘野、大浮、大坪、国清等洼地，控制汇水面积在一至数平方公里，在暴雨时期，洼地溪沟内有每秒数百升或 $1.0 \sim 5.0$ m^3/s，甚至更大的瞬间流量，全部通过洼地内消水洞灌入岩溶地下河，所对应的钓岩地下河 G016、东究地下河 G032、小浮地下河 G044 及寨底地下河总出口 G047，在降水几小时后就有反应，其流量随降水强度的增大而快速增大，通常雨停 $2 \sim 3$ d 后，流量快速衰减并恢复到降水前流量；遇特大强降水，由于下游某段地下河过水空间小及导水不畅，地表水流在琵琶塘洼地和响水岩洼地淤积，对洼地形成 $5 \sim 8$ d 或更长时间的淹没，因此，对下游排泄口 G030、G047 保持长时间的高压水头，这期间，地下河中快速流表现更为明显。其他不降水或降水少时段，地下河系统内也可能还存在快速流特征。

②以基岩裂隙为主径流；研究区内东北 25°、西北 330° 及西北 275° 三组岩溶裂隙比较发育，岩溶裂隙水经过平水期、枯水期的消耗，同时地面垂直入渗补给减少，通过岩溶裂隙进入地下河系统的水流也减小，这个时期地表溪沟水流变小或干枯断流，尽管裂隙水流减小，地下河系统基本完全依靠该部分水流补给，该区域内，上游钓岩地下河、东究地下河、小浮地下河及下游响水岩—寨底地下河出口地下河段，其主河段长度小于 2.5 km，地下河水流特征多受裂隙水流控制，以表现慢速流特征为主。

③层流、管流及包气带。海洋谷地和国清坡立谷及邓塘—钓岩等低峰丛洼地区域，岩溶裂隙发育相对均质，也发育有岩溶地下河，地下水水位高差小，具有相对统一的地下水流场，地下水呈层流为主。在高峰丛洼地区域，如甘野 G054—豪猪岩 G012—东究 G032 和大浮 G034—小浮 G044 等区域，在整个岩溶发育过程中，桂林漓江河谷深切速度过快，不同时期发育的不同高程岩溶裂隙系统未能完全发育贯通，岩溶管道地下水位以上存在几十至数百米厚的包气带，局部形成一层或多层上部滞水。岩溶地下水主要受岩溶主管道地下水控制，同时受地形高差和岩溶裂隙发育深度控制，分析认为高峰丛洼地区域地下水位不具有相对统一的地下水流场。

地下水系统内，不同部位岩溶发育受不同方向的构造断裂及岩溶裂隙等控制，岩溶地下水系统的各向异性特征表现明显。

研究区内峰丛洼地区域和平缓谷地区域均不存在隔水顶板，岩溶地下水系统水动力特征总体以无压水流为主。但在强降水阶段，受强补给影响，消水洞口所处洼地形成地表水淤积，水位高涨，而地下河及泉口排泄不畅，致使局部地下河中水流或裂隙水流表现为承压水，如响水岩—寨底地下河总出口段，琵琶塘洼地—水牛厄泉点排泄口地段。

3. 排泄特征

①表生带泉，主要有：G013、G055、G067 等。

②岩溶大泉，主要发育在国清谷地边缘，如 G027、G043、G030、G045 等。

③天窗或溶潭溢流，主要发育在海洋谷地和国清谷地，这些区域地下水埋深浅，受雨季强降水补给，地下水位高出地表形成溢流，如 G020、G007 等溶潭。

④地下河，地下河出口排泄为地下水主要排泄形式，如钓岩 G016、东究 G032 和 G070、小浮 G044、地下河总出口 G047。

⑤人工开采，在海洋、国清等地，村民通过手压井解决生活用水。在邓塘 G007 溶潭、豪猪岩 G012、空连山 G042 等天窗，村民抽吸地下水解决生活或农灌用水；海洋谷地一带，通过 G015、G020 等溶潭开展农灌抽水。

20 世纪 70～80 年代，海洋乡政府西南 2.3 km 处的海洋铁矿建厂运行期间，分别在溶洞 G031 内和 G027 溶潭进行大型抽水用于选矿或生活用水，现已经停采。

（四）地下水动态特征

1. 流量变化动态特征

寨底地下河出口流量变化大，随大气降水变化而变化，流量变化在日流量与日降水量动态图上几乎表现为同步关系（图 3-60）。

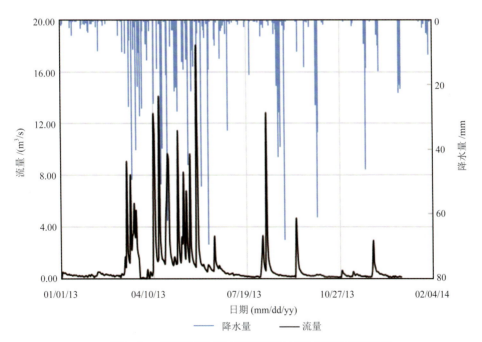

图 3-60 寨底地下河出口流量动态与降水量动态曲线图

在监测时间内监测到的最枯流量为 53.4 L/s，2013 年 4 月 30 日出现当年最大流量为 22.25 m^3/s；2014 年 5 月 11 日，出现最大流量 22.93 m^3/s，年内流量变化系数为 429.4。

以 2013 年为例，全年径流量 35 820 322 m³，其中枯水期、平水期、丰水期径流量分别为 3 062 804 m³、5 432 990 m³、27 324 528 m³。丰水期排泄的流量占全年径流量 76%，枯水期径流量仅占全年 8.55%，平水期径流量占全年径流量 15.45%。

2. 地下水位动态特征

（1）岩溶管道水动态特征

全区地下水主要以岩溶管道水为主，岩溶管道水、岩溶裂隙水，包括表层带岩溶地下水位动态，均表现为剧烈震荡为主，受降水影响非常明显，地下水水位对大气降水的响应时间在数十分钟内就能体现，水位呈快速上升和快速衰减形态（图 3-61），说明全区的岩溶极其发育，岩溶裂隙与岩溶管道联系通畅。

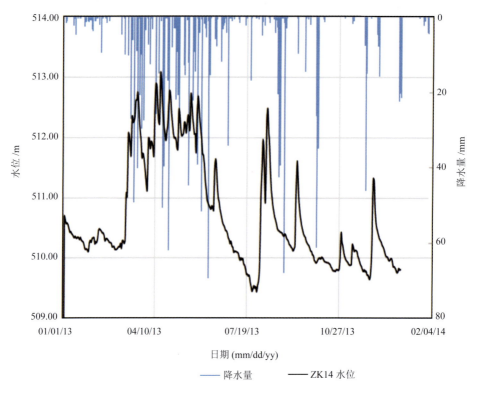

图 3-61　ZK14 水位季节性变化动态图

（2）基岩裂隙水动态特征

在东部甘野洼地碎屑岩区，布置了一个监测孔 ZK15，孔深 60 m，揭露地层为信都组砂岩、粉砂岩，基岩裂隙发育，地下水动态与大气降水也呈明显关系，但动态曲线不呈激烈锯齿形，而是呈缓慢上升、缓慢衰减形态（图 3-62）。碎屑岩区监测孔 ZK15 孔与 ZK14 位于甘野同一个洼地，两者距离约 300 m，ZK15 一带的地下水向 ZK14 径流，但 ZK15 位于两种岩性接触带灰岩区一侧，地下水则出现两种不同的动态特征。

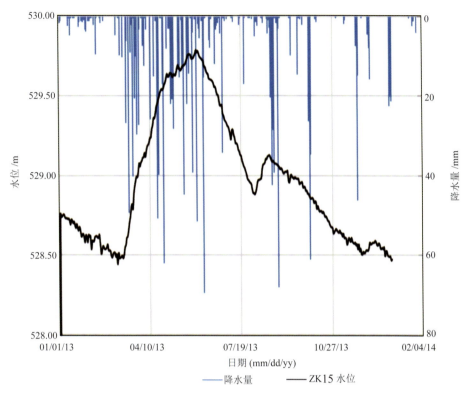

图 3-62 ZK15 水位季节性变化动态图

三、寨底地下河系统数值模型

(一) 天然水资源量分析

寨底地下河流域内，多年平均降水量为 1601.00 mm，为使计算时段具有代表性，选取平水年份为计算周期；具体计算时段为 2013 年 3 月 1 日至 2014 年 2 月 28 日，共 365 天，为一个自然水文年。划分为平水期、丰水期、枯水期 3 个时段；平水期包括 3 月、9 月、10 月共 3 个月合计 92 天，丰水期包括 4 ~ 8 月共 5 个月合计 153 天，枯水期包括 2013 年 11 月至 2014 年 2 月共 4 个月合计 120 天。

1. 天然降水量

寨底地下河流域布置了雨量自动监测，包括位于地下河出口 G047 的寨底雨量监测站、位于天窗 G037 的响水岩雨量监测站、位于东北部泉 G013 附近的大税雨量监测站。雨量计采用太阳能供电，监测频率为 1 min。根据每分钟雨量监测数据统计得到计算期内寨底、响水岩、大税雨量监测站月降水量见表 3-28。其中丰水期的 7 月份、平水期的 10 月份降水量偏少，均处于枯水期月份的降水量水平；不依据 2013 年度各月降水量来划分丰水期、平水期、枯水期，而主要依据历年各月平均降水量。

表 3-28 计算期内降水量表 （单位：mm）

时间		响水岩雨量监测站	寨底雨量监测站	大税雨量监测站	平均值
2013 年	3 月	148.40	159.20	158.70	155.43
	4 月	360.80	324.90	354.60	346.77
	5 月	280.60	268.20	281.30	276.70
	6 月	257.80	219.50	241.80	239.70
	7 月	42.50	28.40	29.50	33.47
	8 月	204.80	216.80	228.60	216.73
	9 月	146.70	149.40	118.60	138.23
	10 月	3.50	4.20	4.70	4.13
	11 月	130.40	96.40	112.30	113.03
	12 月	80.00	63.80	70.10	71.30
2014 年	1 月	25.80	24.10	26.70	25.53
	2 月	31.00	30.00	44.40	35.13
合计		1712.3	1584.9	1671.3	1656.2

在计算降水入渗补给系数 α、径流模数 M 参数时，实际采用 3 个雨量监测站实测降水量的平均值 1656.2 mm，接近多年平水年份降水量值 1601 mm；其中丰水期平均降水量为 1113.37 mm，占年平均降水量 67.23%，平水期和枯水期降水量对应为 297.80 mm、245.00 mm，分别占年平均降水量 17.98%、14.79%（表 3-29）。

表 3-29 计算期内丰水期、平水期、枯水期降水量分布表 （单位：mm）

降水期	响水岩雨量监测站	寨底雨量监测站	大税雨量监测站	平均值
丰水期（4～8 月）	1146.50	1057.80	1135.80	1113.37
平水期（3 月、9～10 月）	298.60	312.80	282.00	297.80
枯水期（11～12 月，次年 1～2 月）	267.20	214.30	253.50	245.00
全年	1712.30	1584.90	1671.30	1656.2

2. 天然径流量

地下河出口 G047 监测站采用压力水位计 Diver 和 1 小时监测频率进行水位动态监测，当水位低于堰坝顶面时采用矩形堰流量公式计算流量，当水位高过堰坝顶面时采用断面法计算流量。根据监测水位动态，通过上述计算方法得到计算期 2013 年 3 月 1 日至 2014 年 2 月 29 日逐时流量动态，见图 3-63，进一步通过统计得出枯水期、平水期、丰水期的径流量分别为 3 062 804 m³、5 432 990 m³、27 324 528 m³。计算期总径流量为 35 820 322 m³。

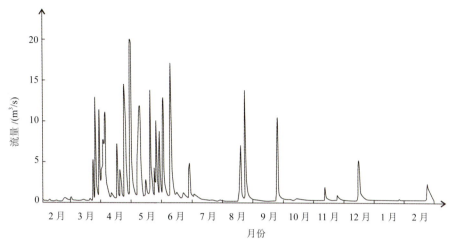

图 3-63 地下河出口 G047 小时流量动态图

3. 天然水资源量

寨底地下河流域内，岩溶管道强发育，地下水循环交替快，表现以快速补给快速排泄、当年补给当年排泄为主，根据水量均衡法则，岩溶石山区降水入渗补给量等于地下河出口排泄量 Q_1。

岩溶石山区的降水入渗补给系数 α、径流模数 M 计算公式如下：

$$\alpha = \frac{Q_1}{Q_P} \tag{3-13}$$

$$M = \frac{Q_1}{86.4 \times S_1 \times T} \tag{3-14}$$

其中，Q_1 为计算时段内岩溶石山区径流量（m^3）；Q_p 等于计算时段内降水量 P 与岩溶石山区面积之积，为计算时段内岩溶石山区降水量（m^3）；P 为计算时段内降水量（mm）；S_1 为岩溶石山区面积（km^2）；T 为计算时间段（d）；降水入渗补给系数 α 量纲一，径流模数 M 单位为 L/s·km^2，

通过计算，枯水期、平水期、丰水期岩溶石山区降水入渗补给系数分别为 0.352、0.528、0.726，一个水文年内平均降水入渗补给系数为 0.635。

寨底地下河系统的年天然资源量 $Q = \alpha \cdot P \cdot F \cdot 10^3 = 3523.15$（万 m^3/a）；其中 P 为降水量（mm）；F 为系统面积（km^2）；α 为降水入渗补给系数。

（二）寨底地下河系统概念模型

1. 概念模型

（1）研究区边界

研究区选择海洋—寨底地下河系统内碳酸盐岩地区（图 3-64），其中 D_2x 为信都组

砂岩，东部补给边界，指岩溶石山区与甘野、大浮一带碎屑岩区的接触地带；东部碎屑岩区不直接进入 MODFLOW-RIVER 模型中计算，补给量分两部分，第一部分是地表产流集中补给，通过甘野洼地中的 G053 溪沟水流监测点计算出每单位碎屑岩区的地表产流量，该部分地表产流分别通过甘野 G054、大浮 G034 地下河入口集中补给岩溶地下水系统；第二部分边界线状补给，通过 ZK14、ZK15 两个监测孔及抽水试验资料，计算出碎屑岩区对岩溶石山区的侧向补给量，处理为通用水头边界。

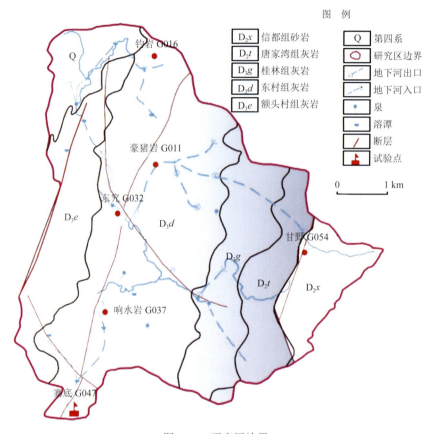

图 3-64　研究区边界

南部地下河总出口 G047 排泄边界，实际为相距约 25 m 的两个排泄口，处理给定水头边界，其边界水位值由 ZK7 孔监测水位确定。北部边界由 ZK4 孔监测水位确定，处理为通用水头边界。除上述两个地段边界外，其他边界为地下水分水岭边界，即零流量边界。

（2）顶底板高程

海洋—寨底地下河系统数值模型概化为两层，上层表示岩溶石山区包气带及季节性饱水带，下层表示饱水带及岩溶管道。其中顶板高程、第一层底板及第二层底板高程详见图 3-65。顶板高程为 201.27 ～ 810.63 m，平均高程 421.87 m；第一层底板高程为 190 ～ 500 m，平均高程 298.86 m；第二层底板高程为 150 ～ 350 m，平均高程为 230.03 m。

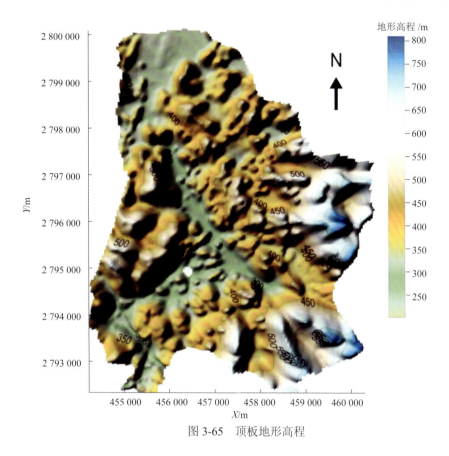

图 3-65 顶板地形高程

（3）子系统边界设置

根据寨底子系统设置模型内部边界，如图 3-66 所示。模型内部边界设置导水系数
0.000 01，使水平流形成相对隔水挡板，刻画子系统边界。

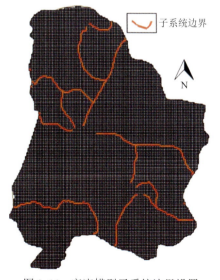

图 3-66 寨底模型子系统边界设置

2. MODFLOW 和 RIVER 模型

（1）MODFLOW 原理

MODFLOW 是由美国地质调查局的 Mc Donald 和 Harbaugh 开发出来的，基于连续多孔介质理论的地下水流模拟软件；在不考虑水的密度变化的条件下，孔隙介质中地下水在三维空间的流动采用达西水流模型微分方程来表示：

$$\frac{\partial}{\partial X}(K_{xx}\frac{\partial h}{\partial X})+\frac{\partial}{\partial y}(K_{yy}\frac{\partial h}{\partial y})+\frac{\partial}{\partial z}(K_{zz}\frac{\partial h}{\partial z})-W=S_s\frac{\partial h}{\partial t}$$

$$h(x,y,z,t)=h_1(x,y,z,t),(x,y,z)\in\varGamma_2,\ t>0;$$

$$K_n\partial h/\partial n=q(x,y,z,t)\,,(x,y,z)\in\varGamma_3,\ t>0;$$

$$h(x,y,z,t)=h_0(x,y,z),\ t=0;$$

式中，K_{xx}、K_{yy}、K_{zz} 分别为 x、y、z 方向的水力传导系数（LT^{-1}）；h 为压力水头（L）；W 为单位体积上的原汇项（T^{-1}）；S_s 为单位储水系数（L^{-1}）；t 为时间（T）；$\varGamma_2$、$\varGamma_3$ 分别为给定水头边界和给定流量边界。$h_1(x,y,z,t)$ 为 $\varGamma_2$ 边界上给定水头（L）；$q(x,y,z,t)$ 为 $\varGamma_3$ 边界上的给定流量；K_n 为 $\varGamma_3$ 边界法线 n 上的水力传导系数；$h_0(x,y,z)$ 为定解初始条件（$t=0$）水头值（L）。

MODFLOW 模型结合边界条件、初始条件采用有限差分法解算，含水层离散网格如图 3-67 所示。

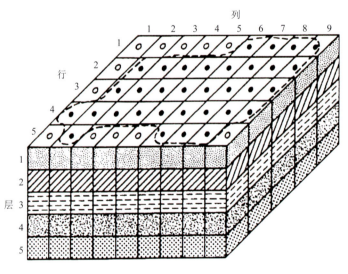

图 3-67　MODFLOW 含水层空间离散

（2）RIVER 子模块原理

基于多孔等效介质模型，如何概化岩溶管道水流是解决岩溶含水层数值模拟问题的关键。RIVER 子模块设计目的是模拟地表水与地下水系统间的水流，河流是补给还是排泄地下水取决于河流单元与相邻单元地下水之间的水力梯度。如图 3-68 所示，H 表示地下水水头，H_R 表示河流水头。当地下水水头大于河流水头，地下水补给河流；当地下水水头小于河流水头，河流补给地下水。

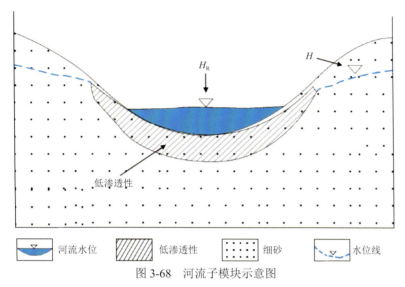

图 3-68　河流子模块示意图

因此根据河流子模块与含水层水力交换特征，可以将该模块应用于岩溶管道水流计算。模型中使用式（3-15）～（3-16）计算含水层与岩溶管道水流交换量。

$$Q_R=C_R(h_R-h), \quad h > h_{BOT} \tag{3-15}$$

$$Q_R=C_R(h_R-h_{BOT}), \quad h \leqslant h_{BOT} \tag{3-16}$$

其中，Q_R 表示岩溶管道与含水层之间的流量；C_R 表示管道与含水层互相连接的水力传导系数；h 表示含水层水头；h_R 表示岩溶管道水头；h_{BOT} 表示岩溶管道底部高程。当含水层水头（h）等于管道水头（h_R）时，流量为零。当含水层水头（h）变大时，流量取负值，表示地下水流向管道；当含水层水头（h）变小时，流量取正值，即管道水流向含水层。在含水层水头（h）达到 h_{BOT} 之前，Q_R 随 h 的降低而线性增加，随后，流量保持为常量值。

岩溶含水介质是由岩溶洞穴、管道、孔隙、裂隙组成的复杂介质。尽管孔隙介质中层流运动的达西定律、裂隙水流的立方定律，以及圆管中紊流公式均早已确定，但如果应用到具体的岩溶水系统中却极为复杂。到目前为止，模拟一个完整、复杂多流态岩溶管道—裂隙水系统，在数学上还有很大困难。结合 MODFLOW-DRAIN 应用于海洋—寨底地下河系统进行岩溶地下水资源评价。

（三）寨底地下河数值模型

1. 网格剖分及边界处理

模拟期为 2013 年 1 月 1 日至 2013 年 12 月 30 日，分 12 个应力期，每个应力期为

3 个步长，共计 36 个步长。网格剖分大小为 40 m×40 m，X 方向为 454220 ～ 460340，长度 6120 m，共计 153 列；Y 方向为 2792300 ～ 2800100，长度 7800，共计 195 行，网格数为 29 835。平面分为 7 个区，垂向分为两层。北侧和东侧边界处理为第三类水头边界，南部排泄点处理为第一类边界，岩溶管道利用 RIVER 子模块处理（图 3-69）。其中剖面 AA′，BB′垂向形态详见图 3-70、图 3-71，其中 AA′经过三处岩溶管道，BB′经过两处岩溶管道。

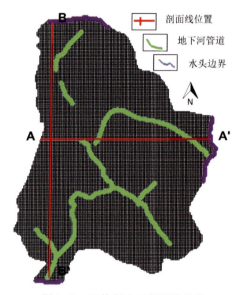

图 3-69　网格剖分及剖面线位置

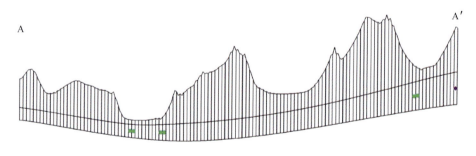

图 3-70　AA′剖面示意图

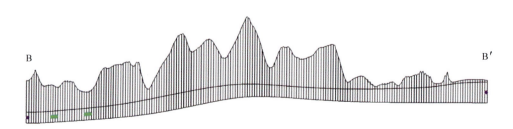

图 3-71　BB′剖面示意图

2. 源汇项处理

研究区内主要补给项有：降水入渗补给、侧向边界补给；主要排泄项有：蒸发排泄、侧向边界流出、管道排泄（图3-72）。研究区内建立了5个雨量站，45个水位流量监测点，监测频率4次/h，对每个块段的降水量、水位等有严格控制。

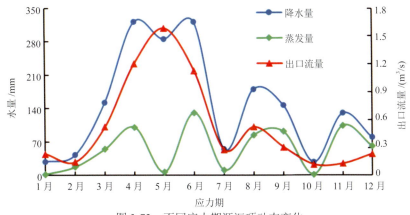

图 3-72　不同应力期源汇项动态变化

大气降水到岩溶石山区后，存在两种补给方式。第一种，面状入渗补给，降水到地表后或形成地表径流过程中，以面或线状方式垂直入渗补给到地下，这部分入渗量通过降水入渗补给系数分区确定不同地段的入渗量，并按每个节点控制面积进行分配。第二种，形成地表径流并汇集到溪沟通过点状方式补给地下岩溶管道，如琵琶塘G029消水洞，海洋谷地汇集的地表水由该点消于地下，这时，该部分补给量仅分配到某个节点。4个降水分区降水入渗补给系数分别为0.7、0.6、0.55和0.2。应用RIVER子模块模拟岩溶管道水流。为分析RIVER模块模拟岩溶管道的作用和特性，模型中岩溶管道分布设置排水管道轨迹，其中管道轨迹和等效水力系数根据不同季节定量示踪试验计算得出，图3-78表示不同应力期RIVER子模块等效水力参数设置情况，该参数与管道直径和管道内水位有关。经查阅资料蒸发系数为0.4，蒸发极限深度为3.5 m。降水和蒸发资料为实际测量数据，南部管道流量数据为实际测量数据。

海洋—寨底地下河系统内，发育有多个岩溶大泉（如G043、G045）和地下河子系统出口（G032、G044），同时也发育多个大型消水洞或天窗（如G037等），岩溶泉和地下河子系统出口排泄的地下水通过消水洞或天窗再次补给地下。这些排泄口处理为抽水点，所对应的源汇项数值为负；消水洞和天窗处理为注水点，所对应的源汇项数值为正值。

3. 水文地质参数分区

第一层平面上分为7个水文地质参数区，包含碎屑岩区及岩溶石山区；第二层分为3个水文地质参数区。其中第一层渗透系数分别为0.5 m/d，0.7 m/d，0.8 m/d，1.1 m/d，0.9 m/d，0.35 m/d，0.2 m/d，给水度分别为0.022、0.015、0.017、0.014、0.012及0.01（图3-73）。第二层渗透系数为1.2 m/d，储水系数为0.000 006。

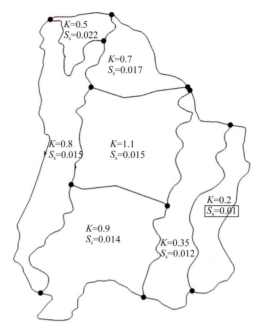

图 3-73　第一层水文地质参数分区图

4. 初始流场

初始流场根据稳定流模型末期水位绘制而得，水流自北向南、自东向西径流。

5. 模型识别验证

通过不断反复调整参数和计算，控制模拟点的总体均方差为 1.71，各控制点的模拟曲线如图 3-74～图 3-79，最终模型末期水位如图 3-80 所示。

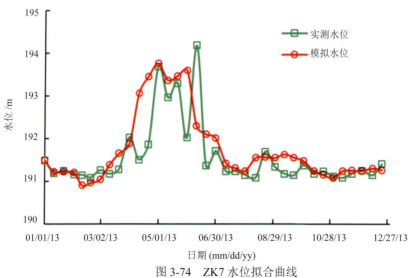

图 3-74　ZK7 水位拟合曲线

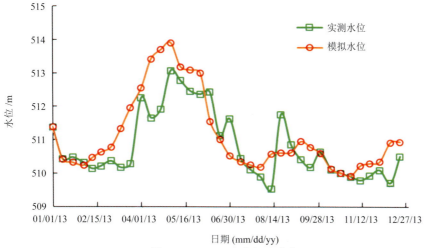

图 3-75 ZK14 水位拟合曲线

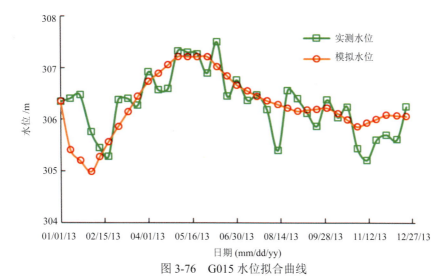

图 3-76 G015 水位拟合曲线

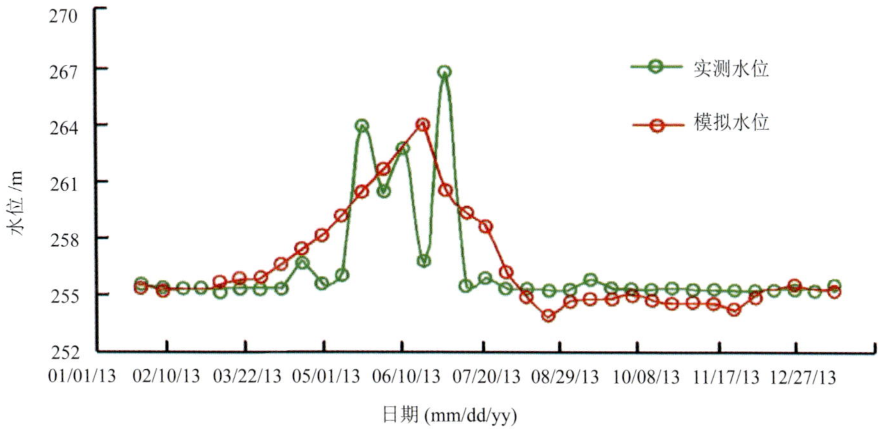

图 3-77 G037 水位模拟结果

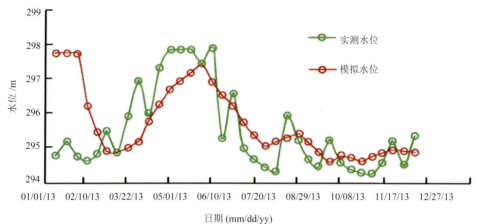

图 3-78 ZK21 水位模拟结果

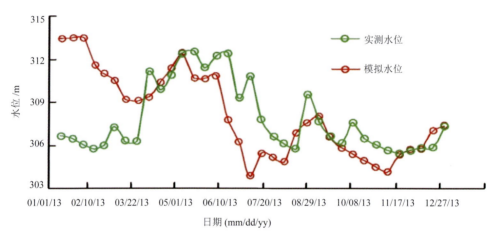

图 3-79 ZK13 水位模拟结果

可以看出 ZK7、G015、G037、ZK14、ZK21 及 ZK13 水位拟合变化趋势较好，均方差小于 1.8，对于岩溶石山区地下水模拟来讲可达到基本精度要求。从图 3-86 可以看出 RIVER 模块能够模拟岩溶管道的输水控水作用，位于管道两侧处流线有形状突变，管道附近水流集中汇于岩溶管道内部并向地下河出口排泄。RIVER 模块模拟时，岩溶管道允许管道内水流流向含水层，下游含水层与管道内水流交换频繁，水流相对分散向地下河出口排泄。从图中可以看出应用 RIVER 子模块概化岩溶管道能够模拟地下水位的变化趋势，模拟值整体变化较缓，而实际中岩溶地下水受降水影响涨落较快，因此模拟值有一定出入。

6. 水均衡分析

表 3-30 为海洋—寨底地下河系统水资源量，从表中可知海洋—寨底地下河系统降水量 3581.94 万 m³/a，外源水补给量 482.01 万 m³/a，含水层释放量 289.75 万 m³/a，总补给量为 4353.70 万 m³/a；其中岩溶管道排泄量 3619.72 万 m³/a，水头边界排出量 68.36

万 m³/a，局部泉排泄量 199.95 万 m³/a，含水层储存量 442.66 万 m³/a。

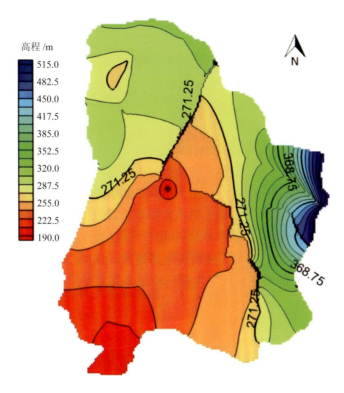

图 3-80　RIVER 子模块模拟寨底岩溶流域末期流场图

表 3-30　海洋—寨底地下河系统水资源量

项目	补给排泄项	水资源量/(万 m³/a)	所占比例/%
补给项	降水入渗	3581.94	82.27
	外源水补给	482.01	11.07
	含水层释放量	289.75	6.66
	总补给量	4353.70	100.00
排泄项	岩溶管道排泄量	3619.72	83.93
	含水层储存量	422.66	9.80
	局部泉排泄量	199.95	4.64
	水头边界排出量	68.36	1.58
	蒸发量	2.25	0.05
	总排泄量	4312.94	100.00

第四章 西南岩溶石山区地下水开发利用区划

第一节 岩溶地下水开发利用现状

一、西南岩溶石山区地下水开发利用历史

我国西南岩溶石山区地下水开发利用历史悠久，远在唐代就围泉修堰，用以灌溉，地下水的天然露头更是当地居民生活和农业生产的主要供水水源。建国后，随着经济建设发展，地下水的开采量一直呈明显的增长趋势，特别是 20 世纪 70 年代以来，开采量增加速度较快。

进入 21 世纪，在国家地质大调查项目"西南岩溶石山地下水调查与地质环境整治示范"的基础上，在区内实施了以整治石漠化环境为主要目的的平塘县巨木地下河、道真上坝地下河的开发利用示范工程，并在典型缺水区实施了探采结合以解决农村饮水为主要目的的机井开采开发利用示范工程。这些地下水开发利用示范工程取得了良好的社会和环境效益，并带动了西南地区大规模的地下水找水打井工程，其中仅贵州省从 2007 ~ 2012 年共实施机井 2014 个。

总体来说，西南岩溶石山区分布面积相对较广，岩溶地下水资源丰富，但岩溶地下水的开发利用程度相对较低，一般岩溶地下水的开发利用率在 4% 左右，区内开发利用岩溶水的方式主要有：修建地下水库，堵、截、引地下河水，扩泉围堰，利用天窗或溶潭提水，钻井采水等。由于开发难度较大，部分地区农业用水、工业及生活用水尚未解决，局部地区甚至人畜饮水问题也未能解决。

二、2003 年以来开展的岩溶地下水开发利用示范工作

2003 年以来，中国地质调查局下达了"西南岩溶石山地下水调查与地质环境整治示范"项目，在此期间，西南各省地质调查单位在地下水与地质环境调查工作的基础上，选择有代表性的表层岩溶泉、地下河及蓄水构造开展了地下水开发利用示范工程工作。

（一）表层岩溶水开发利用示范工程

表层岩溶水的赋存条件不同，适合的开发利用方式也不同。根据表层带岩溶水的赋存条件，结合当地对水资源的需求，探索了蓄、引、提等不同开发利用方式的示范工程，取得了良好的效果，并且通过工程建设，总结经验，为西南地区表层岩溶水的开发利用提供样板。典型代表如云南省泸西县大湾半孔表层岩溶泉蓄、引工程，设计在表层岩溶泉口的下方修建蓄水池，再用引水管将水引入现有供水管网系统，雨季关闭凹部山水库供水，主要利用大湾半孔表层岩溶泉水，旱季启动凹部山水库供水，并以大湾半孔表层岩溶泉水作为补充，从而实现利用泉—池—窖联网调节使用的表层岩溶泉开发利用模式，大湾半孔表层岩溶泉蓄、引示范工程为 7059 人和 5000 亩经济作物提供了抗旱水源，并为相连村寨的水池、水窖提供了循环水流，改善了旱季水质，它是高寒山区分水岭地带因地制宜，利用表层岩溶水资源有效解决缺水困难的成功实践。相似的示范工程还有广西隆安县城厢镇良安村内温屯拦、引表层岩溶水开发利用示范工程和都安瑶族自治县（以下简称都安县）三只羊乡拦、引龙那表层岩溶泉开发利用示范工程。

（二）地下河开发利用示范工程

由于水文地质背景各有不同，地下河与当地集镇、村寨及耕地集中分布的岩溶谷地在空间上的分布关系不同，各地区地下河的适宜开发工程方式也不同。

贵州省根据地下河与当地集镇、村寨及耕地之间的关系，将地下河分为高位和低位两种类型。平塘县巨木地下河出口由于远低于当地的耕地、集镇，因此，代表了低位地下河类型；上坝地下河河床远高于相邻的道真仡佬族苗族自治县（以下简称道真县）县城和上坝谷地，因而代表了高位地下河类型。两条地下河开发示范工程解决了示范区 3.7 万人和 1.5 万头大牲畜的饮水困难，2.2 万亩农田灌溉问题。另外平塘县巨木地下河流域重度石漠化面积减少 84.31 km^2，无石漠化区面积增加了 167.76 km^2，道真县上坝地下河流域 7.4 km^2 石漠得到明显改善；探采结合打井 55 口，涌水量 8 万 t/d，解决了近 10 万人、6 万余头大牲畜饮水及 3 万多亩旱地灌溉用水的问题。

湖北省代表性的地下河开发利用示范工程狮子关水电站，该水电站是靠封堵亮洞地下河成库的中型水电站，其库容和作用水头都已超过了目前同类型水库世界之首的云南蒙自五里冲水库（库容为 7949 万 m^3，作用水头 106 m）。狮子关水电站的最大特点是小流域、大库容、高水头（152 m）。作用水头高，单位水资源的发电量大，总装机容量达 5.5 万 kW，多年平均发电量 0.267 亿 kW，年发电时数为 2671 h，发电效益较高。由于流域面积小，多年平均径流量为 7530 万 m^3，占总库容 1/2，有效库容的 3/4，因此该水库具有年调节洪水的强大功能。对长江流域防洪体系的建设具有重要的指导意义，同时对下游洞坪、水布垭等大型水电站的防洪和发电也有重要的调节作用。

其他各省也因地制宜，根据各地地形地质条件，利用堵洞成库、直接引水、筑坝引水、截流引水等方式建立了很多示范工程，例如，广西忻城县鸡叫地下河堵洞工程、云南省小平桥地下河地下-地表联合调蓄水库工程、湖南省新田县水浸窝地下河筑坝引水工程。

（三）机井地下水开发利用示范工程

2003 年以来，各省先后建成了多处机井地下水开发利用示范工程，其中云南省经过详细的 1∶50000 水文地质及环境地质调查评价，结合当地需求进行论证选点，共建成岩溶水源地开采井 36 口；贵州省岩溶石山区地下水与地质环境调查项目共实施探采结合井 55 口，为当地缺水区村民饮水和农田灌溉提供了安全的水源，并为贵州省的农村饮水安全地下水工程和抗旱打井作出了示范，典型示范工程有兴义市白碗窑镇品德村河谷斜坡峰丛洼地区机井、玉屏侗族自治县（以下简称玉屏县）朱家场地区白云岩山间盆地机井等；广西区内分别开展了刁江流域、清水河流域等 18 个岩溶流域（或岩溶石山区）的 1∶50000 水文地质及环境地质调查，完成了钻探成井 50 口地下水开发利用示范工程；湖南省的机井地下水开发利用示范工程代表为新化温塘镇钻孔探采结合示范工程；湖北省在区内已经开展 1∶50000 简测或草测区的江源流域、家河流域、勇洞河流域和马尾沟流域内，在项目实施过程中以探采结合开展了机井开发利用示范工程。

三、近几年地方政府立项实施的地下水勘查与饮用水示范工程工作

为了解决岩溶石山区农村饮水安全，在国家岩溶石山区地下水调查及开发利用示范工程的带动下，近年来西南各省、自治区及地方政府组织实施了大规模的以解决农村饮水安全为主要目的并兼顾农田灌溉、烟水配套工程的地下水勘查和饮用水示范工程。

以贵州为例，从 2007 年开始，贵州省委省政府启动了以解决农村饮水安全为主要目的的"贵州省地下水勘查开发"，开展了地下河及岩溶大泉的开发工程和机井地下水开发工程。先后实施了威宁彝族回族自治县（以下简称威宁县）花岩洞岩溶大泉和朱仲河地下河的地下水开发利用工程，并在全省 9 个州（市）共完成勘查找水打井 2047 处，完成钻探进尺 310 976.70 m，成井 1651 口，成井率 80.65%，干孔 365 个，占总井数 18.35%。成井总涌水量达 715 452.70 m³/d，单井平均涌水量达 433.45 m³/d。

四、近几年组织的抗旱打井工作

自 2009 年起我国西南地区遭受百年不遇的连续旱灾，各省（自治区、直辖市）先后多次组织抗旱打井工作，有效缓解了居民饮用水困难，取得了良好的经济、社会、环境效益，影响深远，意义重大。

云南省国土资源系统先后三次启动云南省抗旱救灾地下找水突击行动，在 2010～2013 年云南实施的抗旱打井工程中，累计成井 1487 口，涌水量 193 860 m³/d，实施地下河提水工程 21 处，累计供水量 3966 m³/d，共缓解约 285 万人的饮水困难，有效地改善了项目区缺水状况、饮水卫生条件。

2009 年秋至 2010 年春，贵州省遭受百年大旱，2011 年 8 月，贵州省再次遭受大旱，贵州省启动了抗旱打井工作。2010～2011 年在全省 9 个州（市）共完成勘查找水打井

752 处，完成钻探进尺 113 888.6 m，成井 610 口，成井率 81.12%，干孔 124 个，占总井数 16.50%，另有 18 口井由于水质检测后按地下水质量标准评价为 V 类水（占总数 2.38%），不能作人畜饮水水源，故未计入成井范围，成井总涌水量达 313 194.15 m³/d，平均涌水量达 513.43m³/(d·井)。各地勘查找水结果详见表 4-1。

表 4-1 贵州省抗旱打井工程勘查找水结果统计表

序号	州（市）	完成井数/口	总进尺/m	涌水量/(m³/d)	平均涌水量/[m³/(d·井)]	成井/口	干孔/口	V 类水孔/口	成井率/%
1	安顺市	81	12 488.7	57 625.42	823.22	70	9	2	86.42
2	毕节市	85	13 115	23 220.23	414.65	56	21	8	65.88
3	贵阳市	90	13 574.4	42 147.91	569.57	74	13	3	82.22
4	六盘水市	19	2 893.1	4 232.13	423.21	10	8	1	52.63
5	黔东南苗族侗族自治州	88	12 782.1	30 374.64	433.92	70	18	—	79.55
6	黔南布依族苗族自治州	112	17 047.2	56 532.4	576.86	98	14	—	87.50
7	黔西南布依族苗族自治州	102	15 514.3	34 291.71	394.16	87	13	2	85.29
8	铜仁市	91	13 341.3	28 632.6	381.77	75	16	2	82.42
9	遵义市	84	13 132.5	36 137.11	516.24	70	12	2	83.33
	总计	752	113 888.6	313 194.15	513.43	610	124	18	81.11

2010～2014 年，广西壮族自治区国土资源厅组织实施了多项农村抗旱打井工程，包括广西大石山区人畜饮水工程建设大会战抗旱打井工程、广西百色市抗旱打井工程和广西"十二五"农村饮水安全抗旱打井工程，前后历时 4 年，在广西全区 71 个县（市、区）3000 多个人口在 200 人以上的村屯实施抗旱打井工程，成井 2734 口，解决了 177.57 万人的饮用水源问题。

2013 年夏，百年不遇的大旱侵袭湖南省大部分地区，由湖南省地质矿产勘查开发局统一协调，湖南省地质调查院牵头、湖南省地质矿产勘查开发局 417 队和 409 队参加，在"衡邵干旱走廊"的衡阳县、邵东县、邵阳县、隆回县、涟源市、宁远县、安化县等地实施全省抗旱打井工作，于 2013 年年底全面完成了本次工作任务。共施工完成 36 口井，完成面上 1：10000 水文地质调查面积 108.20 km²，物探勘查 21 处，共计 4911 点，累计施工水文钻探 3485.18 m，下入建井管材 548.98 m，安装水泵及扬水管共计 22 台（套）。

第二节 岩溶地下水开发利用条件

一、岩溶地下河开发利用条件

地下河发育规模、展布格局受岩性、构造、地形、地貌及地表水文网控制。在地层和岩性上：石炭系（C）、二叠系（P）的石灰岩分布区地下河最为发育，规模一般较大，而在白云岩、白云石化的次生白云岩及不纯石灰岩中发育较少；在地质构造上：碳酸盐岩分布广的宽缓褶皱核部，地下河常发育成不同形状的网络状系统，该类型地下河系统的分布以黔南箱状隔槽式构造分布区最为典型。碳酸盐岩与碎屑岩或不纯碳酸盐岩地层相间分布的紧密褶皱区，地下河局限在碳酸盐岩地层中沿走向呈单枝状发育，并且受构造控制，常发育一些高悬于相邻岩溶槽谷之上的高位地下河，适宜于堵、蓄、引的方式对地下河进行开发利用；在地形地貌上：裸露型岩溶石山区斜坡地带地下河发育数量多且规模相对较大，地下河流域内地表落水洞、岩溶洼地、竖井、天窗等发育，径流途中明流、暗流交替频繁，在地下河径流的纵剖面上，多表现为反平衡剖面，即在一个流域的中上游地带，地下水水力坡度相对较小，地下水埋深浅，易于开发利用，适宜井采或提地下河天窗进行地下水开发利用，而在地下河下游至出口地带，水力坡度往往急剧加大，地下水埋深加大，常有百米以上，地表缺水严重，地下水开采难度大，以黔南大小井地下河系统最为典型；高原台面上多为覆盖型岩溶石山区，地下河发育较少且规模相对较小，地下河埋深一般不大，沿地下河在地表显示以岩溶潭为主，其次为少量的地下河天窗。整个地下河径流带上，地下水水力坡度较小，地下河出口与当地耕地分布高差不大，易于开发利用。

总体来说，地下河由其水文地质特征所决定，适宜多方式、多源取水，以引、提、堵、蓄的方式开发利用溶井、地下河出口等天然出露的岩溶水为主，只有在岩溶发育较为均匀，储存量较丰富的地段，才宜钻井开采岩溶水。对有条件的地下河系统，通过建设地下水库、地表—地下水库调蓄，可大大提高岩溶水的利用率。

二、岩溶大泉开发利用条件

岩溶大泉系统是岩溶地下水系统的另一种主要形式，与地下河系统的主要区别在于，整个系统中含水岩体无明显地下水集中储集和运移的、规模较大的地下通道或空间，受地质构造、地形切割等因素影响仅在近排泄地带的地下水才明显地相对集中径流和集中排泄。

受地形地貌条件及碳酸盐岩组合特征的控制，岩溶大泉出露分布差异较大。在各级高原台面上，岩溶大泉的出露主要受地质构造控制，分别在阻水的断裂带和碳酸盐岩与非碳酸盐岩岩层的接触带附近出露；而在山地斜坡地带，除在一些封闭型的地下水系统中，受断裂或阻水岩层阻隔，岩溶大泉出露位置较高，形成高悬于相邻岩溶谷地或沟谷的高位大泉外，开放型的地下水系统中的岩溶大泉主要受地形切割控制，出露在切割较深的河谷和沟谷中。

岩溶大泉的出露受地层岩性控制特别明显，以石灰岩为主的清虚洞组、红花园组、黄龙马平组、栖霞组、茅口组、永宁镇组是岩溶大泉最发育的层组；在以白云岩为主的震旦系灯影组（$Z_b dn$）、中寒武统高台组至上寒武统娄山关群（$\epsilon_{2-3}g-ls$）、上泥盆统望城坡组（D_3w）、下三叠统安顺组（T_1a）及中三叠统关岭组（T_2g）中，岩溶大泉发育的程度远不如以石灰岩为主的层位。

岩溶大泉按其水力性质可分为上升泉和下降泉，前者具有承压水头，后者受重力作用自由流出地表。

岩溶下降泉是岩溶水出露的主要形式，按其出露的位置和成因主要有：①悬挂岩溶大泉，常分布于高位向斜的翼部石灰岩与碎屑岩的接触带附近，此类泉点由于出露位置高、适宜于引泉的方式进行开发利用。在黔北、黔西北向斜成山的垄岗槽谷区，该类型岩溶大泉最为典型。②侵蚀岩溶大泉，是山地斜坡区开放型地下水系统中常见的形式，尤以深切河谷地带最为常见。此类泉点往往流量较大，但由于出露位置低，开发利用难度大。③接触岩溶大泉，多出现在封闭型的地下水系统中，通常在岩溶含水层与非岩溶阻水层接触带出露。区内较多小型地下水库即在非岩溶阻水层分布地带修筑拦水坝拦蓄岩溶水形成地表水库或山塘，采取蓄、引或蓄、提的方式进行岩溶水开发利用。

岩溶上升泉的出露形式主要有三种形式：①上壅承压型，该类型岩溶上升泉主要分布在一些封闭型潜水地下水系统的排泄地带，其成因为来自上游补给和径流区的地下水蓄积了较高的势能，排泄区碳酸盐岩地层中由于岩溶发育的不均匀性使得含水层中地下水积蓄的势能不能迅速释放而出现局部承压性质，当地下水一定的溶蚀通道集中排出地表时，呈现出上升泉的特征。该类上升泉所处的地下水系统实质是潜水系统，而非承压水系统。②层间承压型，是指下伏于非岩溶（或者弱岩溶）隔水层下的承压含水层中岩溶水沿一定的通道以上升形式出露地表形成的上升泉。此类泉大都处于自流盆地和自流斜地的某些有利位置，在贵阳、都匀、六枝等构造盆地中均有出露，该类型岩溶大泉是真正意义上的承压水系统中地下水的排泄。③断层承压型，是由于断层的推掩引起断层下盘含水层中岩溶水的承压或者断层切割承压含水层导致承压岩溶水沿断裂上升呈大泉，如凯里大龙井泉。由于上升岩溶大泉具有流量大，动态稳定，且多分布于构造盆地（谷地）中，亦是人口及耕地分布较为集中的区域，其开发利用程度一般都较高，以提、引的方式进行开发利用较为常见，多数上升泉都是集镇或城市的供水源。

三、储水构造岩溶水开发利用条件

储水构造岩溶水开发利用条件指地下水以分散状排泄的岩溶水系统的开发利用条件。受系统中含水层含水介质类型控制，该类系统与岩溶大泉系统和地下河系统的显著区别在于系统中没有明显的地下水集中排泄口，地下水仅在排泄区呈分散小泉、泉群及散流状泄流，地下水赋存和运移的空间为小型溶蚀孔洞和裂隙，组合成为孔洞、裂隙含水介质组合类型，并使得含水岩组的含水性相对均匀，成为介于基岩裂隙水和岩溶水之间的一种相对均匀的含水层。常见的岩溶水储水构造类型有岩溶盆地、岩溶断陷盆地、水平储水构造、单斜储水构造、褶皱储水构造、断层储水构造、表层岩溶带储水构造等。

在地貌上，多为山间盆地、溶丘谷地。在地质构造和地形条件等控制下，盆地成为地下水汇集的场所，盆地和谷地内地下水位埋藏浅，地下水的运移缓慢，且具有近似层流的特征。含水层中地下水流场具有统一的地下水面，一般多能成为一定规模地下水富集的水源地。根据实际的勘探资料和成井资料，在该类含水系统中，地下水适宜的开采方式为凿井取水，成井率在 90% 以上，单井涌水量一般在 500 ～ 1000 m³/d；对于含水层埋藏较浅的岩溶槽谷、洼地、台地区，也适宜采用汲水斜井、大口井、截水槽等方式开发。

四、表层岩溶泉开发利用条件

表层岩溶泉的发育受区域构造的影响较小，主要受浅部构造裂隙、风化裂隙的控制。表层岩溶带主要发育在碳酸盐岩层（体）的地表或地表以下附近的一定深度范围内，一般多在 3 ～ 10 m，在不同的地形地貌部位其发育深度也存在一定的差异，一般岩溶谷地、洼地边缘地带其发育深度相对较大，而斜坡地带表层岩溶带的发育深度一般较小。

表层岩溶泉多出露于岩溶谷地、洼地的边缘地带及峰丛洼地的垭口、斜坡上，地形相对比较平缓。如巴马西山、东兰武篆、三弄一带表层岩溶泉较为发育。

表层岩溶泉补给来源主要为大气降水，储存于地表以下浅部一个以溶沟、溶槽、溶隙、溶穴、溶管、溶孔等组合而成的结构复杂的强岩溶化层（带）中，多以悬挂泉或季节泉的形式出露，一般水量较小，多为 0.1 ～ 5.0 L/s；径流路径较短、深度浅，水文循环交替迅速，水文动态对降水变化敏感，多属极不稳定型，多数表层岩溶泉水枯季断流，而在雨季，特别是大雨后在其附近坡脚或山坡上很多部位出现泉流。

表层岩溶泉有出露位置高，易于开采利用的优点，但其基流量小、动态变化剧烈的特征给开发利用带来极大的困难。在开发利用的方式上应与一定的调蓄工程措施相结合，才能达到充分利用；此外，不同类型的地下水系统中，表层带岩溶水的赋存条件不相同，适宜的开发利用方式也不同。综合多年来我国西南岩溶石山区表层带岩溶水开发利用的经验，合理的开发利用方式主要有蓄、引、提等，在有条件的地区，也有采用隧洞"截"和施工浅井提水的形式。

第三节　岩溶地下水开发利用区划

一、区划原则

（一）总体原则

总体上，各岩溶流域从补给区到排泄区地质环境特征差异较大、社会经济发展水平参差不齐，导致在对岩溶水资源开发利用规划问题中，各流域由于小区域地表水文网和水文地质条件的控制，在水资源利用方式上亦各具特点。因此，各流域岩溶水资源开发利用区划的总体原则为：分层次，按"整体控制，分区落实，综合考虑，满足需要"的原则进行区划。即首先按照有效的水资源开发对象（类型）分区，再结合主要地质环境问题及水文地质条件按开发利用方式进行分区。

（二）基本原则

1. 保持岩溶流域完整性原则

岩溶水资源开发利用规划应以小流域为出发点，积累在不同地区实施的小流域整治取得的成功经验、以小流域为单元实施地质环境综合整治，便于工程措施的安排。立足于工作区内的岩溶流域，主要反映地下河系统、泉域、表层岩溶带等各种岩溶地下水系统，系统分析各岩溶流域的水文地质单元边界条件、地下水的补给、径流、排泄关系，地下水埋深，地下水的资源量及保证程度等，反映出调查区内的地下水开发难易程度。

2. 以地下水开发为龙头，服务于地质环境整治的原则

对岩溶地下水资源的开发，在解决人畜饮水的前提下，改善生存环境，在保证农田灌溉用水的基础上，为农业种植结构的调整提供依据，进而从地学角度提高资源承载力，达到以治理石漠化为主的地质环境整治的目的。

3. 示范工程的样板原则

抓住造成流域地质环境质量下降的主要因素，充分利用已有的治理模式，结合具体条件，围绕预定目标，以治水、治土为突破口，在区内选择具有不同地质环境条件、代表性强的典型流域，进行岩溶地下水开发与地质环境综合整治示范，并总结成功经验进行推广。

4. 治理工程与当地经济发展水平相适宜的原则

进行区划时，必须深入分析和研究社会经济状况，考虑地下水开发、环境整治与当地社会经济的密切联系，使地下水开发、环境整治与社会经济发展紧密结合，提高分区的现实价值和可操作性。

5. 前期开发利用地下水成功或失败的经验

在调查区内，对前人进行的岩溶地下水的开发利用的经验进行借鉴，这些经验教训是本书规划分区的有力支持，应充分吸收。

6. 可持续发展原则

岩溶地下水开发与地质环境综合整治要全面贯彻可持续发展战略思想，运用系统论的思想来研究岩溶石山区的人地关系。坚持以人为本，以合理开发、利用和保护自然资源为出发点，实行资源开发与环境保护并重，在保护中开发，在开发中保护，实现环境、经济、社会协调发展。

7. 加强管理、提高水资源利用的原则

推广节水技术，大力节约用水，提高水的利用效率，初步建立节水型农业、节水型工业和节水型社会。

二、岩溶地下水开发利用区划

（一）云南省岩溶地下水开发利用区划

在水文地质分区的基础上，进行开发利用区划。云南省岩溶石山区共划分出 5 个大区、15 个小区。小区代号为水文地质分区代号后加 -1、-2、-3 表示，-1 代表以蓄、提为主，引为辅的开发方式，-2 代表以引为主，蓄为辅的开发方式，-3 代表以提为主，蓄、引为辅的开发方式。含义如下：蓄表示建水库、坝塘、水窖，提表示打井提取深层地下水，引表示渠引利用地下河、岩溶大泉。开发利用区划分区见表 4-2、图 4-1。

表 4-2　云南省岩溶水开发利用区划表

一级分区		二级分区		三级分区			涉及县（市、区）	可采资源量 /(万 m³/a)
代号	名称	代号	名称	名称	代号	开发方式		
I	滇西北褶断带高山中山峡谷岩溶水裂隙水区	I₁	德钦—香格里拉高山中山峡谷富水性中等岩溶水裂隙水亚区	德钦—香格里拉高山中山峡谷小区	I₁₋₂	以引为主，蓄为辅	德钦、维西、香格里拉县	45 548.35
		I₂	丽江—华坪中山峡谷盆地富水性中等至丰富岩溶水亚区	丽江—华坪中山峡谷盆地小区	I₂₋₂	以引为主，蓄为辅	丽江、鹤庆、宁蒗、华坪	41 573.5
II	滇东北拗褶带中山峡谷岩溶水裂隙水区	II₁	永善—会泽高中山河谷岸坡富水性贫乏至中等岩溶水裂隙水亚区	永善—会泽高中山河谷岸坡小区	II₁₋₃	以提为主，蓄、引为辅	永善、盐津、大关、巧家、会泽	32 893.8
		II₂	昭通—镇雄高中山峡谷盆地富水性中等至丰富岩溶水亚区	昭通高中山峡谷盆地小区	II₂₋₁	以蓄、提为主，引为辅	昭阳、鲁甸	10 132.4
				彝良高中山峡谷盆地小区	II₂₋₂	以引为主，蓄为辅	彝良、威信、镇雄	21 082.4
III	滇中滇东台背斜台褶带山原盆地岩溶水裂隙水区	III₁	玉溪—易门中山盆地富水性贫乏至丰富岩溶水裂隙水亚区	玉溪—易门中山盆地小区	III₁₋₁	以蓄、提为主，引为辅	玉溪、易门	4 347.15
		III₂	昆明—建水中山盆地富水性中等至丰富岩溶水亚区	昆明—宜良中山盆地小区	III₂₋₁	以提为主，蓄、引为辅	昆明、嵩明、呈贡、宜良	23 608.2
				寻甸—富民中山盆地小区	III₂₋₂	以引为主，蓄为辅	禄劝、富民、寻甸、	18 611.35
				通海—建水中山盆地小区	III₂₋₃	以提为主，蓄、引为辅	江川、澄江、华宁、通海、建水	22 224.85
		III₃	宣威—弥勒中山盆地富水性贫乏至丰富岩溶水亚区	宣威—弥勒中山盆地小区	III₃₋₁	以蓄、提为主，引为辅	宣威、曲靖、富源、马龙、陆良、路南、弥勒	113 029.55
IV	滇东南褶皱带中山峰丛盆（洼）地谷地岩溶水裂隙水区	IV₁	开远—个旧河间山地盆（谷）地富水性中等岩溶水亚区	开远—个旧河间山地盆（谷）地小区	IV₁₋₁	以蓄、提为主，引为辅	开远、蒙自、个旧	30 444.65

续表

| 一级分区 | | 二级分区 | | 三级分区 | | 开发方式 | 涉及县(市、区) | 可采资源量/(万 m³/a) |
代号	名称	代号	名称	名称	代号			
Ⅳ	滇东南褶皱带中山峰丛盆(洼)地谷地岩溶水裂隙水区	Ⅳ₂	罗平—西畴峰丛盆(洼)谷地富水性贫乏至丰富岩溶水亚区	罗平—西畴峰丛盆(洼)谷地小区	Ⅳ₂₋₁	以蓄、提为主，引为辅	罗平、师宗、泸西、丘北、广南、砚山、西畴、富宁、文山	110 445.4
		Ⅳ₃	屏边—麻栗坡河谷岭坡富水性贫乏至丰富岩溶水裂隙水亚区	屏边—麻栗坡河谷岭坡小区	Ⅳ₃₋₂	以引为主，蓄为辅	屏边、河口、马关、麻栗坡	28 002.8
Ⅴ	滇西褶断带中山宽谷盆地岩溶水区	Ⅴ₁	保山—沧源中山宽谷盆地富水性丰富岩溶水亚区	保山中山宽谷盆地小区	Ⅴ₁₋₁	以蓄、提为主，引为辅	保山、施甸	30 200.1
				沧源中山宽谷盆地小区	Ⅴ₁₋₂	以引为主，蓄为辅	镇康、永德、耿马、沧源	41 704.9

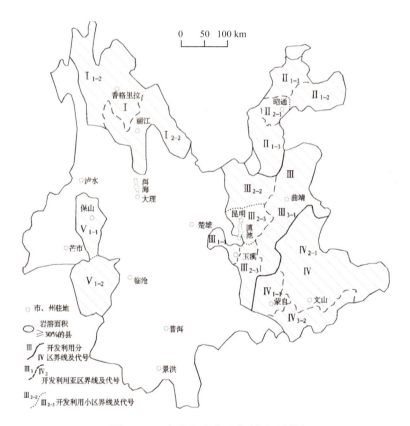

图 4-1　云南省岩溶水开发利用区划图

　　1∶50000 调查区，岩溶水开发利用区划方法，以各小岩溶流域为一级区划单元，依据地质环境条件的差异，将小流域进一步划分为便于识别的盆地底部、盆地外围山区、河谷区三种基本的地貌组合类型。再根据不同的类型选用适宜的开发方式。盆地底部区，适宜以引、提为主的开发方式；盆地外围山区，适宜以引为主、蓄为辅的开发方式，局部可打井开采；河谷区，适宜以蓄为主的开发方式；峰丛洼地区较为特殊，只适宜积蓄利用，见表4-3。13个流域均划分了不同的适宜性开发利用方式分区，共划分岩溶盆地二级分区34个、三级分区67个，岩溶河谷二级分区38个。并针对不同的水源地提出了具体的开发建议方案。

表4-3　1：50000调查区岩溶水开发利用区划类型表

一级分区	二级分区	三级分区	主要水源地类型	适宜开发方式
岩溶小流域	岩溶盆地	盆（谷）地底部平坝区	富水块段、泉、地下河	适宜蓄、引、打井利用为主
		盆地外围山区　一般山区	泉、表层岩溶泉、地下河	适宜蓄、引利用为主
		峰丛洼地区	表层岩溶泉	适宜积蓄利用
	岩溶河谷	—	泉、表层岩溶泉、地下河	适宜蓄、引利用

（二）贵州省岩溶地下水开发利用区划

根据对贵州省岩溶石山区的地下水开发利用（条件）分区，结合经济社会发展规划布局及其对水资源的需求，对不同分区提出岩溶地下水资源开发利用的区划建议。

1. 地下水易开发利用区（A）

岩溶地下水易开发利用区主要分布在贵州省的乌蒙山、大娄山、武陵山、雷公山等山脉之间的高原台面上。在岩溶流域分区上为"高原台面盆谷型流域区（Ⅱ）"范围，分布面积几近占贵州省土地面积的1/2。该区的总体特征为地势相对平缓，地下水埋藏较浅且较丰富。根据水文网对岩溶地下水系统的控制，分为黔中—黔东和黔西南两个亚区。

（1）黔中—黔东亚区（A_1）

分布范围覆盖黔中、黔北南部，并贯通黔东和黔南，包括岩溶流域分区中的黔北峰丛盆谷子区（$Ⅱ_1$）、黔东溶丘谷地型流域子区（$Ⅱ_2$）、黔中丘原、峰林盆地型流域子区（$Ⅱ_3$）及黔南峰林谷地型流域子区（$Ⅱ_4$）。

1）黔北峰丛盆谷子区

在岩溶流域分区中属于黔北峰丛盆谷型流域亚区（$Ⅱ_1$）分布范围。在行政区涉及遵义市、黔南布依族苗族自治州北部及铜仁市所辖部分县，主要涉及的四级流域有洪渡河、乌江下游思南至省界干流、构皮滩至思南干流、鸭池河至构皮滩干流、湘江、余庆至石阡河等。

该子区地势总体南西高北东低，地貌组合类型有溶丘谷地、溶丘盆地、峰丛谷地、峰丛洼地、垄岗槽谷及溶蚀构造、溶蚀-侵蚀地貌类型。典型的水文地质特征为宽缓背斜与紧密向斜相间分布，地貌上具有"向斜成山、背斜成谷"的特点。背斜核部广泛出露寒武系娄山关群白云岩，该岩层分布区在湄潭、余庆、汇川区、红花岗区、绥阳、凤岗等县（区）境内形成较多的宽广的岩溶盆地、谷地，盆（谷）地中地下水埋深浅，岩层含水相对均匀且丰富，通过勘查评价，多可以成为小—中型的供水地下水源地。

向斜核部以三叠系地层为主，翼部志留系—三叠系碳酸盐岩与碎屑岩相间分布，在北北东向构造控制下塑造成北北东向相间排列的、高耸于背斜核部的岩溶盆（谷）的垄岗槽谷。在垄岗槽谷地带，碳酸盐岩地层中发育了较多的高于相邻岩溶谷地和槽谷的高位地下河，在碳酸盐岩与碎屑岩接触地带，受下伏碎屑岩阻隔出露了较多高悬于相邻岩溶槽谷的岩溶大泉。

该子区内娄山关群白云岩山间盆地（谷地）亦是农田集中分布、城镇和村寨集中分布的地方，在空间上具有人、地、水分布的一致性，而且白云岩含水空间主要为细小的裂隙和孔洞，开采地下水引发地面塌陷和沉降的可能性小，适宜于采用机井开采地下水。目前分别在遵义市红花岗区的海龙坝和四衙坝、汇川区的高坪、泗渡—板桥、遵义县新蒲、绥阳县儒溪等地勘探，已经证实为良好的地下水源地。在地下水的开发利用中，可以结合经济社会发展的需求，选择这样的岩溶盆地开展勘查，查明可开发利用的地下水资源，为城镇、工业园区和农业产业园区提供集中供水水源。对一些分散的缺水村寨，亦可采用分散机井开采地下水，解决饮水安全问题。

垄岗槽谷地带发育的高位地下河及岩溶大泉具有水量大、势能高的特点，可以参照道真县上坝地下河的开发模式，将地下河及岩溶泉的水能和水量进行综合开发，利用地下河出口和泉口相对较高的优势自流引水解决农田灌溉、农村饮水、集镇和工业园区及农业产业园区供水，有条件的可兼顾发电。在一些切割深度相对较小的河谷斜坡区，河谷斜坡台面的三叠系、二叠系石灰岩类含水岩组分布地带也常见地下河、岩溶泉出露，虽然这些地下水天然露头出露位置相对较低，但由于与人口和耕地集中分布的谷地高差不是太大，仍具有采用蓄、引、提方式对地下河出口、竖井、天窗、岩溶大泉进行开发的良好条件。

区内遵义市中心城区周边高坪、海龙坝、四衙坝和板桥的中上寒武统娄山关群白云岩地层分布区，地形平坦、开阔，地貌组合类型为缓丘、丘峰谷地，含水层富水性强且均匀，岩溶地下水浅埋，宜采用机井开采。上述区域开展过水文地质调查、勘探工作，岩溶地下水赋存特征、水环境状况及资源量已查明，有条件成为该市应急水源地。

对于毗邻乌江干流及其较大规模支流的深切河谷斜坡地带，地下水多以集中管道流的形式迅速向深切河谷径流，地下河出口、岩溶泉多位于傍河地带，开发利用难度大，而上游区域也因地下水埋深大，地下水开发利用的难度较大。

该子区地下水天然资源量（50% 保证率）为 95.386 亿 m^3/a，地下水天然资源量（75% 保证率）为 278.441 亿 m^3/a，地下水天然资源量（95% 保证率）为 78.706 亿 m^3/a，地下水天然排泄量 76.022 亿 m^3/a，可开采资源量为 20.841 亿 m^3/a。丰富的地下水资源为地下水的开发利用提供了保障。

2）黔东溶丘谷地型流域子区

该区位于贵州省东部，为岩溶流域分区中的黔东溶丘谷地型流域亚区（II$_2$）的分布范围，行政区涉及黔南布依族苗族自治州的都匀市、黔东南苗族侗族自治州的凯里、麻江、施秉、镇远及铜仁、玉屏、江口、松桃等县（市），包含的四级流域有洞庭湖水系沅江流域、舞阳河、锦江及松桃河。

区内地处贵州高原向湘西丘陵过渡的斜坡地带，河流切割较浅，平缓起伏的盆地、谷地分布面积较大，地势南西高北东低。武陵山脉在西侧呈北北东向展布，其中的梵净山为国家级著名旅游景点。

碳酸盐岩类地层在该区大面积出露,以寒武系碳酸盐岩类地层分布最广为其特点。其中,中上寒武统娄山关群白云岩塑造的地貌组合类型多为溶丘谷地、丘峰谷地、缓丘坡地,含水层含溶孔-溶隙水且含水较均匀。下寒武统清虚洞组石灰岩分布区地貌景观常为峰丛洼地、峰丛槽谷,含水层含水性极不均匀,以裂隙-溶洞水为主,但地下河出口、竖井、天窗、岩溶大泉出露较多,适合对这些地下水的天然露头采用蓄、引、提的方式开发利用。

该子区地下水天然资源量(50%保证率)为 49.435 亿 m³/a,地下水天然资源量(75%保证率)为 45.668 亿 m³/a,地下水天然资源量(95%保证率)为 40.482 亿 m³/a,地下水天然排泄量 42.154 亿 m³/a,可开采资源量为 12.45 亿 m³/a。

总体而言,该子区地下水开发利用条件较好,尤其是中上寒武统娄山关群白云岩分布区,从 2007 年以来,机井开采地下水已较为普遍,是省内岩溶地下水开发程度较高的区域,铜仁市的松桃、江口、碧江区、万山、玉屏,以及黔东南苗族侗族自治州的凯里、镇远、黄平、麻江、施秉等县相当部分的农村饮水、耕地灌溉均采用对岩溶泉引、提或机井开采地下水作为供水水源。

根据该子区岩溶地下水赋存特征及其开发利用条件,区内比较典型的岩溶地下水富集地带如江口县的闵孝至县城区,娄山关群白云岩中岩溶地下水的浅埋富集,浅切河谷地带泉水呈带状出露,流量为 41~580 L/s,蓄、提条件较好;云舍—怒溪地带岩溶地下水富集带,断裂控制下的岩溶泉、地下河出露点较多,开发利用条件较好;碧江区的谢桥—川硐岩溶地下水富集带,地形平缓,地下水埋深浅,机井开采地下水的条件较好;岑巩县水尾片区岩溶地下水富集带,地形宽缓平坦,北北东、北东及近南北向断裂交汇带形成了岩溶地下水富集场所,地下水埋深小于 20 m,泉采、井采均适宜;玉屏县兴隆—朱家场岩溶地下水富集带,地貌组合类型以溶丘谷地为主,岩溶地下水赋存于中上寒武统白云岩岩石中的网状溶蚀裂隙、溶孔内,水位埋藏浅;玉屏县田坪—亚鱼岩溶地下水富集带,条件类同于朱家场,上述岩溶地下水富集地带,均适合机井开采地下水。

该子区重要城市包括黔南布依族苗族自治州州府都匀市、黔东南苗族侗族自治州州府凯里市和铜仁市碧江区,三市中心城区及其周边区域水文地质条件均较好。都匀市的七星山、杨柳街、甘塘片区,分布上寒武统—中二叠统碳酸盐岩类地层,含水层富水性强,岩溶地下水天然露头出露点多,井采、泉采岩溶地下水的条件均较好,可成为城市供水的应急水源地;凯里市除可将中心城区已关停的开采井列入应急水源外,鸭塘与蒿支坪—格冲两片区中上寒武统娄山关群白云岩含水层富水均匀,含水丰富,亦可列为该市应急水源地;铜仁市周边的清水塘、谢桥两地,岩溶泉、地下河出口流量大,数量多,堵、蓄、引、提岩溶地下水的条件均好,采用集中开发模式可使其成为该市应急水源地。

但是,该子区一些处于分水岭地带和切割较深的河谷斜坡地带地下水的开发利用条件仍然较差。如处在分水岭地带的黄平县一碗水、处在河谷斜坡地带且寒武系清虚洞组石灰岩大面积分布的岑巩县天马、石炭系—二叠系石灰岩分布的麻江县贤昌、景阳、谷洞等地,虽然亦有岩溶谷地分布,地形平缓,但受地形、构造及地层岩性等影响,石灰岩岩溶强烈发育、岩层含水性极不均匀，而且地下水径流分散、地下水天然露头鲜见，水文地质条件较复杂，众多失败的地下水工程实例也证实了此类区域岩溶地下水开发利用难度大。

3）黔中丘原、峰林盆地型流域子区

该子区在岩溶流域分区上属于黔中丘原、峰林盆地型流域亚区的东部黔中块段（II$_{3-1}$），在行政区上分属贵州省中部的贵阳市、安顺市和毕节市的黔西县。涉及的四级流域有乌江水系的猫跳河、野纪河—偏岩河、南明河等。

区内地势呈西高东低之势，贵阳至清镇一线以北处于贵州一级高原台面向黔中山原过渡的斜坡地带，河谷深切，地形起伏大，地貌组合类型有峰丛槽谷、丘峰槽谷、峰丛洼地及岩溶中山峡谷；贵阳至清镇一线以南的平坝、安顺、镇宁等境内，地形具有准平原化特征，平缓、开阔，地貌景观以丘峰谷地、溶丘谷地、残丘坡地为主。

该子区碳酸盐岩含水岩组以三叠系地层为主，其次为石炭系和二叠系，岩溶地下水类型有裂隙-溶洞水和溶洞-裂隙水，其中黔中地区尚存中上寒武统娄山关群和震旦系灯影组白云岩溶孔-溶隙水。

该子区地下水天然资源量（50%保证率）为71.528亿 m³/a，地下水天然资源量（75%保证率）为64.766亿 m³/a，地下水天然资源量（95%保证率）为55.481亿 m³/a，地下水天然排泄量60.122亿 m³/a，可开采资源量为17.529亿 m³/a。

贵阳至清镇一线以北为溶丘谷地、峰丛洼地区，下三叠统、中二叠统及石炭系碳酸盐岩地层含裂隙-溶洞水为主，地下水多以管道流形式集中径流排泄，地表地下河天窗、竖井、岩溶泉分布与当地耕地、村寨间的高差小，易开发，蓄、引、提岩溶地下水的条件较好。受岩性、构造因素控制，在宽缓槽谷内地下水一般较为富集、埋深浅而适于机井开发；震旦系灯影组、中上寒武统娄山关群地层白云岩分布区塑造的峰丛槽谷、丘峰槽谷、丘峰谷地地貌景观区，由于含水层富水均匀，加之小断裂的控水作用，槽谷、谷地内常形成地下水集中径流带，采用机井方式开发岩溶地下水的条件较好。

贵阳至清镇一线以南区域，地貌景观以溶丘谷地、丘峰谷地、残丘坡地为主，地形平缓、开阔，岩溶地下水主要富集层位为下三叠统碳酸盐岩地层，地下河呈网络状、树枝状展布，沿地下河轨迹地表地下河天窗、岩溶潭分布密集，地下水埋深浅，利于采用泵提方式开发岩溶地下水；在宽缓的谷地、槽谷中形成的地下水富集地带，有利于采用机井开采岩溶地下水。

贵阳市花溪区马林乡以西约500 m处出露的马林岩溶泉、新添寨镇新庄—洛湾的云锦庄断裂带上分布的众多岩溶大泉可列为该市后备水源地，通过详细勘查后可启动水源地建设工程；安顺市的宁谷、水塘寨—五官屯片区距城区较近，为白云岩山间盆地区，含水层富水均匀，岩溶地下水适宜采用机井方式开采，可列为该市后备水源地。

猫跳河、鸭池河、三岔河等河流流经该区，各河谷两岸斜坡地带地形起伏强烈，地势高差大，中二叠统、下二叠统碳酸盐岩含水岩组出露分布广泛，塑造的地貌景观为峰丛槽谷、峰丛洼地、峰丛峡谷，赋存其间的岩溶地下水以集中管道流方式快速向深切河谷径流、排泄，地下水埋深较大。位于深切河谷岸边的地下河出口、岩溶泉流量虽大，但由于出露位置过低，与上游村寨、耕地在空间分布上高差大，开发难度仍然较大。

4）黔南峰林谷地型流域子区

该子区地处贵州省南东部，在岩溶流域分区上属于黔南峰林谷地型流域亚区（Ⅱ₄）的分布范围，行政区涉及黔南布依族苗族自治州惠水、长顺、独山、荔波县及平塘县部分，牵涉的四级流域有蒙江、清水江、六洞河及打狗河。

该子区处于贵州高原向桂中平原过渡的斜坡地带，地势北高南低，地形高差较大，石炭系、中二叠统、下三叠统碳酸盐岩类地层占据该子区大部，强烈发育的岩溶造就了以峰丛洼地为主的地貌景观，分布在峰丛、峰林间的洼地及坡立谷内的地下河天窗、竖井及深陷漏斗呈串珠状分布。此外，尚有峰丛谷地、峰林谷地、峰丛槽谷、丘峰谷地等地貌组合类型。

岩溶地下水含水岩组主要为石炭系—下三叠统，岩性以石灰岩为主，岩溶地下水类型为裂隙-溶洞水。地下河多具明暗相间、地表水与地下水转换频繁，水力坡度大，裂点多，地表地下水露头数量少。

该子区内地下水天然资源量（50%保证率）为103.425亿 m³/a，地下水天然资源量（75%保证率）为93.479亿 m³/a，地下水天然资源量（95%保证率）为80.919亿 m³/a，地下水天然排泄量90.160亿 m³/a，可开采资源量为26.509亿 m³/a。

在石炭系—二叠系石灰岩类含水岩组分布的岩溶谷地、槽谷分布区，尽管含水层含水性不均匀，地下河管道发育，但地表地下河天窗、竖井分布较多，地下水埋深浅，岩溶地下水开发可对这些地下河天窗、岩溶竖井采用堵、蓄、引、提方式进行，开发后供水方向为农村人畜饮用、农灌及农村小水电。典型地段如独山下司至麻尾片区，地貌组合类型为峰丛谷地、洼地及峰林谷地，谷地宽缓，洼地多呈浅碟状。下石炭统摆佐组至黄龙组碳酸盐岩类地层岩石岩溶化程度高，含水性不均匀，含裂隙-溶洞水，地下河发育。沿管道延伸方向，地下河天窗、竖井密布，按不同条件，可分别采用泵提、引流或洞内筑坝建地下水库等方式开发岩溶地下水。再如荔波县的巴格、茂兰片区，地貌类型为峰丛谷地，谷地宽缓，树枝状地下河系发育，沿地下河管道延伸方向的地下河天窗、竖井分布密集，岩溶地下水埋深浅，十分利于采用泵提方式开发岩溶地下水。

独山县城及周边区域大面积分布中上泥盆统白云岩，地貌上形成丘峰谷地，谷地中地下水埋深浅，受低序次小断裂控制，岩溶地下水易在低洼的谷地中形成富集带，岩溶地下水开发适于采用井采方式。

岩溶盆地和谷地周边的峰丛洼地区地形切割强烈，地表水系不发育，质纯、层厚的石炭系、二叠系碳酸盐岩含水岩组含水极不均一，地下水埋深通常较大，地表泉水出露稀少，而地下河出口位置低，开发利用难度相对较大。该类地区植被较发育，表层带岩溶地下水较为丰富，可以将"三小"水利工程建设的布置与表层岩溶地下水的分布有效结合，通过对表层岩溶地下水的开发利用来缓解人畜饮水和耕地干旱缺水。对流量较大的地下河、岩溶泉进行开发时，应根据人口、耕地的分布与水源点的高差、距离及供水沿线环境地质条件，强调岩溶地下水开发的社会经济效益，采用集中开发模式扩大供水受益面。

（2）黔西南亚区（A₂）

该亚区地处贵州省西南部，在岩溶流域分区上为黔中丘原、峰林盆地型流域亚区的黔西南块段（Ⅱ₃₋₂），行政区涉及黔西南布依族苗族自治州的兴义市、兴仁县、安龙县、贞丰县等地。亚区内处在由东部北盘江、西部黄泥河，南部南盘江河谷包围的河间地块之间，马岭河等河流从北向东流径亚区内，除各河谷斜坡地带地形起伏较大外，地势总体较为平缓，呈舒缓波状的溶蚀台面，宽缓的岩溶盆、谷中分布着低矮、浑圆的溶蚀丘陵和峰林。

该亚区内广泛分布中下三叠统白云岩、白云质灰岩，地下水类型主要为裂隙-溶洞水，岩溶盆地、谷地中含水层富水相对均匀，地下水埋深较浅，低序次小断裂对宽阔台面上岩溶地下水的富集具有明显的控制作用，极为利于机井开采。

兴义市的枫塘、丰都、鸡场—坝佑及顶效片区环绕城区四周，地貌组合类型为溶丘、丘峰、峰林谷地，地形平缓，含水层富水性强且较均匀，适宜于机井开采岩溶地下水，可作为该市应急水源地。

北盘江、麻沙河、大田河、黄泥河及南盘江等河谷的斜坡地带地貌多呈峰丛洼地，地下河发育，地表水与地下水相互转化频繁，地下水埋深大，地下水露头较少，地下河出口及岩溶大泉多分布在深切的河谷中，与村寨和耕地之间的高差大、距离远，地下水开采难度较大、开发成本高。

2. 地下水开发利用难度较大区（B）

岩溶地下水开发利用难度较大的区域主要分布在贵州省乌蒙山、大娄山及黔南布依族苗族自治州的麻山、瑶山一带。在岩溶流域分区上为高原斜坡峰丛山地区（Ⅰ）范围。该区的总体特征为山体连绵、地势破碎、起伏较大。受水文网、地形地貌及地质构造控制，地下水系统主要表现为开放型。地下水埋藏较深、岩层富水性不均匀、地下水多集中排泄是该区岩溶地下水文地质条件的总体特点。但是，由于受褶皱强烈、碳酸盐岩与碎屑岩地层相间分布及断裂等控制，在一些封闭条件较好的褶曲中，也常形成较多水位埋藏较浅、地下水相对富集的封闭型岩溶储水构造或富水块段。根据岩溶水文地质条件和地下水开发利用条件，在省内划分出黔西北亚区（B₁）、黔北亚区（B₂）及黔南亚区（B₃）三个亚区。

（1）黔西北亚区（B₁）

该亚区地处乌蒙山区，在岩溶流域划分上属于黔西山地斜坡峰丛洼地岩溶流域亚区（Ⅰ₁）的分布范围，涉及行政区有毕节市、六盘水市及黔西南布依族苗族自治州的普安、晴隆等县，包含的四级流域为金沙江、赤水河、乌江上游及南北盘江流域的部分地带。该亚区是国家"开发扶贫、生态建设"试验区所在地、国家各部委和民主党派帮扶的重点区域，是贵州省西部集煤炭开发、煤电、煤化工为一体的能源基地。贵州省经济社会发展规划中定位为以毕节、六盘水、兴义为节点城市，充分发挥能源矿产资源优势，建设我国南方重要的战略资源支撑基地。重点发展煤电、煤化工、钢铁有色、汽车及装备制造、新能源等产业，深入推进毕节试验区建设。

亚区内地形条件大致可分为高原台面、山地斜坡两大类型。以威宁县城为中心，宽缓的高原台面平均海拔近2200 m，成为贵州省内的第一级高原台面。高原面上多坝子和低矮丘陵，地形平坦、开阔。高原台面以外的广大地区形成山地斜坡，山高坡陡，峰峦叠嶂，并受乌江、牛栏江、横江、赤水河、黄泥河、南北盘江等河谷切割，沟壑纵横，河谷深切，地形破碎。在总体的山地斜坡上，受地层岩性、地质构造控制，在中上寒武统、中三叠统白云岩及下石炭统白云质灰岩分布区形成了诸多规模不大的丘峰谷地、峰丛谷地，这些谷地中地下水埋深较浅，岩层含水丰富且含水相对均匀，具有机井开采岩溶地下水的良好条件。其余深切河谷斜坡区域，地下水的赋存主要以地下河为主，在一个地下水系统中，除了在径流区地下水埋深相对较浅外，补给区及排泄区带地下水埋深一般较大，最终多以地下河出口及岩溶泉的方式集中排泄于深切的河谷中，出露位置较低，开发利用难度大。

该亚区地下水天然资源量（50% 保证率）为 53.484 亿 m^3/a，地下水天然资源量（75% 保证率）为 47.925 亿 m^3/a，地下水天然资源量（95% 保证率）为 40.389 亿 m^3/a，地下水天然排泄量 46.997 亿 m^3/a，可开采资源量为 13.741 亿 m^3/a。

威宁县金钟—县城—小海等一带宽缓一级高原台面，以及如毕节市七星关区的朱昌与草提，黔西县谷里、织金县八步等受地质构造控制形成的岩溶谷地、槽谷地带，出露中上寒武统、下石炭统、下三叠统至中三叠统，岩性以白云岩、白云质灰岩为主，含溶洞-裂隙水。地貌组合类型以丘峰谷地为主，并发育有宽缓槽谷、坝子等负地形，地下水埋深浅，岩溶泉、地下河出口及地下河天窗、竖井、岩溶潭分布众多，除可对岩溶泉、地下河进行开发外，谷地地带尚适宜于采用机井采地下水。

斜坡地带的地下河河床通常低于地下水系统中的岩溶槽谷、谷地地面，表现为低位地下河的形式。地下河的开发利用工程可根据地下河系统不同径流区段地下水的赋存和径流条件因地制宜地采用不同的工程方式。对地下河径流带，可采用提水的方式对地下河天窗、岩溶竖井、岩溶潭等建立提水站进行提水，也可在查明地下河管道空间分布的基础上，采用人工竖井或机井揭露地下河管道的方式提水；对于地下河的出口地带，可选择出口与地表河床之间存在一定高差且流量较大的地下河，对出口实施适当的拦蓄工程后，建立水轮泵提水站，利用地下河水的势能和动能提水，其目的为实现低运行成本开采地下水。对出口与缺水对象高差不是太大的地下河及岩溶泉，可参照大方县朱仲河地下河、威宁县东风镇花岩洞地下河的开发模式，充分利用地下河出口、岩溶泉建立引、提水工程，作为解决区内生产和生活的供水水源。

虽然斜坡地带地下水总体上埋深较大，但表层岩溶带较发育，表层岩溶泉较多。因此，解决水资源短缺的另一途径是充分开采利用表层岩溶地下水，将表层岩溶地下水的开发与"三小"工程的建设相结合，充分利用分散排泄的表层岩溶地下水资源。

（2）黔北亚区（B_2）

该亚区位于贵州省北部、贵州高原向四川盆地过渡的斜坡地带，为黔北垄岗槽谷岩溶流域亚区（I_2）的分布范围，涉及行政区有遵义县北部、桐梓县、习水县、仁怀市、正安县、道真县及务川仡佬族苗族自治县（以下简称务川县）的大部分，包含四级流域为綦江、桐梓河、乌江下游芙蓉江及洪渡河。

该亚区地势南西高北东低，呈"Y"字形展布的大娄山脉使区内地形呈现出山势高、切割强烈、多峡谷及悬崖陡壁的特征。

该亚区地下水天然资源量（50% 保证率）为 30.432 亿 m^3/a，地下水天然资源量（75% 保证率）为 28.057 亿 m^3/a，地下水天然资源量（95% 保证率）为 24.365 亿 m^3/a，地下水天然排泄量 37.303 亿 m³/a，可开采资源量为 8.148 亿 m³/a。

该亚区内突出的地貌特点为"背斜成谷、向斜成山"。背斜核部多分布中上寒武统娄山关群白云岩，并形成众多的大小不等的山间谷地、槽谷。向斜核部的二叠系和三叠系石灰岩在翼部厚度巨大的志留系碎屑岩地层垫托下，形成高耸于背斜核部盆、谷的"盾形"岩溶台地。并且部分碳酸盐岩与碎屑岩相间分布的向斜翼部还形成条带状的垄岗（垄脊）槽谷。

宽缓背斜核部的山间盆地、谷地槽谷等负地形中，中寒武统娄山关群和下奥陶统桐梓组白云岩含水介质以小型的溶蚀孔洞的裂隙组合为主，岩层含水性相对均匀。盆地和谷地的周边峰丛山地地带为地下水补给区，地下水总体从山区地带向盆、谷中汇流，使得这些盆地、谷地成为地下水的汇集区域，具有地下水埋深浅、岩层含水丰富且较均匀、地下水易于开发利用的特点，具有采用机井方式开发岩溶地下水的良好条件，具有成井率高、单井水量较大的特点。典型区段如绥阳县的旺草镇、湄潭县黄家坝、正安县的土坪镇、务川县的镇南镇等。

向斜构造核部碳酸盐受下伏相对隔水的碎屑岩垫托形成的封闭良好的高位型储水构造，在翼部岩溶槽谷中多发育有单枝状的高位地下河，这些高位的地下水系统中的地下水多沿碳酸盐岩与碎屑岩的接触地带出露，形成高悬于相邻岩溶谷地、槽谷的悬挂式岩溶大泉和地下河出口。这类高位地下河及悬挂式岩溶大泉和地下河出口出露位置高于相邻人口和耕地集中的城镇、村寨，拥有较大的水量和较高的势能，可直接引流开发，具有开发利用成本低、易管理的优势，成为该类亚区的突出特色。向斜核部高位地下水系统地下河、岩溶泉引流开发工程如务川县大岩门高位地下河、小岩门高位地下河，其流量分别为 486.46 L/s 和 300.0 L/s，目前仅开发用于水力发电，根据地下河的水量和势能特点，尚可延伸开发，直接引流为出口下游村寨提供人畜饮水和耕地灌溉用水。再如务川县合作村的高位地下河流量 368.5 L/s，也可开发为出口下游的农灌及人畜饮用。

向斜构造翼部形成的岩溶槽谷中，受地质构造控制，常形成岩溶地下水的富集且易于开发的地段，较典型的代表为以二叠系、下三叠统石灰岩地层为主的桐梓—楚米铺区段，具有较好的地下河、岩溶泉的堵、蓄、提开发条件；习水县桑木富水地段，碳酸盐岩含水岩组有奥陶系桐梓、红花园组、寒武系娄山关群、高台组、清虚洞组，区段内出露有流量分别为 32.4 L/s、12.53 L/s、56.83 L/s 的岩溶泉及流量分别为 137.36 L/s、104.42 L/s、50.45 L/s 的地下河出口，蓄、引、提岩溶地下水的条件较好，开发后的供水方向均为农田灌溉及农村人蓄饮用；含水岩组为下三叠统茅草铺组的习水县东皇富水地段，地下水埋深浅，为岩溶地下水集中排泄带，分布有流量为 82.4 L/s、347.5 L/s、120.6 L/s、75.5 L/s 的四条地下河，开发利用条件好，其供水方向为农灌和人畜饮水。

沿綦江、芙蓉江、洪渡河及其支流等深切河谷岸坡分布的道真县的大阡、三桥、平模，正安县的庙塘、小雅，以及务川县的垢坪、茅天等地带，地形切割强烈，相对高差 100～500 m，地下水埋深大，地下水天然露头鲜见，洼地中虽发育有地下河天窗、竖井，但由于与供水对象间匹配不协调，开发工程实施难度较大，地下水开发成本高。

（3）黔南亚区（B₃）

该亚区位于贵州省南部，范围包括岩溶流域划分中的黔南山地斜坡峰丛深洼型流域

（I₃），涉及行政区为黔南布依族苗族自治州的平塘县、罗甸县及长顺县的部分区域，牵涉蒙江、连江、六洞河等四级流域。

该亚区地处贵州高原向桂中平原过渡的斜坡地带，地势北高南低，北部地面高程在 1300～1450 m，向南逐步降低至 1000 m 左右，相对高差 150～400 m，除平塘县的四寨、平湖、克度、卡罗、通州，以及罗甸县的边阳等地较平坦外，其余地界地形切割强烈，地表崎岖不平。

该亚区内泥盆系—三叠系地层广泛分布，岩性以石灰岩为主，基岩裸露、岩溶化程度高。峰丛洼地成为该亚区主要地貌景观，其特征表现为峰丛基座相连、峰顶呈锥状，岩溶洼地为深洼，深度为 100～300 m，平面成串珠状分布。由于地下与地表双重岩溶系统强烈发育，区内地表水系极不发育，水文网密度甚小。地下水类型以裂隙－溶洞水为主，地下河系统规模大、延伸长、平面上多呈树枝状展布。地下水深埋，天然露头点稀少，地下河天窗、竖井偶有分布，地表干旱缺水严重。

尽管该亚区地下水天然资源量（50% 保证率）为 31.212 亿 m³/a，地下水天然资源量（75% 保证率）为 28.443 亿 m³/a，地下水天然资源量（95% 保证率）为 24.581 亿 m³/a，地下水天然排泄量为 25.584 亿 m³/a，可开采资源量为 7.697 亿 m³/a，但是，由于地下水均呈管道流集中径流、含水岩组富水性极不均一、地下水埋深大、地表难见地下水天然露头，岩溶地下水水文地质条件极为复杂，在目前经济、技术条件下，采取工程措施开发岩溶地下水存在着极高的风险和难度。

尽管如此，受地形和地质构造控制，在地下河的径流区段上也常分布有地下水埋深较浅、水量较为丰富、地表水与地下水频繁交替的地带，在整体水文地质条件和开发利用条件不利环境中形成相对有利的区段。典型的代表区段如下。

平塘县卡罗背斜：轴部出露上泥盆统尧梭组（D₃y）、下石炭统岩关组（C₁y）地层，岩性为石灰岩、白云岩及白云质灰岩，背斜四周被下石炭统大塘组一段（C₁d¹）碎屑岩圈闭。轴部的碳酸盐岩石为岩溶地下水富集提供了良好的储存空间，地下河天窗、竖井内岩溶地下水浅埋，加之地形平缓，水源点与谷地内村寨、耕地具有的良好匹配关系，岩溶地下水已成为区内村寨人畜饮水和耕地灌溉用水的重要水源，开发利用率较高。

惠水县翁吕：南北向的雅水背斜在此成谷，形成宽缓的溶蚀条形溶蚀洼地，小井地下河主管道由此延伸通过，沿洼地底部发育的呈串珠状排列的地下河天窗，岩溶地下水埋深在 60 m 以内，采用泵提方式开发岩溶地下水的条件十分优越。

平塘县四寨：处于六洞河流域天生桥地下河系中下游，下石炭统—中二叠统石灰岩地层形成了峰丛谷地地貌景观。谷地平坦、开阔，谷底发育有众多地下河天窗、竖井，岩溶地下水埋深一般小于 30 m，泵提岩溶地下水的条件较好。来自周边山区地带的数条地下河在谷地边缘流出地表，集中排泄口位置较下游村寨、耕地高十余米至数十米，有利于直接引流开采。

亚区内另一特点为植被覆盖率较高，表层岩溶带发育较好，表层岩溶泉出露多、分布广，是亚区内重要的水源类型之一，因此，该亚区岩溶地下水开发的主攻方向之一是针对峰丛斜坡、深洼地边缘分散出露的表层岩溶泉。在查明表层岩溶泉分布情况的基础上，根据区内人口、耕地的分布特点，以相对独立的深陷洼地为基本单元，按"因地制宜、合理布局"的原则，以基本满足洼地内人畜饮水需求为目标，利用"三小"工程的调蓄能力，充分发挥表层岩溶地下水的供水功能，提高表层岩溶地下水以丰补歉的能力。

3. 地下水开发利用难度大区（C）

该类地区主要为河谷斜坡地区，在地形上均为深切河谷斜坡，地貌上以峰丛洼地为主。含水岩组以泥盆系、石炭系、二叠系及下三叠统石灰岩类地层为主，含裂隙－溶洞水，含水性极不均匀。岸坡地带包气带厚、地下水埋深大、水力坡度较大、循环交替强烈，地下水向河谷排泄十分通畅，地表以下一定深度范围含水层多处于疏干状态，地下水集中排泄于深切的河谷和沟谷中。由于地形起伏强烈，与上游村寨、耕地间高差过大致使地下水开发利用难度大。根据空间分布，在省内划分出乌江下游干流（C_1）和北盘江干流（C_2）两个亚区。

（1）乌江下游干流亚区（C_1）

分布在大娄山脉与武陵山脉之间的乌江干流河谷斜坡地带，为乌江干流下游垄岗槽谷型亚区（III_1）岩溶流域区的范围。行政辖区含铜仁市的沿河县、德江县、思南县，以及遵义市余庆县、凤冈县的东部区域，乌江干流从南西向北东纵贯全区。两岸支流较发育，各河谷切割深度均较大，两岸斜坡坡度较大。

亚区内碳酸盐岩与碎屑岩呈条带状相间分布，沿碳酸盐岩分布地带形成条带状的岩溶槽谷或洼地，沿碎屑岩分布地带形成脊状的山体。受乌江干流及两岸支流切割影响，岩溶槽谷中地下水浅埋的富集区一般规模都不大。地下水系统具有汇水面积较小，地下水流程短，一般几千米，在径流方向上，地下河河床呈反平衡状，埋深较大，地下水多以地下河出口和岩溶大泉的形式集中在深切河谷中排泄。由于地表水集中在深切河谷中，地下水也主要集中在河谷中集中排泄，河谷及斜坡地带地下水埋深大，地表工程性缺水严重是该亚区的主要地质环境问题。

该亚区中水文地质条件较复杂，地下水赋存条件变化较大，但受地质构造和地形控制，一些地带仍然存在地下水富集利于开采的地段。

在西部德江县复兴镇—德江县城，以及沿河县官州一带，宽缓背斜核部大面积中上寒武统白云岩出露区局部地带形成岩溶谷地，谷地中地下水埋深较浅且较富集。走向北东断裂带多具有较好的阻水性能，沿断裂带的"迎"水盘，常形成地下水富集区。在该类断裂阻水控制下，在乌江河谷的岸坡地带多形成了一些如沿河县板场的高悬于河谷百余米之上的地下水富集块段，有利于机井开采地下水。

中—东部沿河、印江、思南、石阡及余庆部分地带在地质构造上为紧密褶皱区，核部出露中上寒武统白云岩的背斜中也有形成小规模的峰林谷地，谷地中地下水较富集且埋深较浅；一些向斜构造核部常具有向斜成山的特点，抗风化侵蚀能力强的二叠系和三叠系石灰岩地层耸立于斜坡、沟谷之上形成盾状台地，石灰岩在下伏志留系泥岩的垫托下构成了封闭较好的高位向斜储水构造，常发育有地下河，地下水以地下河出口和岩溶大泉的形式在石灰岩岩溶含水层与下伏碎屑岩接触带处集中排泄，具有山高水高的特点，有利于地下水的引流开发利用，如沿河县的谯家铺。

（2）北盘江干流亚区（C₂）

位于北盘江干流中下游河谷两岸斜坡地带，属于北盘江—红水河河谷峰丛洼地型流域区（Ⅲ₂）的分布范围。北盘江干流及其规模较大的一级支流打邦河从北西向南东纵贯全区，干流两岸支流发育，各河流河谷切割较深，大部分河谷地段呈峡谷状，将亚区切割成多个河间地块，使得亚区内地形破碎，起伏大。

北盘江干流两岸基岩出露，地貌呈峰丛沟谷，并形成向北盘江峡谷急剧倾斜的大斜坡。亚区内地下水埋深大，地表出露泉点少，岩层基本处疏干状态。而且北盘江及两岸各支流切割深度大，把该亚区分割成多个小型、零碎的水文地质单元，呈开放型系统。总体而言，挽近期的隆升造貌运动引起河流强烈下切，区域性侵蚀基准面急速降低，高强度发育的垂向岩溶造就的巨厚垂直循环带，导致该亚区河谷岸坡区域地下水埋藏过深，地下水循环交替强烈且埋深大，地表露头少。地下水主要集中在深切割的河谷和沟谷中集中排泄，地下河出口、岩溶泉和村寨、耕地的空间分布极不协调，地下水开发难度极大。

该亚区可供开发利用的地表水和地下水严重缺乏，工程性缺水是最主要的地质环境问题。在该岩溶地下水环境条件下，该亚区水土流失极为严重，石漠化面广并以重度为主，成为贵州省内生态环境最差的区域。

在岩溶地下水总体上开发难度大的背景下，一些地形相对平缓的台地、洼地地带，也可寻找到一些小规模的、受地质构造控制形成相对封闭的、对岩溶地下水开发有利的部位储水构造。另外，一些受构造控制出露位置相对较高的地下河，如晴隆龙摆尾、新寨、达南、关岭落安、镇宁江龙、哑呀、紫云宗地、白云等地下河系统也具有一定的出口引水开发条件。部分中下三叠统白云岩分布的小型的山间谷地和槽谷中，岩溶地下水也相对富集，具备成井开发岩溶地下水的条件。

4. 地下水禁止开发区（D）

属于岩溶流域分区中的断陷盆地型流域亚区（Ⅳ）的分布范围，行政辖区上属于六盘水市水城盆地中德坞至双水、老鹰山、烂坝、发耳、汪家寨等地带，石灰岩地层广布，岩溶发育强烈，历史上曾因地下水开采造成了严重的岩溶塌陷，应引起地下水严重污染，充分说明了该盆地中岩溶水文地质环境极为脆弱，为岩溶易塌陷区。目前，该盆地中已经建成新型的、人口和建筑物高度密集的现代化城市。为保护城市和人民生命安全，在该区域应严禁新增机井，禁止采用提水的方式开采地下水，对已经建成正在使用的开采机井和地下河天窗、岩溶潭提水工程，应随着城市供水设施的完善逐渐取缔，最终达到严禁在区内开采岩溶地下水、实现环境保护的目标。

（三）广西壮族自治区岩溶地下水开发利用区划

根据对广西岩溶石山区的地下水开发利用（条件）分区，结合经济社会发展规划布局及其对水资源的需求，对不同分区提出岩溶地下水资源开发利用的区划建议。

1. 地下水易开发利用区（A）

主要分布于桂西南、桂中、桂东北及桂东南广大岩溶石山区，在岩溶流域分区上属于岩溶盆地型流域区（Ⅱ）的分布范围。该区的总体特征为地形切割较小，地势相对平缓，地下水埋深较浅且较丰富，地下水易开发利用。根据地域分布及岩溶地貌类型的不同细分为 4 个亚区。

（1）桂西南峰丛、峰林谷地型流域亚区（Ⅱ₁）

分布在桂西南的百色市南部和崇左市。地貌类型以峰丛洼地谷地、峰林谷地、孤峰残丘平原为主，部分为溶岭谷地等地貌。地下水埋深大部分地区小于 30 m，局部地区为30 ～ 80 m。地下河系统发育，呈单管型或树枝型。天窗、溶井等地表天然露头较多且主要分布在洼地、谷地中。天窗等天然水点露头均可直接装泵抽水，地下岩溶普遍发育，钻井成功率较高。总体上地下水易开发利用，局部地区地下水埋深较大，开发利用难度相对较大。

其中，桂西南的百色地区南部和南宁地区西部，是一大面积连片展布的峰丛（峰林）谷地，山体与平地面积比约为 6：4。谷地中有左江、右江或其支流穿过，切割深度 10 ～ 20 m。地表水系发育，但常年性溪沟少见，枯季呈现一片干旱面貌。岩溶水以管道流为主，地下河多在谷地边缘溢出，谷地、平原中岩溶大泉较多。

峰林（丛）谷地一般处于峰丛洼地与岩溶平原之间，地下水既受峰丛洼地的侧向补给，又接受当地降水入渗的补给，岩溶地下水天然资源丰富，埋深不大，一般 10 ～ 50 m。峰林（丛）谷地岩溶地下水开发利用方便，但应针对不同情况，采取不同的开发方式。

①岩溶大泉、地下河出口以引水为主。有些地下河具有堵截条件，特别是那些从峰丛洼地区流入岩溶谷地的地下河往往管道比较单一，堵截易成功。堵截后，既增加蓄水量，又可利用水头发电，并用尾水灌溉谷地中的农田。

②季节性溢流的天然水点，可采用引、提结合的方式开发，即溢流期间自流引水，非溢流期间提水，地下河溢流天窗上游也具备堵截条件，使短期溢流变成常年自流引水，有的堵截后水位上升幅度较高，也可用来发电，如忻城鸡叫地下河堵塞工程。

③对于各种不溢流的岩溶水露头，主要是提水。

④有的地下河在谷地上游溢出地面，以明流形式穿过谷地后，又潜入地下，若把这种潜流入口堵住，可使谷地一部分或全部蓄水成为地表水库，再用上层天然溶洞或人工隧洞引水到下游加以利用，如上林县大龙洞水库即是成功的例子。

桂西南的崇左、扶绥至武鸣一带，平原地势平坦开阔，人口密度大，耕地集中，岩溶水以洞隙流为主，埋深多在 10 ～ 30 m，开采方便。区内积累较丰富的地下水开发利用经验，打井取水在崇左、武鸣、扶绥各县较普及，但以解决人畜饮用水为主，扩大农用井数量的前景广阔。

（2）桂中孤峰平原、岩溶垄岗型流域亚区（Ⅱ₂）

分布在桂中地区的柳州、来宾和宾阳等 10 个县市。该亚区是广西面积最大的平原，也是最重要的经济区之一。由柳州平原、宾阳—黎塘平原等组成，平原上分布较多峰林和孤峰，局部分布小面积的峰丛洼地地形。柳州北部至河池地区，以峰丛洼地、峰丛峰林谷地为主。岩溶垄岗主要分布在象州—桐木和宜州、环江一带。该亚区地下水埋深多小于 30 m，在平原区地下水埋深更浅，小于 10 m。在峰丛洼地、峰丛峰林谷地地区，地下河较发育，规模相对较大，多呈树枝型；在孤峰平原区，地下河发育短小，且多呈单管型。天窗、溶井、岩溶泉等地表天然露头较多，可直接抽取天窗等水点或地下水出口的水，或在地下河管道上或其他适宜地段打井取水，由于地下岩溶普遍较发育，钻井成功率较高。总体上地下水易开发利用。

其中，桂中的河池地区东部和柳州地区北部，地貌由峰丛谷地与峰林谷地两类相互交错或互为过渡，两者无明显界线，谷地较多且规模较大。地下河、岩溶大泉发育，伏流进出口、地下河出口、天窗及溶井等地下水露头都比较常见。可直接抽取天窗等水点或地下河出口水，解决人畜饮水及农田干旱缺水问题。

桂中岩溶平原分布于柳州到黎塘一带，北部为峰林平原，南部为孤峰平原，平原面高程为 100 m 左右。广西主要地表河干流汇合于此，但江河的支流少，地表水资源远离耕地分布区，由于红水河深切，两岸平原从江河取水的扬程高且输水较远。该亚区地下水资源丰富，溶潭及泉水较多。地下水埋深一般 10 m 左右，地下水的开发在武宣、来宾、鹿寨、柳江等地已较普及，但其规模较小，故干旱现象仍很普遍。地下水井采具广阔前景。

（3）桂东北峰林谷地型流域亚区（Ⅱ₃）

分布在桂东北全州、兴安、桂林、阳朔、荔浦、平乐、钟山、贺州等 14 个县市。该亚区属世界最典型的热带亚热带岩溶峰林地形。流域地貌类型有峰林谷地、孤峰平原、峰丛洼地、谷地、溶丘谷地等。该区地下水埋深多小于 30 m。地下河较发育，以单枝状发育为主，流程短，流量小。由于地下河主要发育于溶丘谷地、峰丛洼地、谷地，地下水埋深一般较大，地下河出口位置普遍较低，这给地下河的开发利用带来一定的困难。但由于该区地下岩溶普遍较发育，可通过钻井等方式开发利用岩溶地下水，钻井成功率较高。地下水易开发利用。

该区的重要城镇主要分布在岩溶平原区，主要有兴安平原、桂林—大埠平原、富川平原、钟山平原及贺县八步平原等，多呈条带状分布。岩溶水以洞隙流为主，岩溶发育相对较均匀，多以溶洞裂隙网状水系向邻近大河排泄，或以岩溶大泉排泄，只有局部地区有地下河或伏流。地下水埋深较浅，一般小于 10 m。亚区内地表水资源十分丰富，具有自流引水或修建水库的优越条件，水利化条件好，城镇及工业用水均以地表水为主。

（4）桂东南孤峰平原型流域亚区（Ⅱ₄）

分布在桂东南贵港、玉林、邕宁等县市。岩溶石山区分布面积小。该亚区除邕江、郁江沿岸平原面积较大以外，其余均为一个个独立的小盆地，属江河沿岸平原或山间盆地，地势低平，地表水系发育。该亚区岩溶地下水以洞隙网状流为主，埋深浅（小于 10 m），分布相对均匀，地下水的排泄方式多以泉水的形式为主，或以分散流直接排入江河。由于地下水分布较均匀，钻孔有水率高达 60%，地下水开发利用也较普及。但该亚区浅层岩溶较发育，抽水易形成塌陷，对地下水的利用有一定的限制。该亚区是广西农业经济发达区，人均耕地多，地表水开发利用程度高，但仍有大面积的旱片存在（如桂平的白河、横县的马岭、贵港片等）。该亚区水资源的利用一方面应进一步充分利用当地地表水利工程，另一方面也应根据当地地下水资源的条件，积极利用地下水，走综合利用地下水、地表水资源的道路。

2. 地下水开发利用难度较大区（B）

分布在桂西的隆林、乐业、凌云、天峨、靖西等地区，面积约 2.0 万 km²。在岩溶流域分区上属于岩溶斜坡型流域区（Ⅰ）的分布范围，含桂西包容式峰丛洼地型流域亚区（Ⅰ₁）、桂西高峰丛洼地型流域亚区（Ⅰ₂）。该区的总体特征为地表河下切深度大，地下河系发育，地下水深埋，同时，表层岩溶泉也比较多。总体上开发利用岩溶地下水条件差。但在地下水埋深相对较浅地段（埋深<50 m），开发利用岩溶地下水条件相对较好，可进行开发利用。

该区属云贵高原斜坡地带，峰顶高程500～1000 m，洼地高程300～500 m。红水河上游河谷深切，切割深度300～600 m，因此山高水低。洼地一般为圆形，少量长条形，直径多为100～300 m，洼地发育密度为0.5～1个/km²，洼地面积率大多在4%～9%。耕地资源缺乏，土层瘠薄。据统计，该区一些较大洼地有37.79万亩旱片，但实际上该区300万亩耕地均为靠大气降水耕作。广西400万缺水人口有80%分布于这类地区。岩溶水天然资源量129.04亿 m³/a，可采资源量为27.22亿 m³/a。

该区西部以碎屑岩构成的中低山为主，其中包容着大小不等的十余个独立的岩溶地块，如乐业、凌云、坡心、德峨、克长等，各自形成独立完整的岩溶含水系统。岩溶地下水主要以地下河的形式赋存和运动，并在地块边缘溢出以地表河形式流经碎屑岩山地汇入江河。地下河极其发育，地下河密度为78 m/km²。主要有乐业县百朗地下河系、凌云县凌云地下河系、隆林各族自治县（以下简称隆林县）卡达地下河系等。地下河系共28条，枯季流量11 443.7 L/s。东部是大面积连续分布的峰丛洼地区，地下河在江河岸边或岩溶谷地出露，岩溶山地中有若干条带状碎屑岩低山区，在可溶岩与碎屑岩接触带附近江河岸边也有些岩溶大泉出露。

峰丛洼地地下水埋深一般大于50 m（局部大于100 m），地下水位变幅50余米。该区地下水埋深大，水动态变幅大，地下水开发利用难度较大，目前，地下水开发利用程度较低。

峰丛洼地区岩溶地下水开发利用以地下河为主，多数可以围堵地下河形成地下水库，隆林县卡达地下河梯级电站就是成功的范例。又如凌云县水源洞地下河，当地群众在地下河出口处筑坝，抬高水位60多米，形成了400万 m³的地下库容，既可发电，还可以利用它来解决下游的灌溉和城镇供水。适宜兴建地下河电站的还有凌云县浩坤地下河出口、八里地下河出口、扬细地下河出口、隆林县平塘地下河、大保上旧址地下河等。充分利用地下河的水能资源，既可解决农村能源，又可抬高中上游地下河水位，便于提、引。

洼地分散且面积小，可从调整农业结构入手，部分干旱洼地发展农林（果）牧业，封山育林，扩大植被，逐步改善区内的生存环境。通过改善区内森林植被覆盖进而开发利用表层岩溶带的地下水资源，对改变该区人畜饮用水条件有着非常重要的意义。如著名的生态农业村—马山县弄拉村，地处桂西峰丛洼地区，以前也曾是干旱缺水的地方，经过长时间的封山育林，森林植被覆盖大幅度提高，良好的生态环境增强了表层岩溶带水的储蓄功能。从前只有4个间歇泉，如今变成了长流泉，不但解决了村民枯季的饮水问题，而且通过修建蓄水池还解决了部分旱地的浇水问题。因此，峰丛山区饮水问题，依赖改善生态环境进而开发利用表层岩溶带地下水资源是一项较好的措施。

（四）鄂西南岩溶地下水开发利用区划

该区岩溶地下资源可有效开采潜力巨大，同时，干旱缺水的地方也分布广泛。因此在那些缺水严重地段，由于无水可引或引水等其他工程措施投入巨大时，宜采用岩溶水勘查开发来缓解当地的缺水现状。根据缺水现状与该区地下水资源的分布特征，考虑地下水系统和行政区划的完整性，结合地方政府水改工程规划和要求，将鄂西南岩溶地下水地区划分为三大勘查开发规划区（图4-2）：即利川市—咸丰县勘查开发规划区（W_1），建始县—长阳土家族自治县（以下简称长阳县）勘查开发规划区（W_2），鹤峰县—五峰县勘查开发规划区（W_3）。在此基础上根据规划区内不同地段的地下水勘查开发难易程度和资源保证程度及所处经济地理位置的重要性、缺水严重程度、地方政府要求解决缺水现状的积极性，本着先易后难、重点突破、立足当前、适度超前、分段实施的勘查开发指导思想，确定其勘查开发地段。

图 4-2　鄂西南岩溶地下水开发利用规划图

1. 利川市—咸丰县勘查开发规划区（W_1）

该区主要为清江、酉水、郁江、唐岩河源头部分，包括利川市、咸丰县、来凤县及恩施市、宣恩县的一部分。东以屯堡、恩施、忠建河、高罗一线为界，面积为10 835 km²，碳酸盐岩面积4534 km²，特枯年地下水资源量约25.44×10⁸ m³/a，允许开采资源量为14.59×10⁸ m³/a，可有效开采地下水资源量为9.98×10⁸ m³/a。调查缺水人口10.785 2万人，缺水牲畜101 245头；缺水耕地29.343 5万亩。

（1）咸丰县城断裂储水带重点勘查开发段（W_{1-1}）

咸丰县城海拔 600～900 m，相对高差 200 m，人口约 6.54 万。区内有建材、机械、冶金、陶瓷、印刷、造纸、纺织、食品工业企业几十家，每到枯季时，县城日缺水量达 1500 m³，周边城区更为严重。该区地处清江忠建河流域的源头地带，水资源潜力指数高达 14.25，潜力模数达 $37.40×10^4$ m³/a·km²。地方政府迫切要求解决目前的缺水现状，故将其列为重点勘查开发段。

咸丰断裂是该段内地下水主要富集带，咸丰断裂沿咸丰背斜的北西翼发育，断层产状 N40° E/NW ∠ 40°～60°，由于断层产状与岩层产状大致相同，大气降水即沿东盘奥陶系、寒武系灰岩岩溶洞隙入渗汇集向西径流，因受西盘志留系地层的阻隔，使地下水沿断裂带一线形成了强径流区，于低洼处排泄形成多个 10～20 L/s 的上升泉，说明该断裂不但富水，地下水还具有一定的承压性，有利于地下水的勘查开发，其目标为探明可采资源量 $5×10^4$～$8×10^4$ m³/d。

（2）宣恩县和平乡向斜储水构造重点勘查开发段（W_{1-2}）

和平乡位于宣恩县城的东南部，距县城 5 km，位于 209 国道边，地处清江忠建河流域的中游地段，拟规划为县城的主要卫星城镇。有 1/3 的规划工业项目将布置在该区内，随着工业、农业的逐步发展，人口将越来越多，缺水问题将日益突出，故将其确定为重点勘查开发段。

该区段位于宣恩向斜的东翼，高程 500～700 m，为 S5 级台面的岩溶丘陵区。因受向斜核部巴东组砂页岩的控制，发育于向斜翼部三叠系嘉陵江组灰岩中的地下河走向呈北东东，沿地下河一线分布的洼地、漏斗、天窗密集，地下水汇集向北东东径流，排泄于次级支流岸边，流量 300～500 L/s，地下水埋深在 100 m 左右，有利于地下水勘查开发。目标为探明可采资源量 $2×10^4$～$3×10^4$ m³/d。

（3）利川柏杨坝向斜储水构造重点勘查开发段（W_{1-3}）

该区段是利川市通往奉节抵达"黄金水道长江"的咽喉要道区，位于长江干流与清江流域的分水岭地带，区段内以石膏矿为主的非金属矿产较为丰富，且天然气、卤水、石油开发前景良好。产业规划以石膏、萤石等矿产资源开发为龙头，带动相关产业发展，将该地建成利川市化工、建材工业基地，形成以柏杨坝为中心的多处集镇，供需水矛盾将日益突出。故规划为重点勘查开发段。

柏杨坝区高程 1100 m 左右，为一向斜储水构造盆地，东西两侧分别为小青垭背斜和齐耀山背斜。向斜核部地层为三叠系，两翼地层为二叠系，地层产状平缓，倾角 10°～30°。其水文地质条件具有以下特点：①地下水以纵横岩溶裂隙流为主，裂隙间水力联系密切，地下水分布均匀；②地下水分水岭位于地表分水岭内；③水力坡度小，径流速度慢；④地下水埋深浅（小于 50 m），排泄于梅子水两岸。目标探明可采资源量为 $5×10^4$～$8×10^4$ m³/d。

（4）恩施白果坝背斜倾伏翼重点勘查开发段（W_{1-4}）

该区段北临清江，东接恩施盆地，为白果坝背斜展布区；为峰丛洼地、上丛槽谷岩溶地貌。背斜轴部纵张断裂发育，决定了白果坝地下河的空间展布形式。洞穴系统发育于奥陶系灰岩、白云岩之中，源于 1200 m 的 S3 级岩溶台面，自南西向北东沿白果坝槽谷底部径流，于恩施盆地边缘的高桥出水洞排泄，排泄点高程 480 m，枯季流量 800 L/s。地下河流程段洼地、漏斗、落水洞十分发育，全长 16 km，补给源主要为大气降水，补给面积约 120 km²。岩溶管道在白果坝一带埋深约 150 ～ 250 m。

白果坝镇东距恩施市区 21 km，拟将其规划发展为恩施市的卫星城镇之一，但该区因每年缺水引起的械斗时有发生，严重影响了社会安定。因此，地方政府解决缺水现状的要求尤为迫切。但该区地下水埋深大，开发难度高，故将其规划为重点勘查开发段。其目标为探明可采资源量 2×10^4 ～ 5×10^4 m³/d。

（5）宣恩万寨向斜富水带重点勘查开发段（W$_{1-5}$）

该区段主要是指万寨乡的伍家台村，属 S3 级台面的丘丛垄脊槽谷区。处于清江干流与忠建河流域河口交会处，构造上位于宣恩向斜的北西翼，向斜核部由三叠系巴东组砂页岩组成，翼部为三叠系嘉江组灰岩。发育于嘉陵江组上段灰岩中的岩溶管道水沿构造线自北东向南西径流，地下河天窗洼地、漏斗呈串珠状分布，在该区内地下水埋深仅有 50 ～ 100 m，属地下河源头一带。其补给除大气降水外，还有部分碎屑岩区的外源水，排泄于忠建河岸边，流量 500 L/s，有利于地下水的开发利用。

伍家台村是宣恩县特产贡茶的主要生产基地，产量占全县产量 1/3，需水人口约两千余人。地方政府较为迫切要求勘查开发地下水，故列为重点勘查开发段。目标为探明可采资源量 2×10^4 ～ 3×10^4 m³/d。

（6）宣恩县椒园向斜富水带重点勘查开发段（W$_{1-6}$）

该区段位于芭蕉背斜的东翼、宣恩向斜的西翼，为溶丘槽谷和丘丛槽谷组合而成的 S3 级台面地貌，含水岩组为三叠系嘉陵江组灰岩，以汇集型的地下管道流为特征。在椒园的西侧发育了鱼泉洞地下河系统，地下河总体走向南北，其南端的伏流入口高程 660 m，枯季消水量约 200 L/s，北端的排泄口鱼泉洞高程 490 m，枯季排泄量 700 L/s。其东侧发育了龙洞湾地下河，地下水由北东向南西汇流，排泄于忠建河岸边，沿程地表落水洞、洼地、漏斗等负地形星罗棋布，其补给以外源水为主，在椒园一带埋深 200 ～ 300 m。

2. 建始县—长阳县勘查开发规划区（W₂）

该区西以屯堡背斜西翼泥盆系砂岩阻水边界为界，南以清江为界，包括清江中下游北岸干流与支流和三峡南岸干流部分，涉及建始县域及长阳县、巴东县、恩施市的一部分。面积 6965 km²，碳酸盐岩面积 6134 km²，特枯年地下水资源量约 25.04×10^8 m³/a，可开采资源量 14.779×10^8 m³/a，可有效开采地下水资源量为 8.74×10^8 m³/a。调查的缺水人口为 13.4 万人，缺水牲畜 12.86 万头；缺水耕地 30.57 万亩。已有宜万县铁路和沪蓉高速公路通过该区。

（1）建始龙坪褶皱带重点勘查开发段（W$_{2-1}$）

该区段地处清江与长江分水岭地带，高程 1500 ～ 1700 m，山顶呈浑圆状，山体坡角 25°～ 35°，地形比高差 50 ～ 100 m，山脊走向近东西，为构造剥蚀、溶蚀溶丘槽谷地貌。分别向南北呈陡坡递降与下级台面相接。含水岩组为二叠系大隆组、吴家坪组灰岩夹页岩，在切割的沟谷中可见茅口组、栖霞组灰岩及马鞍山组页岩、粉砂岩夹煤层出露。构造上属北东—北东东向龙潭坪短轴褶皱带，龙坪一带为其次级向斜核部区，向斜两翼倾角 20°～ 30°，构成宽缓的向斜谷地。地下水以弥散型的岩溶裂隙水为主，总体向谷地汇集由南向北西径流，裂隙间水力联系密切，地下水分布均匀，埋深小于 50 m，有利于地下水的勘查开发利用。

（2）巴东清太坪向斜带次重点勘查开发段（W_{2-2}）

清太坪高程 1100 ～ 1500 m，相对高差 400 m，为一峰丛槽谷区，谷坡坡角 30° 左右，含水岩组为三叠系嘉陵江组灰岩。在构造上属野三关复式褶皱带的次级褶皱清太坪向斜区，向斜轴线北东 30°，两翼岩层倾角基本对称，为 15° ～ 20°，叠置于槽谷中的落水洞、洼地、漏斗呈串珠状分布，大气降水沿这些负地形迅速汇集径流形成清太坪—犀牛洞地下河管道，地下水自南向北流动，排泄于磨刀河左岸，排泄口高程 900 m，枯季流量 50 L/s，地下河全长约 10 km。清太坪所在的源头无明显的伏流入口，埋深大于 200 m，为难开发段，但该区段缺水严重，每年缺水时间长达 2 ～ 3 月。故确定为重点勘查开发段，目标为探明可采资源量 2×10^4 ～ 3×10^4 m³/d。

（3）建始长梁岩相变化带重点勘查开发段（W_{2-3}）

该区段主要指建始盆地东部边缘的铜锣、三宝管理区一带，地处清江支流盆家河的中上游地段，地面高程 700 ～ 800 m，属 S3 级台面的峰丛洼地岩溶地貌类型区，地处三岔背斜的北段，含水岩组为下三叠统灰岩和二叠系灰岩夹岩页。三宝段以汇集型的岩溶管道水为其特征，地下河水自北向南径流排泄于盆家河岸边，大气降水沿天窗、漏斗、落水洞汇集于岩溶管道中，排泄口高程 480 m，地下水埋深 150 ～ 200 m。铜锣段以岩溶裂隙管道和溶隙水为其特点，溶隙裂隙间水力联系密切，但该区段小型断裂发育，水资源潜力指数为 1.42，潜力模数为 0.42×10^4 m³/d·km²。马渡河切割较深（150 m），其勘查开发难度也较高。目标为探明可采资源量 2×10^4 ～ 3×10^4 m³/d。

（4）建始花坪向斜构造带次重点勘查开发段（W_{2-4}）

该区段高程 1300 ～ 1500 m。为丘丛槽谷、峰丛洼地、峰丛槽谷构成的 S2、S3 级台面地貌区，丘洼平坦开阔，比高差 100 m 左右，地貌总体向西增高，南部、东部分别被清江、野三河切割。构造上位于野三关向斜南端，西部为天定山背斜南东翼，次级构造极为发育。含水岩组为嘉陵江组灰岩，岩溶水主要为汇集型的管道流。纵张裂隙控制了地下河系统的发育展布方向，其中两条地下河沿纵张裂隙发育，地下水自南西向北东流动，出口枯季流量 50 ～ 100 L/s，另一条地下河主要受横张裂隙控制，汇集大气降水自北向南径流排泄。区段内岩溶负地形星罗棋布，岩溶管道复杂，且埋深大于 150 m，为难勘查开发区。目标为探明地下水可采资源量为 1×10^4 ～ 2×10^4 m³/d。

3. 鹤峰县—五峰县勘查开发规划区（W_3）

该区包括鹤峰、五峰县域及宣恩、长阳、巴东、建始和恩施市的一小部分。西与 W_1 区接壤，北抵清江干流，为溇水及清江南岸部分。全区面积 9128 km²，碳酸盐岩面积 6741 km²，特枯年地下水资源约 23.16×10^8 m³/a，可采资源量为 17.42×10^8 m³/a，可有效开采资源量为 6.41×10^8 m³/a。调查缺水人口 15.52 万人；缺水牲畜 10.79 万头，缺水耕地 33.5 万亩。

（1）仁和坪向斜构造带重点勘查开发段（W_{3-1}）

仁和坪为严重缺水区，位于五峰县东部，属溇水流域，水资源潜力指数为 2.8，潜

力模数为 1.37×10^4 m³/a·km²。由三叠系灰岩组成核部,二叠系构成两翼的倒转向斜谷地区。高程 600～900 m,向斜南翼被破石河切割,相对高差达 300 m。向斜轴向北东东,北部倾角 10°～20°,因受后期断裂的影响,南部地层倾角 50°～60°,主要受纵裂隙控制,沿向斜核部形成了现代地下河系统,地下河全长 12 km,地下水总体自西向东径流排泄于破石河岸边,排泄口高程约 300 m,流量 300 L/s。沿地下河一线的天窗、漏斗、洼地呈串分布。据地下河西段所见天窗可知其埋深为 50 m,到东部仁和坪段推测埋深150 m 左右。其补给主要为向斜北及北西部的大气降水和外源水。目标为探明可采资源量 2×10^4 ～ 3×10^4 m³/d。

(2)大堰断裂储水带次重点勘查开发段（W₃₋₂）

该区段位于长阳县的南部,地貌上为 S4、S5 级台面的岩溶丘陵和斜坡沟谷区。含水岩组为寒武系—奥陶系地层,是东西向的五峰背斜展布区,仙女山断裂切割背斜中部,地下水沿溶隙管道和次级断裂结构面总体由东、西两侧分别向仙女山断裂径流运移。排泄于低洼处,沿断裂带出露的泉水流量 5～864 m³/d。垂直于仙女山断裂带是其主要的找水方向,但因缺水段分布高程大,地下水埋深相对增大,勘查开发难度较高,故列为次重点勘查开发段。目标为探明可开采资源量 3×10^4 ～ 5×10^4 m³/d。

（五）湖南省资江流域岩溶地下水开发利用区划

将岩溶地下水资源开发利用区划分为 5 个区（表4-4）：

①表层岩溶泉分散开采结合提、引地下水开发区；该区主要地貌类型为低山峰脊谷地；

②堵、截、提、蓄、引地下河及结合表层岩溶泉开发区。提、引地下河径流区的落水洞、溶潭、岩溶漏斗及岩溶湖中的水,堵截地下河,抬高水位引流开发；

③岩溶大泉结合地表水综合开发区；

④凿井扩泉开发区,进行深循环潜流岩溶水的开发规划；

⑤利用矿坑排水开发区。

表 4-4   资江流域岩溶地下水开发利用区划分区

地下水开发利用方式	面积/km²	开发利用特征	主要地点
表层岩溶泉分散开采结合提、引地下水开发区（Ⅰ）	276.35	该区地下水埋深较大,且表层岩溶泉发育呈现区域密度大、流量小的特点,可对发育相对集中的表层岩溶泉进行规模化集中开采,结合寻求落水洞、溶潭、天窗和富水块段进行提、引或钻探成井开发地下水	工作区中部和北部的新化县、湄江镇伏口镇、黄荆岭背斜,独峰山向斜、团云山、燕子山向斜、思游向斜核部
堵、截、提、蓄、引地下河及结合表层岩溶泉开发区（Ⅱ）	2759.86	该区富水性较好,含水岩组主要为纯碳酸盐岩,区内发育地下河,地下水出露位置一般地势较低,水量丰富,适于堵、截、提、蓄、引开发,对下地下河的径流区落水洞、溶潭、岩溶漏斗及岩溶湖中的水进行规划提、引开采	工作区东南部和北部的金溪、扶洲金石镇、桥头河镇及石狗一带
岩溶大泉结合地表水综合开发区（Ⅲ）	692.74	该区富水性较好,含水岩组为纯碳酸盐岩,地下水埋深浅,岩溶大泉出露位置一般地势较低,泉点补给范围较大,流量较稳定,可对已有岩溶大泉进行规划提、引开采	分布于整个资江流域
凿井扩泉开发区（Ⅳ）	2721.64	该区富水性中等,地下水埋深较浅,岩溶泉发育呈现区域密度大、流量小的特点,对这些岩溶泉扩泉建井开采	分布于整个资江流域
利用矿坑排水开发区（Ⅴ）	341.15	该区地下水以矿坑集中排泄为主,区域地下水位下降明显,且对浅层地下水影响较大,该区域适宜利用矿坑排水集中供水开发利用	分布于新化县石冲口镇、温塘镇一带;冷水江市锡矿山、金竹山矿区;涟源市湄江镇一伏口镇一带。

注：非岩溶石山区面积 1273.69 km²

第五章　西南岩溶石山区地下水
开发利用模式

　　岩溶地下水赋存分布的复杂性，增加了开发利用的难度，导致岩溶地下水资源开发利用率低，满足不了当地的用水需求。西南岩溶地下水资源开发利用需要解决以下几个方面问题：①空间分布的非均一性。地下含水介质以溶洞、管道和溶蚀孔隙为主，具有高度不均匀性，岩溶地下河的非均一性尤其明显。岩溶地下水分布规律的研究和探测技术需要加强。②时间分布的季节性。西南岩溶石山区天然出露的水点，不少是属于季节性的，雨季才出水，甚至水量很大，但此时不需要水，带来的是涝灾；干旱缺水季节，流量则显著减小，甚至枯竭，满足不了用水需求。岩溶地下水的水位变幅可达数十至数百米，流量变幅达数十至数百倍，属极不稳定型动态变化。采取技术手段对丰水季节水资源进行合理调节，是地下水开发利用过程中必须解决的科学问题。③地下水的深埋性。由于浅部岩溶通道强烈发育，加之土层薄、植被少，造成浅部涵水调节能力差，降水迅速转入地下。西南岩溶石山区地表切割深，除峰林平原区外，其他地区地下水埋深一般大于 50 m，峰丛山区地下水埋深达 300 m 以上。在岩溶地下水系统中位置相对较高的补给区和径流区拦蓄调节地下水流，以及采取生态工程措施提高浅部涵水调蓄能力十分重要。④与生态经济的相关性。西南岩溶石山区成壤能力低，水土流失和石漠化的发展减弱了浅部涵水能力。因为缺水，农业生产基本上靠天吃饭，导致群众生活贫困；由于贫困，当地居民过度垦荒和砍伐，生态环境被破坏，水土流失和石漠化加重，干旱缺水加剧，造成生态环境恶性循环。水资源开发利用必须与生态建设和经济发展相结合，才能真正实现可持续利用。

　　受青藏高原强烈抬升的影响，西南岩溶石山区碳酸盐岩的空间分布受地层、构造和地形的控制而被分割成许多小块，岩溶水文地质系统总体上以小型分散为主。岩溶地下水资源的赋存、分布特征不同于北方以大型盆地为主要水文地质系统的地下水资源特点，决定了开发利用形式的多样性，应因地制宜，分类指导开发利用。

第一节　溶丘洼地区地下河堵洞成库
与生态经济模式

　　该类型区主要分布于湖南、湖北、贵州和广东等地，地貌类型以溶丘洼地为主，岩溶地下河从上游补给区到下游排泄区形成多级台地。在地下水补给区的高位洼地，选择岩溶管道集中发育的部位，堵洞形成地表—地下联合水库；径流区开凿隧洞，拦截地下河，引水灌溉和发电；在位置较高的山地和坡度较陡地区，优选当地优势树种和引进速生树种，营造生态林、用材林、薪炭林和经济林，恢复生态环境。兴建沼气池，解决村民燃料问题，减少对植被的破坏，实现生态经济的良性循环。

一、贵州平塘巨木地下河：出口拦蓄，提、引结合

（一）工程概况

巨木地下河发育于贵州高原向广西峰林平原过渡的高原斜坡地带，系贵州南部斜坡峰丛洼地型岩溶流域中大小井地下河系统内小井地下河系的支流之一，在行政区隶属关系上，地下河系统中水淹坝岩溶洼地以北为惠水县抵季乡和羡塘乡管辖范围，以南属平塘县塘边镇（图5-1）。地下河发源于惠水县抵季乡附近，为大小井地下河系中抵塘分支地下河，地理坐标：106°39′00″～106°46′38″E，25°43′06″～25°49′00″N，流域总面积128.4 km²。集中排泄口位于塘边镇巨木村，出口高程815 m，地下河河床及出口均低于当地村寨和耕地分布的谷地，不能对地下水直接引流开发利用，为岩溶石山区低位地下河的典型代表。流域系统中地表水缺乏，干旱严重，经济发展滞后，是国家重点扶贫开发的区域。尽管地表水资源缺乏，但区内地下河却较发育，地下水资源丰富，合理开发利用地下水，对解决地表干旱缺水，推动经济社会发展具有重要意义。为此，2003～2005年，中国地质调查局将其作为地下水开发利用的示范工程，贵州省地质调查局通过与平塘县水务局合作，开展并完成了该地下河的开发利用。

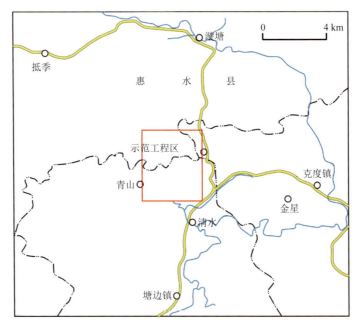

图5-1 巨木地下河开发示范工程区交通位置图

（二）岩溶水文地质工程地质条件

巨木地下河流域出露地层为中二叠统茅口组（P_2m）、栖霞组（P_2q），上石炭统马平组（C_3mp）、中石炭统黄龙组（C_2hn）、下石炭统大塘组（C_1d）及摆佐组（C_1b），出口段为上二叠统吴家坪组（P_3w）。大塘组下部和吴家坪组为碎屑岩，其他地层为碳酸盐岩。

巨木地下河流域所处的大地构造位置为舒缓的雅水背斜与克度向斜的复合部位，岩层倾角平缓。区内东北向断裂及东北、东南两组 X 型节理发育，控制了系统内地下河管道的展布格架。沿地下河轨迹延伸方向，地下河天窗、竖井、溶洞、岩溶洼地、落水洞等岩溶个体形态分布密度大，岩溶作用的向深性和叠加性特点明显。

巨木地下河系统平面形态为树枝状，由抵塘、望窝及西混三条支流组成（图 5-2）。

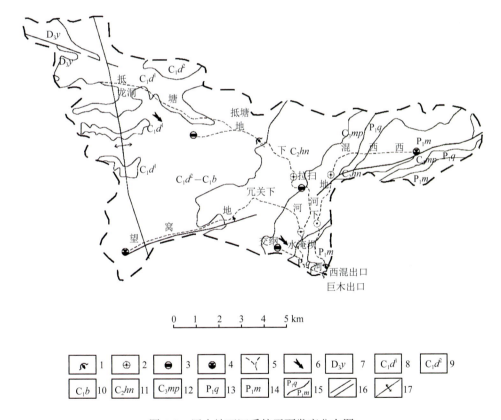

图 5-2 巨木地下河系统平面发育分布图

1. 地下河出口；2. 地下河天窗；3. 岩溶竖井；4. 岩溶潭；5. 地下河管道；6. 地下水流向；7. 上泥盆统尧梭组；
8. 下石炭统大塘组第一段；9. 下石炭统大塘组第二段；10. 下石炭统摆佐组；11. 中石炭统黄龙组；
12. 上石炭统马坪群；13. 下二叠统栖霞组；14. 下二叠统茅口组；15. 地层界线；16. 断层；17. 背斜轴

年内最大流量多现于 5～6 月，为 7.2 m³/s，最小流量出现在翌年 3 月，为 192.87 L/s，多年平均流量为 831.88 L/s，年变化率 3750%。地下河出口以上地貌均为峰丛洼地，无较大地表水体、地下水埋深较大；地下河出口以下地区地形平缓，耕地连片，村寨和人口稠密，集村镇、商贸与产粮区为一体。由于岩溶作用强烈，地表渗漏严重，岩溶干旱普遍存在于整个流域中，致使耕地灌溉用水短缺及人畜饮水困难，尤其以地下河出口以下克度—塘边谷地最为严重，1.02 万亩耕地缺水灌溉，1.6 万余人口及 1 万头大牲畜饮水困难。

坝区无断裂构造，坝基及坝肩为二叠系茅口组厚层状石灰岩，属坚硬岩类，坝基岩体总体完整，质量优良，坝基稳定性好；岩体裂隙不发育且多闭合，仅局部存在溶蚀裂隙，岩体较完整，防渗性能总体较好。地表水库库区为地表巨木河谷，为当地地下水最低排泄基准面。由于水库蓄水高度仅 3.5 m，库区产生邻谷渗漏的可能性小。

（三）开发利用技术

系统中上游地带，由于人口和耕地稀少，需水量相对较小，人畜饮水和农田灌溉用水以分散供水为主。因而可充分利用地下河径流沿线分布的伏流出口、明流河段、地下河天窗、有水竖井及众多的表层岩溶泉。

系统中下游及地下河出口以下地带，耕地、人口分布较为集中，需水量较大。系统各支流地下水在水淹坝洼地地带汇集，水量丰富，地下空间容量大，并且水淹坝洼地至出口段地下水力坡度相对较大，因此可利用地下水水位差及地下空间调蓄能力强的优势，拦蓄地下水建地下水库，同时通过提、引等工程措施综合开发地下水资源，做到了堵、蓄、提、引等工程手段的综合有效利用。

根据流域地下空间调蓄能力强、地下河年平均流量大但出口高程低难以直接利用，出口下游岩溶干旱而上游岩溶洪涝，以及干旱坝子与洪涝谷地地面高差不大的特点，地下水开发利用工程设计主要以抬高地下河水位引流为主，蓄水为辅。主体蓄水工程为在地下河出口处筑坝，拦蓄地下水并利用地下空间成库。坝顶设计高程充分考虑了地下河出口（高程 815 m）仅与上游西混和水淹坝谷地（高程 845 m）相差 30 m，为避免因地下水库蓄水后，库区洄水加剧岩溶谷地的淹没，将水库蓄水高程（亦为地下水库坝顶高程）限制为 830 m。在地下水库拦水大坝处设置水轮泵站，利用水能带动水轮泵提水到高位水池（高程 1000 m），再采用输水管道将水输至集镇、村寨，对人畜饮水供水；利用干渠将水输至原建设的渠系，补充农田灌溉。为了弥补因地下水库蓄水高程受限，库容不足的问题，在距地下河出口下游 1.2 km 处的地表河谷上建拦水坝拦蓄地下河出口水量形成二级蓄水水库，并设置水轮泵站，与地下水库共同构成地下水梯级开发工程（图 5-3）。

（四）工程实施情况

1. 地下水库工程

2003 ~ 2004 年完成了巨木地下河系统的勘查、出口堵坝成库试验，经过一个水文年检验，堵坝建库试验成功，并在当年发挥了效益；2005 ~ 2006 年在堵坝试验成功的基础上，正式实施并完成了地下水库建设工程。在巨木地下河出口处建成浆砌块石重力坝 1 座，坝高 13 m（不含坝基），坝轴线长 77 m，完成了地下水库建设。

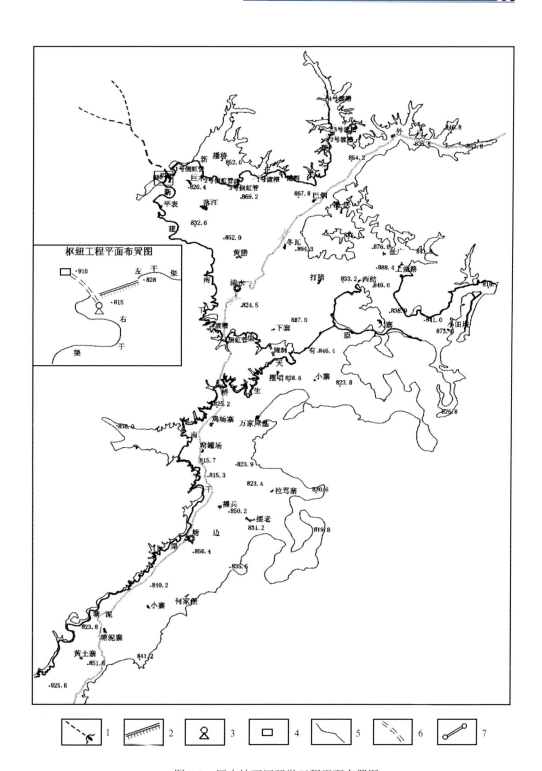

图 5-3 巨木地下河开发工程平面布置图

1.地下河及出口；2.地下水库大坝；3.水轮泵站；4.高位水池；5.引水干渠；6.引水隧洞；7.倒虹管

2. 地表水库工程

在巨木地下河出口下游 1.2 km 处的河道上建成一座坝顶溢流的浆砌块石重力坝。坝顶高程 815.5 m，坝轴线长 40.0 m，坝高 3.5 m，溢流段长 15.0 m。同时以坝顶为基础，建成钢筋混凝土平板桥，桥面宽 3.0 m，设计载重量为 5 t。

3. 高位水池工程

在巨木地下河出口后部的山体斜坡高程 910 m 处建成 300 m^3 的高位水池 1 座，在地表水库库首左岸相邻的山头海拔 845.0 m 及右岸海拔 895.0 m 处分别建成容量 100 m^3 和 200 m^3 的高位水池各 1 座。

4. 提水工程

在地下水库库首处安装扬程 105 m、额定流量 90 m^3/h 水轮泵 2 台，扬程 100 m，额定流量 30 m^3/h 水轮泵 2 台。此外，为保证在特枯季节正常生活用水，安装 100QJ10×100 深井潜水电泵 1 台。

在地表水库左右两岸各安装扬程 50 m，额定流量 50 m^3/h 水轮泵各 1 台。

5. 输水工程

输水工程包括生活饮用水输水工程和农田灌溉输水工程两个部分。

生活饮用水输水工程：从与地下水库配套的高位水池向塘边镇敷设口径 Φ150 mm、总长大于 10 km 的供生活饮水的自来水供水主管道。

农田灌溉输水工程：从与地下水库配套的高位水池向北敷设下水管，通过倒虹管、引水隧洞，与天生桥引水工程的南干渠在 6+600 处交汇。其中北干渠长 8 km，含 2 座口径为 Φ300 mm 的倒虹管，长 740 m；引水隧洞 1 座，长 160 m。从地表水库左、右两岸敷设 Φ150 mm 铸铁管引水管，管道总长 4150 m。另在右岸建管径为 Φ100 mm 的倒虹管 2 座，总长 900 m。

（五）工程效果与经济社会效益

在巨木地下河出口处筑坝拦蓄地下水（图 5-4），形成库容 63 万 m^3 的地下水库，抬高水位 20 m，建设水电站 1 座。解决了塘边镇 5000 多人和 10 000 头大牲畜的饮用水及 6000 亩农田灌溉用水问题。促进了粮食产量提高，水稻增收 90.0 万 kg/a，油菜增产 8.82 万 kg/a，年经济收入 145 万元。

2010～2011 年，贵州省连续遭受百年不遇的特大干旱灾害，巨木地下河开发工程覆盖区内的平塘县塘边镇、克度镇人畜饮水和农田灌溉几乎未受到影响，未出现农业减产情况。因此，巨木地下河开发工程具有明显的综合性效益，促进了当地社会经济的发展，为促进当地人民脱贫致富起到了保障作用。

图 5-4　贵州平塘巨木地下河筑坝拦蓄工程

二、广西忻城隆光地下河：地下堵截，溶洼成库

（一）工程概况

福六浪洼地位于广西来宾市忻城县城关镇隆光村东部石山地区，地处隆光地下河中游（图 5-5），由于洼地中的地下河天窗溢洪，每年自然积水 6 个月，形成一个库容超过 1000 万 m^3 的季节性天然溶洼水库。2004 ～ 2007 年，中国地质调查局实施的"广西典型地区岩溶地下水调查与地质环境整治示范（刁江流域）""广西区重点岩溶流域水文地质调查与岩溶水开发示范（环江流域）"项目对福六浪洼地堵洞成库条件进行勘查和堵截试验。在此基础上，2010 ～ 2012 年，"广西大石山区人畜饮水工程建设大会战找水打井"项目继续投入资金，进一步对福六浪洼地堵洞成库条件进行勘查、堵截成库，已取得初步成效。在天然地形地貌的基础上，通过堵截地下河管道形成颇具规模的库容，是对岩溶洼地地区地下河开发的一次有益尝试，为今后开发利用地下河水资源提供了一种全新的思维和可供借鉴的工程经验。

（二）岩溶水文地质条件

福六浪洼地平面形态呈一不对称的哑铃状，北东—南西向展布，长 1500.0 m，宽 250.0 ～ 900.0 m，最窄处 80.0 m。洼地东部较开阔、平坦，分布有多个碟型小洼地，高程 145.0 ～ 148.0 m，洼地西部地面起伏较大，高程 137.0 ～ 156.5 m。洼地内岩溶微地貌发育，沿洼地边缘分布有 9 个消溢洪天窗、溢洪洞、消溢洪洞、落水洞（图 5-6）。福六浪洼地及周边出露的地层主要有第四系、下二叠统栖霞组及上石炭统马平组。

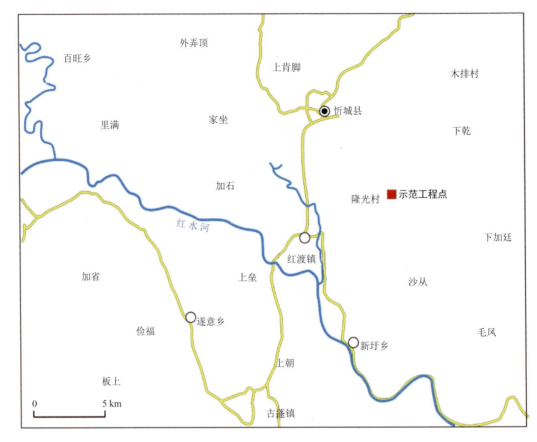

图 5-5 广西忻城隆光地下河开发示范工程交通位置图

（三）开发利用技术

堵截成库的关键在于找到主要消水通道"咽喉"部位，库盆地下河管道是沿近南北向（170°～190°）、北东向及近东西向三组陡倾角裂隙发育，主通道两侧水平洞道和岩溶裂隙不发育，表明岩溶发育极不均匀，这一特点既增加了堵洞成库的可能性，也增加了寻找"咽喉"地段的难度。为提高堵截成功率，寻找主要消水通道，2006年11月～2007年4月，对福六浪洼地进行堵截成库试验（图5-7）。

堵截试验以5号孔为中心进行，在5～8号钻孔回填碎石并灌注水泥浆，在其他钻孔进行辅助回填和注浆。实施过程每投一批碎石，探测一次孔深，自洞底往上计算。在洞底往上20 m厚度内，随着投料的不断增多，碎石面缓慢上升，但是投料厚度达到20 m以后，尽管投料速度不断加快，投入碎石方量不断增加，碎石堆积速度明显变慢，当碎石顶面回填到孔深86 m深度时，几乎不再上升。

经过2004～2007年的勘查和堵截试验工作，已经基本查明了福六浪洼地岩溶地质条件、洼地积水成库、消水干枯的机制和消水主要管道位置及消水流向。洼地内发育有多个溢洪洞、消溢洪天窗、消溢洪洞和落水洞，雨季期间，由于溢洪量大于消水量，洼地积水形成一个最大水深 30 m 左右、库容近 1000 万 m³ 的天然水库，每年积水时间约 6 个月，雨季过后洼地积水通过天窗和落水洞向地下河下游排泄而逐渐干枯，地下水埋深大于 60 m，主要消水通道"咽喉"部位就在 3 号天窗附近的地下河管道上。

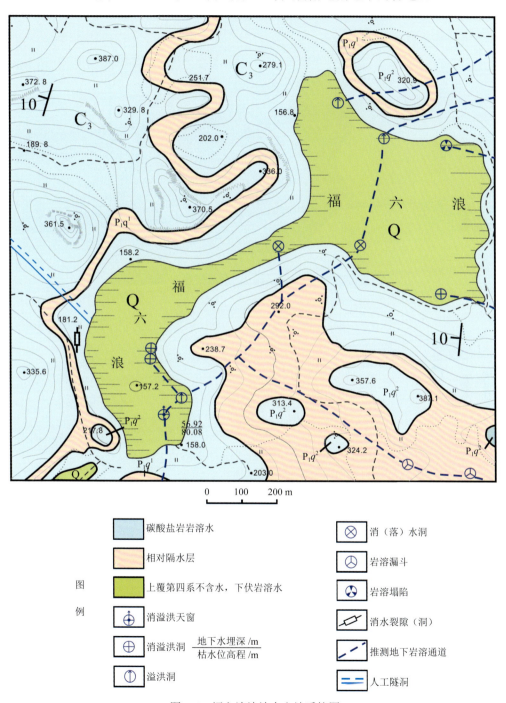

图 5-6　福六浪洼地水文地质简图

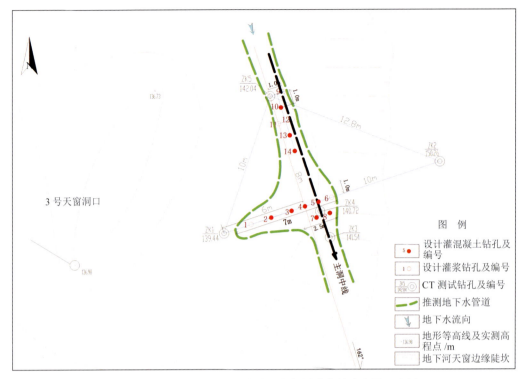

图 5-7　隆光地下河福六浪堵截成库投料灌浆钻孔布置示意图

（四）工程实施情况

福六浪洼地的消水最终归结于 3 号天窗去水方向的渗漏，因此，只要能将其去水方向堵截，便可以完成该处地下河的堵截目标。2007 年的试堵就是围绕该思路进行的，并初有成效，说明其试堵位置选择是基本正确的，因此堵截工程设计在充分分析试堵先成库后失效原因的基础上，综合补充勘查成果，对堵截部位进行选择。

（1）地下堵体部位选择

原试堵以 C5 号钻孔为中心进行投料堵截，使福六浪洼地枯季地下水位抬高了 80 多米，并维持了两年之久，说明其基本堵住了地下水的去路，因此其部位选择是正确的。通过前期补充勘查，该地下河主管道展布走向为 C20—C5—C16—C24—C38，其余钻孔所揭露溶洞与地下河管道水力联系较差。因此堵截选择于 C20—C5—C16—C24—C38 部位修筑宽约 5 m，高约 45 m（若算至地表，堵体高约 115 m），厚约 15 m 的地下堵体。

（2）帷幕灌浆部位的选择

据补充勘查资料，3 号天窗附近地下岩溶发育程度高，规律性较差，因此在修筑地下堵体同时应进行帷幕灌浆。根据钻探资料，揭露岩溶（高程 20 m 以下）主要位于 B1－C37 剖面及地下河上游钻孔，因此选择 B1－C37 剖面作为帷幕灌浆剖面。

（3）帷幕灌浆控制高程的确定

补充勘查时揭露最深溶洞底板高程为 –34.15 m，为防止岩溶的渗漏，帷幕灌浆应低于此高程，因此帷幕灌浆控制高程为 –40 m。

（4）地下堵体的修筑

在堵截位置地下河展布方向上施工编号为 C20、C10、C5、C16 的大直径投料孔，并将 C3 号、C24 号孔扩孔成为投料孔，通过投料孔投放碎石填堵地下河管道，压注水泥砂浆固结，完成地下堵体的初步修筑。

施工 K1 ～ K21 号钻孔，钻孔纵横方向间距基本按 2 m 进行布置，钻孔深度控制至 –40 m 高程，终孔孔径不小于 91 mm，并将 K1 ～ K21 号钻孔及 C25、C26、C11、C28、C3、C4、C5、C37 号钻孔自下而上进行灌浆处理，完成地下堵体的修筑。

（5）地下帷幕灌浆

施工 K22 ～ K30 号钻孔，钻孔深度控制至 –40 m 高程，钻孔间距基本按 2 m 进行布置，并对 C35、C36、B1、B4 及 K22 ～ K30 号钻孔自下而上进行灌浆处理，完成地下帷幕的修筑。为防止库水自补充勘查阶段施工钻孔漏失，对补充勘查阶段施工的钻孔进行注浆处理。

（6）水文地质长期观测

1）施工过程的水文地质监测

为了初步检验堵截效果，以便及时调整堵截方案，施工过程对 C20、C40、B11、C35、B3、B6、B7 号共计 7 个钻孔进行地下水位监测，一般情况监测频率为一天一次，碰到异常情况（如降水、地下水位产生异常变化等）监测频率加密。

2）施工结束后的水文地质监测

为了掌握溶洼水库建成后水库水、下游及临谷地下水的变化情况，以检验溶洼水库的建库效果，进行了水文地质长期观测，观测年限为水库建成后两个水文年。堵截工程施工平面布置及施工期间地下水位监测点布置见图 5-8。

（五）工程效果与经济社会效益

1. 工程效果

根据堵截前后福六浪洼地内水位变化对蓄水效果进行简要分析。

①未进行堵截之前水位上涨快，下降也快，受降水影响很大，体现出岩溶石山区地下水位暴涨暴落的特点。雨季地下水高过地面，洼地蓄水，枯季地下水迅速回落，洼地干涸。②堵截后，地下水变幅明显缓和很多，洼地内可一年四季蓄水。③2011 年（堵截前）最高水位比 2012 年（堵截后）略高，那是因为 2011 年降水较 2012 年集中，从而形成地下水暴涨。另外，堵截过程除洼地去水通道受堵以外，来水通道也受到一定程度的堵塞，从而导致洼地内水位上涨过程也相对缓和。

堵截前，福六浪洼地于 2011 年 11 月 20 日干涸（图 5-9），而堵截后，福六浪洼地于 2012 年 11 月 27 日水位为 153.913 m（图 5-10），对应的地表蓄水量为 218 万 m³，堵截效果相当明显。另外，堵截后经一个水文年的监测，福六浪洼地水位最低为 2013 年 5 月 8 日，水位高程为 147.433 m，较原监测到福六浪最低枯水位（高程 80.08 m）高出 67.353 m。

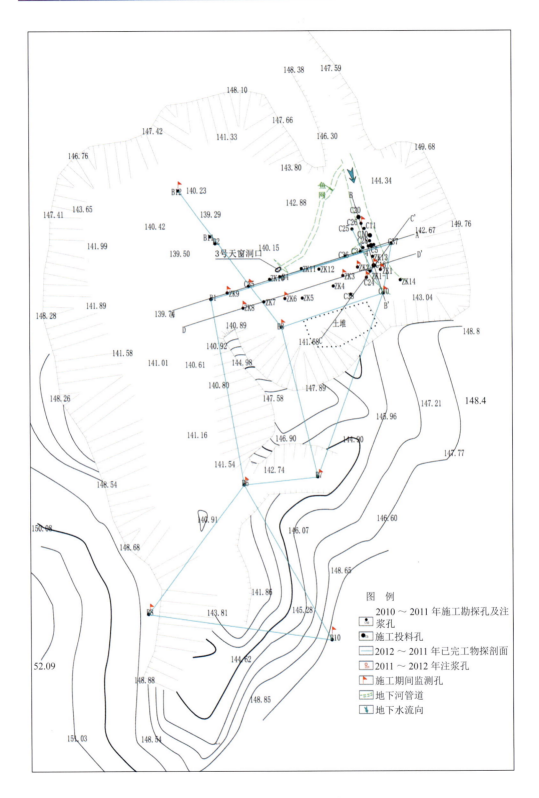

图 5-8　堵截工程施工平面布置图

图 5-9　堵截前福六浪照片（2011 年 11 月 20 日）

图 5-10　堵截后福六浪照片（2012 年 11 月 27 日，水位高程 151.913 m）

此工程的实施对主管道进行了初步的堵截，并取得了较为明显的效果，但由于资金和施工工期的限制，未能按计划完成必要的检验、查漏补缺和注浆加固工作，渗漏问题比较严重，工程还需进一步施工完善，并重点解决三个方面的渗漏问题：①堵体的加强及防渗；②堵体下部的防渗；③堵体两侧的防渗。

2. 经济社会效益

至 2012 年 5 月，堵洞成库工作已完成，福六浪洼地形成了一个库容 1000 万 m³ 的溶洼水库，可自流灌溉 10 000 亩农田，同时可解决水库下游一带 10 000 多人严重缺乏的人畜饮用水问题。

开发利用地下水资源，对促进干旱缺水地区的社会经济发展具有重要的作用；长期以来，地下水开发利用多以钻井开采为主。通过广西忻城隆光地下河堵截成库的工程实践，为今后开发利用地下河水资源提供了一种全新的思维和可供借鉴的工程经验，是一次有益的探索。

三、云南文山白石岩地下河：堵洞成库，天窗提水

（一）工程概况

白石岩地下河位于云南省文山市追栗街镇白石岩村，地下河出口位于白石岩村悬崖脚下东方红三级电站下游 100 m 处，地理坐标 104°21′E，23°16′N。地下河水库库容 2352 万 m³，坝址上游径流面积 4.12 km²，多年平均流量 2.113 亿 m³，实测最大流量 23.5 m³/s，最小流量 1.5 m³/s。通过对其出口处的地下河管道进行封堵，利用地下溶洞空间，形成地下河调节水库，并在地下河上游的柳井天窗利用水位的抬升采取提水方式开发利用岩溶水，是岩溶山间河谷区地下河堵洞成库综合利用地下水的典型示范工程。

（二）岩溶水文地质和工程地质条件

1. 岩溶水文地质条件

白石岩地下河处于盘龙河右岸山间峡谷区，盘龙河横断面呈"V"字形，切割深度 300 m。地下河流域平面上呈近椭圆形展布，总体地势由西南向北东倾斜，西部为主要的补给区，地貌类型属侵蚀、溶蚀中低山岩溶峰丛洼地，海拔一般 1300 ~ 1700 m，主要接受大气降水补给，年降水量 1300 ~ 1400 mm。最高气温 34.3℃，最低气温 6.1℃。降水入渗补给系数 0.7，平均径流模数 10.15 ~ 43.04 L/s·km²。

地下河流域面积约 680 km²，由大偎者、水尾等地下河支流汇集后于白石岩出露，地下河出口与盘龙河右岸水位齐平并垂直相交，枯季水位高程 1105.5 m，水面宽 4.50 ~ 5.40 m，水深 2.87 ~ 6.00 m，1994 ~ 1996 年动态观测，断面平均流速 0.112 ~ 0.730 m/s，流量 1.53 ~ 23.5 m³/s，流量动态呈波态型。理论计算年径流量为 2.20 ~ 3.60 亿 m³，水力资源丰富。地下河上游的柳井天窗地下水埋深 121.2 m，枯季流量 33.75 L/s。地下水水质类型为 HCO_3-Ca 型。

白石岩地下河系统地下河管道总长约 36 km，由 2 条主干管道和 2 条支管道组成，平面上沿径流方向呈树枝状由南西向北东集中，平均坡降约 15‰，其中 2 条主干管道长约 32 km，沿东北向断层发育；2 条支管道延伸都较短，总长仅 4 km，走向大致与东北向断层一致，皆发育于主干管道上游地段。柳井天窗发育于白石岩地下河出口西南部约 11 km 处，斜深 602 m，坡降 35%，底部与地下河相通，总体走向北西，洞内曲折，进口部位 30 m 范围内狭窄，弯道多而急，最窄处仅 40 cm。流域内岩溶水主要赋存于碳酸盐岩溶隙、溶洞内，以管道流为主，埋深一般 50 ~ 200 m，上游地段埋深相对较浅，埋深多小于 100 m，水力坡度较大；下游地段水位埋藏相对较深，埋深多在 200 m 左右，水力坡度平缓。系统储存调节能力弱，水位和流量随季节变化剧烈，最大水位变幅可达 80 m（图 5-11）。

2.工程地质条件

除地下河出口地段（白石岩—糯米科一带）外，地下河整个流域边界被碎屑岩呈带状包围，形成隔水边界，阻挡了地下水向流域外围的渗漏。地下河出口完全出露于上泥盆统（D_3）灰岩、白云岩中，两边的隔水层与洞口相距较远，北东边发育一条北西向断层，是可能发生渗漏的主要地段。

地下河河出口段分上下两层溶洞，溶洞围岩完整。上层溶洞高程1144 m，洞高15 m，洞宽18 m，为干溶洞；下层溶洞高程1105.5 m，洞高18.3 m，洞宽8 m，水面高程1105.50～1110.82 m，水深10.3 m，水下是15.2 m厚的砂砾层，无胶结，对建库不利。地下河河出口段水位线以下的灰岩、白云岩，钻探及堵水试验表明，水位线以下岩体岩溶不发育，钻孔压水试验涌水量 $q \leqslant 0.005$ L/s·m，能满足筑坝要求。

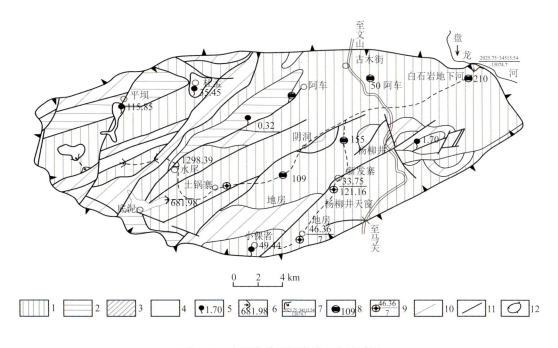

图 5-11　白石岩地下河流域水文地质图

1.纯碳酸盐岩；2.不纯碳酸盐岩；3.碎屑岩；4.松散土层；5.下降泉，右为流量 /(L/s)；6.地下河入口，右为流量 /(L/s)；
7.地下河及出口，分子为最小−最大流量 /(L/s)，分母为平均流量 /(L/s)；8.竖井，右为地下水埋深 /m；9.地下河天窗，右上为枯季流量 /(L/s)，右下为地下水埋深 /m；10.岩组类型界线；11.断层；12.流域边界

（三）开发利用技术

总体工程方案是利用地下水通道围岩的完整性和坚固性，以及天然的地下钙化坝，采用混凝土和钢筋混凝土封堵地下溶洞，并同时在堵体周围做地下帷幕灌浆对岩溶地层进行防渗处理，将洞内水位抬高后取得水头，利用地下溶洞空间，形成的地下河调节水库，调节水流，利用大水头发电。在地下河上游地下水深埋的岩溶石山区，通过改造地下河天窗通道，安装电潜泵提水，解决山区农村生活及生产用水困难。

示范工程建设运用水文地质测绘、洞穴调查测量、长期观测、工程地质勘查、堵放水试验、平硐勘探、压水试验等方法进行综合勘查。查明流域内水文地质条件，岩溶发育程度，地下河的分布特征，洞穴的形态、空间展布、地下库容，以及水量变化状况。勘查坝基工程特性、地质构造及渗漏情况。采用防渗灌浆、封堵地下河、天窗提水等技术手段开发岩溶水。

为了解决坝基砂砾层的防渗、地下河出口段的围岩防渗、地下河天窗通道转折多变、转折角小、提水高度大等关键问题，研究采取了有效的技术措施。

1. 充分利用已有工程确定渗漏问题

渗漏是水库兴建后能否达到预期目的的关键问题，利用地下河出口旁东方红三级电站坝后蓄水位1193 m，地下河在临岸仅发现一处地下河来水，水量较稳定，流量0.5 L/s，漏水点海拔1180 m，判断地下河堵体与盘龙河之间的临岸地段，当地下河水位在高程1180 m以上将发生临岸渗漏。地下河水位线以下岩体岩溶不发育，不存在渗漏问题。

2. 不清基、不围堰，高压灌浆处理坝基

因坝位处水深10.3 m，砂砾层厚度15.2 m，按常规施工方法要在坝位前后设隔水围堰，而洞内大型机械无法施工，靠人工施工将十分困难。因此，采取不清基、不围堰，在坝位处砂砾层上堆放不同级配的块石，浇灌混凝土，预埋直径2.4 m的过水管，迎水面铺隔水膜，之后采用高压灌浆技术，实施自上而下灌浆，加固砂砾层、堆石强度，使其成为坝体的一部分。经蓄水证实基本无渗漏，效果良好。

3. 地下河围岩防渗

地下河出口段附近东侧蓄水后渗漏较为严重，因此，在长430 m的溢洪道内采用防渗帷幕灌浆处理，孔距3 m，排距1 m，防渗帷幕灌浆深度70 m，共布置实施17 100 m。防渗效果较好。

4. 选择有利地段，堵体工程分期进行

地下河堵体选择在距离地下河出口116 m处的溶洞内，此处地下河较窄。第一期工程堵体按60 m水头设计，把堵体浇筑至1127 m高程，蓄水300万 m³。第二期工程进行高程1127～1142 m的堵体浇筑和加强第一期堵体结构，水位总高为126 m，兴利蓄水量2353万 m³，经过试堵阶段后期抬高水位进行验证，渗漏问题不突出。第三期工程是在第一、二期工程成功的基础上进行从1142 m高程直到洞顶（封顶）和坝后式电站建设地下厂房。

5. 高扬程提水

在地下河上游的柳井天窗采取提水方式开发利用岩溶水。由于洞内曲折且高差大，提水管道设计了两处180°的螺旋式环形转弯，最大限度地缓解开停机水锤作用，同时节省了开凿50余米的斜洞工程。这样的转弯设计虽然超出了规范确定的对水泵上水管转角的限制值，但使用中运转正常。洞口至取水点安装管道长425 m，弯道26个，高

差 121.2 m，洞口至高位水池高差 60 m，安装管道长 135 m，总长 560 m，提水总高差 186 m，提水量 1000 m³/d。

（四）工程效果与经济社会效益

白石岩地下河地下水库通过在出口段采用不清基、不围堰，高压灌浆处理坝基后进行封堵，将地下水位抬高 126 m，形成的调节库容为 2353 万 m³ 的一座中型地下水库，水库利用水量 1.32 亿 m³，总投资约 1000 万元，取得了良好的经济社会效益。

此工程不淹没农田，不需要搬迁居民点，实现了对下游电站的时段放水调节，缓解了文山电网峰谷差带来的电力供求矛盾，年发电量 3586.8 万 kW，增加收入 538 万元，增加农田灌溉 1750 亩，解决 40 616 人、6262 头大牲畜的人畜饮水困难，每年可节约用水费用 300 万元。上游通过柳井天窗在地下河内安装电潜泵，进行 121.2 m 高扬程大流量提水，将地下河水取至高位水池，再从高位水池铺设管道引水至下游村寨，进行多方式开发利用。柳井天窗提水工程，抽水量 1000 m³/d，可解决柳井乡新发寨等 15 个自然村 3137 人、1794 头大牲畜的生活用水困难和 1000 亩经济作物的生产用水问题。

四、云南罗平小平桥地下河：筑坝成库，联合调蓄

（一）工程概况

小平桥地下河位于云南省罗平县板桥镇小平桥村的西南边缘，距板桥镇 3.5 km，距小平桥村 0.7 km（图 5-12），地理坐标为 104°27′57″E，24°57′45″N。地下河流域面积 4 km²，近南北向展布，补给区与地下河出口相对高差 200 m 左右。示范工程是在岩溶地区，充分利用地下岩溶空隙以扩大蓄水空间，利用有利的地形地质条件，在地下河下游建坝，形成的地表-地下水库。库区防渗性能、稳定性较好，总库容 42.18 万 m³，死库容 5.74 万 m³，调节库容 32.34 万 m³，达到了增加地下河调蓄能力、增大库容的目的，为改善当地民生起到了积极作用。

（二）岩溶水文地质和工程地质条件

地下河流域面积 4 km²，南面以 T_1yb 碎屑岩为界，东、西两面以地表自然分水岭为界。补给区与地下河出口相对高差 200 m 左右。地下河管道在平面上近南北向展布（图 5-13），共有 2 个地下河出口。Ⅰ号地下河出口，高程 1444.5 m，为一高 3 m 的溶洞，可进深度 8 m，常年出水，推测地下河管道长 1.8 km。Ⅱ号地下河出口为一季节性地下河出口，只在雨季出水，出露位置高于Ⅰ号地下河出口 6.4 m，推测地下河管道长 300 m；该地下河出口也为一溶洞，洞口呈不规则圆形，直径 1.8 m，溶洞管道沿 160° 方向延伸，管道内人可行走，高 20 m，宽 15 m，洞内石钟乳发育，堆积有钙华及黏土，沿管道延伸方向，洞宽逐渐减小，可进深度 35 m，在管道 15 m 处有一小水塘分布。

图 5-12　小平桥地下河开发示范工程交通位置图

库区库岸稳定性一般较好。该库区现状条件下无崩塌、滑坡、泥石流、岩溶塌陷、活动性冲沟存在。左、右两岸，地形坡度一般在 15°～20°，表层为残坡积含碎石黏土，厚度一般在 1～2.5 m。下伏为碎屑岩强—微风化岩体，斜坡稳定性较好。当水库蓄水至 1450 m 时，局部残坡积层有可能沿土石分界面发生小规模浅层滑动。库尾碳酸盐岩裸露，完整性好，斜坡稳定性好，不存在岸坡再造问题。

库区范围内无要求保护的文物古迹。正常蓄水位以下有部分旱耕地会被淹没，岸边农田为梯田，因修建水库抬高地下水位而产生的浸没现象轻微。库区植被发育较好，水土流失现象轻微，淤积泥沙来源少，水库淤积不明显。

（三）开发利用技术

工程建设的关键技术除了水文地质分析选定弱岩溶发育坝址外，就是帷幕灌浆防渗，这些关系到整个工程的成败。灌浆施工采用自上而下分段灌浆法。灌浆前选 3 个 Ⅰ 系孔做灌浆试验。灌浆段长度一般为 5 m，特殊情况缩减至 3 m。灌浆压力采用 0.1～0.6 MPa，灌浆采用纯水泥浆，浆液浓度水灰比为 5∶1、3∶1、2∶1、1∶1、0.8∶1、0.6∶1 六个比级，先灌稀浆再灌浓浆，在有的孔段吸浆量较大时跳过一级浓度灌注或加入水玻璃或河砂灌注。灌浆竣工 14 d 后布置检查孔作检查。完成检查孔 6 个，总进尺 122.4 m，压水试段 15 段次，其中透水率 q 大于 1 Lu 的有 8 段，占总数的 53%，q 为 1～3 Lu 的段有 6 段，占总数 40%，q 为 3～5 Lu 的段有 1 段，占总数的 7%，全部达到设计 q 小于 5 Lu 的防渗标准。检查孔封孔注入水泥 2.8 t。

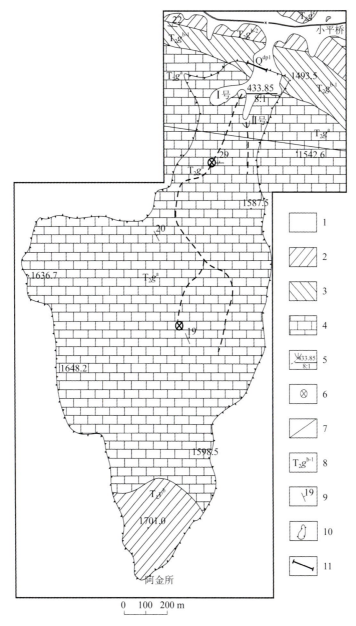

图 5-13　小平桥地下河水文地质图

1.松散层；2.碎屑岩；3.碳酸盐岩夹碎屑岩；4.碳酸盐岩；5.地下河，右上为流量，下为测流日期；
6.落水洞；7.地层界线；8.地层代号；9.产状；10.流域界线；11.坝轴线

（四）工程实施情况

示范工程经过详细勘查论证确定工程方案。勘查工作完成 1 ∶ 10000 水文工程地质测绘 6 km²、1 ∶ 500 地形测量 0.4 km²、1 ∶ 500 综合地质剖面测量 693 m，工程地质钻探 423.5 m/15 孔，压水试验 43 段 /13 孔，钻孔波速测试 125 m/6 孔，动态监测 1 点，取岩土样 9 组，水样 2 组。

小平桥地下河处于峰丛洼地区，属区域地下水的补给径流区。含水层岩溶发育，调蓄能力差，地下河流量旱季、雨季变化极大。地下河规模较小，出口附近溶隙发育，不具备在洞口堵蓄的地质条件。出口下游为一宽缓的岩溶槽谷，分布有透水性较弱的 T_2g^b 薄层泥质灰岩、泥岩地层，为建坝调蓄地下河水资源提供了较好的地质条件。但岩溶槽谷规模小，若蓄水至高程 1451 m，仅利用地表库容则蓄水量有限，约为 21.11 万 m^3。因此，开发工程技术方案为：在岩溶地区，充分利用地下岩溶空隙以扩大蓄水空间，利用有利的地形地质条件，在地下河下游建坝，形成地表-地下水库，达到增加地下河调蓄能力、增大库容的目的。

工程方案具体如下。坝体设计为浆砌石溢流重力式拦河坝，最大坝高 12.89 m，坝长 80 m，其中溢流段长 6 m，非溢流段长 74 m。非溢流段坝底最宽 8.259 m，坝顶宽 3 m；溢流段坝底宽 10.717 m。上游坝坡 1∶0.2，下游坝坡 1∶0.7。主体工程结构见图 5-14。

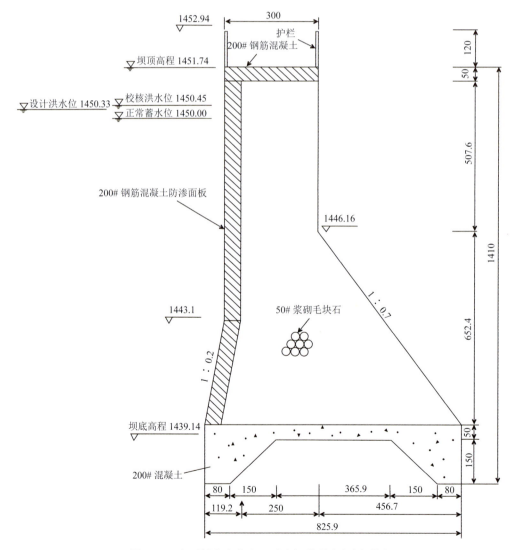

图 5-14　小平桥水库浆砌石重力坝非溢流段剖面图

防渗选用帷幕灌浆，因为坝高较小，帷幕灌浆设计为悬挂式帷幕，全长 150 m，布置于坝轴线上游 1 m 处，按 2.5 m 的孔距布成单排孔，灌浆孔深 10～20 m。共完成灌浆孔 61 个，总进尺 1193.33 m，灌浆段长 821.43 m，各灌浆段长普遍≤ 5 m，个别孔段长 6～7 m，注入水泥 218.35 t。

为防止浆砌石坝体渗漏，浆砌石坝体迎水面设计为厚 50 cm 的 C20 钢筋混凝土防渗面板。为防止地下水样压力对坝体造成破坏，在坝体中设置了 Φ100 的 PVC 排水管，排水管分为纵向排水管和横向排水管，排水管预先打孔，孔径 5 mm，孔距 50 mm。纵向排水管设一排主水管和两排副水管，主排水管由坝底至坝顶，管间距 2 m；副水管由坝底至横向排水管，排间距 1.5 m；横向排水管高于混凝土盖板 1.5 m，由主排水管至坝后，纵坡比 5‰。

（五）工程效果与经济社会效益

小平桥水库以枯季流量作为岩溶水的可开采资源量，为 44.75 万 m^3/a。水库为小（二）型，调节库容 32.34 万 m^3，经过 9 年的检验，运行良好，开采量 1300 m^3/d。水库的建成，为下游分布的玉马、板桥、牛不丫 3 个村委会所辖的 25 个自然村，约 8000 人、10 000 多头大牲畜、约 10 000 亩耕地解决了生产生活用水困难，为当地经济的可持续发展提供了水资源保障（图 5-15、图 5-16）。

图 5-15　小平桥水库重力式拦河坝

图 5-16　小平桥地下河出口处水库现蓄水水位
（2015 年 12 月）

五、贵州道真上坝地下河：堵洞拦蓄，隧洞引水

（一）工程概况

道真上坝地下河开发利用示范工程区位于贵州省道真县南部，南起云峰山，北至梅江河谷，西为上坝谷地，东到东郊垄岗脊部，总面积近 80 km^2（图 5-17）。上坝地下河系统发育于道真县南 6 km 上坝乡南侧的垄岗地带，流域分水岭位于上坝乡以南的云峰岭地带，经上坝乡、金刚山，至道真县城东吊脚楼排出地表。地下河全长 22.5 km，

上游至中游地带河床高于相邻谷地地面，其中在上坝乡一带，河床高于谷地地面150～300 m。该地下河系统中不但具有良好的蓄水空间和较强的调蓄能力，而且地下水具有较高的势能，在同类型高位地下河中有较强的代表性。该类地下河因河床高于相邻谷地中的耕地和村镇，地下水势能较高而具有可自流引水开发利用及工程运行成本低的优势，成为岩溶贫困山区最受青睐的地下水源之一。合理开发这些地下河，可为当地经济社会发展、生态环境的治理和改善提供可开发利用的水源。

根据中国地质调查局的安排，2005～2007年，贵州省地质调查院与道真县水利部门配合，选择了代表垄岗槽谷型的高位地下河——道真上坝地下河开展了岩溶水开发利用示范工程，通过堵洞蓄水工程、地下引水工程、地表输水工程，堵、蓄、截、引相结合，向道真县城、上坝乡集镇、村寨农村人畜生活进行供水，并对出口以下高程的耕地提供保证程度较高的灌溉水源，取得了显著的经济社会效益，为同类型地下河的开发利用提供了样板。

图 5-17 上坝地下河交通位置图

（二）岩溶水文地质和工程地质条件

上坝地下河位于道真县南郊，构造部位处道真向斜南东翼。向斜轴15°～20°，核部出露地层为下三叠统茅草铺组（T_1m），岩性为石灰岩，两翼分布地层分别为下三叠统夜郎组（T_1y）、上二叠统吴家坪组（P_3w）和长兴组（P_3c）、中二叠统栖霞、茅口组（P_2q－P_2m）及中志留统韩家店组（S_2hj），岩性以碎屑岩为主，其间夹中二叠统栖霞、茅口组（P_2q－P_2m）及上二叠统吴家坪组（P_3w）上段石灰岩。向斜南端东翼岩层较缓，岩层产状为

295°～325°∠23°～39°，走向 40°～45°和 340°～350°X 型节理发育。受地质岩性、构造及岩溶发育控制，在向斜核部茅草铺组（T₁m）石灰岩分布区形成长 1.5 km、宽 2～3 km 的溶蚀槽谷，谷地东西两侧沿岩层走向形成线状延伸的垄岗。谷地地形平缓，谷底高程 700～750 m，为耕地和人口集中分布区，上坝乡、玉溪镇和道真县城分布于该谷地中。垄岗地形坡度 20°～35°，山脊高程 1000～1300 m，与谷地相对高差 150～300 m。上坝地下河发育在垄岗地带二叠系茅口组—吴家坪组（P_2m-P_3w）地层中，在上坝一带，地下河河床高程 960 m，高于相邻上坝谷地 240～300 m（图 5-18）。

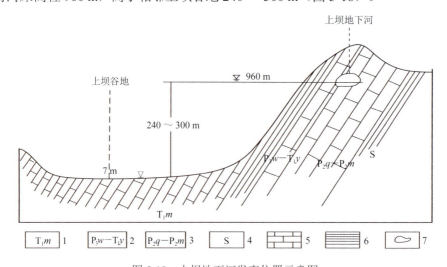

图 5-18　上坝地下河发育位置示意图

1. 下三叠统茅草铺组；2. 上二叠统吴家坪—下三叠统夜郎组；3. 中二叠统栖霞、茅口组；
4. 志留系；5. 石灰岩；6. 泥岩；7. 地下河管道

拟建水库的枢纽区选择在两条地下河支流汇合口地段，枢纽区地层为上二叠统吴家坪组（P_3w）。堵洞地带可能发生的渗漏包括坝基渗漏和绕坝渗漏两个方面。

据水库枢纽地带的勘探钻孔资料分析，ZK1 钻孔在 962.5～936 m 高程揭穿 P_1m 中巨厚层灰岩段时，发现 3 处小于高度 0.7 m 的小溶洞，呈孤立分布，由层面溶蚀裂隙连通。此外，地下河岩溶主管道（右管道）的纵剖面上，在两条地下河支流汇合口以上地段，拟建库区内基本上不存在较大的"裂点"。在平面上，除主管道附近发育有地下河天窗和竖井落水洞等单个垂直岩溶形态外，其他地带地表未发现有较大的垂直岩溶形态，也无垂直岩层走向方向发育的渗漏低槽地形，吴家坪组（P_3w）砂、泥岩隔水段岩层产状稳定，分布连续、完整。地下河管道中绝大多数地段的洞壁光滑，没有溶隙发育。在二条支流汇合后的下游更是如此，其管道侧壁光滑、直立，河床淤积厚度一般在 0.6～0.8 m，淤积物主要为砂、卵石和少量淤泥，河床坚硬完整。

（三）开发利用技术

该示范工程中地下河开发工程由堵洞蓄水工程、地下引水工程、地表输水工程三部分组成，其中的重点和难点在于堵洞蓄水。

前面分析表明堵洞地带不存在大的隐伏岩溶渗漏通道，不会产生坝基和坝肩的集中岩溶管道渗漏，沿堵洞坝址产生较大绕坝渗漏的可能性也不大，但水库正常蓄水后可能沿岩层层间裂隙产生少量的渗漏，实施一定的防渗工程是必需的。对坝区的防渗处理应以布置防渗帷幕灌浆处理为宜，防渗帷幕布置于库首部位，根据地形地貌和岩溶渗漏条件布置的防渗帷幕呈弧形，长 250 m，灌浆帷幕深度在堵体下部和两侧地下水位变动带内 5 m 及地下水位季节变动带内 $q < 10$ Lu 以下的地带。灌浆采用聚合物水泥砂浆作灌浆材料，采取双液灌浆泵管进行综合分段灌浆，帷幕灌浆面积为 $1250 \times 10^4 m^2$。

（四）工程实施情况

根据上坝地下河系统上游具有的地下空间大、调蓄地下水的能力强、地下河水资源丰富且管道发育位置高出上坝—道真谷地 240～300 m 的优点，直接利用堵、蓄、截、引等工程方式，向道真县城、上坝乡集镇、村寨农村人畜生活进行供水，并对出口以下高程的耕地提供保证程度较高的灌溉水源。因此，示范工程中地下河开发工程由堵洞蓄水工程、地下引水工程、地表输水工程三部分组成。

堵洞坝址选择在地下河裂点以上、主河道和支流汇合处下游 50 m 处建坝，坝址处基本无堆积物，溶洞四周围岩坚硬完整光滑，纵断面呈上游略大、下游略小的蛋形，根据堵洞坝址的地形地质条件及施工条件，确定采用瓶塞形混凝土塞子坝（图 5-19）。因堵洞坝筑在洞内，存在较多不确定因素，为安全起见，实际工作中取塞子坝厚度为 20 m，采用 C30 混凝土为筑坝材料，封堵混凝土应考虑温控措施，采用低热水泥或掺用粉煤灰，使坝体可承受 150 m 水头的压力。

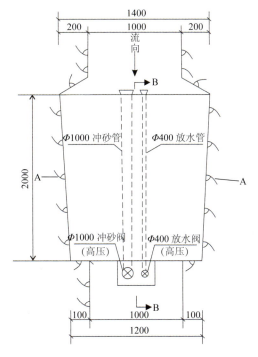

图 5-19　塞子坝结构设计图

（五）工程效果与经济社会效益

1. 社会效益

①解决道真县玉溪镇和上坝乡 28 000 余人和 12 000 余头大牲畜的饮水问题，实现饮水安全的国家目标。

②全面解决地下水库引水隧洞出口高程 954 m 以下 16 000 亩耕地（其中田 9935 亩、土 6065 亩）的用水问题。

2. 经济效益

由于该工程属于国家扶贫开发项目，同时又是岩溶地下水开发利用科研试验项目，工程总投资为 2612.8 万元，资金主要是各级政府投资，包括以工代赈及农发资金、国家地质大调查资金等。

从主要经济指标看：单位灌溉面积投资 1008 元／亩、投资回收期仅 5.7 年的经济指标是很优越的。另外从实际效果来看，灌溉年平均净收益为 243.9 万元，灌区 33 487 农村人口平均每人每年增加纯收入 73 元。就工程本身而言，供水收入 257 万元，供支护工程的管理维护也是足够的。因此上坝地下水库的修建经济合理可行，特别是解决县城和上坝乡 28 000 余人和 12 000 余头大牲畜饮水困难的社会效益更是十分显著。

六、湖南龙山大瓜拉洞地下河：堵洞拦蓄，截流引水

（一）工程概况

大瓜拉洞地下河位于湖南省龙山县洛塔乡中西部的金鸡坡，地下河发源于八仙洞山的刺猪洞，沿途经金鸡坡、岩子堡。1979 年曾对该地下河的支洞耳部洞、大瓜拉洞及主洞大部分地段进行了探测，推测在车水坪一带与屋檐洞地下河汇合。该地下水资源开发示范工程以堵、蓄、引相结合的联合开采方式，即在地下河中进行堵洞成库，抬高地下水位，修建引水隧道，这是岩溶石山区水资源开采行之有效的方法（图 5-20）。

（二）岩溶水文地质和工程地质条件

该地下河流域内，地下水以溶洞裂隙水为主，地下水埋藏于岩溶管道裂隙中，分布极不均匀。在洛塔向斜盆地西翼，地下河、岩溶大泉分布广泛，水资源较为丰富。大瓜拉洞地下河是分布在该区较大的地下河，地下水以集中管道流为主，补给来源于大气降水。此外，由于区内表层岩溶带的发育，并有表层岩溶带泉水的出露。表层岩溶泉作为溶洞、地下河的补给、调节水源，将是不可忽略的有效资源之一。

该区表层岩溶带的发育，是岩溶作用过程的产物，它的存在对生态环境及水土保持均具有重要意义。一般在森林植被较好的区域，对地下水的调蓄具有较好的作用。表层岩溶

带的发育，主要受岩性、构造、水动力条件、第四系覆盖层厚度及物质成分、生态环境条件、地貌等因素所控制，尤其是生物作用的影响是较为重要的因素之一。该区生态植被较好，是以灌丛、草丛和乔木为主的混交林，植被覆盖率40%～50%。土壤湿度较大，含水率为16%～25%，对促进植物根系的发育较为有利，同时也促进了植物的生长。在水、土、植被相互作用下，生物积蓄量增加并具多样性，对表层岩溶带的发育具推进作用。

图5-20 龙山大瓜拉洞地下河开发示范工程交通位置图

区段内表层岩溶带主要发育和分布于谷地两侧边缘、洼地周边及峰丘。发育深度一般在3～5 m，有表层岩溶泉出露。地下水主要来自大气降水补给。表层带在接受降水入渗补给后，一部分直接沿裂隙自斜坡溢出，另一部分储存于孔隙、裂隙中，并沿细小裂隙缓慢以侧向补给第四系土层，沿土层溢出地表，形成表层岩溶泉。所以表层岩溶泉可定义为：在表层岩溶带中，流量的大小受表层岩溶带发育、降水强度及周边岩溶环境条件，如上部第四系覆盖层厚度、植被等制约的岩溶泉水。该类型泉水多为间歇泉，溢出地表后，部分垂向通过裂隙补给下部地下河。如耳部洞天窗洼地斜坡上的表层岩溶泉，洼地为半覆盖岩溶石山区。泉水出露处为第四系覆盖，覆盖层厚0.5～1.5 m，下伏基岩为P_1m^2厚层状泥晶生物屑灰岩。岩溶发育强烈，以裂隙溶蚀孔洞为主，见泉点三处，均为间歇泉。除一处直接沿裂隙溢出外，其余两处均沿第四系溢出。泉水溢出后，一部分直接沿洼地斜坡流入落水洞，补给地下河，另一部分入渗地下，通过裂隙及溶蚀孔洞补给下伏地下河（图5-21）。单泉流量0.02～1.0 L/s，最大流量达2.0 L/s，pH 6.7，水温19℃（气温23℃）。由于泉域周边植被较好，泉水断流时间较短，断流期1～3月。

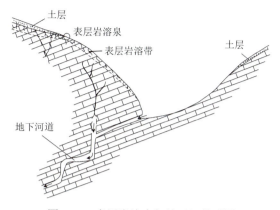

图 5-21 表层岩溶泉与地下河关系图

（三）开发利用技术

堵洞拦截成功的关键在于摸清库区的渗漏情况：据地下河堵体部位工程地质调查，周边基岩坚硬完整，均不存在渗漏问题，但在引水隧道开挖时，距该地下河东侧 500 m 处遇到发源于道坑洼地的地下河。地下河进口为道坑洼地的落水洞，发育方向为北东 $30°\sim35°$，与大瓜拉洞地下河并排发育，发育高程在 $940\sim1020$ m。河道内常年流水，最枯流量 5 L/s，已实测河道长 1.3 km，下游跌坎较多，坎下均为深潭，通行困难，未能测至末端，推测该地下河在下游末端与大瓜拉洞下游汇合。测段内地下河发育于 P_1m^2 厚层灰岩中，河道沿北东向构造断裂带发育延伸，岩溶发育强烈，两侧壁大部分溶蚀成蜂窝状。局部见有北西向裂隙发育，均为方解石脉充填。区内岩层倾向东南，倾角 $15°\sim18°$。据两地下河的测量，在堵体地段上游，地下河之间没有直接的连通关系。但道坑地下河处在大瓜拉洞地下河的顺层外侧，沿层面导致渗漏将不可避免。从地下河的分布、区域构造、岩溶发育和河道两侧基岩的完整性分析，主要渗漏区段将分布在靠近道坑洼地一带，海拔 $1020\sim1040$ m，以浅层侧向渗漏为主，局部可能存在沿裂隙的渗漏，但渗漏量不大。此外，在小瓜拉洞一带，可能存在有沿裂隙向邻谷渗漏，但需水位抬高至 1060 m 以上才会产生。

（四）工程实施情况

大瓜拉洞地下河系，主要由多个岩溶洼地水流汇集而成，洼地间连续分布，洼地底部与地下河相连通。最低洼地高程为道坑 1040 m，最高为刺猪洞 1252 m，实测地下河最低高程位于主河道与耳部洞交汇处的下游溶潭，高程为 920 m。

根据地下河的发育和地下空间分布特征，地下蓄水空间为地下河管道和裂隙。地表以连续分布的岩溶洼地为主，集水面积 3.0 km²，年产水量 $400×10^4$ m³，枯期最小径流量 50 L/s。

20 世纪 80 年代初，在位于现在开凿的引水隧道与地下河接口下游 365 m 处，进行堵洞施工。旨在通过堵塞地下河，使大瓜拉洞岩溶洼地成库，使地下水位抬高至车大湖、道坑一带沿天窗溢出地表，流入群英渠道。已施工浆砌石坝，坝宽 4～5 m，坝高11 m，坝厚 2.5 m。但由于各种原因，还有 9 m 高未完全封闭地下河，所以未能成功蓄水。该坝址基础条件较好，是理想的建坝地段。

在总结和分析前人工作的基础上，考虑地下河和洼地间的相互关系，认为堵洞成库在该区施工条件较为困难，并对今后的工程管理和维修极为不利，所以改为隧洞引水的开采方案。根据开凿的引水隧洞位置，从地下河发育的基本特征及岩溶水文、工程地质条件分析，考虑施工条件及引水便利等问题，堵体建于引水隧洞与地下河交汇部位，采用堵、引方式开采地下水。

根据坝址区测量，坝基下基岩完整（图 5-22），实测横断面积约为 115 m²。河床底部有一跌水坎，跌坎高 1.5 m，河床内除有少许的沙砾石堆积外，其他无任何堆积物，河床受水流冲刷，基底及两侧基岩光滑完整。河床两侧壁，距河床底 4.5 m 以上，平直陡立。往下见溶蚀强烈，岩面凹凸不平，局部呈蜂窝状，受水流冲刷岩面光滑。区段岩性为 P_1q^3 的含燧石条带及团块灰岩，岩层倾向南东，倾角 10°～15°。该处除受北东构造影响形成地下河道外，未见其他的构造裂隙发育，工程地质条件较好，是较为理想的建坝地段。

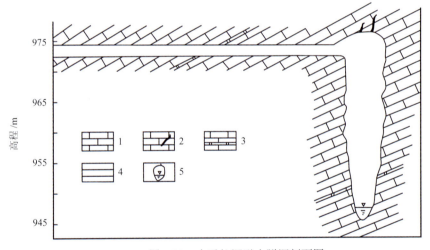

图 5-22　大瓜拉洞引水隧洞剖面图

1. 下二叠统栖霞组厚层生物屑灰岩；2. 溶蚀裂隙；3. 灰岩夹方解石脉；4. 引水隧洞；5. 地下河

（五）工程效果与经济社会效益

工程实施后，可获得有效地下水调节库容 $6×10^4～8×10^4 m^3$，可以解决区段内5000 人的饮水困难和近千亩农田干旱的问题。对当地资源的充分利用、调节和农业发展均具有重要的意义。该地下水资源开发以堵、蓄、引相结合的联合开采方式，即在地下河中进行堵洞成库，抬高地下水位，修建引水隧道，这是岩溶石山区水资源开采行之有效的方法。

七、湖北宣恩狮子关地下河：拦蓄成库，隧洞引水

（一）工程概况

宣恩县狮子关地下河位于湖北省恩施土家族苗族自治州（以下简称恩施州）宣恩县境内。地处 109°11′～109°55′E，29°33′～30°12′N（图5-23），为忠建河一级支流洪家河伏流段，具有典型山溪性河流特点，发源于土地垭，即清江流域与酉水流域的分水岭地带，海拔 1670.1 m，干流全长 19.1 km，主河道平均比降 19.53‰，流域面积（以亮洞为界）76.2 km²。以狮子关黑洞为界，上游 14.0 km 为明河段，在狮子关黑洞处潜入地下形成地下河（长度为 1997 m），于亮洞出口又转为明河，流经 2.7 km 后在古迹坪汇入忠建河。示范工程狮子关水电站即位于洪家河下游亮洞出口处，距宣恩县城关 14 km。

图 5-23　宣恩狮子关地下河开发利用示范工程交通位置图

（二）岩溶水文地质和工程地质条件

流域内主体构造为狮子关向斜，轴向 20°～25°NE。向斜核部产状平缓，由嘉陵江及大冶组碳酸盐岩地层组成。两翼岩层产状不对称，东翼倾角 60°～70°，为石炭—二叠系碳酸盐岩夹碎屑岩组成；西翼倾角 25°～30°，为大冶组中下段碳酸盐岩夹页岩组成。断裂构造在流域上游、下游分别发育有一条。区内裂隙主要为倾角近直立的两组张性裂隙。

狮子关地下河系统由上游的黑洞，中部的狮子关大天坑（地下河天窗）和下游的亮洞三部分组成，全长 1997 m，为单一廊道型岩溶洞穴系统（图 5-24、图 5-25）。其中黑洞长 1300 m，横断面呈楔形，底部洞宽 10～20 m，高 60～100 m，洞体延伸方向主要受上述两组裂隙控制发育形成，平面上呈折线状，总体走向 40°NW，洞壁光滑，无侧向支洞发育。该洞段内有 6 股泉水从洞顶处飞落而下，流量一般为 0.05～0.1 m³/s；地下河天窗平面形态近似菱形，长轴方向 340°，长 500 m，短轴方向 75°，长 294 m，最小深度 180 m，天窗的北、西两面为近直立的岩壁，南面和东面上部为直立的岩壁，下部渐变为 45°～60° 的陡坡；亮洞长 403 m，宽一般 10 m 左右，洞高 50～150 m，横断面呈隙缝状，洞体延伸方向主要追踪张性巨型裂隙发育近南北向，出口段受张性巨型裂隙控制向西呈直角偏转。洞内仅在洞身方向偏转部位有一股泉水从洞顶漂入，流量约 0.05 m³/s，该泉水为上部狮子关地表沟流沿横张巨型裂隙下渗而成。

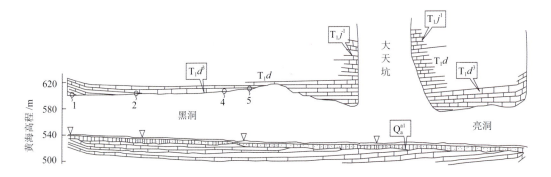

图 5-24 狮子关伏流系统纵断面图

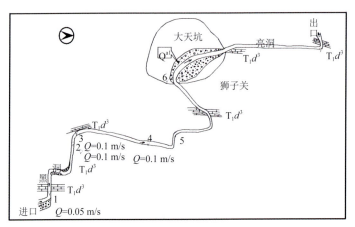

图 5-25 狮子关伏流系统平面图

（三）工程实施情况

狮子关水电站是靠封堵洪家河伏流（亮洞地下河中部）成库的中型水电站，由堵头、引水隧洞、发电站三部分组成，引水隧洞长 356.7 m，内径 1.0 m；堵头为混凝土坝体，最大高度 70 m，堵头底厚 34 m，顶厚 20 m，底宽 12 m，顶宽 5 m，水库控制流域面积

76.2 km², 总库容 1.41 亿 m³, 有效库容 9735 万 m³, 正常蓄水位 678.0 m, 库首抬高洪家河水位 171 m, 电站于地下河天窗内引水至亮洞出口处发电, 总装机容量 5.5 万 kW。此工程于 1999 年开始动工修建, 2003 年 4 月下闸蓄水, 到 2004 年 6 月水位已达 658 m, 距正常蓄水位 678.0 m 仅差 20 m。

（四）工程效果与经济社会效益

狮子关水电站是靠封堵亮洞地下河成库的中型水电站, 其库容和作用水头都已超过了目前同类型水库世界之首的云南蒙自五里冲水库（库容为 7949 万 m³, 作用水头 106 m）。狮子关水电站的最大特点是小流域、大库容、高水头（152 m）。作用水头高, 单位水资源的发电量大, 总装机容量达 5.5 万 kW, 多年平均发电量 0.267 亿 kW, 年发电时数为 2671 h, 发电效益较高。由于流域面积小, 多年平均径流量为 7530 万 m³, 占总库容 1/2, 占有效库容 3/4, 因此该水库具有年调节洪水的强大功能。对长江流域防洪体系的建设具有重要的指导意义, 同时对下游洞坪、水布垭等大型水电站的防洪和发电也有重要的调节作用。

八、湖北鹤峰九峰桥地下河：堵洞成库，隧洞引水

（一）工程概况

九峰桥地下河地处湖北省恩施州鹤峰县境内, 位于 110°3′58″ ～ 110°17′40″E, 29°54′5″ ～ 30°9′35″N, 为溇水左岸支流（图 5-26）。九峰桥地下河主管道明流段在最后潜入地下时（大长湄）的高程约 1100 m, 高出邻谷溇水支流南渡江源头段约 600 余米。因此, 为充分开发利用该地下河系统的水能资源, 发挥其丰厚的经济效益, 示范工程将利用地下河系统兴建的水库库水引流到邻谷南渡江进行水电开发。

（二）岩溶水文地质和工程地质条件

流域内主要出露三叠系地层, 仅东西两侧出露志留系—二叠系地层, 斜坡沟谷洼地中覆盖有第四系松散堆积物。泥盆系、志留系以碎屑岩为特征, 二叠系和三叠系大冶组等地层中夹有少量碎屑岩, 其余全为碳酸盐岩类, 尤其是嘉陵江组和大冶组上部地层, 均为质纯层厚的碳酸盐岩类, 总厚度超过 1000 m。

构造线从南至北, 由北北东逐渐转为北东东向, 以鹤峰—清水湄复向斜为主体, 其两侧还存在规模不大的次级褶皱, 鹤峰—清水湄复向斜平面上呈 S 形分布, 南北两端走向为 40° ～ 45°, 中段走向 25° ～ 30°, 区内长约 45 km, 向斜核部为下三叠统大冶组（T_1dy）、嘉陵江组（T_1j）灰岩、白云岩。翼部为志留系—二叠系地层, 断裂不发育。向斜是一个向南敞开、其他三面由隔水岩组围限的向斜汇水构造, 是一个独立的水文地质单元。沿向斜轴部发育了纵贯整个向斜、时出时没的、以地下岩溶管道为主的九峰桥地下河系统, 主干通道在轴部左右摇摆, 长 36 km, 大气降水通过广泛分布的落水洞、漏斗及洼地内

的岩溶洞穴潜入地下，形成丰富的地下径流。

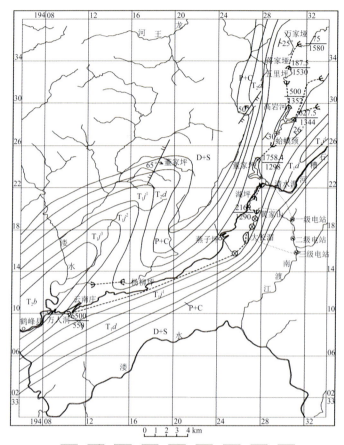

图 5-26 九峰桥地下河流域背景与开发工程位置示意图

1.地下河及其出口$\frac{流量}{高程}$；2.地下河及其进口$\frac{流量}{高程}$；3.地下河天窗；4.岩溶洼地；

5.水库及大坝；6.引水或排水隧洞；7.已建或拟建电站；8.地层代号及界线；9.逆断层及倾角

该地下河流域源头发育于溇水与清江的分水岭地带，山顶高程 2000 余米，其源头段为 7 km 的明流，接纳众多泉水向南西径流至万家垭，然后潜入地下转为伏流。地下河于蒋家垭、高岩河、蛤蟆颈、董家坪、湖坪、大长湄间断出露为明流，其余为地下径流，直达鹤峰县城上游 4 km 处的万人洞，以地下河形式排泄汇入溇水。地下河从万家垭到万人洞总长 36 km，其中五里坪、蛤蟆颈、董家坪、大长湄明流段长分别为 1.8 km、4.1 km、3.5 km、1.7 km、0.6 km。其东侧还发育有分支管道。在蛤蟆颈处潜入地下时的平水期流量约 0.5～0.7 m³/s，流经清水湄地下河流量约 1.0 m³/s，地下河最后出口流量增加到 6.5 m³/s。

（三）工程实施情况

开发工程由上、下两级水库、引水工程、压力前池、两条长约 1.5 km 的压力钢管及一级、二级、三级电站组成。一级蛤蟆颈水库坝高 48.5 m，总库容 1404 万 m³，有效库容 1260 万 m³，正常蓄水位 1380 m；二级董家坪水库库容 1560 万 m³，正常蓄水位 1371 m，引水隧洞长 4.8 km，引水量 5.5 m³/s。一级电站水头 692 m，装机 2.8 万 kW；二级电站水头 130 m，装机 7000 kW；三级电站从大长湄明流截流上游来水，引水隧洞长 3.6 km，引水量 1.5 m³/s，水头 230 m，装机 1.2 万 kW，年均总发电量 1.5×10^8 kW。

（四）工程效果与经济社会效益

九峰桥地下河流域开发工程是跨流域综合开发工程，是以发电为主要目的，兼具防洪、饮水、灌溉功能的工程。工程的兴建解决了董家坪—清水湄岩溶盲谷内 6000 余亩耕地和 120 栋房屋年年遭受洪涝灾害的现状，并解决了燕子坪集镇千余人的饮水问题及董家坪至清水湄盲谷周边地区三千余亩的农田灌溉，年均总发电量 1.3×10^8 kW，经过 7 年（1998～2004 年）的运行，已实现电力产值 7350 万元，是工程投资的（3100 万元）两倍多，其经济效益目前堪称恩施州电站之首。

九、重庆巫溪白杨地下河：筑坝拦蓄，隧洞引水

（一）工程概况

巫溪县地处渝东边陲，北接陕南，东连鄂西北，素有"巴夔户牖，秦楚咽喉"之称，是渝东北重要门户；居大巴山东段南麓，大宁河自北向南流贯全境，境内重峦叠嶂，绿树葱茏，生态良好，森林覆盖率达 62.9%，是三峡库区生态明珠。

在巫溪县文峰镇建楼村龙洞湾的地表二叠系栖霞组地层中出露一岩溶大泉，泉水沿沟谷排泄形成常年性地表河流。2003 年巫溪县政府计划在该沟谷中游修筑一拦水坝，再修建一条由文峰至建楼村龙洞湾的引水隧道，将该河流经引水隧道引至文峰镇供镇上居民饮用。2006 年 12 月，思源引水隧道正式开始动工（图 5-27）。

图 5-27　巫溪白杨地下河开发利用示范工程交通位置图

（二）岩溶水文地质和工程地质条件

区内海拔一般为 800 ～ 2100 m，相对切割深度为 100 ～ 1100 m，主要岩溶层组为三叠系嘉陵江组灰岩、二叠系栖霞、茅口组灰岩，其次为三叠系大冶组、二叠系长兴组灰岩。大地构造位置位于扬子准地台大巴山台缘之大巴山陷褶束的南大巴山凹褶束。由于地处岩溶石山区，区内岩溶缺水十分严重。

白杨地下河出口位于巫溪县文峰镇东侧约 9.5 km 处的白杨村，属文峰河流域白杨河岩溶水系统。

白杨地下河出口处为溶蚀深切割丘陵地貌，由于地表河流切割作用，该区域地形起伏相对较大，尤其地下河出口东侧，白杨地下河切割较深，高差一般在 100 m 左右，河流该段流向 85°，地下河出口位于河流切割形成的斜坡中上部，高出河床 80 m 左右，斜坡坡度 30°左右，出口西侧地形相对平坦，一般高差在 10 ～ 20 m。含水层组为下三叠统嘉陵江组质纯碳酸盐岩，地层产状较陡，产状为 165°∠ 76°，出口高程约 765 m（图 5-28）。地下河补给区、径流区分区明显，地下河径流途径长约 16.77 km，系统流域面积约 21 km²，2013 年 4 月下旬测流时地下河流量为 115.65 L/s，其主要补给区在东部的三叠系碳酸盐岩区内，补给区高程一般为 1300 ～ 1500 m，地下水沿三叠系嘉陵江灰岩径流，基本无越流补给，岩溶水由西向东径流，由于白杨地下河切割，形成排泄点。

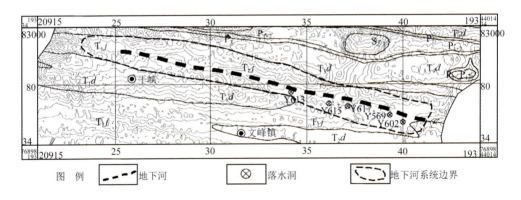

图 5-28　白杨地下河系统示意图

（三）开发利用技术

该工程原计划将文峰镇龙洞湾修建拦水坝，储蓄二叠系栖霞组地层出露的岩溶大泉水，再通过引水隧道，将水引至文峰镇供镇上居民饮用。但是在引水隧道施工过程中，揭穿白杨地下河主管道，决定将该地下河水源作为主要引水水源，在距青草坪洞口1700 m 处另开一处洞口，由西向东另建一长约 400 m 的引水支隧道，并在地下河上游修建一拦水坝，抬高地下水水位，将地下河的水源由西至东通过支隧道引至引水隧道主干道，并由隧道青草坪出口排出（图 5-29），将白杨地下河及建楼村岩溶大泉共同作为引水水源。

图 5-29　青草坪出口

（四）工程实施情况

2006 年 12 月，思源引水隧道正式动工。至 2008 年 6 月，隧道施工完毕，隧道由思源村青草坪至建楼村龙洞湾，隧道轴线方向为 164°，全程总长 4333 m，隧道南出口高程 1050 m，北出口高程 1051.45 m，平均坡降 0.3‰，隧道平均断面宽 2 m，高 2.38 m。隧道南出口处建设有一原水沉淀池，沉淀池为圆锥形，直径约 60 m，深 8 m 左右（图 5-30）。

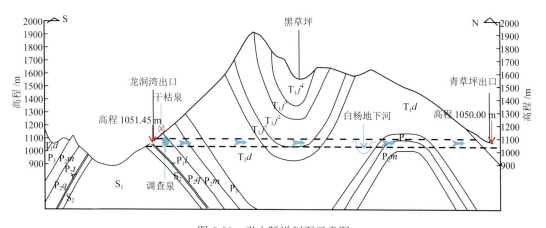

图 5-30　引水隧道剖面示意图

在距离建楼村龙洞湾出口 160 m 处（图 5-31），引水隧道揭穿工作区二叠系栖霞组地层后，出露一岩溶大泉，揭穿该大泉后，隧道龙洞湾出口附近地表河流源头除暴雨季节外，其余时节基本断流。该泉水同样由北至南流经隧道由青草坪出口排出。2013 年 4 月，由巫溪县经信委在隧道内岩溶大泉北面修筑一面挡水墙，以防止雨季地表水流入隧道与泉水混合。

图 5-31 隧道北龙洞湾出口

　　地下河及建楼村岩溶大泉水源均通过引水隧道由北至南直接进入青草坪洞口附近的水厂，处理后，再由自来水管直接入户供居民使用。

（五）工程效果与经济社会效益

　　巫溪县文峰镇思源引水隧洞工程的实施，不仅达到了预期的效果，且在施工过程中揭穿了白杨地下河主管道，获得的地下水水量超过了预期，不仅满足了文峰镇居民的生活饮用水需求，后来还供应了周边尖山镇的部分居民，满足了尖山镇部分居民的生活饮用水需求，对当地的居民生活保障和社会经济发展具有极为重要的作用，社会经济效益良好，是岩溶石山区隧洞引水工程极为成功的案例。岩溶石山区隧洞引水能较完整的揭穿岩溶含水层，具有较好的引水效果，但是由于岩溶发育的复杂性，也具有较大的风险，因此在项目的论证和实施过程中，一定要详细查清当地的岩溶水文地质条件，降低风险，收获效益。

第二节　峰丛山区表层岩溶水调蓄与立体生态农业模式

　　该类型区主要分布于云贵高原、重庆、湖北、湘西和桂西的斜坡地带，地貌类型以峰丛洼地和深切河谷为主。地形切割深，高差大，是西南岩溶石山区自然环境最恶劣的地区。该区除洼地、谷地底部外，地下水埋深一般大于 300 m，不适合钻井开采；由于地表崎岖破碎，耕地分布零星，村民居住分散，不适合大规模集中供水。

　　在表层岩溶泉处建水柜，蓄积水源；在高位洼地修建小山塘水库，因地制宜，分散蓄水和引水，解决零星耕地灌溉用水和分散居民饮用水问题；通过修建拦水挡土坝，种植适生、速生树种，涵养水源。种植药材和果树，形成立体生态农业和名特优果树基地。通过开发岩溶景观资源，发展生态旅游业。

一、广西都安三只羊表层岩溶泉：建坝拦截，串联调蓄

（一）工程概况

三只羊乡位于都安县北部，24°26′N，180°02′E 附近，距县城 84 km，全乡面积 264 km²，为典型的峰丛洼地地貌，地层以炭系为主，由石灰岩、白云岩等组成，土壤成土母质为碳酸盐岩类风化物，量少且分布零散，土层生物生产效率很低，境内原生植被极少，主要为次生植被，森林覆盖率不足 10%，全乡没有河流，农业生产条件和生活条件十分恶劣（图 5-32）。

三只羊乡政府坐落在一个深邃的洼地中，洼地高程 250 m，乡政府、学校及附近的村民 2700 多人枯季饮水非常困难。龙那表层岩溶泉位于峰丛山腰处，峰顶高程 745 m，泉口高程 600 m，比乡政府驻地高出 350 m，在冲沟下游建坝拦截，将水导入蓄水池，再引至各家各户。

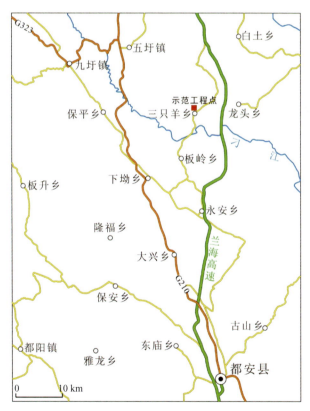

图 5-32　都安三只羊表层岩溶泉开发利用示范工程交通位置图

（二）岩溶水文地质和工程地质条件

泉口附近出露 P_1q 灰黑色中层状灰岩，岩层产状 126°∠46°。二组裂隙发育，产状

分别为 15°∠77°，230°∠60°。坡残积层厚 0.5～1.5 m。泉域有 150 m² 乔木林，其余为灌木丛，覆盖率 40% 左右，泉水从坡面冲沟的土层呈散流状渗出，枯流量 0.14 L/s，丰水流量 2.80 L/s，水质良好。区域碳酸盐岩夹碎屑岩，由于受地貌与构造控制，岩溶水呈极不均一的裂隙溶洞水分布，埋深较大（约 60 m）。发育地下河主要是八况地下河，汇水面积 170 km²，枯季流量 373 L/s，洪水流量大于 8 m³/s，枯季径流模数 2.2 L/s·km²。由于岩溶水发布不均一，加上地下水深埋，因此，区域内地下水开发的难度很大。

区域的岩溶水主要是降水补给，补给量的大小与气候、地貌、植被及岩性的组合性特征密切相关。峰丛洼地区降水几乎全部经洼地落水洞和裂隙注入或渗入地下形成岩溶水。前人资料，岩溶石山区的平均降水入渗补给系数达 0.45；一般中等雨量，当天就可以引起地下水位普遍上升，地下河水和泉流量就骤增，而旱季地下水位大幅度下降，地下河水和泉流量骤减。这充分反映了地下水对降水的敏感反应。在大片峰丛地区，丰水期依赖表层岩溶泉供水，枯水期干旱缺水。地下水的化学类型主要是 HCO_3-Ca 型水。

（三）开发利用技术

刁江中下游峰丛洼地区，地表水资源严重缺乏，地下水深埋在 50 m 以下，绝大部分村屯中没有天窗、溶井及有水溶洞等天然水点可供利用。据野外调查访问，在人口还没有如此密集的年代，山上植被茂盛，村屯附近都有表层岩溶泉"细水长流"，这是峰丛山区居民赖以生存的重要条件。进一步调查还发现，有些村屯能够很好保护和开发，在枯季，表层岩溶泉依然是这些峰丛山区的唯一源泉，冬天表层岩溶泉会发生断流。

因此，在开发利用这些地区水资源的时候，关键要做到以下两点：①多数表层岩溶泉的枯流量都是很小，要经人工调蓄才能满足需求，一般方法是在泉口下方修蓄水池，以备枯季饮用；②表层岩溶泉能否四季长流，泉域的植被是重要因素，为了保证枯季人畜的饮用水，在泉域应该适当退耕还林，封山育林，植树造林，增强表层岩溶泉的自我调节能力。

通过实施表层岩溶泉串联调蓄工程（图 5-33），在表层岩溶泉和坡面流汇集的山凹部位，分散修建蓄水池 7 处，采用滴灌技术，提供果树和药材用水，形成了岩溶洼地生态经济示范区，当地居民人均年收入增加了 800 多元。

图 5-33 都安三只羊乡表层岩溶带调蓄水柜与药材基地

二、云南泸西大湾半孔表层岩溶泉：水池调蓄，管网引水

（一）工程概况

大湾半孔表层岩溶泉位于泸西县城东南 33 km，属三塘乡大湾半孔村，地理坐标 103°50′46″E，24°27′47″N（图 5-34）。大湾半孔村位于盆地外围的岩溶中山区，地貌形态以峰丛洼地为主，洼地、落水洞发育，区域地下水位深埋，无地表河流，地表坝塘稀少，无流量较大的常流泉出露，生产生活用水困难。因此，表层岩溶泉成为该区生产生活用水的主要水源，流量虽小，却是非常珍贵的水资源，通过对大湾半孔表层岩溶泉的蓄、引开发利用示范工程，取得了解决类似高寒山区分水岭地带资源型缺水问题的经验，是利用表层岩溶水资源有效解决缺水困难的成功实践。

图 5-34　大湾半孔表层岩溶泉开发示范工程交通位置图

（二）岩溶水文地质和工程地质条件

区内表层岩溶带发育普遍，但在平面分布上具有不连续且厚度不稳定的特点，分布在不同的高程上，厚度一般小于 10 m。由于地层岩性的不同，其表层岩溶带的结构亦有较大差别。个旧组地层中，碎裂结构的白云岩，岩体十分破碎，节理裂隙、风化裂隙极为发育，发育针孔状溶孔，差异风化、溶蚀明显，呈透镜状分布。个旧组泥晶灰岩中，主要发育有走向65°～80°，310°～350°，倾角50°～85°的两组节理，线密度5～20 条/m，沿节理裂隙溶蚀较强烈，个别形成小管道（直径小于 0.5 m，长度小于 3.5 m），溶孔直

径一般小于 0.5 cm，以网状溶隙、溶孔为主的含水空隙构成了表层岩溶带。其间的薄层泥灰岩、钙质泥岩夹层溶蚀微弱，风化产生的泥质容易充填裂隙，使透水性变弱，限制了地下水向深部饱水带径流，成为相对隔水层。使表层岩溶带在剖面上，与下部的岩溶饱水带之间常存在有一定厚度的岩溶弱发育带，成为相对隔水层，悬托住了上覆表层岩溶带中的岩溶水，才能形成流量较稳定的表层岩溶泉。这种含水介质组合是流域内岩溶石山地区流量较稳定的表层岩溶泉形成的必要条件（图 5-35）。

表层岩溶带对岩溶水流过程的调蓄主要取决于表层岩溶带的结构。表层岩溶泉可造成特殊的岩溶水循环过程——表层岩溶带的岩溶水循环。在峰丛洼地的水循环路径为：雨水—表层岩溶带—表层岩溶泉—洼地—落水洞。大湾半孔表层岩溶泉极为典型，4 个小的表层岩溶泉域，相互独立，无水力联系。大气降水是表层岩溶水唯一的补给源，表层岩溶水埋藏浅，分布不均匀，悬挂于区域饱水带之上，具有补给途径短，就地补给就地排泄的特点。大湾半孔表层岩溶泉接受大气降水补给后，总体上自北西向南东径流，在斜坡上较平缓地带以表层岩溶泉形式出露，然后，表层岩溶泉在洼地重新汇集，出流一段距离后经洼地底部落水洞流入深部饱水带。

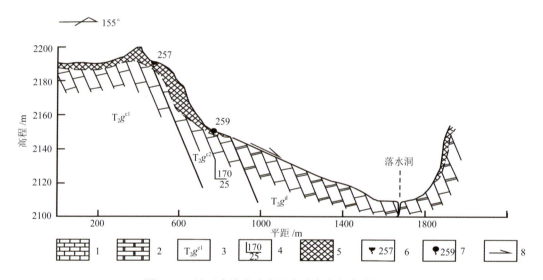

图 5-35　泸西大湾半孔表层岩溶泉水文地质剖面图

1. 灰岩；2. 白云岩；3. 地层代号；4. 地层产状；5. 表层岩溶带；6. 季节泉及编号；7. 表层岩溶泉及编号；8. 地表径流

（三）开发利用技术

大湾半孔表层岩溶泉距离南部小江河谷约 13 km，高差却达 1200 m。由于处于分水岭地带的高中山区，碳酸盐岩广泛分布，饱水带深埋，一般大于 100 m，井采开发难度极大。20 世纪 80 年代在大湾半孔表层岩溶泉周边施工的 2 个钻孔，孔深分别为 204.27 m、296 m，雨季单井涌水量 0 ~ 55 m³/d。大湾半孔表层岩溶泉出露位置较高，高于用水村寨 50 ~ 70 m，因此，该地区适宜采用蓄、引方式开采表层岩溶水。

（四）工程实施情况

示范工作布置了 1 ： 50000 水文地质测绘 5 km²，1 ： 10000 水文地质测绘 0.5 km²，岩溶水动态观测 4 点，水化学样 5 件，岩样 5 件，土样 2 件。重点对泉域内岩性、岩溶发育特征、表层岩溶泉动态特征及开发技术条件进行详细调查研究。勘查年为平水年。259 号、258 号表层岩溶泉年排泄总量 60.67 万 m³，以枯季流量作为岩溶水的可开采资源量，为 8.49 万 m³/a。因峰丛洼地区，水源漏失严重，水资源稀奇，表层岩溶泉可开采资源量的评价偏于保守，如建设工程投资允许还可进一步扩大开采量。

由于地处峰丛洼地区，洼地、落水洞发育，区域地下水位深埋，无地表河流及常流大泉，坝塘蓄水不足，从凹部山到三塘、塘房等地的已有供水管网因水源不足不能满足当地群众生产生活需求。大湾半孔表层岩溶泉处于峰丛洼地区，出露位置较高，流量动态变化大，但不干涸，周边村寨无泉水及地表坝塘，资源价值非常珍贵。因此，对大湾半孔表层岩溶泉的开发要充分发挥其供水和环境功能，利用其流动、水质较好的特点，与已有的输水管网、蓄水池相连接，达到农村生活用水、抗旱保苗用水基本稳定，蓄积的雨水、地表水的水质得到改善的目的。因此，设计在表层岩溶泉口的下方修建蓄水池，再用引水管将水引入现有供水管网系统，雨季关闭凹部山水库供水，主要利用大湾半孔表层岩溶泉水，旱季启动凹部山水库供水，并以大湾半孔表层岩溶泉水作为补充，从而实现利用泉—池—窖联网调节使用的表层岩溶泉开发利用模式（图 5-36）。

蓄水池：先将 259 号、258 号表层岩溶泉口用砖砌体围成 1 m×1 m 的方形，用 6 寸镀锌管引泉水到蓄水池，蓄水池建在泉口下方 100 m，呈圆形（图 5-37），容积 1500 m³，上部开口，M5 浆砌石结构，外径 20.6 m，内径 25 m，深 3 m，上壁厚 0.6 m，下壁厚 1.2 m，内壁 M10 砂浆粉刷，池底为厚 30 cm 的 C20 钢筋混凝土，设置十字形收缩缝。水池旁设置放水闸伐。

引水管道：引到下游村寨的引水管为 4 ～ 6 寸镀锌管，长 6500 m。

（五）工程效果与经济社会效益

三塘乡有 48 个村民小组 5445 户，有人口 22 455 人，大牲畜 2 万多头，农民人均纯收入 688 元 / 年。地表无河流及常流大泉，灌溉及人畜饮水困难，多饮用坝塘水、水窖水，饮水卫生状况较差，全乡唯一的凹部山水库调节库容约 8 万 m³，只能解决 13 个村民小组的人畜饮水问题，缺水是三塘乡贫困的主要根源之一，乡政府每年都要组织旱季应急供水抗旱，耗费大量人力物力。项目实施兴建了蓄水池、饮水管等设施，为三塘乡人民群众的脱贫致富创造了基本条件，缓解了凹部山水库的供水压力，解决了方摆、三塘、俱久 3 个村委会 9 个村民小组 7059 人、1415 头大牲畜的饮水及 5000 亩旱地保苗用水问题，凹部山水库与大湾半孔岩溶泉相互调节补充，使全乡水资源得到了充分利用，有效推动了全乡经济发展，有水浇灌后，按每亩增产 50 kg、1.2 元 /kg 计算，潜在经济效益 30 万元 / 年。为解决类似干旱缺水地区资源型缺水问题，提供了切实可行的成功经验。

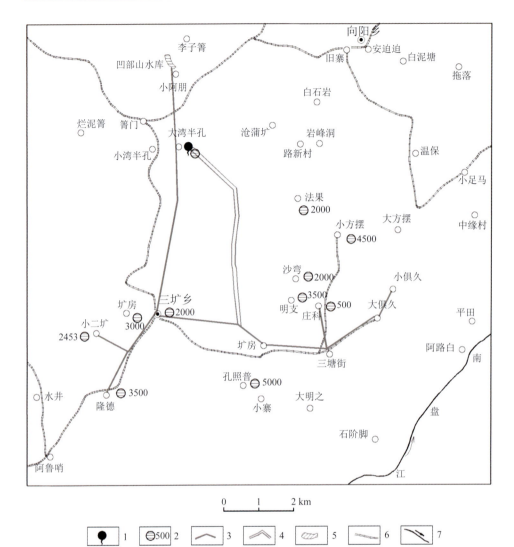

图 5-36　泸西大湾半孔表层岩溶泉蓄、引开发工程系统图

1. 表层岩溶泉；2. 调蓄水池；3. 原有管道；4. 新架设管道；5. 水库；6. 道路；7. 河流

图 5-37　大湾半孔表层岩溶泉示范工程蓄水池

三、贵州威宁白马表层岩溶泉：泉口防渗，水池调蓄

（一）工程概况

示范工程区选择在贵州省威宁县草海镇白马村。工程点位于威宁县城北西，距县城约 7 km，地理坐标 104°14′09″E，28°48′02″N，有县级公路与县城相通（图 5-38）。白马村含 3 个村民小组，人口 1460 人。由于地处岩溶石山区，地表水资源极度匮乏，地下水埋藏深度较大，长期以来人畜饮水严重缺乏。在示范区选择基本能保持常年出流的表层岩溶泉作为水源，在泉口设置蓄水池，将泉水蓄积在蓄水池中，调节丰季、枯季水量，用于缓解干旱期间用水需求。

图 5-38　威宁县白马村表层岩溶泉开发利用示范工程交通位置图

（二）岩溶水文地质和工程地质条件

示范区在地质构造上位于扬子准地台、黔北台隆、六盘水断陷、威宁北西向构造变形区。威水背斜北东翼。该背斜构造线方向北西，为一宽缓褶曲。区内出露地层为石炭系大塘组（C_1d）、摆佐组（C_2b），岩层倾角 5°～10°。工程建设点地层主要为大塘组（C_1d），岩性为薄至中厚层石灰岩夹泥岩。区内地貌呈溶丘谷地，白马村分布的谷地旁侧的山地地带。谷底与山地高差 50 m。山体植被较发育，主要为灌木及草被。区内构造简单，岩石中垂直节理发育。由于岩性差异组合，使得较纯的石灰岩、泥质灰岩及泥岩相间分布，

从而有利于表层岩溶带的形成。在白马村，表层岩溶带厚度可达 20 余米（图 5-39）。

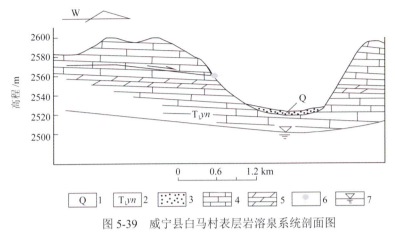

图 5-39　威宁县白马村表层岩溶泉系统剖面图

1. 第四系；2. 下三叠统永宁镇组；3. 黏土；4. 石灰岩；5. 泥灰岩；6. 表层岩溶泉；7. 地下水位

（三）开发利用技术

由于表层岩溶泉水量小，动态不稳定，对表层岩溶水的开发利用必须与蓄水工程相结合，将雨季相对较大的出流水蓄积在蓄水池中，调节丰季、枯季水量，用于缓解干旱期间用水需求。

（四）工程实施情况

选择基本能保持常年出流的表层岩溶泉作为水源，在泉口设置蓄水池，将泉水蓄积在蓄水池中，形成供水水源点。由于村民居住过于分散，且泉水水量较小，水量不丰富，不再采用管道分散输水。

蓄水池建设根据地形特点，因地制宜，设计成不规则的矩形，平均长 20 m、宽 15 m，池平均深度 2.7 m，最大容积 810 m³。蓄水池池身采用毛石混凝土，池底采用混凝土铺底防渗。

（五）工程效果与经济社会效益

工程建成后，解决了半径约 500 m 范围内 15 户 52 人的饮水问题。

四、贵州金沙大垭坡表层岩溶泉：泉口集水，自流引水

（一）工程概况

示范工程区选择在贵州省金沙县西洛乡洋海村大垭坡。工程点位于金沙县城北西，距西洛乡 3.3 km，距县城约 7 km，地理坐标 106°11′34″E，27°31′27″N，有简易公路与县级公路相通（图 5-40）。选择的示范工程区在地貌上位于垄脊槽谷区，西洛—平坝岩

溶槽谷分布在工程区的南侧，延伸北西，谷地宽缓，第四系覆盖厚度大，为农田集中分布的区域。槽谷中地下水埋深小于 10 m，地表水及地下水均较丰富。槽谷北东侧为延伸方向与槽谷一致的脊状侵蚀垄岗，受节理带等构造控制，垄岗地带发育垂直山脉走向的冲沟，山体斜坡中的冲沟中发育了 4 个表层岩溶泉，沿冲沟呈串珠状分布，各泉点出露在下寒武统明心寺组古杯灰岩与下伏粉砂质泥岩接触带附近，均为常流性泉水。其中以 S040 号泉点流量最大，选择该泉进行表层岩溶水开发利用示范。

（二）岩溶水文地质和工程地质条件

示范工程区在地质构造上位于毕节北东向构造变形区，松林—岩孔背斜中段北西翼。松林—岩孔背斜构造线方向北东，为一宽缓褶曲。S040 表层岩溶泉域约 0.8 km²，明心寺古杯灰岩厚度 27 m，泉口处岩层产状 115°∠11°，走向北西 310° 和走向 20° 共轭节理发育，沿节理带发育成溶蚀裂隙，成为主要的含水层位。下伏粉砂质泥岩成为相对隔水底板。由于泉域分布在山体斜坡地带，高于当地灯影组（$Z_b dn$）岩溶含水层中地下水水位数十米，因此，可以近似地将其视为当地的表层带岩溶水系统（图 5-41）。

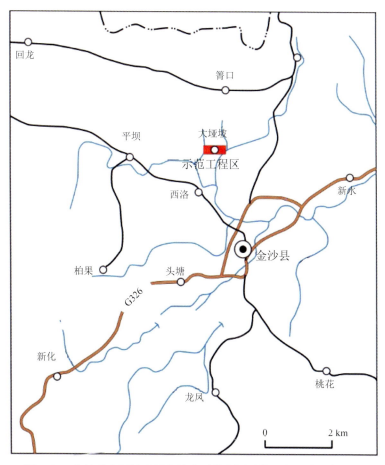

图 5-40　金沙县大垭坡表层岩溶泉开发利用示范工程区交通位置图

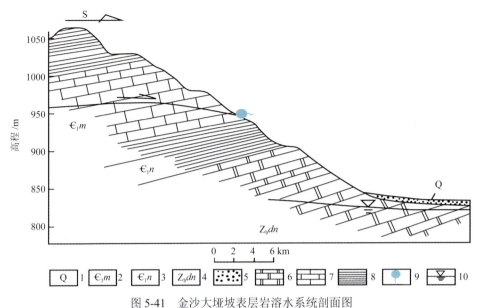

图 5-41 金沙大垭坡表层岩溶水系统剖面图

1. 第四系；2. 下寒武统明心寺组；3. 下寒武统牛蹄塘组；4. 上震旦统灯影组；5. 黏土；
6. 白云岩；7. 石灰岩；8. 泥岩；9. 表层岩溶泉；10. 地下水位

（三）开发利用技术

由于该泉流量远大于当地居民需水量，故未设置调节水池，示范工程的重点是在表层岩溶泉群口附近修建集水池，一方面将泉水汇集在池中，另一方面可以起到保护水源卫生的目的。

（四）工程实施情况

与 S040 表层岩溶泉相邻地带的大垭坡村民组共 10 户 56 人，按照农村饮水安全供水标准每人每天 55 L，并综合考虑大牲畜饮水，按照平均每头每天 80 L 计算，工程区总需水量 4.48 m³/d。

鉴于 S040 泉水流量较大，保证率 95% 的可开采资源量 19.42 m³/d 远大于需水量 4.48 m³/d 的实际情况，对 S040 泉无须设置调节水池，直接在泉口引泉即可。因此，示范工程采用引水开发方案：在泉口设置小型蓄水池。采用 PVC 管将泉水分别引入农户家中进行供水。蓄水池设计边长为 2 m、高 1.5 m；输水挂线采用 6″PVC，输水管总长 5800 m，相应管件若干。蓄水池池身采用毛石混凝土，池底采用混凝土铺底防渗。

（五）工程效果与经济社会效益

工程于 2009 年 4 月建成，建成后运行情况良好，解决了相邻地带 10 户 56 人的安全饮水问题。

五、贵州正安自强表层岩溶泉：平硐截流，水池调蓄

（一）工程概况

示范工程区选择在贵州省正安县安场镇自强村。工程点距安场镇 7 km，距县城约 21 km，地理坐标 107°28′20″E，28°42′25″N，有简易公路与 207 国道相通（图 5-42），交通较为便利。

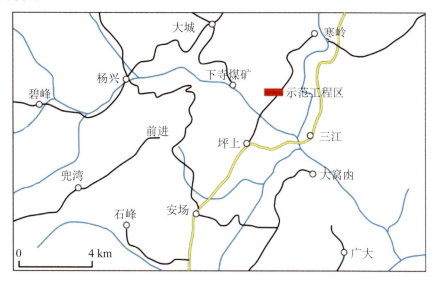

图 5-42　自强表层岩溶泉开发利用示范工程位置图

自强表层岩溶泉开发利用示范工程区处在芙蓉江上游支流三江和虎跳河的河间地块上，受地质构造控制，区内形成延伸北东方向的垄岗和槽谷，槽谷和垄岗相间分布，槽谷多狭窄，谷底中为第四系覆盖，为区内村寨和农田集中分布的区域。槽谷两侧为脊状北东南西向延伸的脊状山体，山体厚大，为封山育林区，乔木及灌木等植被发育，覆盖较好。工程区及相邻地带均为农耕区，无大型人口集中的城镇、工矿，经济以农业为主，生态环境条件良好。

（二）岩溶水文地质和工程地质条件

自强表层岩溶泉开发利用示范工程区在地质构造上位于凤岗北北东向构造变形区、安场向斜北西翼。安场向斜构造线方向北北东，为一宽缓褶曲。向斜核部出露地层为中三叠统松子坎组（T_2s），岩性为泥质白云岩、泥灰岩，翼部分别出露下三叠统茅草铺组（T_1m）、夜郎组（T_1y）。茅草铺组（T_1m）岩性以石灰岩为主夹溶塌角砾岩、泥质白云岩，夜郎组（T_1y）上部为紫红色泥岩、中下部为石灰岩、底部为泥岩。工程区岩层倾向南东，倾角 40°～50°，表现为单斜构造，未见较大规模断层，但走向东—西及北西 355° 节理发育，构造总体简单。

区内没有明显的泉水出露，无可供直接开发利用的地表和地下水水源。但在与自强村村寨相邻的西侧脊状山体地带多见溶洞和溶蚀裂隙，沿节理带发育的冲沟中偶见细小的地下水流渗出，当地村民反映，暴雨后地表冲沟溢出的水量较大，但延时较短。上述特征说明脊状的山体表层岩溶带中有表层岩溶水赋存的条件，同时，山体植被发育，有利于调节大气降水向地下的入渗，对表层岩溶水有较好的调节作用。

（三）开发利用技术

由于区内没有明显的表层岩溶泉出露，在与村子相邻的西侧脊状山体地带多见溶洞和溶蚀裂隙，沿节理带发育的冲沟中偶见细小的地下水流渗出，说明山体表层岩溶带中有表层岩溶水的赋存条件，该工程的关键就在于在表层岩溶水的径流途径中采用工程措施拦截表层岩溶水，采取的工程措施为布置截水平硐，利用隧洞拦截来自上游地带的表层岩溶水，并将汇集在洞中的地下水自流引出洞外。

（四）工程实施情况

对区内表层岩溶水系统水文地质条件分析结果认为：区内构成二元结构的垄脊槽谷型表层岩溶水系统，表层岩溶带中具有一定的表层岩溶水赋存条件。尽管地表没有表层岩溶泉出露，但是，可以在表层岩溶水的径流途径中采用工程措施拦截表层岩溶水。为此，确定开采方案为。

①在自强村西侧山体的冲沟布置截水平硐。洞轴线垂直岩层走向（亦即山脊延伸方向）。引水隧洞洞口布置在茅草铺组第二段（T_1m^2）中，穿过二段进入茅草铺组第一段（T_1m^1），原则上全部揭穿茅草铺组第一段（T_1m^1）。隧洞洞径 1.5 m，沿前进方向，洞底板坡度 $+2° \sim +3°$，利用隧洞拦截来自上游地带的表层岩溶水，并将汇集在洞中的地下水自流引出洞外。

②在洞口外布设 500 m^3 矩形蓄水池一座。

③在蓄水池的出水端设立控制闸阀，调节供水量，并采用多支引水管道将蓄水池中的水输送到供水目的地（图 5-43）。

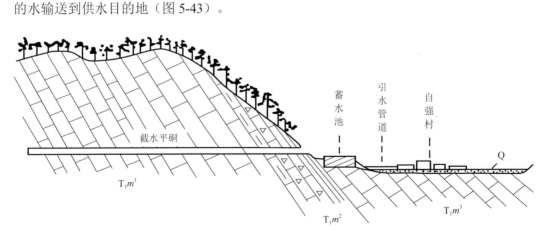

图 5-43　自强表层岩溶泉开发工程剖面图

2007 年 8 月工程正式实施。平硐在进入茅草铺组第一段（T_1m^1）石灰岩层后，分别在不同部位揭露小型的溶蚀裂隙和孔洞，沿这些裂隙和孔洞，均有水流进入平硐，成为表层带中岩溶水进入截水平硐的通道，并随着平硐向山体中延伸，汇入平硐的水量逐渐增大。至洞长 302 m 时，从平硐口引出水量达到 0.52 L/s（45 m³/d）。

2008 年 3 月底竣工。建成长 300 m 截水平硐 1 条，500 m³ 蓄水池 1 座，6 寸 PVC输水管道总长 4500 m，相应管件若干。

（五）工程效果与经济社会效益

2008 年 3 月底工程竣工后，在引水平硐洞口设立了固定式地下水动态长期观测站，对引出水流进行了 1 个水文年的观测。工程揭露的表层岩溶水为常年性水流，雨季平硐流出水量一般在 1.0 ～ 2.0 L/s，最大流量 5.34 L/s，平水期 0.5 ～ 0.8 L/s，枯季流量0.2 ～ 0.3 L/s，最小 0.20 L/s。

自强村共计 1200 人，按我国农村饮水安全基本解决饮水的供水标准每人每天 40 L/s计算，总需水每天为 66 m³/d。对示范工程引水平硐出水量长期监测的结果，丰水期（5 ～ 9月）平硐截引水量 86 ～ 173 m³/d，平水期（4 月及 10 ～ 11 月）43 ～ 69 m³/d，旱季（12月～翌年 3 月）17 ～ 26 m³/d。分析表明：该表层岩溶泉开发利用示范工程在丰水期完全满足自强村人口饮水安全要求，平水期基本上能够满足，但在旱季虽可保证持续供水，但不能完全按照供水标准满足供水需求。工程于 2008 年 3 月建成至今，运行情况良好，对解决自强村饮水安全起到了重要作用。

六、广西隆安内温屯表层岩溶泉：建坝拦蓄，水池调节

（一）工程概况

内温屯位于广西隆安县城北东部（图 5-44），人口 300 多人，饮用水源为流经屯前的溪沟水，水质不达标，且枯水期流量较小，因此该屯一直处于饮水不安全状态。由于该屯处于区域分水岭地带，利用钻井成井取水的困难较大，经过实地调查与论证，采取拦、引表层岩溶水解决该屯的用水困难。

（二）岩溶水文地质和工程地质条件

内温屯一带主要出露三叠系逻楼组（T_1l）、马脚岭组（T_1m）及上二叠统（P_2）、茅口组（P_1m）、栖霞组（P_1q）及石炭系灰岩（图 5-45）。

在内温屯一带，附近没有断层经过，构造上表现为倾向南面的单斜构造。在岜梅岭一带地下水接受大气降水补给后，沿岩层层面及节理裂隙往下径流。在往下部径流过程中，由于受地层岩性的影响，一部分继续往深部径流补给深部地下水，另一部分从坡脚低洼地带排出地表形成溪沟，因此，在内温屯北面山沟中会常年有水流出。

图 5-44　隆安内温屯表层岩溶泉开发利用示范工程交通位置图

在上二叠统（P₂）地层出露部位的北面一带，由于受上二叠统（P₂）页岩、铁铝质泥岩的阻挡，在此形成了一个有利于地下水汇集的储水空间，其上游的地下水除了一小部分能往深部径流补给深部地下水外，大部分从坡脚低洼地带呈片状散流渗出排向地表，因此，虽然其上游补给区面积较小，但地下水渗出量仍具有开发利用的价值。

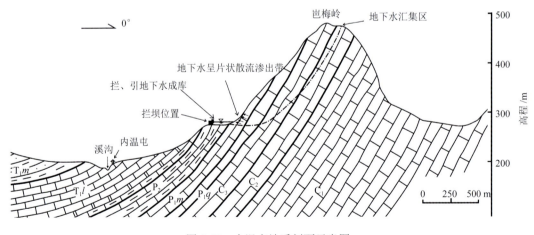

图 5-45　内温屯地质剖面示意图

在内温屯北面一条小冲沟上游汇水区三面环山，汇水范围为东西宽约 600 m，南北长约 750 m，汇水面积约 0.4 km²，下游存在相对隔水层，对地下水具有阻挡作用，在冲沟中部地势平坦开阔处形成了一个小型的储水构造，表层岩溶水常年呈散流渗出汇成溪流，实测溪流最枯流量 22 m³/d，水质符合饮用水水质卫生标准。

（三）开发利用技术

内温屯处于区域分水岭地带，地下水富水性贫乏，利用钻井成井取水的困难较大，但在其北面的冲沟中发育表层岩溶泉，并与内温屯存在较大高差，可在不纯灰岩分布位置建坝截取表层岩溶水，再将水引至屯内使用。

（四）工程实施情况

该处地势较高，高程约 270 m，内温屯地面高程约 200 m，两地相对高差达 70 m，可自流引水。在二叠系（P_2）不纯灰岩分布位置建坝截取表层岩溶水，坝高 1.5 m，长 30 m，水深 1.3 m，蓄水量 1800 m³。坝后建过滤池，通过沉淀过滤后，把水引入高位调节蓄水池，再用水管引到内温屯供村民饮用。除了供人饮外，还可以灌溉下游约 100 亩旱地。

该工程为 2011 年广西地质勘查总院实施的"广西重点岩溶流域地下水勘查与开发示范（右江流域下游段）"项目示范工程之一，工程总投资 49.97 万元，其中，项目出资 20 万元，主要用于建设拦坝主体工程，其余经费由当地政府筹集，主要用于建设蓄水池、输水管路等。

（五）工程效果与经济社会效益

在岩溶石山区由于岩性的差异、岩溶发育的不均匀性及所处的构造部位不同等，造成了各地地下水赋存件不同，富水程度也不同，如在不纯岩溶石山区、区域分水岭或局部分水岭地区，地下水富水性一般都贫乏，也常是干旱缺水问题最突出的地区，在当地通过打井取水解决干旱缺水问题的难度大，因此这些地区的干旱缺水问题需要通过多种途径选择最合理的方案解决，隆安县内温屯拦、引表层岩溶水的成功，对与具有该地区类似水文地质条件的缺水区找水具有一定的示范性。

七、湖南新田大冠岭表层岩溶泉：围堰拦截，水池调蓄

（一）工程概况

大冠岭地区位于湖南省新田县西南侧，土地面积 61.15 km²，耕地 1.5 万亩，其中旱地约 0.6 万亩，水田 0.236 万亩。水田抗旱能力差，一般不到 30 d，多为望天田。全区共有人口 2 万多人，现在家务农的多为中老年人，年轻人大部分外出打工。区内以农业为主，主产玉米、红薯、水稻。由于地理环境及各种因素，粮食产量较低，人均有粮 200 ~ 250 kg。除种植业外，养殖业较差，经济较为落后，年人均收入 1217 ~ 1447 元，大部分处于贫困线以下。

区内属碳酸盐岩分布区，处于新田河流域的补给区，自然环境条件较差，地表水资源缺乏，也缺乏较集中的地下水源地，表层岩溶泉成为岩溶水的主要出露形式，是新田县干旱缺水严重的地区之一。通过工程设施的建设和总体调配水源，有效利用该区的表

层岩溶水资源，可基本解决该区内居民生活用水的供给问题。

（二）岩溶水文地质和工程地质条件

示范工程区内出露主要地层为下石炭统和上泥盆统碳酸盐岩及白垩系地层，区内无论是地表水或地下水资源均较为缺乏，在地表除一些季节性小沟流外，均无常年流河溪，地下水以一些分散的表层带岩溶水为主，常以季节性泉水出露于地表。由于环境条件，出露的泉水流量较小，并且分散，现为该区居民主要生活水源。

据上所述，区内水资源除天然降水外，主要以一些表层带岩溶水为主，均无其他水资源。表层岩溶泉多出露于泥盆系佘田桥组（D_3s）地层内。

在示范工程区内调查表层岩溶泉9处，大部分为间歇泉，主要分布于大岭头、横干岭、黄陡坡一带。

从泉水出露的条件分析，主要为侵蚀下降泉，在裂隙导水、受岩层中间夹的泥质灰岩或钙质页岩阻挡和第四系阻溢作用下，出露地表。

①直接沿裂隙溢出泉水：该类型泉水主要见于横干岭和黄陡坡一带，地下水主要通过裂隙及岩层面。如黄陡坡S29号泉，出露于丘峰洼地内，泉水出露为一小溶洞，泉水沿洞壁的基岩裂隙溢出后，沿洼地底部转入地下溶洞。地下水出露处，可见到小溶洞发育（图5-46）。

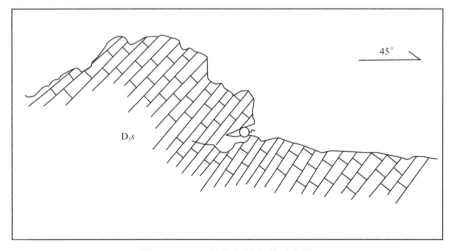

图 5-46　S29 号泉出露条件示意图

②受弱透水岩层阻挡溢出泉水：主要出露在山体斜坡地带，由于侵蚀地形切割和泥质夹层的双重控制，出露在沟槽部位。如鹅婆函引水泉（S34），泉口出露于白云质灰岩与泥灰岩夹层的接触层面上，下伏泥质夹层的厚度 0.3～0.5 m，沿层面上覆灰岩溶蚀较强，泉口成浅洞穴状，溶蚀裂隙沿层面向山体内延伸。

③沿第四系覆盖层溢出泉水：该类型泉水主要是地下水由降水入渗补给后，通过表层岩溶带内的微小裂隙运移、储存后，沿第四系与完整基岩接触带，溢出地表。类似该类型的泉水有：大岭头S25号和S35号泉，S25号泉水出露处，第四系覆盖层厚

1.02 ～ 2.0 m，第四系物质成分多为黏土夹碎石块，一般透水性较好，下部为完整基岩。

（三）开发利用技术

区内水资源整体较为缺乏，并且分布不均，无集中的水资源开发地，天然露头点较少。可利用的资源量有限，据调查，区内出露的泉水基本上均被利用，开发方式多以引及围蓄为主，原有的利用方式均较简单，尤其缺乏对泉水资源的蓄积措施，以致在枯水期供水严重不足。如横干岭 S27 号泉，现主要是在泉水处围堰、蓄水，没有修建蓄水池，蓄水功能差，仅在雨季或丰水期具有供水能力，而雨后和枯水期无水。总的来说，全区的水资源开发利用应从整体出发，在开采方式和利用上进行改造和规划，将具有较大的潜力。为此，建议该区的水资源开发模式应该是立足现状进行开采方式、方法的改进，以蓄、引和修建集蓄水池结合的开采模式，开发地下水资源。

（四）工程实施情况

根据区内居民分布、对水资源的需求及开发利用现状，并考虑表层岩溶泉的开发条件及水资源供给能力，制定和布置开发利用示范工程（表 5-1）。

表 5-1　大冠岭地区水资源开发工程布置一览表

编号	位置	开发方式	供水能力 /(L/s)	供饮人数 / 个	备注
S34	鹅婆凼	建蓄水池、引水	0.5	160	3 ～ 10 月
S27	横干岭	建蓄水池、引水	0.5	150	—
S23	郑家村	建蓄水池、抽水	1.0	260	—
S25	大岭头	建蓄水池、抽水	1.0	1300	—
S35	大岭头	围堰、引水	0.5	50	—

根据区内实际情况，首期开发工程为鹅婆凼和大岭头。

1. 鹅婆凼引水工程

该工程以黄陡坡 S29 号泉为主要供水源地，另有鹅婆凼 S34 号泉为辅。S29 号泉为常年流泉水，水量相对比较稳定，根据最枯观测流量计算，枯水期最大年供水能力为 56 765 m³。S34 号泉是一间歇泉，且泉水流量较小，枯水期断流。仅在每年 3 ～ 10 月有水溢出地表，供水能力不大，具估算年供水能力仅有 9072 m³。但通过两泉的合并，供水能力较好，可解决该村 150 人生活用水。

该工程主要采用集、蓄、引的综合开采方法，主要在 S34 号泉出露处，修建集水柜，直接汇集引自 S29 泉的部分水源和 S34 泉排出的水，采用管道引水至鹅婆凼村后山坡，再修建一个调蓄供水池。通过该水池分别输送到各户或各个分池（图 5-47）。

2. 大岭头引水工程

大岭头引水工程主要以 S25 号泉为供水源地，该泉为常年流表层岩溶泉，丰水期（4 ～ 8 月）流量为 3 ～ 4 L/s，枯水期为 1.2 L/s，泉域汇水面积 2.3 km²，据该区地下水资源模数估算，地下水资源量达 106.9×10⁴ m³/a。若根据实测流量计算，该泉年总径流量为 67 132 m^3，以枯水期流量计算其可采资源量达 3.78×10^4 m^3/a。

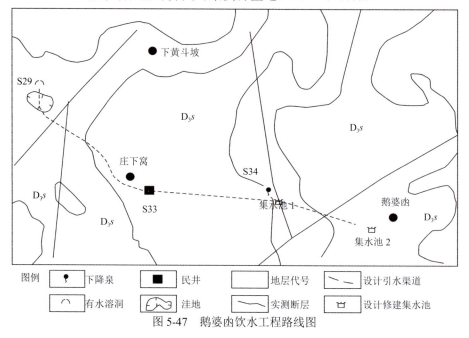

图 5-47　鹅婆凼饮水工程路线图

　　该项工程目的是解决大岭头村 350 人的生活用水问题，由于泉水出露处距村庄近 1 km，出口高程 560 m，该村的大部分居民居住在高坡上，高于泉水出露点。考虑通过兴建自来水管网改善该村的人畜饮水条件，有效利用水资源，该项工程采用引、抽相结合的开采方式，在泉口修建蓄水池，用管道将原水引至村中的中转调蓄池（50 m^3），再建提水站将水泵至村后高坡上的供水蓄水池（60 m^3），从供水池向村民各住户建立自来水管网，供居民使用（图 5-48）。

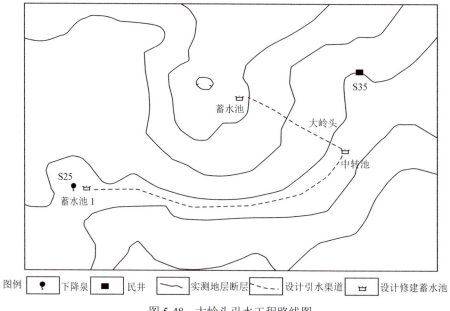

图 5-48　大岭头引水工程路线图

（五）工程效果与经济社会效益

通过该工程的实施建设，将会对大冠岭地区的贫困局面有所改变。首先，在水资源开发方面，能解决550人的饮用水问题，保证饮水质量，可节省部分劳动力为饮水需要而奔忙，把力量集中在发展农业上。其次，在生态环境的恢复方面，积累经验，加强环境保护意识，提高植被覆盖率，增加了水资源的涵养能力，改善气候环境，使水土流失得到控制，从而达到了治理日趋严重的石漠化，给岩溶石山区石漠化治理提供科学依据。

第三节　丘陵谷地储水构造抽水调节与节水生态农业模式

该类型区主要分布于广西中部、东北部和湖南南部等地，总体特征为：地形平坦，耕地连片，地下水埋藏浅，水资源和光热资源丰富，是岩溶石山区不可多得的农业基地。利用峰林平原浅层岩溶化强、储水性和透水性好的特点，在农作物需水的干旱季节，开采地下岩溶径流带水资源，形成调节空库容，雨季来临后通过天然降水入渗而恢复地下库容；通过喷灌、滴灌、移动式灌溉等节水灌溉技术的应用，提高水资源利用率；同时，合理调整农业产业结构，扩大经济果林面积，减少高耗水作物种植面积，营造生态经济林，水资源调蓄—高效种植—高效养殖—生态建设相结合。

一、广西宾阳黎塘峰林平原：开发调节地下水源，高效种植与养殖

（一）工程概况

宾阳县黎塘镇位于我国南亚热带北缘的岩溶石山区。地处广西中部南段，地理坐标为108°32′～109°15′E、22°54′～23°27′N。岩溶分布面积占全县土地面积61.38%，地形地貌为岩溶孤峰平原和岩溶丘陵地带。区内有铁路以黎塘为枢纽，北接柳州，西连南宁，东南通达贵港、湛江。公路交通网纵横交错，柳南高速公路呈南北向穿越该区，南梧高速公路以东西向经过该区，交通便利。

属南亚热带季风型气候区，多年平均年降水量1584 mm，雨季一般为每年的4～9月；多年平均年蒸发量1621.2 mm；多年平均气温20.9℃；多年平均年日照时数为1316.5 h；无霜期332 d。

黎塘示范区处在新埠江小流域地下水系统的径流汇水区，新埠江小流域的系统总面积410.35 km²，其中岩溶石山区面积274.35 km²；非岩溶石山区136.00 km²。流域分水岭即为地下水系统的边界，形成了相对独立完整的地下水系统。补给区来水在示范区汇集，并向新埠江及其支流的河谷排泄，形成地表水系，同时地下水也相当丰富。地貌类型为孤峰平原岩溶石山区，包括6个行政村，土地面积约49.5 km²，耕地面

积 1951 hm^2，其中林地 1108 hm^2、旱地 843 hm^2；出露石山面积 313 hm^2。

（二）岩溶水文地质条件

岩溶含水层由下泥盆统郁江组上段至上石炭统（D$_1$y^2 - C$_3$）的碳酸盐岩组成，非岩溶石山区主要分布寒武系至下泥盆统郁江组下段（€b - D$_1$y^1）的碎屑岩，部分地段近地表浅部分布有白垩系碎屑岩，局部分布厚 1 ~ 10 余米的第四系。该区地下水主要赋存空间为碳酸盐岩含水层。

1. 补给条件

就工作区地下水系统整体来说，地下水的补给来源主要是大气降水。但是，在系统内"三水"（大气水、地表水、地下水）转换频繁，局部地段地表水（主要是外源水），非岩溶石山区侧向地下水径流及农田灌溉水的渗漏也是岩溶地下水补给重要的来源途径。该流域系统年降水量变化较大，枯水年（1989 年）957.7 mm，丰水年（2001 年）2033.4 mm，多年平均降水量 1584 mm，总体上降水补给较为充沛，为区内的地下水提供了丰富的补给来源。从地形地貌条件看，南、东、北三面较高的岩溶峰林谷地和中低山区（图 5-49），为该岩溶水系统的主要补给区，补给来水向新埠江河谷地带汇集。在南部碎屑岩山区多年平均降水量约为 1500 mm，降水入渗补给系数 0.20；在黎塘上游、和吉、贵港的樟木一带的岩溶峰林谷地区多年平均降水量约为 1450 mm，降水入渗补给系数为 0.31，在白垩系红层分布区为 0.15。农田灌溉用水回归系数为 0.25。总之区内地下水的补给条件较好。岩溶石山区降水入渗补给系数为 0.36，在新埠、司马一带覆盖型岩溶石山区平均降水量约为 1693 mm。

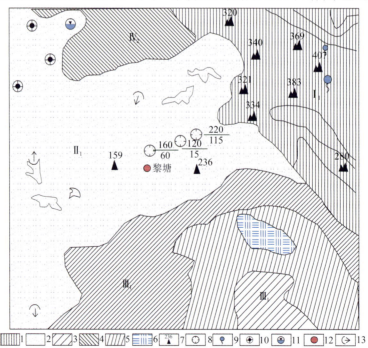

图 5-49　黎塘地区地貌类型分布图

1. 岩溶峰林、峰丛山区；2. 岩溶平原区；3. 非碳酸盐岩低山丘陵区；4. 红层丘陵区；5. 碎屑岩中低山区；6. 水库；
7. 高程点；8. 岩溶塌陷；9. 岩溶泉；10. 钻孔；11. 溶潭；12. 城镇；13. 地下河出口

2. 径流条件

在补给区，地下水主要以构造、风化裂隙为径流通道，虽然水力梯度较大，但由于径流通道小，径流不畅，以分散的裂隙流为主。随着地势和水力梯度的变化，在局部汇集成泉，可常年不断，但流量很小。

在岩溶平原区，北北东和东北向的断裂构造及层间岩溶裂隙，为地下水的径流提供了良好通道，在长期的水岩作用下，形成了以主构造方向为主体的岩溶管道、溶蚀裂隙介质特征的岩溶水网络系统，地下水总体上由东北、东南向西南新埠江河谷地带径流运移。但是由于水力梯度太小，径流缓慢，局部地段洪水季节经常被淹。

3. 排泄条件

示范区所处地下水系统的排泄基准面是新埠江河谷，主排泄带河床高程 $86 \sim 90$ m，与河岸的高差 $5 \sim 8$ m，与岩溶平原面的相对高差一般小于 15 m。地下水的径流排泄明显受地形地势条件和排泄基准面的制约。排泄地下水的新埠江，其主干流分布于横黎—方村—定子—青草—新埠—龙公一带，全长约 20 km，平均水力坡度 3‰，其中，上游河段（横黎—定子），平均水力坡度 5.5‰，下游河段（定子—龙公）发育于岩溶平原区，长约 11 km，平均水力坡度仅 0.9‰。其支流老李江为岩溶水排泄汇流通道，发源于石灰村—石龙—陈村一带岩溶泉，经桥美、细江村一带，在局塘附近汇入新埠江，全长约 15 km，平均水力梯度 1.3‰。

受水动力条件和地质构造、岩溶发育格局的控制，该区岩溶水在石龙—苦练和姚村—志广一带，形成岩溶地下水的内排带，地下水以泉群或溶潭泉（凌塘）形式出露地表，两处内排带的泉口高程分别在 $97 \sim 102.5$ m 和 $99 \sim 104.5$ m，比下游新埠江河谷排泄带基准面高 $5 \sim 10$ m。新埠江主干流河谷韦桐至新埠、龙公一带则为岩溶地下水位的主排泄带，上游段高程 $90 \sim 95$ m，下游段高程 $86 \sim 90$ m。由于地势平坦，水力梯度小，水流不畅，岩溶地下水主要呈分散形式自河谷地带排泄。该区地下水的排泄，除部分为人工开采排泄外，大部分向新埠江河谷排泄并沿河道以地表径流的形式在工作区西南部的中坝一带排出区外。

如前所述，岩溶平原区表生带岩溶发育强烈且相对均匀，岩溶管道多呈网络状；中层岩溶带未充填洞穴和管道十分发育，侧向水流通畅。经过长期发育演化，岩溶平原岩溶系统内部结构有序度已达到最佳状态。在该区主要表现为岩溶水系统的径流排泄区具有孤峰平原特征，岩溶平原面起伏高差小，一般 $2 \sim 6$ m，接近水平的二维平面；地表和地下水文网的流域面积和水流方向已趋向一致；平原区地层的夷平化程度，与其含水性能和形成地下河的性能好坏相对应，强岩溶含水层在地表已基本被夷平，仅遗留极个别孤峰。岩溶储水建造由岩溶化强的溶洞管道—裂隙介质构成，具有较均一的地下水导储网络，宏观上起着汇聚和储存地下水的作用。

根据钻孔揭露情况，岩溶发育具明显垂直分带性，浅层（表生）岩溶带、中层溶洞带和深层溶洞带，其深度界线大致在地面之下 $0 \sim 20$ m、$20 \sim 60$ m 和 $60 \sim 90$ m，在 90 m 以下岩溶发育微弱。其中浅层岩溶带（$0 \sim 20$ m 段）以溶沟、石芽、漏斗为主，溶隙宽大，多与浅部风化裂隙重叠，溶洞管道发育，总岩溶率高，但充填强烈；中层溶洞带（30～60 m段）平均总岩溶率下降，但空洞率增大至4.5%，以充水的溶洞、溶缝为主。洞穴形态的特点之一是串珠状发育，即由较宽阔的洞穴和相对狭窄的喉结相间组成，喉结的瓶颈效应限制着表生带碎屑物质下移，从而形成充填程度较低的中层溶洞带。由于岩溶发育程度相当高，洞穴管道连通性好，侧向水流通畅；深层溶洞带（60～90 m段）对该深度段岩溶研究程度低。洞穴管道主要沿大型近直立的结构面（岩性或构造）发育，管道的孤立性表现渐趋明显，岩溶发育不均一性加强。

从钻孔抽水试验可知，含水层释放的水量实际上表示岩溶含水空间充填物质——水、气交换，对于浅埋藏、开放型的含水层岩溶介质空间，当所含水分析出并充气时，它就具有再充水的功能。由上述可知，该区岩溶含水层厚度可达90 m，较强岩溶带发育深度为50～60 m，而自然条件下的年际水位变幅一般小于10 m，可见自然条件下，岩溶含水层以充水为主，含水介质空间的水气交换只占用了约20%岩溶空间，仍具有很大的调节潜力。

根据该区钻孔抽水试验结果分析，浅层岩溶带和中层岩溶带平均给水度分别为0.022和0.015。对浅层岩溶带而言，相当于每米厚度有25 mm水柱的调蓄能力；30 m厚的浅层岩溶带整体调蓄能力相应为690 mm（相当于75万m^3/km^2），相当于当地年平均降水量（1584 mm）的43.6%，表明具有较强的地下水调蓄能力，水位下降1 m，形成的调蓄空间每平方公里达$2.5 \times 10^4 m^3$。

（三）岩溶地下水资源综合开发利用情况

1. 挖井钻井，建设抽水型地下调节水库，解决区域年际性干旱问题

区内碳酸盐岩之上土层覆盖厚度0～10 m，在土岩接触带附近及其下10 m范围内存在一个岩溶发育相对较强的岩溶带，岩溶形态以溶沟、溶槽和溶蚀裂隙为主，赋存有地下水，但储水量不大。可采取打浅井和开挖大口井方式，分散利用此类水资源。井深一般10～20 m，井间距50～100 m。由于流域内地表水利设施不完善，无供水渠网，采取该方式开发表层岩溶系统地下水，可有效解决农业灌溉用水问题，而且成本低，带来的环境问题少。岩溶平原类型区具有浅层岩溶化强、储水性和透水性好的特点，岩溶含水层调蓄功能强，在农作物需水的干旱季节过量开采，深层地下水形成调节空库容，雨季来临后通过天然入渗而恢复地下库容，因此开挖大口径井和机械钻井的条件比较有利，开发投资少、周期短、取水成本低。

2. 充分利用水资源的时空分布变化，实施地表水、地下水联合开发

水系统的物质循环，最重要的是水的循环，大气降水、地表水、地下水三者之间在一定尺度空间下产生水量的交换和运移。地表水与地下水通过岩溶裂隙、管道相互转化，并且随季节而变化。枯水期，地下水补给地表水，成为河道的基流；洪水期，地表水通过岩溶管道倒灌，补给地下含水层，使地下水位升高，当降水补给量超过其储集能力时，地下水溢出地表，通过地表径流排出系统。在枯水期，大气降水急剧减少，区内新埠江

地表水均由地下水排泄所补给，上游支流随着地下水位下降河道干枯、断流，这段时间是该区旱情高发季节，地表水资源不足，地下水资源是农业生产的唯一供水水源。在此条件下，开展地表水、地下水联合开发，在地表水断流前尽量采取泵站提水，增加灌区回归水对地下含水层的补给；地下水兴建与灌渠或耕地配套的浅井群网，建立水田—旱地复合灌区。在旱象发生时或枯水期，采用浅井抽取地下水，保障农田和旱作蔬菜、瓜果生产供水。

3. 寻找径流带打机井，解决分散居民供水和规模养殖场供水问题

流域内村民居住较为分散，一般 3～4 km 有一个自然村，每个村 200～400 人。原居民饮用水源为地表低洼水塘和少量大口井，旱季干枯，农田和生活污染严重，水量和水质均得不到保证。区内上泥盆统（D_3）和上石炭统（C_3）岩性较纯，发育有富水性较好的条带状储水构造，在岩性接触带和断裂部位形成了地下径流带或地下河，从而具备了打深井供水的条件。可在分散自然村每个村打 1 口机井，集中供应饮用水。井深一般 60～80 m，水质较好；井间距 3～4 km，不会引起大面积水位下降及地质灾害问题。

4. 节水灌溉，发展节水型生态农业，提高取水和供水经济效益

水资源的有效利用不仅要在源头上寻找水源，合理开发，而且要在利用方式上进行攻关，提高水资源利用率。具体措施有：建设节水灌溉设施，应用喷灌、滴灌、移动式灌溉等节水灌溉技术。鉴于目前农村土地使用权分散，在耕作时多为一家一户的生产方式，通过引导和鼓励蔬菜种植户，配备适用小规模种植的小型抽水和喷灌农机具，实行灵活机动的喷灌方式。通过修建一定密度的地头水井与节水灌渠相结合，提供灌溉水源；进行土壤改良，提高持水能力、保肥能力，包括生物蓄水保肥和保水材料应用，同时引进需水量少的高效、优质品种，发展节水旱作农业，增强抗旱、减灾能力；进行产业化开发，提高取水和供水经济效益。

5. 调整用地结构，发展高效农业和推广旱作，水资源调蓄—高效种植—高效养殖—生态建设相结合

包括改良水资源和土资源配置关系，调整用地结构，扩大经济果林面积；合理调整农业产业结构，减少高耗水作物种植面积，扩大高效旱作如瓜果、蔬菜、药材等经济作物的种植面积；营造生态经济林，提高森林覆盖率和涵养水源的能力，治理水土流失，改善平原区小气候等（图 5-50）。

在示范核心区吴江村的桥美示范片，开展岩溶平原区水资源有效利用与高效节水农业开发综合治旱模式的示范区建设，吴江村现有人口 3370 人，有耕地面积 5450 亩，其中，水田 1900 亩，旱地 3355 亩，园地 195 亩，2005 年农民人均纯收入 2728 元，比 2001 年人均纯收入 1818 元增加 910 元，年均增长率为 12.5%。2001～2005 年以来，先后投资 320 万元，分别完成了地表水、地下水资源联合开发利用，包括两级地表水提水站、5 处地下水开发水井；水资源调蓄和节水灌溉设施建设，果园区新建 100 m³ 的蓄

水池和固定式节水管灌系统，稻田和蔬菜地的三面光节水灌溉渠道引水渠道 6000 m；产业或种植结构调整建设 200 亩的经济果林示范基地、良种肉猪养殖场 1 个、优质蔬菜基地 2000 亩；为了有效利用水土资源，改稻—稻种植为稻—旱、稻—菜—菜种植、果—菜间作；采用有机肥、保水改土剂、糖泥及秸秆改良耕地等，从而改善农业生产条件，彻底地改变该村委以往"靠天吃饭"的状况，确保了农田的正常灌溉，同时完成农村道路（四级，10 km）改造，解决了农产品运输难的问题。通过示范工程项目的实施，并不断地引进新品种、新技术，使该村委的农业经济发展较快，并以"桥美萝卜"为特色品牌享誉全国各地。由于得到良好的灌溉，玉米平均亩产 450 kg，比 2001 年平均亩产 300 kg 亩增 150 kg；2005 年种植白萝卜、胡萝卜 3000 多亩。其中白萝卜平均亩产 4100 ～ 4620 kg，比 2001 年平均亩产 2590 ～ 3360 kg 普遍增产 1000 kg 以上；胡萝卜平均亩产 3520 ～ 3940 kg，比 2001 年平均亩产 1720 ～ 2250 kg 普遍增产 1500 kg 以上，实现增产增收，家家建起了"萝卜楼"。

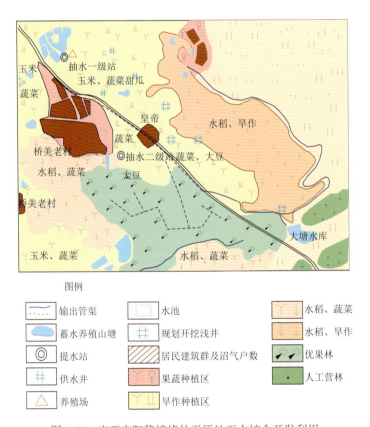

图 5-50　广西宾阳黎塘峰林平原地下水综合开发利用

通过水资源有效利用与高效农业技术开发相结合，建设防旱治旱与产业结构调整示范基地，在黎塘谢村—桥美示范片，采取地下、地表水联合开发技术手段，通过修建地表提水站（2 处）、开挖岩溶水机井和浅井（8）个，新建调蓄水池（2 个），兴修节水主灌渠 2500 m，节水有效灌溉面积 3500 亩（其中水田 1500 亩），大大改善农业生产条件，增强防旱抗旱能力，促进农民增产增收。仅萝卜 1 项，产量从过去的 2000 kg 提高到现在的 3500～5000 kg，年产值达 235 万元，增收 125 万元，人均增收 350 元；完成节水灌溉主干输水渠、管 9240 m，实现有效灌溉面积 7500 亩。建成固定式喷灌 50 亩，管灌 400 亩，移动式喷灌面积共计 800 亩，实现节水灌溉种植面积 1250 亩。在黎塘示范区建立高效蔬菜种植基地 8500 亩，群众从示范项目实施中受益，节水灌溉设施利用提高了水资源利用率、增加灌溉面积，保障了生产收益，仅蔬菜种植 1 项，总产值达 1300 多万元，增收 20%～30%。通过项目实施，示范区蔬菜基地建设不断扩大，竖立了"荷塘月"莲藕，"汇农"萝卜的农产品品牌，形成了示范效应，广西壮族自治区、南宁市在该示范区相继召开了秋冬菜开发工作现场会，并被南宁市确定为无公害蔬菜示范基地，起到很好的示范和辐射作用。

二、云南泸西纳堡溶丘台地：表层岩溶带储水构造

（一）工程概况

纳堡村位于云南省泸西县城南西 15 km，属逸圃镇所辖，交通便利。地理坐标 103°41′49″E，24°26′47″N（图 5-51）。示范区处在岩溶盆地下游端二维扩散流区向下游深切河谷地下河管道流系统的转换带附近，饱水带含水层富水性极不均匀，打深井取水成功率极低，然而该地区地形起伏不大，基岩埋藏浅，多为数米厚的红色黏土覆盖，土层之下表层岩溶赋存较多的地下水。因此，利用所处溶丘台地表层岩溶带储水构造，打浅井抽取表层岩溶水，实现挨户分散供水，是一项经济适用的示范工程，对解决地表水严重漏失、地表建库条件差、岩溶水饱水带埋深及分布不均匀造成的资源型缺水问题，具有良好的借鉴意义。

（二）岩溶水文地质和工程地质条件

纳堡村坐落在盆底南部边缘溶丘台地上，南部丘陵山体呈东西向展布，海拔 1740～1800 m，台地海拔 1715～1725 m，地形坡度约 5°，总体向盆地内倾斜。地表为第四系坡积、冲积土体覆盖，厚 2～10 m。区内构造简单，断层不发育，为单斜构造，地层倾向南西，倾角 20°～30°。含水层为个旧组灰岩、白云岩表层岩溶含水层。表层岩溶水埋藏较浅，分布不均匀。盆地边缘地带常有季节性表层岩溶泉出露，雨季流量 2.0～13.33 L/s，旱季近于断流。

勘查开发示范的水源地类型为表层岩溶带储水构造，面积 2.89 km²，处于盆地下游地带岩溶水的径流区。含水层岩溶发育极不均匀，表层岩溶带厚度差异较大，一般厚 2～15 m。地表以溶隙、溶沟为主，浅部土层之下至 20 m 深度范围内，岩溶发育以溶隙、管道为主，溶管直径一般 0.5～0.8 m，黏土充填或半充填。溶隙亦多为黏土充填。钻孔遇洞率 30%，遇洞 4.7 m/100 m。含水介质结构为不均匀的隙—管结构。20 m 以下岩溶发育强度迅速减弱（图 5-52），仅发育少量细小的溶隙、溶孔，个别地段溶隙较发育。

图 5-51　泸西纳堡表层岩溶带储水构造开发利用示范工程交通位置图

盆地边缘基岩出露，地表溶隙发育，主要接受大气降水和南西山缘含水层的侧向补给，表层岩溶水总体径流方向顺地势自西南流向北东，在从盆地边缘向盆地内的径流过程中，由于岩溶发育的不均匀性，局部形成表层岩溶泉。表层岩溶泉主要赋存于浅部溶隙、管道、溶孔中，富水性相对较强，但极不均匀。如 S14 孔涌水量 24 m^3/d，在该孔旁侧 2 m 处的钻孔则无水。由于后期的黏土充填，浅部岩溶虽发育，但富水性亦会变得较弱，如 S10 孔，8 ～ 10.4 m 溶蚀裂隙、溶孔发育，但为黏土充填，涌水量仅 2 m^3/d。一般 20 m 以下，岩溶不发育，岩体完整，富水性很弱，如 S6 孔，孔深 20 m 和孔深 45 m 时，涌水量相同。表层岩溶水的分布富集，主要受岩溶发育程度、泥质充填情况、微地貌变化的影响较大，水位埋藏较浅，一般 4 ～ 7 m，水位不统一且旱季、雨季变化较大。

（三）开发利用技术

示范工作开展了 1∶50000 水文地质测绘 5 km²，1∶10000 水文地质测绘 1 km²，地质雷达测量剖面 66 条 1635 m，施工浅钻孔 22 个，孔深 14 ～ 45 m，简易抽水试验 19 次，水化学样 4 件。研究流程为水文地质测绘、地质雷达探测确定控制孔位、综合分析研究和钻孔设计、钻探、简易抽水试验、取样分析测试。

关键技术为经济简便的勘查找水技术，通过 1∶10000 水文地质测绘，初步选定了 14 个岩溶水富集条件较好的地段，采用地质雷达进行连续剖面测量，结果有 8 个区域异常明显，推断岩溶发育带埋深一般在 6 ～ 15 m。据此施工浅钻孔 22 个，17 个成井，其中，4个钻孔为先导孔，孔位采用地质雷达测量确定，均已成井，其余为开采孔。各孔进行简易抽水试验1次，涌水量2～144 m³/d。经钻探证实，上部为紫红色黏土，厚2.3～8.5 m；下部为个旧组块状灰岩、白云岩。一般6～20 m岩溶发育，以溶隙、管道、溶孔为主，黏土充填或半充填，为主要含水层段，但富水性不均匀。20 m以下岩溶不发育，富水性很弱。采用地质雷达探测确定控制孔位的4个先导钻孔均获得成功，仅1个钻孔旱季水量较小。这样采用地质雷达确定控制孔位，依据控制钻孔揭露的水文地质情况来布置和设计一般开采孔的方案，试验的总体成井率77.3%。

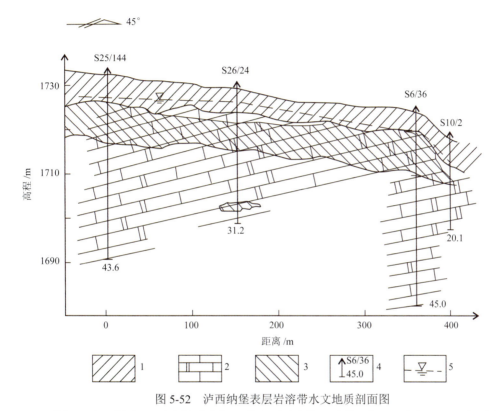

图 5-52　泸西纳堡表层岩溶带水文地质剖面图

1. 黏土；2. 白云质灰岩；3. 溶隙溶洞发育带；4. 钻孔，上为编号及涌水量 /(m³/d)，下为孔深 /m；5. 地下水位

开采井开孔直径 Φ150 mm，终孔直径 Φ110 mm，下入钢管或塑料管，在基岩接触带采用水泥作管外永久性止水。井中下入电机功率为200～350 W、流量1.2 m³/h的电潜泵，泵头距孔底2～3 m，或者下入吸程为7～10 m的手摇泵。在管井旁安装容积为0.3 m³ 的圆形铁皮水桶调节蓄水。

（四）工程效果与经济社会效益

全村有农户482户1780人，478头大牲畜，农民人均纯收入1450元/年，往年每逢旱季村民生产、生活用水困难，90%以上的人口要到1～2 km外的龙潭排队拉水，旱地浇用水亦需拉水解决，每天上午只能挑拉2～3次，大大消耗了劳动力资源。17口成功出水的示范浅井，实行分户或联户的庭院式供水，解决了600多人的生活用水困难。

纳堡村浅钻井示范工程为岩溶石山区表层富水块段的开发利用，为解决农村生活、生产用水困难提供了经验。

三、贵州兴义白碗窑河谷斜坡：阻水型储水构造

（一）工程概况

示范区位于贵州省兴义市白碗窑镇品德村，属高原斜坡峰丛洼地型岩溶流域——马别河流域内的白碗窑地下河六级岩溶流域上游区。行政区属兴义市白碗窑镇品德村，地理坐标为104°42′00″～104°46′17″E，25°00′17″～25°04′20″N。区内有兴义市至白碗窑镇的柏油公路通过，交通较为便利（图5-53）。流域内的白碗窑镇人口总数为0.7万人。其中，农业人口0.55万人，城镇人口0.15万人，人口、耕地主要集中在中上游地段，下游地处黄泥河岸坡，耕地分散，人烟稀少。流域内无地表水系发育，干旱缺水十分严重，初步估算的缺水量约为59.00万 m³/a。

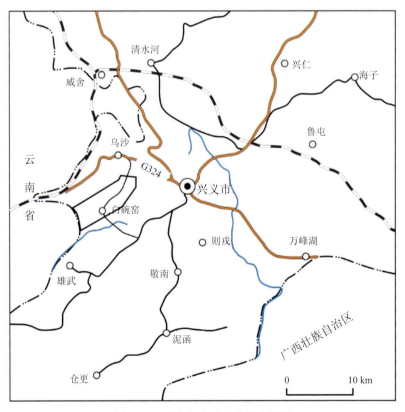

图 5-53 兴义市白碗窑交通位置图

虽然地表水缺乏，但是在山地斜坡和深切河谷斜坡地带，受阻水的断层及岩层控制，也常发育一些局部的、地下水相对富集、水位埋藏较浅的阻水型储水构造，通过有效的勘查手段查明地下水主径流带，实施机井工程开采地下水亦能取得较好效果。

（二）岩溶水文地质和工程地质条件

1. 水文地质特征

白碗窑地下河发源于品德村塘上一带。流域中上游地带出露地层为中三叠统关岭组一段、二段（T_2g^{1-2}）白云岩，地貌组合类型为峰丛槽谷。含水介质为白云岩溶隙、溶孔及脉状裂隙的组合，含孔洞裂隙水。槽谷中含水岩组的富水性相对均匀，地下水以"似层流"形式赋存和运移；流域中下游地带出露中三叠统关岭组三段、四段（T_2g^{3-4}），岩性以石灰岩为主，含水介质以石灰岩溶洞、管道、裂隙的组合为特征，含裂隙溶洞水，含水岩组富水性极不均匀。示范区地表落水洞、天窗等岩溶个体形态呈串联状排列，在白碗窑镇附近发育有三条长 0.5～0.8 km 的分支地下河管道，其埋藏深度均在 50 m 以内。三条分支地下河管道在白碗窑小学南西 100 m 处汇合，继续向南西延伸 4.5 km 后，地下水最终于黄泥河峡谷东岸出露，排入黄泥河，其出口较河床面高约 2 m，流量 506.4 L/s。

2. 工程地质条件

白碗窑地下河流域水文地质条件受岩溶发育、含水介质组合特征的不同及地形条件等因素控制，上游与中下游差异明显。流域上游关岭组一段、二段（T_2g^{1-2}）白云岩含水层含水均匀，地下水以分散网脉状从北向南运移，至品德村南部槽谷边缘地带，受岩溶发育程度差、相对具有阻水性能的关岭组二段顶部泥质白云岩阻隔，除部分地下水仍继续沿泥质白云岩中的裂隙、细小溶蚀通道向南径流进入中下游裂隙—溶洞水含水系统外，其余地下水在槽谷中壅水富集，成为地下水富集块段。地下水水力坡度小于 5‰，水位埋藏相对较浅，但无地下水露头分布，适宜机井开采；流域中下游关岭组三段、四段（T_2g^{3-4}）石灰岩含水层富水性极不均匀，地下水以集中管道流形式赋存，地下水平均水力坡度大于 20‰，且水位埋藏深，以目前经济技术条件，尚难以对岩溶地下水资源实施有效的开发工程。

（三）开发利用技术

根据白碗窑流域内水文地质特征、地下水开发利用条件及区内人口、耕地的分布状况，示范机井工程布置在流域上游—中游地带的品德村，工程的关键在于机井井位的选择。

通过 1∶25000、1∶10000 水文地质调查，在流域上游品德谷地中初步圈出地下水富集区，在垂直地下水流的方向上布设 3 条勘探线，线距 100 m，采用视电阻率联合剖面法、电测深法开展了物探，根据物探解译资料，结合对地层岩性、地形地貌等条件的分析，将 ZK1 号探采结合孔布设在 4 号勘探线上的 108/4 点。ZK2 号探采结合井布设在 ZK1 号井的下游地带，两井均成功见水。

（四）工程实施情况

地下水开发示范工程的实施主要为机井施工及相应的地表配套水利工程建设。省地矿部门在查清示范区水文地质及开采技术条件、圈定地下水源地、完成机井设计的基础上，进行了 2 口机井的施工，水利部门投入的资金用于与机井工程配套的地面输水管线、蓄水工程和供电工程等设计和施工。地表配套水利工程由当地水利部门完成，主要工作为：

①建成砖混结构的泵房 2 座。

②变压器：安装 100 kV 变压器 1 个，作为水泵专用电源。

③高位水池 1 座。蓄水池布置在钻孔西面 300 m 的斜坡上，由沉淀池和调节蓄水池组成。调节蓄水池低于沉淀池 1 m，地下水由井内抽出后先入沉淀池进行过滤，再进入调节蓄水池。

④沉淀池 1 座。为平底竖流型，有效容积 115 m³，结构为涡流反应，圆形，C20 钢筋混凝土池壁、底、柱、导流筒、辐射槽及走道，重力排水；调节蓄水池为半埋藏敞口式，呈圆形，容积 200 m³，高出地面 1.5 m，深 2 m，直径 9 m，壁厚 0.4 m，侧壁采用 M3 浆砌石，底为 C20 钢筋混凝土结构，底部设置十字形收缩缝。

⑤供水管网。输水主管道采用铸铁管，支管道采用普通镀锌管材，铺设管道总长约 4 km。

⑥地头蓄水池。建蓄水池 40 余个，主要用于农田灌溉，分散建于农田集中分布的谷地区，通过输水管道与高位水池相接。单个水池容量 30 ~ 50 m³，储蓄机井开采水量用于农灌期灌溉。

示范项目工程总投资为 265 万元。其中，地质工作及机井施工投入 31 万元；供电系统约 25 万元；500 m³ 高位水池 18 万元；地头水池 100 万元；输水管道 30 万元；其他工程预计 61 万元。

（五）工程效果与经济社会效益

机井示范工程于 2006 年全面建成，工程效益显著，具体表现为：

①改善白碗窑镇 1500 人生活用水难的状况，同时还为当地 3850 人及 3000 头大牲畜提供了部分饮用水，并使 1000 亩旱地有了保证程度较高的灌溉用水。

②随着地下水资源的成功开发，2006 年以来，白碗窑镇对原烤烟生产基地实施了产量保障工程；全面开展了小城镇建设，已建成城镇水泥路面 2.6 km，集镇面积在原基础上扩大了约 1 倍；引进资金实施了 1000 亩梨树果园建设；项目实施期间，兴义市交通部门完成了乌纱至白碗窑镇的公路改造和油化。

四、广西东兰金谷峰丛洼地：断层破碎带储水构造

（一）工程概况

东兰县地处桂西北，云贵高原南缘，红水河中游，是革命老区，是红七军的发祥地和全国最早的革命根据地之一。金谷乡位于东兰县西北部，地处凤山、天峨、南丹三县交界处，899 县道为金谷乡与外界相连的主要交通干道，交通条件较差（图 5-54）。

图 5-54　东兰金谷峰丛洼地开发利用示范工程交通位置图

金谷乡纳立村江更屯位于乡政府驻地西北面约 2 km 处,乡政府驻地及附近村庄饮水水源为集雨水柜,村庄东面约 1.5 km 的中低山山脉中有季节性地表水及地下水露头,但旱季干涸,缺乏可直接利用水源。该乡每年 10 月份至翌年 4 ～ 5 月份为干旱期,人畜饮水极为困难,村民不得不放下农活外出寻找水源;学校为解决学生用水问题打乱了学校的正常教学秩序。特别是 2009 年秋春连旱时,乡政府驻地 150 m³ 的供水站也开始缺水,每天向学校和居民实行限时供水,到了 10 月,乡供水站的水源彻底枯竭,每天要到几十公里外的地方拉水,再供给学校和镇上的居民。

为解决金谷乡政府驻地及附近村庄人畜饮水困难,2010 年广西壮族自治区国土资源厅在实施"广西大石山区人畜饮水工程建设大会战找水打井工程"过程中安排了金谷乡抗旱打井工作,并由广西壮族自治区水文地质工程地质队具体施工。

(二) 岩溶水文地质和工程地质条件

宏观地貌为峰丛溶洼地貌,峰顶多呈尖棱状及鳍状,峰底基座相连围成形态各异的溶洼,江更屯洼底高程 480 m 左右,四周峰顶高程 712 ～ 901 m,高差 230 ～ 421 m;洼底分别向北东、南东及西部延伸,呈三叶齿状,地势东北、西南向中部倾斜,石山坡面陡峻,植被发育程度中等。中部西侧山脚陡崖下发育一落水洞,雨季洼地内形成地表流时,大部分地表水于该洞注入地下补给地下水。

江更屯位于天峨背斜东翼,南北向断裂构造发育,北东—南西向次之,主要发育天峨—金谷压性断层带，该断层带由 4 条南北向断层组成，其相距 200 ～ 800 m，东侧断层断面向西倾，倾角 65°～ 74°，断距 50 ～ 100 m。各断层断面上方解石脉发育，形成宽窄不一的方解石脉带。

江更屯附近地下水类型分为：碳酸盐岩类岩溶裂隙溶洞水和碎屑岩基岩裂隙水两种类型（图 5-55）。碳酸盐岩类岩溶裂隙溶洞水主要赋存于石炭系、二叠系灰岩溶洞、裂隙中，为裸露—覆盖型岩溶水，洼地内上覆第四系残积层厚 1 ～ 10 m，据区域水文地质资料，江更屯地段处于地下水径流排泄区，地下水埋深大于 100 m，地下河枯季径流模数 3 ～ 6 L/s·km²，水量中等。碎屑岩基岩裂隙水主要赋存于下三叠统罗楼组（T_1l）砂质泥岩构造裂隙中，据区域水文地质资料，枯季径流模数小于 1.0 L/s·km²，一般泉点流量小于 1.0 L/s，富水性贫乏。

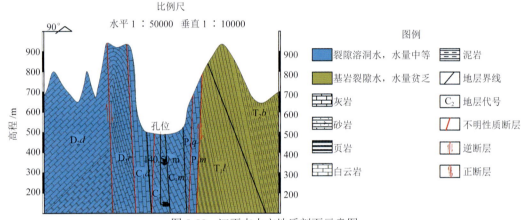

图 5-55 江更屯水文地质剖面示意图

工作区内地下水排泄形式较为单一，多数以地下河出口形式向红水河排泄。东兰县金谷乡至天峨县八腊瑶族乡一带，山高水深，泉不发育。一般地下水径流受隔水层阻隔后出露地表形成泉或富水区，而在金谷乡，其东部为碎屑岩区，同时发育隔水断层，但区内地下水埋深过大，地下水通过深部径流未出露地表，造成当地无水可用的困难局面。

（三）开发利用技术

该地区以往找水打井成功率极低，原因是该地区地势高，地下水深埋，地质构造复杂，找水打井水文地质条件差，以往找水打井失败的原因有四点：一是弄不清含水层发育深度，导致设计孔深浅，一般不超过 200 m；二是该地区地质构造复杂，地下水呈条带状分布，钻孔未能精确布置于地下水径流带上；三是钻孔布置于地下水径流带上，但由于钻孔深度大，未能严格控制孔斜，导致钻孔偏离地下水径流带；四是钻孔直接位于断层带内，断层带岩石胶结良好，含水贫乏。

该地区找水打井的难点是如何确定含水层发育深度、旱季地下水埋深及地下水径流带。该地区的钻孔深度大，施工的难点在于如何严格控制孔斜，如何有效避免掉块、卡钻等孔内情况。据此总结出的关键技术问题有如下几点。

①地下水深埋的高峰丛洼地区找水打井工作重点是调查清楚当地的水文地质条件，尤其是调查断层分布位置，确定断层破碎带的导水性及断层影响带的位置、岩性等，分析推断含水层发育深度及地下水的分布特征。着重注意旱季地下水埋深、地层岩性的变化，尤其注意碳酸盐岩中是否有泥质和炭质夹层；注意微地貌的变化；注意追踪主要节理裂隙延伸方向；注意地势起伏，并分析其形成原因。

②物探工作应在水文地质调查确定的找水靶区内展开，根据不同的物探方法，沿垂直地下水水流或岩层走向方向布置物探测线，根据场地条件及地下水埋深情况确定物探方法、物探测线长度，孔位处物探异常深度务必大于当地旱季地下水水位。地质技术和物探技术人员应同时对物探成果进行讨论分析，对场地的岩性条件、地下水分布方式、水流方向、断裂构造的走向等进行综合分析，进而识别物探假异常。

③钻探过程中应注意好漏水位置、掉块卡钻位置、涌砂位置、孔内水位变化等，控制好变径位置，以便下护孔管或滤管，对于深度大的钻孔，应严格控制孔斜，制定各种孔内事故处理措施。

④在碳酸盐岩地区找水打井不是一项简单的工作，要深刻认识水文地质条件的复杂性，要严格遵守该地区找水打井技术路线，而且每项工作都必须仔细认真，不能严重依赖某项工作，如依赖物探工作，认为只要做了物探工作，找水打井就能取得成功，这是找水打井的误区。

⑤目前找水打井工作中所采用的物探方法主要是视电阻率法、高密度电法等几种常规电法，在今后物探工作中可以尝试利用 V8 多功能电法仪及核磁共振找水。V8 多功能电法仪功能强大，适用性强，数据丰富，能更好地判别物探假异常，在我国及其他国家已有很多成功找水案例。核磁共振是目前唯一能直接探测地下水的物探方法，可以有效地辨别泥质与地下水，有效避免钻孔布置在泥质充填的破碎带上，在我国北方地区有很多成功找水案例，但在南方碳酸盐岩区的应用尚很少，处于摸索阶段。使用这两种方法成本相对较高，使用经验相对较少，建议在条件允许下进行尝试和摸索。

（四）工程实施情况

1. 找水打井靶区和勘探孔孔位确定

在收集分析前人工作成果资料的基础上，对村屯及其周边开展 1：10000 水文地质调查，重点调查微地貌、地层、断层、地表岩溶个体形态及其分布、地下水活动痕迹等，初步圈定在村前洼地最低处一带为找水靶区，该靶区内发育一个落水洞，地表岩石溶蚀裂隙发育较强烈；找水靶区处出露地层岩性为中石炭统灰岩，岩性纯，靶区内无断层通过，受临近断层影响，节理裂隙发育，属断层影响带，也是地下水径流带，是良好的找水靶区。确定找水靶区后，在垂直地下水水流方向布置 1 条物探线，物探工作采用两种方法，其一采用 V8 大功率充电法确定地下河的地表位置（采用大极距快速搜索异常，发现异常再缩小点距进行控制）；其二采用可控源音频大地电磁法（CSAMT）确定其发育深度。

2. 勘探成井

（1）1号井（DLCK22号钻孔）

1）钻探过程及施工工艺

$0 \sim 2.00$ m采用硬质合金钻进，$2.00 \sim 90.00$ m采用气动潜孔锤钻进，$90.00 \sim 112.00$ m采用合金干钻钻进，$112.00 \sim 350.00$ m采用清水正循环金刚石钻进。开孔直径$\Phi 220$ mm，深度为2.00 m，下直径$\Phi 219$ mm护孔（井）管1根，总长2 m，下至井深2.00 m；开孔直径$\Phi 194$ mm，深度为107.00 m，钻至37.00 m卡钻，于41.70 m到洞底，$84.00 \sim 107.00$ m段进尺快，排渣口处有大量黄色硬泥质，下暗管$\Phi 194$ mm护孔（井）管，总长74.00 m，顶部下至井深33.00 m，底部下至井深107.00 m；开孔直径$\Phi 170$ mm，深度为112.00 m，下暗管$\Phi 168$ mm护孔（井）管，总长15.60 m，顶部下至井深96.40 m，底部下至井深112.00 m；开孔直径$\Phi 150$ mm，深度为204.70 m；开孔直径$\Phi 130$ mm，钻至312.00 m时卡钻，于314.50 m到洞底，继续钻进，取心时发现岩心顶部有约30 cm砂土，改用取粉管钻具钻进，顺利钻至深度350.00 m。

2）钻进过程遇到的问题及解决方法

钻进过程比较顺利，未遇卡钻、钻杆断裂等情况，钻孔顶部偶有零星掉块，采取下护孔管护壁。在下明管$\Phi 194$ mm及护孔管时遇到了困难，由于局部孔斜护孔管下放不到所需位置，卡在孔内，于是采取打吊锤取出孔内护孔管，改为下暗管，减少下放护孔管的长度，经过多次尝试，终于下放至107.00 m。

3）钻探结果

$0 \sim 350.00$ m为灰岩，灰色，微—细晶结构，中厚层状，裂隙主要发育于$264.00 \sim 267.60$ m及$283.20 \sim 302.00$ m，为次要含水和出水段。岩溶局部发育，共发育3个溶洞，位置为$37.00 \sim 41.70$ m、$84.00 \sim 107.00$ m及$312.00 \sim 314.50$ m。第1个溶洞为空溶洞；第2个溶洞为全充填溶洞，充填硬塑状泥质，不含水；第3个溶洞为半充填溶洞，仅底部充填厚度约为30 cm的砂土，为主要含水和出水段。

4）抽水试验结果

该井于2012年4月28日采用扬程为340 m、流量为5 t/h的深井潜水泵进行抽水试验，泵头位于井深200 m处，涌水量132 m³/d；4月30日将泵头提至井深178 m处再次抽水，连续抽水84 h；5月11日～18日连续抽水7 d，水量稳定，水质清澈。

（2）2号井（DLCK22-1孔）

1号井由于施工过程中发现井内情况复杂，为了保证井壁稳定，下入了无缝钢管护井，并采用水泥固井，由于井径的限制，不能安装更大流量的高扬程抽水泵。

为彻底解决当地群众饮水困难的局面，结束金谷乡政府驻地、附近村屯居民依靠"天雨"解渴的历史，应东兰县政府的强烈要求，经充分论证后，广西壮族自治区国土资源厅同意在该勘探井旁边，施工一更大口径的2号井作为主井。2012年10月，广西壮族自治区水文地质工程地质队抽调一台SPC-300型大口径专业水文水井钻机进场施工，采用空气反循环潜孔锤钻进施工工艺,至 2013 年 7 月完成主井的钻探成井工作,2 号井井深 338.6 m,开孔直径 Φ380 mm,装泵段直径 220 mm,终孔直径 Φ194 mm。

2 号井距离 1 号井约 2 m,但揭露的岩溶发育深度两孔差别较大,1 号孔在孔深 37.00～41.70 m、84.00～107.00 m 及 312.00～314.50 m 段发育有三层溶洞,2 号孔只在孔深 34.80～35.60 m、82.80～88.20 m 段有两层全充填溶洞,但在 35.60～47.70 m、263.00～268.40 m 和 311.00～311.20 m 段岩溶裂隙发育,是该井主要出水段。2 号孔终孔时,测得孔内地下水静水位为 140.50 m。

2 号孔揭穿出水孔段后进行洗井和抽水试验,采用空压机清洗孔壁及裂隙,然后再通过反循环抽吸孔内的钻渣。此孔洗井和抽水试验分 3 步进行。

①揭穿出水孔段后,于 2013 年 5 月 21 日至 27 日共 7 个台班。由于孔内水位较深,加上出水管径小,测得出水量约 140 m³/d。

②扩孔后,于 2013 年 6 月 7 日至 25 日共 20 个台班,由于孔内水位较深,空压机压力有限,加之出水管径小,测得出水量约 204 m³/d。

③2013 年 7 月 2 日至 25 日共 20 个台班,采用深井潜水泵(300 m 扬程,泵的额定流量 10 m³/h,水泵安装深度 220 m)进行抽水,出水量 288 m³/d,水质已变清,水质符合饮用水源水标准。

(五) 工程效果与经济社会效益

第一口井于 2012 年 5 月完工,井深 350 m,涌水量 132 m³/d,第二口井于 2013 年 12 月完工,井深 338.6 m,涌水量 240 m³/d。历时三年的找水打井工作,结束了金谷乡政府驻地、附近村屯 3500 多人依靠"天雨"解渴的历史,为解决西南峰丛洼地地区居民饮水问题提供了很好的示范作用。

五、广西平果果化峰丛洼地:向斜型储水构造

(一) 工程概况

广西平果县果化镇布荣村位于右江左岸(图 5-56),地处峰丛山区的山顶上,海拔近 700 m,高出右江约 600 m,山顶上生活有 10 个村屯约 6000 多人,饮水困难,平时饮水靠季节性泉水、地头水柜。2011 年广西地质勘查总院在布荣村向斜储水构造打了两个钻孔,其中一口出水。

(二) 岩溶水文地质和工程地质条件

布荣村地处一个北西向的小向斜,向斜长约 6 km,宽约 1 km,汇水面积约 10 km²。向斜上部为三叠系马脚岭组(T₁m)鲕状灰岩、泥质灰岩、底为凝灰岩和页岩,区域厚度 241～461 m。下部为上二叠统(P₂)灰绿色砂岩、页岩、铁铝质泥岩、深灰色灰岩、灰绿色页岩及铝土质页岩,在底部具有层状、透镜状煤层、煤线及铝

土矿。再往下为岩性较纯、岩溶较发育的二叠系茅口组（P_1m）灰、浅灰白色厚层块状灰岩。村西南面为高陡的山坡，平均坡度 60°以上，从地层出露的情况推测，布荣村西南面一带发育有多条近乎直立的正断层，应属于右江活动性大断层带中的断层（图 5-57）。

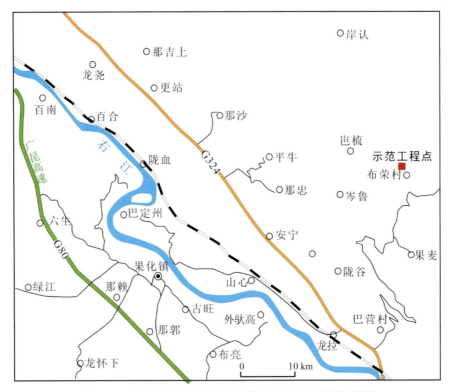

图 5-56　平果果化峰丛洼地开发利用示范工程交通位置图

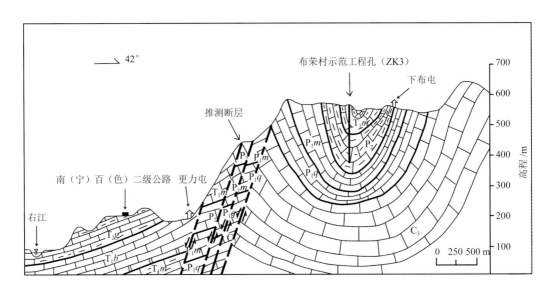

图 5-57　布荣村向斜剖面示意图

（三）开发利用技术

在确定向斜储水构造的基础上，利用电导率连续剖面测量（EH-4）、高密度电法两种地球物理探测方法确定孔位，并且需要清晰掌握示范区地层情况，找出相对隔水层，提高打井出水成功率。

（四）工程实施情况

为查明布荣村向斜储水构造的水文地质条件，解决布荣村饮水困难，2011 年广西地质勘查总院实施的"广西重点岩溶流域地下水勘查与开发示范（右江流域下游段）"项目，在 1∶10000 水文地质调查的基础上，采用电导率连续剖面测量（EH-4）、高密度电法两种地球物理探测方法确定了两个勘探孔位，其中布置在向斜轴部的那罗屯钻孔（ZK3），孔深 198.60 m，在 149.5 ～ 151.2 m 处为煤层，且未发现有铝土矿层，说明钻孔尚未钻穿岩性不纯的上二叠统（P_2）灰岩。由于上二叠统（P_2）下部存在隔水性很好的铁铝层等，因此在该向斜能储存一定数量的地下水，是一个典型的储水构造。据抽水试验结果，该孔静止水位 19.9 m，水位降 34.95 m，出水量为 175 m³/d，基本解决或缓解了那罗屯 1800 人饮水困难的问题。布置在向斜边缘的岜桑屯钻孔（ZK2），孔深 102.70 m，岩性为岩溶较发育的茅口组（P_1m）灰岩，为无水孔，可能是茅口组（P_1m）灰岩下部没有相对隔水层，地下水往深部径流，钻孔深度小，因此没能打出地下水。

（五）工程效果与经济社会效益

在布荣村那罗屯能成功打出有水钻孔，说明在高峰丛洼地区的有利构造部位，尤其是储水构造，也可以通过打井取水，解决或缓解干旱缺水问题，这对类似的干旱缺水地区解决饮水困难问题起到了很好的示范作用及指导意义。

六、广西隆安南圩孤峰平原：溶蚀裂隙带储水构造

（一）工程概况

南圩孤峰平原位于广西隆安县南部（图 5-58），当地主要种植香蕉，是广西重要的香蕉生产基地之一。当地地下水丰富，但由于经费等原因，没有大面积开发岩溶，利用地下水，造成了当地耕地干旱缺水问题相当突出，是广西著名的干旱地区之一，这一带干旱缺水耕地面积约 5 万亩，干旱缺水严重影响了当地香蕉种植业的发展。为了解决当地香蕉园灌溉用水，并带动当地开发利用地下水解决耕地干旱缺水问题，2011 年广西地质勘查总院实施"广西重点岩溶流域地下水勘查与开发示范（右江流域下游段）"项目，在香蕉种植基地施工了 13 个钻孔。

图 5-58　隆安南圩孤峰平原开发利用示范区交通位置图

（二）岩溶水文地质和工程地质条件

在隆安县那桐镇至南圩镇一带，属于覆盖型岩溶区，地貌上表现为孤峰残丘平原，由右江两岸发育河流阶地及残积层组成平原和微起伏的坡丘，基岩零星出露，以平原间残丘土坡为主，其他地段以孤峰、残丘为主。平原平坦开阔，高程 71～100 m，第四系覆盖层厚一般为 5～10 m，孤峰残丘高程为 140～240 m。

（三）开发利用技术

从香蕉基地施工的钻孔看，当地地下水丰富，钻孔涌水量大，成井命中率高，通过钻孔取水开发利用地下水解决当地香蕉灌溉用水问题是可行的。但需要注意的是，由于这一带为覆盖型岩溶石山区，应避免采用大强度、大流量、大降深集中连续抽水，而应分散布孔，采用小强度、小降深、不连续方式抽水，以防止诱发岩溶塌陷。

（四）工程实施情况

2011 年广西地质勘查总院实施的"广西重点岩溶流域地下水勘查与开发示范（右江流域下游段）"项目，在香蕉种植基地施工了 13 个钻孔，孔深在 100 m 左右，其中有 8 个钻孔涌水量大于 1000 m³/d（图 5-59、表 5-2），最后成井 9 口，成井率 69%，装泵量共 425 m³/h（其中 8 处装泵量为 50 m³/h，1 处为 25 m³/d），另外有 4 个钻孔经抽水试验，水量不大，对灌溉来说水量太小，最后没有成井。

图 5-59　隆安县乔建镇岜卜香蕉基地钻孔（ZK19）成功取水

表 5-2　隆安县钻孔取水耕地灌溉示范工程钻探工作量统计表

孔号	位置	孔深/m	涌水量/(m³/d)	静水位/m	动水位/m	装泵额定流量/(m³/h)	利用情况	
							人饮/人	耕地/亩
ZK13	隆安县南圩镇潭芦香蕉基地	100.50	1308	17.45	20.39	50	—	500（香蕉基地）
ZK14	隆安县南圩镇连安香蕉基地	89.90	82	13.05	—			未成井
ZK15	隆安县南圩镇儒浩香蕉基地	102.40	220	23.75				未成井
ZK16	隆安县乔建镇鹭鸶香蕉基地2	63.30	603	—		25	—	200（香蕉基地）
ZK17	隆安县乔建镇鹭鸶香蕉基地	64.00	—	18.60				未成井
ZK18	隆安县古潭镇定军香蕉基地	103.80	442	15.40				未成井
ZK19	隆安县乔建镇岜卜香蕉基地	101.60	1519	8.05	11.09	50	—	400（香蕉基地）
ZK21	隆安县古潭镇潭军香蕉基地	68.40	1327	9.05	10.41	50		350（香蕉基地）
ZK22	隆安县那桐镇定典香蕉基地	100.70	1269	14.10	19.78	50		500（香蕉基地）
ZK25	隆安县古潭镇把楼香蕉基地	101.95	1390	10.30	16.50	50		400（香蕉基地）
ZK26	隆安县古潭镇马村香蕉基地	100.50	1082	19.05	25.60	50		600（香蕉基地）
ZK27	隆安县古潭镇礼马香蕉基地	102.50	1289	5.60	28.80	50		600（香蕉基地）
ZK28	隆安县古潭镇中真村礼梁屯	104.10	1348	1.70	11.80	50	220	400（香蕉基地）
	合计	1203.65	11879	—		425	220	3950

（五）工程效果与经济社会效益

示范工程很好得解决了 9 处共 3950 亩香蕉基地溉灌用水问题。

七、湖南新田溶丘洼地：断裂溶蚀带储水构造

（一）工程概况

新田党校位于新田县城东侧的新田园艺场，附近有新田县龙泉中学，约有 1200 多人。

该项工程坐落在县党校内，现有在校师生 800 人，供水需求 300 t/d。多年来由于缺水，严重制约了该区段的发展，原有的化工厂因缺水而无法正常运行，致使停产；园艺场果园也因缺水而产量低下。近几年来由于县城的发展，该区列为开发区，但都因缺水而发展缓慢。为解决该区的用水困难问题及新田县的开发，在该区寻找地下水源作为供水源地，具有重要的意义。

（二）岩溶水文地质和工程地质条件

1. 岩溶发育特征

该区地貌以峰林谷地为特征，谷地宽阔平缓。影响岩溶发育的主要因素是岩性和构造，当岩性条件相同时，构造则成为影响岩溶发育的主控因素。构造对岩溶发育的影响主要表现为岩溶发育方向受构造控制。区内碳酸盐岩地层分布区褶皱强烈、断裂发育，产生了多组节理裂隙，尤以层面与纵张裂隙发育最甚，给岩溶发育通道创造了良好的条件。这些通道受岩层走向、裂隙发育方向、构造线所控制。构造对区内岩溶发育强度的影响主要表现为：岩溶谷地延伸方向大多与构造线一致，岩溶洼地、落水洞、地下河、伏流等多种岩溶形态均很发育；地下岩溶主管道主要沿北北东向延伸，呈廊道状，平面上落水洞、天窗呈串珠状分布。

2. 区域水文地质特征

该区处于新田河流域日西河岩溶地下水系统的下游径流区，地表发育季节性溪沟，发源于西北部的木山头经该区穿流而过，丰水期流量一般在 120 ~ 200 L/s，每年的 1 ~ 3 月断流。

区内地下水以碳酸盐岩溶洞裂隙水为主，由于岩溶发育不均，地下水资源分布极不均匀，地下水主要埋藏于溶洞裂隙及岩溶管道中。根据调查，区内地下水主要以岩溶泉和溶潭出露于地表，局部见有溶井出露，出露泉水流量最大的有水浸窝岩溶泉，但季节性变化明显，丰水期流量大于 5.0 L/s，枯水期水位降到地面以下，不出流。该区地下水埋深一般在 2 ~ 5 m，局部地段达 12 m。地下水与地表水运移方向一致，由北西向南东运移。

（三）开发利用技术

由于区内岩溶发育程度高且地下水赋存不均一，物探测定的异常显示，有时仅为充填溶蚀段的反映，从而导致钻孔位置距离地下水汇集径流带较远，造成钻井失败。因此，在掌握岩溶石山区水文地质条件的基础上，迫切需要寻找合适的物探方法提高对岩溶径流带的识别精度，提高成井率。

（四）工程实施情况

根据地面调查及物探结果分析，圈定物探异常 2 处，异常深度 13 ~ 18 m、42 ~ 55 m 两段，设计布置井位 2 处，要求成井一口，以解决新田县党校师生的生活用水问题，水量充足时可供相邻学校生活用水。

施工完成钻井 1 口，井深 65.3 m，分别在 13.5～14.5 m 和 42.1～49.5 m，见 2 段溶洞发育段，钻进过程钻具自然下掉，在 49.5 m 至孔底岩层的溶蚀也很强烈，溶蚀缝洞发育，漏水严重。因该孔位距离建筑物约 20 m，为避免大量、长时间抽水对地基稳定产生影响，采取小流量的抽水试验。经试验测试，该井静水位 10.5 m，抽水时初时段水位下降较快，当水位降到 24.5 m 后，在一段时间内水位剧烈变动，出水时浑时清，历时 10 h 后，水位开始稳定，出水微浑。

（五）工程效果与社会经济效益

钻探打机井两处，成井一处，供水量为 5.6 L/s，完全能够满足党校约 800 名师生及附近学校 1200 多人的生活用水需求。根据该地区地下水出露与分布条件，在平原和槽谷洼地采用机井开采均能取得较好的效果。

八、重庆涪陵焦石溶丘谷地：断层破碎带储水构造

（一）工程概况

涪陵卷洞河流域（焦石片区）位于重庆市东南部，涪陵区东部，行政区划属于重庆市涪陵区焦石镇、罗云乡一带，面积约 200 km²，地理坐标：107°28′24″～107°37′28″E，29°38′05″～29°47′58″N（图 5-60）。示范区地表径流不易拦蓄，干旱缺水严重，水利工程甚少，为涪陵区严重干旱缺水区，亦为重庆市东南部严重干旱缺水、生态环境脆弱的重点岩溶石山区之一。涪陵卷洞河流域（焦石片区）岩溶地下水开发利用示范工程通过分析区内的水文地质条件，结合水文地质物探等手段，找出地下水相对富集区域，实施钻井 10 口，力争解决当地 3000 左右人口的生活、生产用水问题。

图 5-60　涪陵卷洞河流域（焦石片区）岩溶地下水开发利用示范工程交通位置图

（二）岩溶水文地质和工程地质条件

涪陵区焦石片区位于重庆市东南部岩溶石山区，海拔一般为 600 ～ 1100 m，相对切割深度一般在 100 ～ 500 m。主要岩溶层组为三叠系嘉陵江组灰岩，其次为大冶组灰岩。在焦石镇一带构成溶丘宽谷，谷中次级垄脊槽谷、垄岗谷地发育。岩溶个体形态为溶丘、洼地、溶蚀谷地、落水洞、漏斗、天窗等。地下河、岩溶泉较为发育，岩溶地下水丰富。总体上，地形东高西低，最高点位于工作区东部的大堡梁子，高程 1105.7 m，区域侵蚀基准面为麻溪河，在两汇口一带，高程约 210 m。最大相对切割深度为 895.7 m。

（三）开发利用技术

涪陵卷洞河流域（焦石片区）岩溶地下水开发利用示范工程以钻探取水方式为主，取得一定的示范效果，由此可总结一些成功及失败经验。

1. 地下水富集区的选择

首先，地下水富集区与地层岩性有密切关系。涪陵卷洞河流域（焦石片区）地层主要为下三叠统嘉陵江组，其岩性以灰岩为主，夹白云岩、白云质灰岩。其中嘉陵江组一段、三段地层多为灰岩，二段、四段为灰岩夹白云岩、白云质灰岩。根据野外调查资料，一般地下河、岩溶大泉多在嘉陵江组一段、三段地层内发育，并且溶洞、落水洞、岩溶漏斗等地表岩溶现象在该类地层内发育数量也相对较多。因此，区内嘉陵江组一段、三段地层为地下水主要富集地层，可作为水文地质钻探工作的主要目的层位。

其次，地下水富集区受地形地貌影响。根据野外调查及资料整理工作，一般大型的溶蚀洼地内地下水较为丰富。示范区可划分出三处大型的溶蚀洼地，分别为罗云坝溶蚀洼地、干龙坝溶蚀洼地和焦石坝溶蚀洼地。在这三处溶蚀洼地内，均有地下河发育，岩溶泉也相对较多，且地表落水洞、岩溶漏斗等分布广泛，地下水富水性较强。此外，溶蚀洼地内不同区域水文地质钻探条件相差较大。溶蚀洼地内若判断有地下河发育，且钻探工作主要针对地下河进行，钻孔布置应尽量考虑地下河的中下游区域，其上游布井风险相对较大。如此次工作所实施的钻井中，在干龙坝、焦石坝地下河上游布置钻孔三个（ZJ08、ZJ09、ZJ10），但此三口钻井出水量均较小，最终未能成井。

最后，断层带可作为较好的地下水富集区。此示范区东部发育有一条南北向的断层，根据野外调查资料，沿该断层带，发育有较多岩溶泉。所以认为该断层带富水性相对较好，可作为岩溶地下水开发区。

2. 钻井结构的设计

岩溶石山区内进行水文地质钻探工作，对钻井结构的要求相对较高。

首先，钻井深度一般控制在 100 ～ 150 m。若钻井深度太浅，不能有效的揭露含水层，从而影响钻井出水量；若钻井过深，钻探成本显著增大，并且深井一般地下水埋深较大，抽水成本及后期维护成本也相应增大。

其次，钻井开孔直径应保证大于 200 mm。因为在岩溶石山区，地下岩溶较为发育，钻探过程中若遇溶孔、溶洞等现象，需增加套管、过滤管等，若开孔直径过小，会严重影响套管、过滤管及水泵等装置的安放，从而影响钻井的使用。

最后，准确设置套管、过滤管。岩溶石山区水文地质钻探过程中经常会遇见地下溶洞、溶潭等岩溶现象，其处理较为复杂。如某段地层内为发育泥质填充的溶洞且为不含水段，则需下套管隔断，而某段地层为发育砂质填充溶洞且为产水层，则需使用过滤管进行阻砂取水，若套管、过滤管使用不当会严重影响钻井的作用。如 ZJ02 钻井，钻探过程中发现钻井上部有产水溶洞发育，使用缠丝筛管进行过滤，但由于过滤管深度过浅，未能完全过滤，导致钻井在水位降深较大时变浑浊，所以最终该井仅能做灌溉用井。

3. 多种手段结合布置钻井

岩溶地区进行水文地质钻探时，应采用多种手段相互结合布置钻井。首先应在野外调查的基础上，选出较优区域，然后布置物探工作，结合物探解译资料，确定钻井的位置、深度，并做好钻井结构的设计。对于有条件的区域，可结合洞穴探测等资料进行钻井布置。

（四）工程实施情况

采取钻探取水方式，在水文地质调查、水文地质物探的基础上进行钻探工作。在涪陵卷洞河流域（焦石片区）共实施水文地质钻孔 10 个，总钻进深度 1090.18 m。

在野外调查、物探、示踪试验、洞穴探测、水文地质钻探等工作的基础上，在区内共实施水文地质钻井 10 口，其中 6 口水量相对较大，具备开发利用价值，总水量 1890 m³/d 左右。其中 ZJ01 井深 100.10 m，出水量在 460 m³/d 左右；ZJ02 井深 100.20 m，出水量在 1026 m³/d 左右；ZJ03 井深 100.50 m，出水量在 182 m³/d 左右；ZJ05 井深 144.33 m，出水量在 67 m³/d 左右；ZJ06 井深 101.20 m，出水量在 68m³/d 左右；ZJ07 井深 100.65 m，出水量在 87 m³/d 左右；其余 4 口钻井出水量较小，无开发利用价值，采取了封井措施（表 5-3）。

表 5-3 涪陵卷洞河流域（焦石片区）钻探工作统计表

钻孔编号	钻井位置	钻进深度 /m	出水量 /(m³/d)	开发效益
ZJ01	罗云乡罗云坝村	100.10	460	该井由于出水较为浑浊，不能作饮用水源，可作为灌溉水源，作为周边 100 余亩农作物的水源之一
ZJ02	罗云乡铜矿山村 1 组	100.20	1026	该井在 2011 年 6 月以前进行的几次抽水试验中，水位降深较小，出水量较大，水质好，可解决周边 200 余人生活饮用水问题，并可用作周边 500 余亩农田的灌溉水源
ZJ03	罗云乡铜矿山村 1 组	100.59	182	水量相对较大，可作为周边 100 余亩农作物的水源之一
ZK04	罗云乡文昌宫村	101.23	<5	井内泥沙过重，已采取了二氧化碳洗井、空压机洗井等措施，但效果不明显，不具备开发利用价值
ZJ05	罗云乡鱼亭子村	143.33	67	水量相对较大，可供周边 6 户居民生活用水
ZJ06	罗云乡铜矿山村 2 组	101.20	68	水量相对较大，可供周边 15 户居民生活用水
ZJ07	罗云乡十龙坝村	100.65	87	水量相对较大，可供周边 100 余人生活饮用水
ZJ08	罗云乡池沱坝村	122.00	<5	水量较小，不具备开发利用价值
ZK09	焦石镇东泉村	80.20	<5	井内泥沙过重，且出水量较小，不具备开发利用价值
ZK10	焦石镇东泉村	140.68	<5	水量较小，不具备开发利用价值
	合计	1090.18	1890	—

（五）工程效果与社会经济效益

涪陵卷洞河流域（焦石片区）岩溶地下水开发利用示范工程共成功实施水文地质钻孔 6 个，经抽水试验其总出水量 1890 m³/d，若钻井全部投入使用的话，可作为周边数千人的饮用水源之一。这些钻探工程的实施，得到了当地政府及群众的肯定，取得了显著的经济效益和社会效益。特别是 ZJ02 号钻井成功实施后，各大主流媒体均对此进行了报道，引起了较大的社会反响。此外 ZJ03、ZJ06 号钻井现也已投入使用，这些钻井在伏旱季节及春旱季节，为解决当地生产、生活缺水问题发挥了重要作用。

第四节　断陷盆地壅水调度与高效农业基地模式

盆地主要分布于云贵高原，仅云南省大于 1 km² 的盆地即有 1440 个，总面积达 2.4 万 km²。地貌类型为断陷盆地与断块中低山相间分布，盆地区被古近系、新近系和第四系土层覆盖，地势平坦，为人类生产和生活的主要活动区；盆地周边为岩溶地下水径流区，不仅发育有相对集中的地下河或地下水主径流带，而且有季节性地下河或泉水出露，为可供开发利用的宝贵水资源。但枯季地下水埋深大，采取一定的工程措施方可开发利用。

在地下河下游筑坝堵水，抬高地下水位；中游凿洞拦截，引用季节性泉水；上游建调节水库，地表水与地下水联合调度；盆地内建立灌溉渠网，集中供水；盆地周边控制耕作，退耕还林，种植生态—经济林；盆地内部合理调整产业结构，扩大经济果林和蔬菜种植面积，发展高效养殖业和加工业，形成种植—养殖—加工相结合的高效农业生产基地。

一、云南泸西皮家寨岩溶大泉：防渗束流，调压壅水

（一）工程概况

皮家寨岩溶大泉位于云南省泸西县中枢镇皮家寨村北缘（图 5-61），地理坐标 103°47′20″E，24°32′16″N，是典型的岩溶盆地边缘槽谷区天然出露的岩溶上升泉。在岩溶盆地和山谷中，当溶隙或溶洞管道外围封闭条件较好时，系统中的水流往往形成上升泉。有效利用上升泉所具有的势能，在水资源与能源均很紧张的今天，具有很大的经济及生态价值。因此，选择了较为突出的泸西皮家寨岩溶大泉进行开发利用示范研究。该示范工程竣工后取得了良好的社会经济效益，而且岩溶大泉束流调压壅水技术方案获得了国家发明专利授权，示范项目也获得国土资源部优秀地质找矿项目一等奖。

图 5-61　皮家寨岩溶大泉开发利用示范工程交通位置图

（二）岩溶水文地质和工程地质条件

1. 岩溶水文地质条件

泸西岩溶盆地呈椭圆形，长轴呈北东—南西向延伸，流域总面积 1009.28 km²。盆底沉积平坝区地形较平坦，海拔 1700 m 左右，面积 78.1 km²；盆地周围裸露型岩溶中山区海拔 1800～2459 m，各种岩溶形态发育齐全。盆地以南下游小江河谷，为盆地流域的排泄基准，最低点海拔 820 m，横剖面呈 V 形，切割深度 500～1639 m。所出露地层中以中生界中三叠统个旧组（T_2g）灰岩、白云岩分布最广，碳酸盐岩分布面积占 70% 以上。河谷区及山区洼地内分布有新生界古近系、新近系、第四系。地质构造以北东向的断层、褶皱为主，沿断裂走向串珠状洼地、落水洞及溶洞发育强烈。平坝区人口稠密，农田集中，城镇规模大，工厂较多，地表水和浅层孔隙水污染严重，水质性缺水突出。由于盆地中的水流主要汇集于平坝最低地带的中大河中，周边位置较高的岩溶台地区耕地干旱缺水很严重，缺水居民 5.17 万人，缺水耕地 39.22 万亩。该区岩溶水主要是来自周围裸露型岩溶中山区的侧向径流，其中来自盆地底面以上径流带的岩溶水，以盆地底面为排泄基准，沿盆地边缘形成大泉、地下河排泄。

皮家寨岩溶大泉位于泸西岩溶盆地东北边缘，所处地貌为一岩溶槽谷，呈近南北向延展，底部平坦，均为稻田、鱼塘和藕塘。槽谷东、西、北三面环山，谷坡约 25°～45°，西缘、北部山地海拔 1830～1900 m，洼地、落水洞发育，地貌形态为峰丛洼地，东缘山地海拔 1900～2300 m，为盆地边缘岩溶中山区。岩溶大泉流量 1072.75～1957.5 L/s，其中约 200 L/s 被下游氮肥厂、烟叶复烤厂等利用及用于农灌，大部分泉水沿沟渠流入中大河与受污染的河水混合，降低了水资源价值。雨季由于排水不畅，泉口下游地段常形成涝灾。槽谷东侧与该泉相距约 300 m 的盘山渠道东大沟建于 1956 年，全长 13 km，原计划灌溉 4000 亩农田，引水源头为坝心大泉，但因水源流量有限，现仅有上段 3.0 km 浆砌石渠道能够正常引水，实灌面积约 500 亩左右，中下游在旱季尚有 2 万多亩耕地采用电泵从中大河提水灌溉，用水成本较高。

皮家寨岩溶大泉出口高程 1711 m，所处水文地质单元面积 115 km^2。东部以碎屑岩夹层为隔水边界，西部以地下分水岭为界，北部边界为盆地的分水岭，南部谷底以下为进入盆地底部覆盖型岩溶含水层分布区的透水边界（图 5-62）。泉域内为向西倾斜的单斜构造，主要分布个旧组灰岩、白云岩，岩溶发育强烈而不均匀，洼地、漏斗、落水洞呈串珠状分布。地下钻孔遇洞率 57.1%，溶洞比率 2.8 m/100 m，洞高一般 1～5.5 m，最高达 16.10 m。埋深 120 m 以下岩溶发育微弱，以溶隙、溶孔为主。泉流补给径流区为盆地周围峰丛洼地等裸露岩溶石山区，主要接受大气降水的渗入补给和地表水的渗漏补给，补给区与岩溶大泉出口相对高差约 70～100 m，岩溶水由北东往南西径流。到白水塘水库一带，岩溶水位高程 1760 m 左右，水库的渗漏补给对皮家寨岩溶大

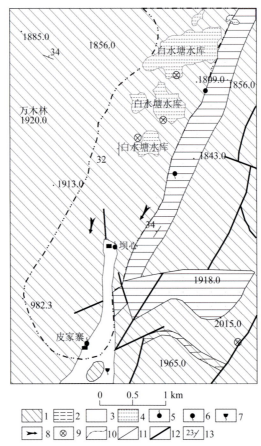

图 5-62 泸西皮家寨岩溶大泉水文地质略图

1. 岩溶含水层；2. 碎屑岩隔水层；3. 松散土弱透水层；4. 白水塘溶洼渗漏水库；5. 上升泉；6. 下降泉；7. 季节泉；
8. 岩溶水流向；9. 落水洞；10. 水文地质单元边界；11. 地层界线；12. 断层；13. 地层产状

泉的流量起到了调节作用。从白水塘水库至皮家寨所在槽谷上缘，岩溶水水力坡度为
1.43%～1.62%，流速144.82～176.45 m/h，岩溶水位埋深一般大于30 m，以管道流为主，
富水性极不均匀。当岩溶水运移至皮家寨所在槽谷底部后，岩溶水位逐渐变浅，由于上
覆弱透水土层而承压，一部分以上升泉方式集中排泄，另一部分侧向流入盆地底部覆盖
型岩溶石山区，参与深远程循环，向更低一级排泄基准小江径流排泄。

2. 工程地质条件

岩溶大泉附近覆盖第四系土层，西部基岩裸露，基岩埋深由西向东加深，土层厚度
2.0～15.2 m，变化较大。泉口整个场地土层结构复杂，普遍存在软土层，除了靠基岩
的西侧，其余地段土体承载力较低，仅有50～60 kPa，并且均匀性差，容易产生不均
匀沉降。面对这样的工程地质条件，保护盖层的稳定性而不致在水位壅高后被顶穿，经
济合理地处理地基和选用工程材料使其与地基特性相适应是束流壅水工程建设的关键技
术环节。

通过束流壅水试验发现，16个观测孔中11个水位有响应，水位抬升幅度、响应时
间各向异性十分明显。水位升幅泉口最大。泉口自流水位上升幅度为0.61m，其余地带
上升幅度为0.02～0.56 m，均小于泉口，形成大致以泉口为中心，南北向抬升幅度相对
较大、东西向抬升幅度相对较小的不规则环状。显示出来的导水与排水的机制犹如一个
喷水的莲蓬头及相连接的输水管道系统。也表明了皮家寨岩溶大泉输水管道埋藏较深，
水压力较周围溶隙系统都大，由于输水管道和皮家寨岩溶大泉出口周围的岩溶含水层透
水性弱，约束了泉口水压力的扩散，使其能够上升涌出，形成了上升泉，具备束流调压
壅水的势能条件。另外，据高密度电法探测，以皮家寨泉点南部18线为界，南北电性
层差异明显。南部视电阻率断面成层状分布，电性层结构稳定，推断岩溶不发育、岩石
较完整。经钻探验证，岩溶大泉上游、下游岩溶发育差异较大，上游及东部覆盖区岩溶
发育强烈，岩心破碎，岩石质量指标小于40%，以溶隙、管道、溶洞为主，钻孔遇洞率
76.9%，溶洞比率4.6 m/100 m，溶洞直径一般0.2～1.5 m，最大4.7 m，黏土半充填，
并且越向上游岩溶发育越强烈而更不均匀；岩溶大泉下游岩溶发育相对较弱，岩心完整，
岩石质量指标为63%～77%，以溶隙为主，部分为黏土充填，钻孔遇洞率66.7%，溶洞
比率1.0 m/100 m，溶洞少而小，一般直径0.2 m左右，最大0.6 m。泉口下游犹如一道
天然的潜坝，阻滞了岩溶管道流的扩散和下泄。

（三）开发利用技术

对整个水文地质单元开展了1∶5000遥感解译，1∶50000区域水文地质测绘，在
泉点周围可能影响区段做了1∶10000水文地质及工程地质测绘，以及地质雷达、高
密度电法探测，示踪试验、壅水试验，岩溶水动态监测，钻探及压水试验，土样和水样
分析测试，对束流调压池地基进行了专门的岩土工程地质勘察，其后进行了开发工程可
行性研究及初步设计等工作。这些工作为皮家寨岩溶大泉的开发利用提供了必要的地质
依据。

采取的关键技术措施有：地下防渗束流帷幕灌浆、软土地基处理及地上束流调压池

砌筑、输水管道敷设及其他辅助设施安装。

1. 地下防渗束流帷幕灌浆

在皮家寨岩溶大泉周围，根据岩溶发育特点、岩溶发育程度分带，对碳酸盐岩含水层进行防渗束流帷幕灌浆，构成悬挂式防渗束流帷幕，与深部弱岩溶发育带相连，平面分布形状呈马蹄形。目的是约束岩溶水流，阻滞其在水位上升后扩散速度加快；避免潜蚀强度增大，保护覆盖土层的稳定。其中，西南面灌浆深度为 30 m，东面灌浆深度 15 m，北面为岩溶水的主要来水方向，灌浆深度不超过 8 m，既不阻碍皮家寨岩溶大泉的来水量，又对水压力有所约束。

共完成灌浆孔 90 个，孔深 8 ~ 30 m，总进尺 1854 m，灌注水泥 260.65 t，砂 19.94 t。单位注入量 20 kg/m ~ 1000 kg/m，平均单位注入量 202.6 kg/m。

2. 地上束流调压池砌筑

根据地形条件，地上束流调压池设计成马蹄形，最大边长 58 m，半圆半径 27.5 m，高 6 m，容积 10 255 m³。先期仅根据 1 ：50000 区域水文地质调查和泉口附近的勘探剖面资料进行设计，对泉口地基土的变化情况及特性了解不够，设计采用了浆砌石池墙，最终因不均匀沉降导致开裂漏水而失败。其后补充进行了专门的地基岩土工程地质勘察，重新设计了工程技术方案。即西部为浆砌石池墙，顶宽 1.2 m，底宽 4.3 m，其余北、东、南三面为土体夯筑池墙，顶宽 3 m，底宽 25.2 m，池墙外侧片石垛高 1.5 m，池内总体呈锅底形，墙内铺设土工膜防渗，表面敷设片石防冲面。南部设置 2 个泄水口和 1 个引水口，泄水口之间为浆砌石镇墩，东部设置 1 个倒虹吸管引水口。束流调压池与防渗束流帷幕相连构成整体的束流壅水筒，整体起到壅高和调节水位的作用，池上的闸门可以按需要任意调节水位高度和分水。两道泄水闸门之间的淤泥和软土地基采用了简易桩基，布置 50 cm×50 cm 的梅花桩，共打入长 4.6 m 的木桩 490 根，长 6 m 的混凝土预制桩 89 根，有效地解决了地基不均匀沉降的问题，并且经济实惠。

3. 输水管道敷设

为了不占用农田，输水管设置为埋置式倒虹吸管，长 312 m，采用直径 0.8 m、0.4 MPa 的预应力混凝土管，进口为钢管，直径 0.8 m，设凡尔阀控制，出口设插板闸控制。倒虹吸管埋入地下 1.5 m，底部采用了碎石砂浆垫层处理淤泥地基段。

（四）工程实施方案

泸西岩溶盆地底部平坝区的中大河水位低于需要灌溉的东山坡麓岩溶台地之上的大量坡地，因此建有许多泵站提水灌溉。如果能够将位于盆地上游山麓谷地边缘的皮家寨岩溶大泉水位壅高，跨过泉口与东大沟之间的谷地，通过东大沟基本沿着山坡等高线盘山引水灌溉，将顺谷底的径流路线变为盘山路线。这样不仅抬高了泉口的水位，同时也减缓了泉口以下径流路线的比降，从而让更多的耕地得到自流灌溉，并保证泉水得到更好的利用。

皮家寨岩溶大泉水文地质及工程地质勘查试验资料，揭示出两个有利的条件：一是皮家寨岩溶大泉补给区位置较高，水流具有很高的势能，而且导水洞管约束径流及势能扩散的功能良好，形成了水头较高的上升泉；二是导水洞管较为完整、封闭，泉口下游可溶岩组岩溶发育弱，在泉口束流、水位壅高之后，能有效地保持泉口水位上升幅度远大于外围扩散区的水位，洞管内水压力和流量扩散损失微小。这两点是皮家寨岩溶大泉束流调压壅水工程得以实现的基本条件。

根据皮家寨岩溶大泉的水文地质及工程地质条件，结合当地需水特征，该示范工程有条件利用泉流所具有的势能，解决泉口下游的排涝问题和坡耕地的抗旱保苗用水困难，并改善东大沟沿线的生活用水条件，取代运转多年的提水泵站。皮家寨岩溶大泉束流调压壅水技术方案可概括为：沿泉点周围在地下灌浆构成防渗束流帷幕，地上建一个底部与防渗束流帷幕相连的束流调压池，将水位壅高至能与东大沟形成自流的水位高度，然后用倒虹吸管将水引入东大沟，实现自流引水开发（图5-63）。其基本工作原理为：自然状态下的岩溶上升泉口，就如同沐浴用的莲蓬头，水流通常从不规则的溶隙或溶洞管道口涌出，压力容易扩散；在泉口地面上建束流调压池、地下建防渗束流帷幕，连接成一个束流筒，就像在莲蓬头上加装了一个套筒，使水流和压力集中，达到约束水流、壅高水位的目的。该方案因势利导，利用上升泉流所具有的势能，使水位壅高，就势自流输往更高的需水区。

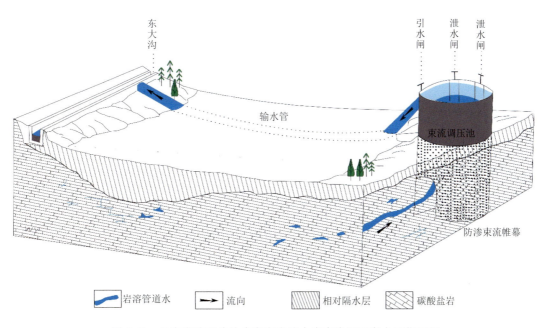

图5-63 云南省泸西盆地皮家寨岩溶大泉束流调压壅水示范工程

（五）工程效果与社会经济效益

皮家寨岩溶大泉束流调压壅水工程竣工后，将泉口水位壅高 4.4 m 时，从倒虹吸管自流引入东沟的水量为 60 000 m³/d。既解决了泉口下游 8000 亩耕地的排涝问题，又解决了 2000 亩水稻、1000 亩烤烟、1000 亩除虫菊的灌溉用水困难。改善了泸西盆地东部边缘 25 000 亩耕地的灌溉及东大沟沿线 15 000 人的生活用水条件，另外还取代了 17 座运转多年的提水泵站。

该示范工程也具有良好的生态效益和经济效益。金线鱼是洞穴鱼类，地方土著珍稀鱼，为中国独有、云南特有，国家二级水生野生保护动物，因生存环境遭到人为破坏，野生资源遭到非法捕杀，数量锐减，已处于濒危状态。为了避免这一重要生物物种灭绝，2011 年以来，云南省泸西县渔政监督管理局与环境保护局在皮家寨大泉出口这一金线鱼主要栖息繁衍地，利用束流调压池建起了金线鱼永久性保护基地。在束流调压池下游，还将原有冷浸田改造成了冷水鱼养殖场，利用泉水养殖虹鳟鱼、中华鲟等高档鱼类，目前年产值达到 100 多万元。

二、云南广南苏都库地下河：天窗拦堵，截流壅水

（一）工程概况

苏都库地下河位于云南省广南县珠琳镇南东约 8 km 处，属苏都库村，是峰丛洼地区一条典型的地下河（图 5-64）。苏都库地下河截流壅水工程是在地下河天窗的中间部位设置混凝土堵体，拦截地下河水流，将其水位壅高溢出地面，实现自流引水开发。工程设计兼顾旱季截流取水及雨季排洪，设计巧妙，工程量小，管理简便，已取得了良好的社会经济效益，可在相似水文地质条件地区进行大力推广。

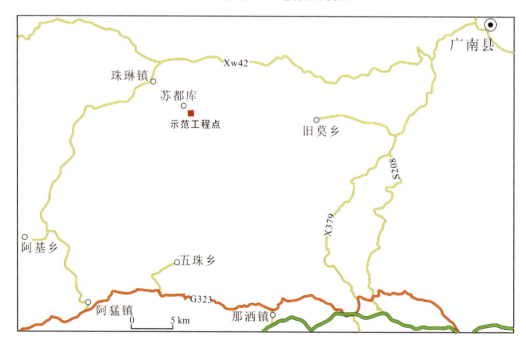

图 5-64 广南苏都库地下河开发利用示范工程位置图

（二）岩溶水文地质和工程地质条件

苏都库地下河位于面积约 1 km² 的一个封闭岩溶洼地中（图 5-65）。所在区域处于南盘江水系支流清水江和西洋江的分水岭地带，属裸露型岩溶石山区，流域总体地势自西向东降低，海拔 1200～1960 m，大部分地区海拔 1400 m 左右，相对高差 200 m 左右。相对最低侵蚀基准面为东部的旧莫河，水面高程 1200 m。地下水主要接受大气降水补给，年均降水量 845.3 mm，年均气温 16.7℃。地貌形态为峰丛洼地、谷地、溶丘洼地等，地下水径流模数 10.15 L/s·km²。地表无常年性河流，地表水奇缺。珠琳地区含水层组以上二叠统吴家坪组（P_3w）灰岩、个旧组灰岩、白云岩为主，岩层浅部褶皱极为发育；隔水层为下三叠统永宁镇组（T_1yn）、洗马塘组（T_1x）砂岩、泥岩。区内断层较发育，主要有北东向和北西向两组。北东向断层具压性、压扭性特点。由于永宁镇组、洗马塘组薄层泥质灰岩、砂岩、泥岩的存在，造成含水层在垂向上的成层性和相对独立性，地下水不能全部流入主径流区参加区域深循环，而是在立体空间上各自形成相对独立的径流通道。区内岩溶在垂向上具明显的成层性，发育了三层溶洞，第一层规模最大，高程 1200 m，成为地下河出口；第二层规模较小，高程 1400～1450 m，多成为岩溶大泉出口或季节性排水通道；第三层规模亦较小，高程大于 1500 m，为干溶洞。

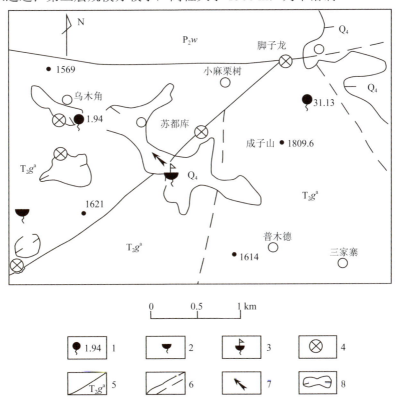

图 5-65 广南珠琳苏都库地下河水文地质图

1. 下降泉，右为流量/(L/s)；2. 季节泉；3. 开发季节泉；4. 落水洞；5. 地层代号及界线；6. 断层及推测断层；7. 地下水流向；8. 洼地

苏都库附近裸露的补给区常出现季节性或常年性的岩溶水排泄点，枯季泉流量一般 0～25 L/s，年变幅一般小于 10 倍，但个别可达 20 倍。苏都库地下河天窗距下游苏都库村约 500 m，出露高程 1425 m，高于该村约 25 m。地下河长约 1 km，水位埋深 10 m 左右，地下水流向 330°。1994～1995 年动态观测资料，枯季平均流量 15.01 L/s，流量动态呈波态型。地下河出露位置高于下游人口聚集区，洞口岩溶管道横断面呈不规则状，高 1.8 m 左右，宽 2 m 左右，顶板埋深 8 m，岩溶管道围岩完整。岩溶裂隙、溶洞管道构成了流域内岩溶水的主要运移通道，但管道规模较小，径流途径短，并呈现出阶梯状降低的特点，适宜堵截引流开发利用。

（三）开发利用技术

苏都库地下河截流壅水工程是在地下河天窗的中间部位设置高 12 m 的混凝土堵体，拦截地下河水流，将其水位壅高溢出地面，实现自流引水开发。

示范工程建设步骤如下。①水文地质测绘：地下河系统内开展 1∶50000 水文地质测绘，季节泉附近开展详细水文地质测绘，并进行流量观测；②爆破施工：对季节泉口爆破；③爆破后洞穴调查；④筑混凝土坝截流壅水自流。

通过水文地质测绘，查清地下水的补、径、排特征，地下水埋深及地下河的空间展布特征，地表、地下水的转换特点，采用工程爆破扩宽天窗、修筑堵体等技术开发利用地下河（图 5-66）。实施截堵时考虑洼地呈封闭状且无其他排水通道，若将管道全部封堵，地下水位抬高至地面后，势必造成整个洼地的淹没。因此，工程设计兼顾旱季截流取水及雨季排洪，将堵体设计在天窗的中间部位，并设置了可开闭闸口，这样当旱季关闭闸口，地下水位抬升至地面后，自流引水利用，雨季开启闸口将洪水泄入堵体后面的下游岩溶管道中排走。

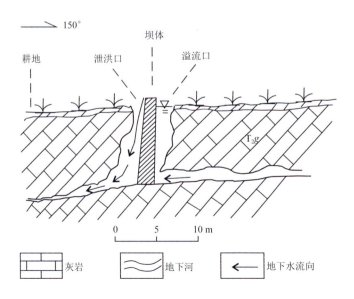

图 5-66　广南珠琳苏都库地下河截流剖面图

（四）工程效果与社会经济效益

该地下河截流工程量小，混凝土坝体方量 30 m³，造价低，总投资 5 万元，成功地获得枯季流量 1296.86 m³/d，需要时壅、多余时则泄，直接解决了苏都库村及周围 3 个小村子约 700 余人、200 余头大牲畜饮用水问题，使 300 余亩雷响田变成了水田，400 余亩旱地变成了水浇地。使当地群众不再为水而发愁，安心耕作。不但粮食能自足，田地里还种上了时鲜蔬菜，以前的荒山上种起了果树，社会效益及经济效益皆十分显著。

三、贵州玉屏朱家场白云岩山间盆地：断层型储水构造

（一）工程概况

示范区位于贵州省玉屏县朱家场地区，该区处在贵州省东部湘黔两省交界地带，地理位置为 108°47′27″ ～ 109°9′30″E，27°12′00″ ～ 27°32′00″N（图 5-67）。

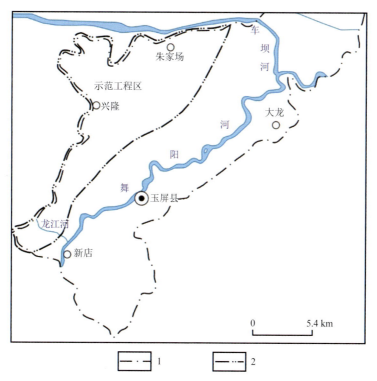

图 5-67　朱家场—兴隆片区交通位置图

1. 县界；2. 开采区界线

由于处在车坝河和舞阳河的河间地块上，耕地及村寨高于地表河床 400 余米，地表无河溪分布，人畜饮水和农田灌溉缺水极为严重。1998 年前粮食年平均产量仅 600 kg/ 亩，

干旱年份严重歉收。缺水是导致该地区生产力低下、人民贫困的主要因素，因此，寻找并开发地下水资源，是改善当地生态环境、促使社会与经济发展的重要途径之一。

区内中上寒武统白云岩大面积分布，地貌上呈缓丘谷地地貌，地表被第四系覆盖，为覆盖型岩溶石山区。受岩性和构造控制，白云岩中的小型溶孔、裂隙成网脉状发育且较均匀。地下水完全靠大气降水入渗补给，在重力作用下从山区地带向谷地中汇集，谷地区地下水埋深小于 10 m，成为一覆盖型、山间盆地型储水构造。区内南北向断层具张性特征，具良好的导水性，北东向断裂具有压扭性特征并具有较好的阻水性能，在断裂上盘常形成地下水的富集地带。1999 ～ 2012 年，在朱家场—兴隆一带施工成井 80 余口，总开采量 4.2 m³/d，成井率达 100%，单井涌水量一般为 400 ～ 1000 m³/d，最大者 2000 m³/d。地下水成为区内集镇、村寨人畜饮水及农田灌溉的主要水源，使得玉屏县成为贵州省岩溶石山区地下水开发利用的典范。

（二）岩溶水文地质和工程地质条件

朱家场岩溶水系统东南面以杨柳冲压扭性阻水大断裂为界，其余各边均以地表分水岭为界，为一典型的断层储水构造，系统面积 93.56 km²。岩溶地貌类型为缓丘谷地，地势较平缓，相对高差 50 ～ 120 m，海拔一般 500 ～ 600 m。最高点海拔 836 m，位于系统北西侧的寸金坡；最低海拔 450 m，位于系统北东侧的道场坪。

朱家场岩溶水系统断裂构造发育，主要由一系列北东向走向与东西向断裂纵横交错组成。出露地层为中寒武统石冷水组（$\epsilon_2 s$）、中上寒武统娄山关群（$\epsilon_{2-3} ls$），岩性为白云岩、白云质灰岩及泥质条带白云岩。地下水主要赋存于网状溶蚀裂隙、溶孔内，地下水类型为溶孔—溶隙水，含水层含水较均匀，富水性强。

地下水主要接受大气降水的补给，在重力作用下从山区地带向谷地中汇集并总体上北西向南东运移，在径流途中受断裂带阻水或受地形切割，沿断层带及在地势低洼地带呈泉排出地表，使区内形成独立的分散排泄型岩溶地下水系统，并成为一个覆盖型、岩溶山间盆地型储水构造。谷地中地下水埋深多小于 10 m。水动力特征以潜水为主，在局部地带受构造控制或由于岩性不均匀而呈现承压状态。

虽然区内岩层含水性相对较为均匀，但由于受地质构造和岩溶发育控制，不同地带地下水的径流和富集差异性较大。1986 年中国人民解放军在该区开展农田供水水文地质勘查，施工勘探钻孔 15 个，单孔涌水量多在 50 ～ 800 m³/d，其中 50% 以上钻孔涌水量小于 500 m³/d，显示了含水层富水性具有较强的不均匀性。

（三）开发利用技术

原勘探钻孔涌水量小且差异较大是受到地质构造的影响，孔位未能布置在地下水富集的地带上。因而勘查找水工作的关键是查清谷地中的断裂构造的空间分布、断裂的水文地质特征及谷地中地下水的集中径流带，为达到这一目的，示范工程采用了资料收集→水文地质调查→电法物探→综合分析确定孔位→探采结合成井→抽水试验→采样分析的技术路线。

（四）工程实施情况

在资料收集的基础上，通过 1 ∶ 50000 或 1 ∶ 10000 水文地质调查，查明工程区内水文地质条件及地下水赋存特征，圈定找水靶区。对示范工程区内地层岩性物性参数测试结果，白云岩视电阻率 $\rho_s > 1000\ \Omega\cdot m$，泥质白云岩 ρ_s 多为 $500 \sim 800\ \Omega\cdot m$，含水白云岩 $\rho_s < 600\ \Omega\cdot m$，黏土层 $\rho_s < 50\ \Omega\cdot m$。为查明隐伏断裂带的空间位置、产状及含水性，垂直于构造线方向布置勘探线，采用视电阻率联合剖面法、对称四级剖面法、激电测深法综合进行。物探成果对断裂的反映明显，如杨柳冲断裂（F1）带及南东盘，联合剖面曲线反映断裂带呈高阻显示，北西盘（上盘）呈低阻显示，反映了断裂带本身具阻水性能，而北西盘含水性较好。通过实地调查，该断裂带岩石胶结紧密，断裂带北西盘（上盘）岩石破碎，沿该断裂带上盘，泉点呈串珠状分布。探采结合井采用多工艺空气钻进技术、井下电视成像技术及抽水试验，水样采集均在抽水试验结束前进行。井下电视成像技术清楚真实地反映出孔内的岩溶发育特征及地质情况，提高了水井地质编录的准确率和效率。三次降深单孔稳定流抽水试验，抽水前进行静止水位的观测，抽水过程中，对探采结合成井的涌水量、动水位、水温进行观测并记录，停抽后，进行恢复水位的观测、捞沙、探孔深。

（五）工程效果与经济社会效益

1. 工程效果

朱家场地下水机井工程分两个阶段实施。

第一阶段：1998 ~ 2000 年，世界粮食计划署在黔东地区实施代号为"5181"的农业综合开发工程，同期，地质矿产部的岩溶缺水区找水工程也在该区展开，寻找和开发水资源，解决该地区的人畜饮水和农田灌溉成为两个项目共同的目标。贵州省地质矿产勘查开发局承担了该区的地下水勘查、设计和开采施工。机井布设在北东向断裂的上盘、沿南北向断裂的地下水集中径流带及北东向和南北向断裂的交汇地带，单井设计井深 120 ~ 150 m。整个灌区共施工机井 12 口，各单井工程竣工后立即实施了地面配套管网、渠系，使当地立即受益。井群实际开采量 599.11 万 m³/a。

第二阶段：2007 ~ 2010 年贵州省农村饮水安全工程。结合朱家场片区农村饮水安全工程点分布及地下水开采现状，在该区域部署并实施了机井 10 口，单井井深 120 ~ 150 m。井群地下水可开采资源量达 8337.27 m³/a。各单井工程竣工后立即实施了地面配套管网、渠系，立即受益。

2. 经济社会效益

①朱家场地下水开发机井工程实施结束后，全面解决了朱家场片区 1.31 万人、1.38 万头大牲畜的饮水不安全问题，以及 1.38 万亩稻田的灌溉用水问题。区内耕地灌溉得到保障，保证了粮食的稳产、增产，水稻产量从平均 300 kg/ 亩的基础上翻了一番，人畜

饮水情况得到了根本解决，社会秩序得到了稳定，同时推进了区内发展经营果林、养殖业等，并招商引资建成了水泥、电解铝等生产企业。地下水的开发利用对区内社会和经济的发展起到了积极的作用。

②由于朱家场地下水开发机井工程取得了良好的社会和经济效益，带动了玉屏县全县地下水开发机井工程的实施，至 2011 年，全县共施工机井 45 口，总供水能力 4.20 万 m^3/d，使 3.1 万人受益，可灌耕地面积达 2.6 万余亩。

四、云南罗平四方石地下河：地下拦堵，截流壅水

（一）工程概况

云南省罗平县环城乡四方石一带碳酸盐岩分布较广，地表漏斗、落水洞发育，地表水漏失严重，大干河为罗平盆地排泄地表水的唯一河流，总体上自北西向南东径流经四方石村一带，为一条季节性河流，旱季长时间无水，当地人畜饮水、耕地用水无法保障。四方石地下河天窗位于四方石村西北 2 km 处，距罗平县城约 8 km，地理坐标为 104°27′57″E，24°57′45″N（图 5-68）。该地下河是岩溶盆地外围峰丛洼地区的典型地下河，地下河管道埋藏浅，示范工程沿溶隙开挖平硐，在地下河管道内建浆砌石截流坝使水位壅高，设计顺应自然，因势利导，取得了良好的经济、社会效益。

图 5-68　罗平四方石地下河开发利用示范工程交通位置图

（二）岩溶水文地质和工程地质条件

地下河处于盆地边缘向峰丛洼地变化的过渡地带，盆地微向南倾斜，高程 1450 m

左右，峰丛山地高程一般 1500 m。属华南褶皱系滇东南褶皱带。区内大面积出露个旧组第四段（T_2g^d）地层，岩性为灰色中层—块状灰岩、白云质灰岩、白云岩。断层以北东向为主。盆地边缘普遍分布有厚 0.8～6 m 的红黏土，地表漏斗、落水洞发育。属亚热带季风气候区，气候温湿，雨量丰沛，枯季、雨季分明。年平均气温 15.1℃，平均降水量 1743.9 mm。每年 5～10 月为雨季，降水量占全年 88.4%，11 月至次年 4 月为旱季，降水量占全年 11.6%。溶丘基岩裸露，植被稀少，石漠化现象严重。土壤以石灰土为主，有少量的水稻土分布。

四方石地下河天窗位于罗平盆地下游东部边缘的溶丘洼地中，地形起伏和缓，高程 1450～1460 m，溶丘多呈浑圆状，高度一般在 20～30 m，最高不超过 100 m，溶丘之间分布洼地、台地、漏斗、落水洞、天窗较发育。四方石一带，断裂不发育，出露地层主要为 T_2g^a、T_2g^c、T_2g^d 灰岩、白云岩、泥质灰岩，呈连续片状分布。期间 T_2g^b 页岩、钙质粉砂岩夹泥质白云岩、灰岩透水性较弱，呈条带状分布。地层产状平缓，大致向北倾斜，倾角 5°～10°，构成一向北倾斜的单斜构造。岩层中共扼 X 型节理裂隙发育，两组节理走向近直交，走向分别为 350° 和 70° 左右，线密度 2～3 条 /10 m，地表沿节理多形成宽几米至十几米的大型溶沟、溶槽，四方石地下河天窗就是追踪走向 350° 的节理发育而成，天窗口在地表呈长条形，长约 3 m，下部与地下河相连，长轴沿 350° 方向的溶隙发育，宽度 0.4～1.0 m，溶洞水平可探长度 50 m，洞底埋深 10 m，洞底部为棕红色黏土充填。

四方石地下河为小鸡登地下河的一个分支。小鸡登地下河位于罗平县城以东，主管道在平面上呈向北突出的弧形（图 5-69），西起青草塘附近，经以土、以折之间，至小鸡登以南 1.2 km 处的河流右岸出露，长约 10 km，纵坡降 5‰。四方石地下河西起黄泥寨，向北经普妥、糯泥村，在以折北面与小鸡登地下河相交。小鸡登地下河历史流量 600 L/s（1977 年 3 月 13 日），调查中实测流量 830 L/s（2004 年 11 月 7 日）。系统内含水层富水性强，均匀性差，平均径流模数 15.88 L/s·km²。补给源主要是大气降水，其次是罗平盆地北西缘的侧向径流补给，再次是地表水的渗漏补给。地下河系统内地下水埋深、径流变化较大，地表水、地下水的补排关系随季节而变化，季节泉、表层岩溶泉均有出露，以旱季地表干旱无水、雨季洪涝成灾为基本的水文动态特征。受岩溶发育呈成层性的控制，地下水在径流过程中管道呈现阶梯状递降的特点。

四方石村边的大干河，深 10 m 左右，旱季一般无水，当有水流时，沿途渗漏严重，河水补给地下水，地下水埋深一般大于 25 m。2 号天窗内，可见地下水流，据 1∶20 万资料，地下水埋深 33.73 m，历史流量 1500 L/s（1976 年 12 月 19 日），调查时地下水埋深 42 m，实测流量 640 L/s（2005 年 3 月 3 日）。雨季期间，因补给丰富，径流量增加，强岩溶发育带厚度相对较小，地下水位上升，大干河中的季节泉开始出流，地下水补给河水，如 1 号天窗、2 号天窗、3 号季节泉雨季地下水均涌出地面自流补给河水。1 号天窗枯季地下水埋深 9.3 m，旱季流量 11 L/s（2005 年 2 月 23 日）。

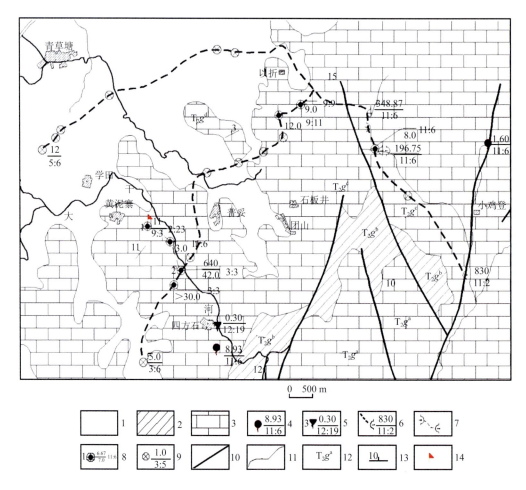

图 5-69 罗平四方石地下河水文地质图

1.松散层；2.碎屑岩；3.碳酸盐岩；4.下降泉，右上为流量 /(L/s)、下为测流日期；
5.季节泉，左编号，右上为流量 /(L/s)、下为测流日期；6.地下河，右上为流量 /(L/s)、下为测流日期；
7.伏流；8.充水天窗，左编号，右上为流量 /(L/s)、下为地下水埋深 /m，后为调查日期；9.落水洞；
10.断层；11.地层界线；12.地层代号；13.地层产状；14.四方石地下河天窗截壅开发工程点

（三）开发利用技术

示范工程建设按照地质工程的基本实施程序进行水文地质测绘、综合研究、设计、工程施工。1∶50000 水文地质调查，着重调查天窗附近岩溶发育特征、管道展布情况、地下河动态特征及工程地质条件。完成 50 km² 的 1∶50000 水文地质测绘，取水样 2 件，壅水试验 1 次。

壅水试验较为关键，试验是在天窗内采用黏土装袋后堆筑简易土坝的形式进行壅水试验，以确定地下水水头抬升的可能性。简易土坝高 7.5 m，2005 年 3 月 10 日壅水前流量 6.67 L/s，截流壅水后，水位逐渐升高，经过 13.5 h 的试堵试验，水位共抬升 2.05 m。从流量和水位上升情况综合分析，堵水初期水位上升较快，约 0.8 m/h，后期相对较慢，约 0.07 m/h，说明岩溶管道规模较小、空间有限，支岔较少，水流坡度可能不大，地下水主要在管道中径流，从裂隙中渗漏的可能性不大，水头有抬升的可能性。

四方石一带岩溶发育且极不均匀，地下河管道埋藏浅，适宜在管道内建截流坝堵截地下水，使水位壅高一定的高度或以自流的方式开发利用丰富的岩溶水。示范工程的关键技术是沿溶隙开挖平硐 150 m，在地下河管道内建浆砌石截流坝 1 座，坝体高 15.20 m，坝顶宽 2.40 m，坝底宽 2.80 m（图 5-70），坝长 2.5 m。坝体的砌筑分为两个阶段，2005 年 4 月砌筑坝高 8 m，由于来水量大，淹没坝顶后停止了施工，2006 年 4 月在原坝体上继续砌筑了坝高 7.2 m。

（四）工程效果与社会经济效益

四方石、黄泥寨两个自然村，约有人口 1200 人，大牲畜 500 头。以农业为主，主要种植油菜、玉米及少量水稻，干旱缺水严重，人畜饮水、耕地用水困难，水稻不能按节令栽插的情况经常出现，每年旱季，四方石、黄泥寨两个自然村为解决保苗用水问题，农民需到几公里外的地方拉水。示范工程实施后，天窗自流出水时间明显增长，枯季可开采量为 1300 m³/d，为 1200 人、500 头大牲畜解决了生活用水困难，并为约 1000 亩耕地解决了抗旱保苗用水问题，取得了很好的社会、经济效益。

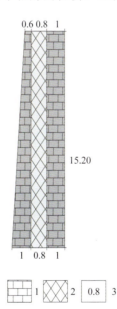

图 5-70　罗平四方石地下河天窗截壅开发工程浆砌石坝剖面图

1. 砌石；2. 混凝土；3. 尺寸 /m

五、云南蒙自五里冲水库：引灌结合，联合调度

（一）工程概况

蒙自市位于云南省东南部，东面与文山、屏边接壤，西南与个旧、元阳、金平为邻，

北接开远、砚山。北距开远 55 km，昆明 309 km（铁路）、289 km（公路）；南抵国家级口岸河口 210 km（铁路）、168 km（公路），距越南海防港 442 km。境内有昆河、蒙宝、草—白三条铁路通过，是通往越南、东南亚的重要通道。公路四通八达，昆河公路、蒙文公路在境内交汇。航空具有重要的战略地位，现有两个机场，可开辟民用客货运。蒙自五里冲水库工程由水库枢纽工程、引水工程和灌溉工程三部分组成。其特点为以五里冲水库为枢纽，将响水河水库、小新寨水库、菲白水库等组成联合供水系统，统一调度，利用工程群体优势，使有限的水资源发挥最大灌溉效益。

（二）岩溶水文地质和工程地质条件

蒙自盆地为一近似矩形的断陷盆地，面积 253 km²。盆地内地势较平坦，高程 1284 ～ 1323 m。北边以溶丘与草坝盆地相隔，东、南、西三面为中山环绕，与盆地相对高差 440 ～ 1400 m。断陷盆地位于康滇菱形断块的东南边缘，为发育于斜滑活动带上的地堑断陷盆地，主要受控于两条南北向断裂，即东部的蒙自—草坝东山断裂和西部的开远—个旧断裂。新构造运动期间，早期形成的断裂带重新活动，原来以压性为主的断裂转化为张性断裂，从而在拉张斜滑作用下形成断陷盆地。盆地内部被第四系、新近系地层覆盖，第四系松散岩类堆积物厚 3 ～ 100 m，新近系为泥灰岩沉积，夹煤层、砾岩和砂岩，最大沉积厚度达 700 m（长桥海—雨过铺一带）。区内出露的地层分为两大类，一类是以碳酸盐岩建造为主的前新生代地层，另一类是松散岩类沉积的新生代地层。其中寒武系分布于蒙自东部至鸣鹫一带，厚 764.8 m，以页岩、砂岩、白云岩为主；泥盆系分布于黑龙潭以东地区，厚 860.3 m，以砂岩、灰岩、白云岩为主；石炭系分布于芘村、鸣鹫一带，厚度 534.5 ～ 1035.1 m，以灰岩为主；二叠系分布于大庄以东地区，厚 779.4 ～ 1519.7 m，以灰岩为主，上二叠统为玄武岩和硅质岩，夹煤层和页岩；三叠系分布面积广，厚 3200 ～ 6638 m，下三叠统飞仙关组为砂质页岩和粉砂岩互层，下三叠统永宁镇组以泥灰岩为主，中三叠统个旧组以白云岩和灰岩为主，岩溶发育强烈，为区内主要含水层位；中三叠统法郎组分布于鸡街及驻马哨等地，岩性为页岩和砂岩。新生代地层主要分布于盆地及盆地边缘地区，其中古近系分布于新安所以东、城红寨等地，分布零星，厚 300 m。岩性为灰色砾岩、钙质泥岩；新近系随盆地的沉降而沉积，在盆地中广泛分布，厚 500 ～ 7000 m，主要由泥灰岩组成，夹砂岩、煤和泥岩；第四系广布于各盆地中，在山区零星分布，累计厚 282.66 m，平均 83.63 m。盆地中堆积物主要为湖泊、湖沼及河流相沉积，盆地边缘以洪冲积和坡洪积为主，山区主要以冲积和残坡积为主。

蒙自岩溶断陷盆地地貌总体特点是在岩溶广布的中低山地中镶嵌着呈北北西方向断续展布的断陷盆地。主要地貌类型有峰丛洼地、缓丘谷地、溶丘洼地、中低山丘陵、冲（湖）积盆地等，其中峰丛洼地主要分布于东山内部的西北勒、石洞一带，地貌特点是峰、洼（漏斗）相间，峰顶高 1800 ～ 2200 m，洼地（漏斗）底部高 1700 ～ 2000 m，发育密度 10 ～ 20 个 /km²，其底部多有落水洞、竖井分布，消水迅速，地表水系极不发育。地表含水保土能力差，石漠化严重，为区内生态环境最脆弱的地区。

由于岩溶含水层出露面积大，岩溶发育强烈，从而能获得较丰富的降水补给，天然水资源量丰富，仅南洞口和大、小黑水洞及平石板季节性出水口多年平均排泄量即达 $3.54 \times 10^8 \, m^3/a$。但岩溶地下水埋藏深，水位动态变幅大。据洞穴调查，在高原山区补给区，数十至 200 m 的岩溶竖井内均未见到地下水位，盆地内钻孔水位埋深 120～160 m，水位年变幅 56～120 m。岩溶地下水具有典型的管道水性质，从补给区到径流区和排泄区，均发育有岩溶管道系统，岩溶水非均一性明显。一方面增加了凿井找水的难度，另一方面也为寻找集中径流段拦截调蓄创造了条件。

由前所述，蒙自岩溶断陷盆地区环境条件特殊，其水资源开发和生态建设经历了长期的探索过程，因地制宜、综合规划是成功的关键。

蒙自岩溶断陷盆地区，或为数十米至数百米的古近系、新近系和第四系土层覆盖，或为覆盖型和埋藏型岩溶石山区，地势平坦，为人类生产和生活的主要活动区。但孔隙介质覆盖层储水性弱，水量有限，不能满足生产和生活的需求，普遍干旱缺水。同时，盆地内低洼部位，因天然排泄常形成集水塘（当地称"海子"），时有涝灾发生。

蒙自岩溶断陷盆地周边斜坡区，为岩溶地下水径流区，不仅发育有相对集中的地下河或地下水主径流带，而且有季节性地下河或泉水出露，为可供开发利用的宝贵水资源。但枯季地下水埋深较大（50～150 m），采取一定的工程措施方可开发利用。斜坡地带坡陡土薄，生态环境特别脆弱，为近期石漠化最严重的地区。

蒙自岩溶断陷盆地外围山区，以峰丛洼地、溶丘谷地等地貌形态为主，为地下水的补给区。岩溶发育不均一，导储水空间以岩溶管道和溶洞为主，发育有表层岩溶泉、高位地下河和下降泉，适宜采取引、提、堵等方式分散开发利用。生态建设是该区工作的重点（图 5-71）。

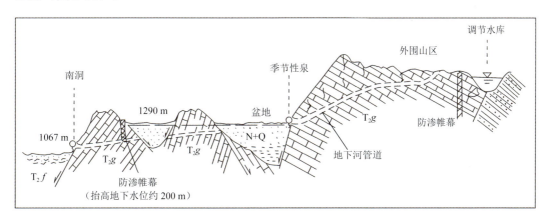

图 5-71　蒙自岩溶断陷盆地水资源开发和生态建设模式

（三）开发利用条件

1. 水库枢纽工程

五里冲水库地处蒙自东南山区，距县城 22 km，水库总库容 7949 万 m³。五里冲水库为我国在强岩溶石山区利用天然溶蚀洼地，采用一系列高新技术防渗堵漏，首次建成水深超过百米（106 m）无大坝的中型水利工程，为云南省"八五"重点建设项目之一。

2. 引水工程

渠首位于南溪河流域昆河铁路落水洞车站附近的南溪河出水洞口，渠线穿过关云箐村、牛集村、达打口村、大坡脚村及中寨村，全长 15.576 km。设计流量 6 m³/s，加大流量 8 m³/s，年引水总量 5235 万 m³。

3. 灌溉工程

由东干渠、西干渠和犁江河道三部分组成。东干渠、西干渠总长 52.814 km，渠首设计流量 3.2 m³/s 和 4.2 m³/s，加大流量分别为 4 m³/s 及 5 m³/s。东干渠位于蒙自盆地东山边缘，途经黑龙潭、布衣透村、攀枝花至碧色寨；西干渠位于蒙自盆地西部山缘，途经丫口村、上长冲村、沙沟边村、黑马塘村等，至玉屏村后山头。东干渠年灌溉水量 3511.0 万 m³，西干渠 2572.2 万 m³，犁江河 2888.8 万 m³。五里冲水库引、蓄水供水系统年供水量 8972.0 万 m³，灌溉面积 18.23 万亩。

灌溉区平坦宽阔，东西长 12.5 km，南北长 28.8 km，归属新安所镇、红寨乡、文澜镇、多法勒乡、十里铺乡和雨过铺镇 6 个乡（镇）管辖。土地总面积 82.06 万亩，其中耕地 42.4 万亩（1993 年为 30.3 万亩，坝区约有 12 万亩为后备耕地资源）。30.3 万亩耕地中，水田 8.95 万亩，占 29.5%；旱地 20 万亩，占 60.7%。旱地中平地与坡地之比为 1：4.7，旱地主要是地，一般无水灌溉，产量低，增产潜力很大。

（四）工程效果与经济效益

五里冲水库 1997 年开始供水，供水量分别为：1997 年 847.88 万 m³，1998 年 2016.8 万 m³，1999 年 2600.2 万 m³，2000 年 3730.0 万 m³，2001 年 2259.36 万 m³，现已产生了明显的社会、经济和生态效益。

1. 解决了蒙自坝区干旱缺水问题，灌溉面积广，受益人口多

蒙自坝区土地总面积 82.06 万亩，其中耕地 42.4 万亩（1993 年为 30.3 万亩，坝区约有 12 万亩为后备耕地资源）。30.3 万亩耕地中，水田 8.95 万亩，占 29.5%；旱地 20 万亩，占 60.7%。旱地一般无水灌溉，产量低，增产潜力很大。过去因农灌用水问题未能解决，一直干旱缺水，严重制约坝区经济的发展。直至 20 世纪 90 年代初期，粮食自给率仍不足 50%，每年需国家调入粮食 5 亿 kg。

五里冲水库灌区主要涉及 6 个乡（镇），2000 年农村人口 116 332 人（表 5-4）。水库自流灌溉控制土地面积 26.878 万亩（耕地 19.177 万亩），其中东灌区（6 片）为水稻旱作交叉灌区，犁江河为水稻集中灌区（4 片），西灌区为旱作物集中灌区（10 片）。水库引、蓄水供水系统年总供水量可达 8972.0 万 m³，灌溉面积 18.23 万亩，将水利化程度由 1996 年的 40.67% 提高到 86.40%。

表5-4　五里冲水库灌区农村基本情况表　　　　（单位：人）

乡镇	1996年		1997年		2000年	
	乡村户数	农村人口	乡村户数	农村人口	乡村户数	农村人口
文澜镇	3 359	10 953	3 419	11 147	3 924	11 356
红寨乡	3 146	13 807	3 179	13 988	3 559	15 137
十里铺乡	3 483	15 331	3 547	15 505	3 801	15 942
雨过铺乡	4 289	19 366	4 393	19 842	4 689	20 132
新安所镇	6 690	28 399	6 749	28 616	6 936	29 921
多法勒乡	5 364	22 996	5 454	23 147	5 694	23 844
合计	26 331	110 852	26 741	112 245	28 603	116 332

2. 农业产业结构得到了调整，扩大了经济作物种植面积，资源利用更趋合理，促进了农业现代化综合试验示范区的建设

灌区原以种植业为主，农业总产值中农业占74.62%，林业占1.46%，牧业占21.45%，渔业占2.47%。水库建成后，因灌溉水源得到了保证，对农业产业结构进行了调整，扩大经济作物种植面积，主要发展水果业，建成了万亩石榴园（表5-5）。石榴种植面积由1996年的3885亩增加到2000年的10363亩。

表5-5　五里冲水库灌区水果生产总体情况表

乡镇	1996年		1997年		2000年	
	面积/亩	产量/10^2kg	面积/亩	产量/10^2kg	面积/亩	产量/10^2kg
文澜镇	17	1 213	317	5 078	1 167	5 660
红寨乡	350	3 061	347	5 760	437	7 440
十里铺乡	308	5 348	713	3 520	1 742	7 678
雨过铺镇	26	93	—	307	1 958	390
新安所镇	7 079	37 913	7 724	38 831	8 052	35 969
多法勒乡	1 754	15 066	1 907	15 896	4 350	45 206
合计	9 534	62 694	11 008	69 392	17 706	102 343

3. 粮食单产有明显提高，水果产量大幅度增加，取得了明显的经济效益

建库后灌区水田面积和播种面积略有减少，为调整产业结构增加经济作物所致。但因灌溉水源得到了保证，水稻单产有明显提高，由1996年的400多千克/亩增加到2000年的500多千克/亩。水果产量由1996年的626.94万kg增加到2000年的1023.43万kg。

4. 促进了生态建设，陡坡开荒得到了控制，灌区内生态环境正在改善，区域性石漠化防治工作有待加强

建库后，五里冲水库的直接灌区（蒙自坝区）和水库周边地区的生态环境有了明显改善。坝区内原来的旱地变成了连片的果园，特别是盆地边缘山坡脚一带的果园建设，不仅取得了明显的经济效益，而且起到了控制水土流失、改善生态环境的作用；由于林地用水得到保障，促进了灌区植树造林，提高了成活率，沿公路两侧绿化带的建设效果明显；五里冲水库对盆地内干旱湖盆（南湖、长桥海和大屯海等）定期输水，不仅蓄积了水源，而且调节了气候（图 5-72、图 5-73）。

图 5-72　公路绿化带　　　　　　　　　　　图 5-73　坡脚绿化带

5. 城镇供水得到了保障，区位优势得以发挥，蒙自成为红河哈尼族彝族自治州的社会、经济中心

蒙自处于红河哈尼族彝族自治州和昆明—河口经济带之中心位置，土地广阔，资源丰富，具有显著的地域优势。早在 1957 年 11 月 18 日，云南省最初成立红河哈尼族彝族自治州时，就将蒙自作为自治州州府所在地。后于 1958 年 7 月，州府迁往个旧。五里冲水库建成后，城镇供水问题得到了彻底解决，蒙自社会和经济发展有了保障，红河哈尼族彝族自治州政府于 2001 年迁回蒙自。可见，五里冲水库不仅对蒙自，而且对整个红河哈尼族彝族自治州的社会、经济发展均有着举足轻重的影响。

主要参考文献

曹建华，袁道先，等，2005. 受地质条件制约的中国西南岩溶生态系统 [M]. 北京：地质出版社：36-45.

陈崇希，胡立堂，2008. 渗流-管流耦合模型及其应用综述 [J]. 水文地质工程地质，35(3)：70-75.

陈皓锐，高占义，王少丽，等，2012. 基于 Modflow 的潜水位对气候变化和人类活动改变的响应 [J]. 水利学报，43(3)：344-353.

陈宏峰，夏日元，梁彬，2003. 鄂西齐岳山地区岩溶发育特征及其对隧道涌水的影响 [J]. 中国岩溶，22(4)：282-286.

陈伟海，2000. 峰林平原区含水层特征与地下水开发——以广西来宾峰林平原区为例 [J]. 广西科学，7(4)：289-292.

陈引锋，王爱玲，2008. 利用钻孔资料确定降雨入渗系数 [J]. 地下水，30(1)：8-10.

陈余道，程亚平，王恒，等，2013. 岩溶地下河管道流和管道结构及参数的定量示踪——以桂林寨底地下河为例 [J]. 水文地质工程地质，40(5)：11-15.

成建梅，陈崇希，1998. 广西北山岩溶管道—裂隙—孔隙地下水流数值模拟初探 [J]. 水文地质工程地质，(4)：50-54.

崔光中，于浩然，朱远峰，1986. 我国岩溶地下水系统中的快速流 [J]. 中国岩溶，5(4)：297-305.

地质矿产部水文地质工程地质技术方法研究队，1983. 水文地质手册 [M]. 北京：地质出版社.

费特，2011. 应用水文地质学 [M]. 北京：高等教育出版社.

戈德沙伊德，德鲁，2015. 岩溶水文地质学方法 [M]. 陈宏峰，何愿，等，译. 北京：科学出版社.

郭纯青，2001. 中国岩溶地下河系及其水资源 [J]. 水文地质工程地质，28(5)：43-45.

郭纯青，等，2004. 中国岩溶地下河系及其水资源 [M]. 桂林：广西师范大学出版社.

郭纯青，方荣杰，于映华，2010. 中国南方岩溶区岩溶地下河系统复杂水流运动特征 [J]. 桂林理工大学学报，30(4)：507-512.

郭纯青，潘林艳，周蕊，等，2012. 2009—2010 年中国西南岩溶区旱情分析与减灾对策——以广西岩溶区为例 [J]. 桂林理工大学学报，32(4)：495-499.

国家地质总局，1976. 岩溶地区区域水文地质普查规程（试行）[S]. 北京：地质出版社.

国家技术监督局，1991. 岩溶地质术语：GB 12329—90[S]. 北京：中国标准出版社.

韩行瑞，2015. 岩溶水文地质学 [M]. 北京：科学出版社.

韩行瑞，陈定容，罗伟权，1997. 岩溶单元流域综合开发与治理：贵州仁怀峰丛山区农业发展的岩溶地质环境研究 [M]. 桂林：广西师范大学出版社.

韩巍，何庚义，1985. 用小流域、泉域水均衡法确定基岩山区降水入渗系数 [J]. 吉林大学学报（地球科学版），(4)：79-84.

姜守君，2012. 示踪试验在六盘山东麓地区岩溶水水文地质条件分析中的应用 [J]. 地下水，34(1)：27-29.

蒋忠诚，夏日元，时坚，等，2006. 西南岩溶地下水资源开发利用效应与潜力分析 [J]. 地球学报，27(5)：495-502.

蒋忠诚，李先琨，曾馥平，等，2007. 岩溶峰丛洼地生态重建 [M]. 北京：地质出版社：1-20.

李国芬，韦复才，梁小平，等，1992. 中岩溶水文地质图说明书 [M]. 北京：中国地图出版社.

刘正峰，2005. 水文地质手册（1～4册）[M]. 长春：银声音像出版社.

卢海平，邹胜章，于晓英，等，2012. 桂林海洋—寨底典型地下河系统地下水污染分析 [J]. 安徽农业科学，40(4)：2181-2185.

卢耀如，等，1999. 岩溶水文地质环境演化与工程效应研究 [M]. 北京：科学出版社：212-243.

鲁程鹏，束龙仓，苑利波，等，2009. 基于示踪试验求解岩溶含水层水文地质参数 [J]. 吉林大学学报 (地球科学版)，39(4)：717-721.

罗明明，尹德超，张亮，等，2015. 南方岩溶含水系统结构识别方法初探 [J]. 中国岩溶，34(6)：543-550.

美国国家研究理事会，2015. 水文科学的挑战与机遇 [M]. 刘杰，郑春苗，译. 北京：科学出版社 .

潘桂棠，肖庆辉，2015. 中国大地构造图（1：2500000）[M]. 北京：地质出版社 .

庞莹，张晓红，2006. 地下水资源评价中降水入渗系数的分析确定 [J]. 吉林水利，(S1)：8-9.

钱小鄂，2001. 广西岩溶地下水资源及其开发利用状况 [C]// 广西壮族自治区科学技术协会 . 科学技术与西部大开发 . 南宁：广西科学出版社：319-320.

覃小群，蒋忠诚，李庆松，等，2007. 广西岩溶区地下河分布特征与开发利用 [J]. 水文地质工程地质，34(6)：10-13.

孙晨，束龙仓，鲁程鹏，等，2014. 裂隙-管道介质泉流量衰减过程试验研究及数值模拟 [J]. 水利学报，45(1)：50-57.

唐建生，何成新，庞冬辉，2007. 桂中岩溶干旱区综合治理技术开发与示范 [M]. 北京：地质出版社：57-82.

陶小虎，赵坚，陈孝兵，等，2014. 岩溶含水层水流模型研究进展 [J]. 水利水电科技进展，34(2)：76-84.

王恒，陈余道，2013. 桂林寨底地下河系统弥散系数研究 [J]. 地下水，35(4)：13-15.

王建强，陈汉宝，朱纳显，2007. 连通试验在岩溶地区水库渗漏调查分析中的应用 [J]. 资源环境与工程，21(1)：30-34.

王开然，姜光辉，郭芳，等，2013. 桂林东区峰林平原岩溶地下水示踪试验与分析 [J]. 现代地质，27(2)：454-459.

王明章，等，2015. 贵州省岩溶区地下水与地质环境 [M]. 北京：地质出版社：163-257.

王明章，王尚彦，等，2005. 贵州岩溶石山生态地质环境研究 [M]. 北京：地质出版社 .

王明章，王伟，周忠赋，2005. 峰丛洼地区地下地表联合成库地下水开发模式——贵州普定马官水洞地下河开发利用 [J]. 贵州地质，22(4)：279-283.

王松，裴建国，2011. 桂林寨底地下河硝酸根含量特征研究 [J]. 地下水，33(3)：21-22.

王宇，等，2003. 断陷盆地岩溶水赋存规律 [M]. 昆明：云南科技出版社：4-22.

王宇，张华，张贵，等，2016. 云南省石漠化调查及治理综述 [J]. 中国岩溶，35(5)：486-496.

王喆，卢丽，夏日元，等，2013. 岩溶地下水系统演化的数值模拟 [J]. 长江科学院院报，30(07)：22-28.

王喆，夏日元，Chris G，等，2014. 西南岩溶地区地下河水质影响因素的 R 型因子分析——以桂林寨底地下河为例 [J]. 桂林理工大学学报，34(1)：45-50.

夏日元，蒋忠诚，邹胜章，等，2017. 岩溶地区水文地质环境地质综合调查工程进展 [J]. 中国地质调查，4(1)：1-10.

肖斌，许模，曾科，等，2014. 基于 Modflow 的岩溶管道概化与模拟探讨 [J]. 地下水，36(1)：53-55.

熊康宁，黎平，周忠发，等，2002. 喀斯特石漠化的遥感——GIS 典型研究：以贵州省为例 [M]. 北京：地质出版社 .

杨立铮，1985. 中国南方地下河分布特征 [J]. 中国岩溶，(z1)：98-106.

杨明德，等，1998. 喀斯特流域水文地貌系统 [M]. 北京：地质出版社 .

杨明德，梁虹，2000. 峰丛洼地形成动力过程与水资源开发利用 [J]. 中国岩溶，19(1)：44-51.

杨杨，唐建生，苏春田，等，2014. 岩溶区多重介质水流模型研究进展 [J]. 中国岩溶，33(4)：419-424.

易连兴，夏日元，2015. 独特的储水宝库岩溶地下河 [J]. 国土资源科普与文化，(4)：10-15.

易连兴，夏日元，卢东华，2012. 水化学分析在勘探确认地下河管道中的应用——以寨底地下河系统试验基地为例 [J]. 工程勘察，40(2)：43-46.

殷昌平，孙庭芳，金良玉，等，1993. 地下水水源地勘查与评价 [M]. 北京：地质出版社 .

袁道先，2008. 岩溶石漠化问题的全球视野和我国的治理对策与经验 [J]. 草业科学，25(9)：19-25.

袁道先，2009. 新形势下我国岩溶研究面临的机遇和挑战 [J]. 中国岩溶，28(4)：329-331.

袁道先，2014. 西南岩溶石山地区重大环境地质问题及对策研究 [M]. 北京：科学出版社：3-8.

袁道先，蔡桂鸿，1988. 岩溶环境学 [M]. 重庆：重庆出版社：124.

袁道先，曹建华，2008. 岩溶动力学的理论与实践 [M]. 北京：科学出版社：23-35.

袁道先，等，2002. 中国岩溶动力系统 [M]. 北京：地质出版社 .

云南省地质矿产局，1990. 中华人民共和国地质矿产部地质专报一区域地质第21号云南省区域地质志 [M]. 北京：地质出版社 .

张殿发, 欧阳自远, 王世杰, 2001. 中国西南喀斯特地区人口、资源、环境与可持续发展 [J]. 中国人口·资源与环境, 11(1): 77-81.

张华, 王宇, 柴金龙, 2011. 滇池流域石漠化特征分析 [J]. 中国岩溶, 30(2): 181-186.

张克信, 2015. 中国沉积大地构造图 (1: 2500000) [M]. 北京: 地质出版社.

张蓉蓉, 束龙仓, 闵星, 等, 2012. 管道流对非均质岩溶含水系统水动力过程影响的模拟 [J]. 吉林大学学报 (地球科学版), (S2): 386-392.

张之淦, 2006. 岩溶发生学: 理论探索 [M]. 桂林: 广西师范大学出版社: 198-232.

张之淦, 苏宗明, 吴其祥, 等, 2005. 岩溶干旱治理: 来宾治旱战略研究与总体规划 [M]. 武汉: 中国地质大学出版社: 3-67.

章程, 2000. 南方典型溶蚀丘陵系统现代岩溶作用强度研究 [J]. 地球学报, 21(1): 86-91.

赵良杰, 夏日元, 易连兴, 等, 2015. 基于流量衰减曲线的岩溶含水层水文地质参数推求方法 [J]. 吉林大学学报 (地球科学版), 45(6): 1817-1821.

赵良杰, 夏日元, 易连兴, 等, 2016. 岩溶地下河浊度来源及对示踪试验影响的定量分析 [J]. 地球学报, 37(2): 241-246.

郑菲, 高燕维, 施小清, 等, 2015. 地下水流速及介质非均质性对重非水相流体运移的影响 [J]. 水利学报, 46(8): 925-933.

中国地质调查局, 2004. 中国岩溶地下水与石漠化研究 [M]. 南宁: 广西科学技术出版社: 1-12.

朱德浩, 2000. 广西通志 (岩溶志) [M]. 南宁: 广西人民出版社

朱学稳, 2010. 喀斯特与洞穴研究: 朱学稳论文选集 [M]. 北京: 地质出版社: 299-307.

Anderson M P, Woessner W W, Hunt R J, 2015. Applied Groundwater Modeling: Simulation of Flow and Advective Transport [M]. New York: Academic Press.

Bailly-Comtea V, Martinb J B, Jourde H, et al., 2010. Water exchange and pressure transfer between conduits and matrix and their influence on hydrodynamics of two karst aquifers with sinking streams [J]. Journal of Hydrology, 386(1): 55-66.

Bakalowicz M, 2005. Karst groundwater: a challenge for new resources [J]. Hydrogeology Journal, 13(1): 148-160.

Birk S, Hergarten S, 2010. Early recession behaviour of spring hydrographs [J]. Journal of Hydrology, 387(1): 24-32.

Cheng J M, Chen C X, 2005. An integrated linear/non-linear flow model for the conduit-fissure-pore media in the karst triple void aquifer system[J]. Environmental Geology, 47(2): 163-174.

Filipponi M, 2015. Karst risk assessment for underground engineering: comparison of the KarstALEA method with a random karst distribution approach [J]. Engineering Geology for Society and Territory, 5: 603-607.

Fiorillo F, 2011. Tank-reservoir drainage as a simulation of the recession limb of karst spring hydrographs [J]. Hydrogeology Journal, 19(5): 1009-1019.

Fiorillo F, 2014. The recession of spring hydrographs, focused on karst aquifers [J]. Water Resources Management, 28(7): 1781-1805.

Fiorillo F, Doglioni A, 2010. The relation between karst spring discharge and rainfall by cross-correlation analysis (Campania, Southern Italy) [J]. Hydrogeology Journal, 18(8): 1881-1895.

Fiorillo F, Guadagno F M, 2012. Long karst spring discharge time series and droughts occurrence in Southern Italy [J]. Environment Earth Science, 65(8): 2273-2283.

Gallegos J J, Hu B X, Davis H, 2013. Simulation flow in karst aquifers at laboratory and sub-regional scales using Modflow-CFP [J]. Hydrogeology Journal, 21(8): 1749-1760.

Ghasemizadeh R, Hellweger F, Butscher C, et al., 2012. Review: groundwater flow and transport modeling of karst aquifers, with particular reference to the north coast limestone aquifer system of Puerto Rico [J]. Hydrogeology Journal, 2012, 20(8): 1441-1461.

Harbaugh A W, Banta E R, Hill M C, et al., 2000. MODFLOW-2000, The U S Geological Survey Modular Groundwater Model [R]. US Geological Survey.

Hoek E, Brown E T, 1980. Underground Excavations in Rock [M]. Boca Raton: CRC Press.

Kovacs A, Perrochet P, 2008. A quantitative approach to spring hydrograph decomposition [J]. Journal of Hydrology, 352(1):

16-29.

Li G, Filed M S, 2014. A mathematical model for simulating spring discharge and estimating sinkhole porosity in a karst watershed [J]. Grundwasser, 19(1): 51-60.

Loper D E, Chicken E, 2011. A leaky-conduit model of transient flow in karstic aquifers [J]. Mathematical Geosciences, 43(8): 995-1009.

Malik P, 2007. Assessment of regional karstification degree and groundwater sensitivity to pollution using hydrograph analysis in the Velka Fatra Mountains, Slovakia [J]. Environment Geology, 51(5): 707-711.

Malik P, Vojtkova S, 2012. Use of recession-curve analysis for estimation of karstification degree and its application in assessing overflow/underflow conditions in closely spaced karstic springs [J]. Environment Earth Sciences, 65(8): 2245-2257.

McDonald M G, Harbaugh A W, 1988. A Modular Three Dimensional Finite-difference Groundwater Flow Model [R]. U S Geological Survey.

Pauwels V, Verhoest N E C, De Troch F P, 2002. A metahillslope model based on an analytical solution to a linearized Boussinesq equation for temporally variable recharge rates [J]. Water Resources Research, 38(12): 1-33.

Rahnama M B, Zamzam A, 2013. Quantitative and qualitative simulation of groundwater by mathematical models in Rafsanjan aquifer using MODFLOW and MT3DMS [J]. Arabian Journal of Geosciences, 6(3): 901-912.

Saller S P, Ronayne M J, Long A J, 2013. Comparison of a karst groundwater model with and without discrete conduit flow [J]. Hydrogeology Journal, 21(7): 1555-1566.

Xia R Y, 2016. Groundwater resources in the karst area in Southern China and the sustainable utilization pattern [J]. Journal of Groundwater Science and Engineering, 4(4): 301-309.

Yeh T C, Khaleel R, Carroll K C, 2015. Flow Through Heterogeneous Geologic Media [M]. Cambridge : Cambridge University Press.

Yi L, Xia R, Tang J, et al., 2015. Karst conduit hydro-gradient nonlinear variation feature study: case study of Zhaidi karst underground river [J]. Environment Earth Science, 74(2): 1071-1078.